普通高等教育"十一五"国家级规划教材

建设工程概预算

（第 5 版）

主　编　沈祥华

副主编　方　俊　杜春艳

武汉理工大学出版社

·武汉·

内 容 简 介

为了贯彻 2013 版《建设工程工程量清单计价规范》及 9 个相关专业工程工程量计算规范,更好地满足专业教学与工程技术人员的需要,本书进行了全面修订。第 5 版教材,内容更丰富、全面,注重夯实基础,坚持理论与实际相结合,采用案例教学,教材的适用性、操作性更强。

全书分上、下两篇,共 8 章。上篇包括建筑工程概预算综述、工程建设定额编制原理与方法、建筑安装工程工程量计算原理与方法、工程量清单计价的编制、施工图预算的编制等内容;下篇包括设计概算通论、单位工程概算、单项工程综合概算及建设项目总概算等内容。本书在论述清单计价、定额计价和单位工程设计概算及建设工程设计总概算时,都附有详尽的工程概预算案例,另有相关节目案例贯穿相关章节。

本书可作为土木工程、工程管理、建筑工程造价、工程经济类专业教材和工程造价专业岗位与职业培训教材,可供工程技术、造价、咨询、监理等从业人员学习与参考。

图书在版编目(CIP)数据

建设工程概预算/沈祥华主编. —5 版. —武汉:武汉理工大学出版社,2014.7
ISBN 978-7-5629-4643-4

Ⅰ.① 建…　Ⅱ.① 沈…　Ⅲ.① 建筑概算定额　② 建筑预算定额　Ⅳ.① TU723.3

中国版本图书馆 CIP 数据核字(2014)第 133264 号

项目负责人:杨学忠　　　　　　责任编辑:杨学忠
责 任 校 对:王　思　　　　　　装帧设计:泰达广告

出 版 发 行:武汉理工大学出版社
社　　　址:武汉市洪山区珞狮路 122 号　邮编:430070
网　　　址:http://www.techbook.com.cn　理工图书网
经　　　销:各地新华书店
印　　　刷:安陆市鼎鑫印务有限责任公司
开　　　本:787×1092　1/16
印　　　张:19.375　　插页 3
字　　　数:506 千字
版　　　次:2014 年 7 月第 5 版　　2009 年 7 月第 4 版　　1996 年 4 月第 1 版
印　　　次:2014 年 7 月第 1 次印刷　　总第 35 次印刷
印　　　数:10000 册
定　　　价:35.00 元

凡购本书,如有缺页、倒页、脱页等印装质量问题,请向出版社发行部调换。
本社购书热线电话:(027)87785758　87391631

第 5 版前言

国家住建部和财政部于 2013 年 3 月 21 日发布建标[2013]44 号文,印发了《建筑安装工程费用项目组成》,对工程费用项目组成进行了调整;国家住建部于 2012 年 12 月 25 日发布了第 1567 号公告,宣布自 2013 年 7 月 1 日开始执行《建设工程工程量清单计价规范》(GB 50500—2013)和 9 个相关专业工程工程量计算规范。出台的新标准,是对我国深化工程管理体制改革的创新,对原《建设工程工程量清单计价规范》(GB 50500—2008)作了较全面的修改与补充,具有较多新特点与新内容,更加有利于工程建设实施阶段工程计价全过程的管理与控制。为了适应新标准的要求,我国各地区、省、市工程造价主管部门对建设工程预算定额及其相应的取费标准作了修订与补充。为了全面贯彻上述新的标准与规定,同时依据第 4 版前言中的约定,"本书拟在出版第 5 版时更名为《建设工程概预算》",故现将《建筑工程概预算》(第 4 版)进行了全面修订,出版《建设工程概预算》(第 5 版),以满足读者的需求。

第 5 版教材,仍然坚持理论联系实际,注重学用结合与知识的系统性,让初学者掌握工程概预算的基础知识与编制方法,是本书编者一贯的基本原则和宗旨。从本书第 1 版开始到第 5 版的 20 年里,我们坚持做到了既有一定的理论性深度,同时又赋予了较高的操作性特色。较好地掌握工程量计算、预算定额编制和工程概预算编制的基本方法,既是初学者掌握与运用工程概预算原理和方法必备的技能,也是实施全过程工程计价管理与控制的基本方法与重要工具。企业定额的制定,已经成为企业极其重要的基础工作之一,是企业必须掌握的基本手段与方法。无论建设工程计价方式如何变化,"工、料、机"数量的确定与价格的定取,始终是工程造价编制人员及学习者必备的最基础的知识。为此,本书加强了施工消耗定额与企业定额编制内容,较为系统地介绍了企业定额的体系构成与编制方法。

第 5 版教材,力求突出重点,精炼文字,增加了应用性较强的工程概预算示例的编制,通过举一反三的案例教学,助读者理解"新标准",掌握工程量清单计价和施工图预算的编制方法。本书还坚持了适应市场需求的原则,强化了设计概算内容与设计总概算编制实例,充实了建设工程总概算编制方法的论述。全书分为上、下两篇 8 章,上篇为单位建筑工程预算,下篇为建设工程设计概算。全书内容可归纳为四个部分:

第一部分包括第 1、2、3 章,主要介绍工程概预算的基础知识和基本原理、工程概预算分类、工程概预算定额、工程量计算原理与方法,以及施工图预算与工程量清单计价费用的构成等;

第二部分包括第 4、5 章,主要介绍工程量清单计价与施工图预算的编制原则、依据、程序和方法;

第三部分包括第 6、7、8 章,分别介绍了单位工程设计概算、单项工程综合概算与建设工程设计总概算的作用、编制依据、步骤与方法;

第四部分是工程概预算案例。上述各章均有实例配合理论教学环节,使读者在理解理论知识的同时提高实际操作能力。第 4 章与第 5 章的分章典型实例,采用同一套图纸(某小区框架剪力墙小高层住宅设计图纸),分别采用工程量清单计价与施工图预算的方法编制,便于读者对两种不同计价编制方法的分析比较,使读者进一步认知不同编制方法的特点,掌握两种计价方法的基本编制技能。

本书由沈祥华担任主编,方俊、杜春艳担任副主编。具体的编写分工是:武汉理工大学沈祥华编写第1、3、5、6章,方俊编写第7、8章,湖北省建设工程造价总站柯经安编写第2章,湖北赛因特工程咨询有限公司戴坚强参编第5章,华中科技大学杜春艳编写第4章,湖北省机电研究设计院股份公司工业与建筑设计院向妍参与了第3、6章的编写工作。此外,本书中所附实例:单位工程工程量清单计价与施工图预算两个实例,由湖北赛因特工程咨询有限公司田细平、戴坚强编制;第4.3.4.5节群体园林景观建设工程项目投标报价案例,由广州中茂园林建设工程有限公司单韬、龚艳编制;设计总概算实例,由武汉理工大学设计院童丹萍编制,其设计图纸由武汉理工大学设计院林红等设计。

最后,在此深深感谢广大读者近20年来对本书的推崇与关爱。第5版教材的出版,由于涉及内容广泛、全面,加之新的计价规范与计算规范推行时间不长,书中难免存在错漏和失误之处,真诚欢迎广大读者提出批评和建议。

本书配有电子教案,请选用本教材的老师、读者拨打电话 027-87560508 或通过邮件 yangxuezh@whut. edu. cn索取。

编　者

2013 年 3 月 24 日

目　录

上篇　单位建筑工程预算

下篇　建设工程设计概算

上篇 单位建筑工程预算

1 建筑工程概预算综述

1.1 我国工程建设产品造价的形成与改革

我国建设工程(或建筑工程)产品造价(或工程概预算)制度、框架、基本原理与计价方法等,是在社会主义计划经济体制下,根据中国工程建设和经济发展的需要,结合学习原苏联经验的基础上逐步建立和发展起来的。从 1949 年至今的 60 余年里,建设工程产品造价工作经历了艰难曲折的历程,大致可分为以下两大阶段(即推行工程量清单前、后两大阶段)六个时期。

1.1.1 1949—1991 年的发展概况

(1) 国民经济恢复时期(1949—1952 年)

新中国成立初期(1949—1952 年)是我国国民经济的恢复时期。由于当时大规模的经济建设还未开始,国营建筑企业尚未建立,少量的恢复扩建和新建工程基本上由私人营造商(或称承包商)承建,较大工程则由解放军"基建工程兵"承建。我国东北地区解放较早,从 1950 年开始,该地区铁路、煤炭、建筑、纺织等部门,大部分都实行了定额管理。1951 年 4 月,东北人民政府制定了东北地区《国营企业计件工资制度暂行规程》,建筑部门还制定了东北地区统一劳动定额。就全国范围来看,这一时期是劳动定额工作的初创阶段,主要是建立定额机构,培训定额工作人员等。

(2) 第一个五年计划时期(1953—1957 年)

1953—1957 年是第一个五年计划时期,这个时期我国进入了大规模经济建设的高潮。156 项大型工程建设项目的投资额度和建设规模巨大,为了管好用好建设资金,在总结我国经济恢复时期和学习原苏联经验的基础上,逐步建立了具有我国计划经济特色的工程定额管理和工程概预算制度,包括拟定设计任务、厂址选择、控制设计总概算在内的法定的基本建设程序制度与办法。

1954 年,国家计委编制了《1954 年建筑工程设计预算定额》。1955 年成立的国家建设委员会主持编制了《民用建筑设计和预算编制暂行办法》,并颁发了《工业与民用建筑预算暂行细则》,规定了经过批准的初步设计总概算是确定建设费用的法定文件,是编制年度计划、拨付计划的依据,是实施工程项目投资的最高限额,是银行拨款、签订承包合同的法定依据,明确了基本建设概预算在社会主义建设中的地位和作用。1955 年出台了建筑业全国统一的劳动定额,共有定额项目 4 964 个。1956 年成立了国家建筑工程管理局,对 1955 年编制的统一劳动定额进行了修订,增加了材料消耗和机械台班定额部分,完善了具有中国特色的建筑工程基础定额,并编制了全国统一施工定额。其定额水平比 1955 年提高了 5.2%,全套共 5 册 49 分册,定额项目增加到 8 998 个,并在当年正式颁发了《建筑工程预算定额》。1957 年颁布了《关于编制工业与民用建设预算的若干规定》、《基本建设工程设计与预算文件审核批准暂行办法》、《工业与民用建设设计及预算编制办法》和《工业与民用建设预算编制暂行细则》等一系列法规、文件。

总之,"一五"时期在"多快好省,勤俭建国"方针的指引下,加强了定额管理和投资管理与控制,使建设项目实现了良好的综合效益,迎来了我国工业体系及"科、工、贸"等社会主义经济建设的全面发展。应当肯定,"一五"时期是我国在计划经济体制下基本建设程序和工程造价管理制度健康发展的黄金时期,至今,仍有许多值得学习和推广的好经验。如建设项目投资计划与控制,企业基础工作及基础定额管理,施工过程的质量、技术、安全和成本管理与控制,技术与技能学习制度等,都是我国工程建设和工程造价管理中的宝贵经验与财富。

(3) 从 1958 年到"文化大革命"(1966 年)开始时期

1958 年,由国家计划委员会、国家经济委员会联合下文,把基本建设预算编制办法、建筑安装工程预算定额、建筑安装工程间接费定额的制订权下放给省、自治区、直辖市人民政府。1963 年,国家计划委下文明确规定各省、自治区、直辖市制订的建筑安装工程预算定额、间接费定额是各省、自治区、直辖市基本建设预算编制的依据,并且取消了按成本计算的 2.5% 的利润。放权并不一定是坏事,但是由于极"左"思潮的严重干扰和破坏,地方主义、本位主义蔓延,使当时经济建设远离了国情,超过了国家财政的承受能力,不仅忽视和削弱了预算的作用,更由于头脑发热、乱搭乱盖、盲目建设,使得建设费用无尺度地增长,工程质量下降,工期延长,反科学建设行为成风,给国家资源带来了极大损失和浪费。另一方面,由于取消了利润,工程建设产品价格成了不完全价格。这些错误的做法使得企业管理和工程建设出现了不少严重问题,如编制工程计划没有定额依据,组织施工生产心中无数,劳动无定额,质量无标准,施工中否定了先进与落后、效率高与低、质量好与差之分,无衡量尺度,竞赛评比、核发奖金无依据,使得工程建设与管理处于极度混乱之中,资源浪费极为严重。

直到 1959 年,部分部门开始恢复定额与预算工作,特别是 1961 年党中央提出"调整、巩固、充实、提高"的方针后,定额和预算工作才得到较大规模的整顿和加强,使定额实行面不断扩大。1959 年 11 月,国务院财贸办公室、国家计委、国家建委联合做出决定,改变管理体制,收回下放过大的定额管理权限,实行统一领导下的分级管理体制,由建筑工程部对相关"全国统一消耗定额"进行统一编制和管理。1962 年,建筑工程部又正式修订颁发了全国建筑安装工程统一的劳动定额,定额水平比 1956 年提高了 4.58%,项目增加到 10 524 个,并明确规定降低单项定额水平控制在 10% 以内的调整幅度,各省(市)有权批准实施。总体上讲,这一时期我国建筑工程概预算定额与概预算管理制度,是从放权到收权、从混乱到恢复健全的时期。特别是 1962 年以后,由于贯彻了"八字"方针,已基本形成和完善了我国计划经济体制下的建设工程定额与工程概预算管理体系。

(4) "文化大革命"时期(1966—1976 年)

1966—1976 年"文革"十年是我国又一次受极"左"思潮严重干扰的时期,已基本形成和完善的建设工程定额与工程概预算管理制度及体系再一次遭到严重的破坏。当时,工程建设概预算制度被破坏,定额管理机构被撤销、"砸烂",概预算人员被强制改行,大量基础资料被销毁,使"设计无概算,施工无预算,竣工无结算"的状况成为普遍现象。这一时期,是我国建设工程及其定额、概预算管理在极"左"思潮严重干扰破坏下,处于极度混乱的时期。

(5) 党的十一届三中全会以后(1978—1991年)

党的十一届三中全会以后(1978—1991年),是我国工程造价管理工作恢复、整顿和发展的阶段。党的十一届三中全会做出了把全党工作重点转移到经济建设上来的战略决策。1978年4月22日,中共中央、国务院批转了国家计委、国家建委、财政部《关于加强基本建设管理的几项规定》《关于加强基本建设程序的若干规定》等文件;同年10月,国家建筑工程总局颁发了1979年《建筑安装工程统一劳动定额》,全面修订了1966年制定的工程预算定额。修订的新劳动定额共有27册,16 092个项目,66 281个子目,定额水平按可比项目与1966年相比提高了4.39%。1980年4月,国家计委、国家经委、国家劳动总局联合颁发的《国营企业计件工资暂行办法》(草案)中指出:"凡是企业主管部门有统一劳动定额的,应按统一劳动定额执行,没有统一劳动定额的,可由企业自行制订,但应在报上级主管部门批准后方能执行。"此外,还按社会平均水平修改和制订了建筑工程土建预算定额,恢复了按工程预算成本的2.5%记取利润的制度,使按预算定额编制的施工图预算价格比较接近其价值。

总之,从党的十一届三中全会召开至1991年,我国不仅恢复和修订了一系列工程预算制度和法规,修订了一般土建工程预算定额和间接费定额,变过去社会平均先进水平为平均水平,使按定额计算的工程建设产品价格更加贴近商品经济的要求,有利于工程建设产品的生产和建筑安装企业的发展,加速了我国社会主义现代化建设的进程。

1.1.2 建设工程造价全面改革的质变阶段(1992年至今)

从1992年全国工程建设标准定额工作会议至1997年全国工程建设标准定额工作会议期间,是我国推进工程造价管理机制深化改革的阶段。建设部1999年1月发布了《建设工程施工发包与承包价格管理暂行规定》,是以工程发承包价格为管理对象的规范性文件,对规范建设工程发承包价格活动、工程造价计价依据和计价方法的改革起到了推动的作用。2001年10月25日,建设部在推行《建设工程施工发包与承包价格管理暂行规定》的基础上,又发布了第107号部长令《建筑工程施工发包与承包计价管理办法》,自2001年12月1日起施行。此文件更加明确地提出:"建筑工程施工发包与承包价格在政府宏观调控下,由市场竞争形成。工程发承包计价应当遵循公平、合法和诚实信用的原则",并重申了招标投标工程可以采用工程量清单方法编制招标标底和投标报价的规定。近几年来,按照这一改革方向,各地在工程发承包工程量清单计价依据、计价模式与方法、管理方式及其工程合同管理等方面,进行了许多有益的探索,在沿海和大城市如广东顺德、深圳、广州、上海、天津、山东、重庆、武汉等地,特别是广东沿海地区获得了宝贵经验,在工程发承包计价改革中取得了实效。

建设部于2003年2月17日发布第119号公告,批准国家标准《建设工程工程量清单计价规范》(GB 50500—2003)(以下简称《计价规范》)自2003年7月1日起实施。2008年7月9日建设部发布了《计价规范》(GB 50500—2008)。2012年12月25日,在总结了两个"国家标准"实践经验与存在问题的基础上,住房和城乡建设部(简称住建部)发布了《计价规范》(GB 50500—2013)及九个相关专业工程量计算规范。

综上所述,我国工程造价体系的健全、完善和工程造价管理体制的改革推进,经历了60余年的艰难历程,走过了从政府定价到市场定价、从量价合一到量价分离、从政府保护到公平竞争、从行政管理到依法监督等一系列的转变,经历了由"控制量,指导价,竞争费",到完善"政府宏观调控、企业自主报价、市场形成价格、社会全面监督"的工程造价管理模式的磨合过程,使工程建设市场的价格机制基本形成。全面推进建设工程工程量清单计价模式和方法,是实现我国建设工程造价改革由计划经济模式向市场经济模式转变的重要标志,是实现我国深化工程造价管理体制全面改革的革命性措施;同时又是全面推进工程管理体制改革,有效推行工程总承包管理模式,以及有效推行工程合同管理的关键要素和必备条件,必将对我国不断提高建设投资效益和有效利用资源发挥巨大的作用。

1.2　国外的工程造价管理

国外一般都是采用国际上的通用做法,工程造价管理与控制主要依据 FIDIC 条款(土木工程建筑合同条件),推行限额设计、工程总分包项目体制,施工总分承包商负责施工图及构造、大样图的设计,实行工程量清单报价与计价方式,有许多值得我国借鉴之处。

1.2.1　法国的工程造价管理

法国在工程造价的确定与控制方面具有显著特点。其做法是:采用工程量清单计价办法,没有社会统一定额单价,基本上是以企业定额报价,包括有关经费、风险、利润等费用,最后以公开招标或邀请招标的方式确定承包商。在工程造价估算方面,有一套建立在现有工程资料分析基础上较为科学的数据处理方法,工程造价估算和计价结果基本准确。工程造价计算过程通常分为四个阶段。第一阶段是项目规划或可行性研究阶段,在做项目规划或可行性研究中进行大致估算,准确度可达到±30%。第二阶段是工艺方案设计阶段,准确度可达到±(15%～25%)。第三阶段是基本设计、招标文件准备阶段,准确度可达到±5%。项目业主以基本设计所估算的总投资作为投资控制的目标。在此阶段,已做到明确土建、工艺、设备、电气等专业的标准、规格和数量,厂房布置图,提出了主要设备和土建项目清单,完成到标书编制的深度,得出的投资估算一般不会有大的突破。第四阶段是施工图设计阶段,要求施工图设计能保证各分项费用在工程预算限额内。

建设工程造价的控制,是通过控制建设标准、优化设计,尤其是加强合同管理,包括制定标准合同总条款、严格合同文本的审查、加强合同执行中的监督来实现的,政府对投资项目起着宏观控制的作用。法国是市场经济发达的国家,企业在高度自由的竞争环境中生存与发展,政府为社会经济的正常运转创造必要的条件,同时对国有企业进行宏观指导和必要的控制。

1.2.2　德国的工程造价管理

德国政府对工程造价的管理与控制,是强调建设项目投资估算的严肃性、科学性和合理性,以此作为控制总投资的关键。任何一项建设工程,不论是政府还是私人的投资项目,其项目管理都包括质量、进度、投资(成本)控制的有机结合,最终是要得到优质的建设产品。项目投资额(或是投资估算)的确定,必须根据国家质量标准 DIN(即 Deutsche Industrie Normen,德国工业标准)的要求,慎重地计算所需要的费用,而且必须要有一定的预测与浮动,投资既要充分估计,又要留有余地。投资额的估算一般由社会性工程咨询顾问公司的工程造价专业人员完成。工程项目管理是全过程的管理,投资(或成本)、质量和进度的控制贯穿于工程项目管理的全过程。一个部门或一个监理公司承接项目管理任务后,在投资或成本控制方面,从投资估算、设计概算、施工预算到竣工结算、决算等是一条龙服务。尽量避免计划与建设的脱节,在实施建设计划的过程中,计划与建设融为一体,严格控制建设成本,不得超过已定的投资额。

德国的工程预算在工程实施中是工程费用支付、管理的依据,是招标审查报价的尺度。工程费基本上与国际上习惯采用的 FIDIC 条款(土木工程建筑合同条件)的要求和做法一致,采用工程量清单计价,投标人则按综合单价和总价进行报价,一些现场管理项目和措施性项目费用等另行开列开办费等报价。在确定工程造价时,必须考虑风险、担保、利息、利润、税金等因素,取费多寡由各投标人公司的实力和竞争策略而定。由于市场竞争激烈,投标者不是最低报价就难以中标。所以,在编制投标报价时,需要正确掌握材料价格、机械使用费、劳务价格及市场行情等,并要对市场的走势做好事先的预测和判断,这就需要一批既有专业知识,又有丰富实践经验的人员,否则就无法胜任计价,也无法参与市场竞争。

1.2.3　英、美的工程造价管理

英、美与法、德有所类似,仅作以下简要介绍。

英国是建立和完善工程承包和工程造价管理制以及推行工程量清单计价方法历史较长的国家,工程造价管理体系较为完整。由政府颁布统一的工程量计算规则,并定期公布各种价格指数。工程造价的工程量是依据这些规则计算的,价格则采用咨询公司提供的信息价和市场价进行计价,没有统一的定额标准可以套用。工程价格是通过自由报价和竞争最后形成的。

美国的工程价格是典型的市场价格,工程造价和管理均委托咨询公司承担。咨询公司根据自己的经验制定计价标准,州政府颁布的价格指数只适用于政府投资的项目,并不强求全社会执行。在美国,项目投资一经批准就成为投资限额,不许任意突破。

1.2.4　日本的工程造价管理

日本的工程造价管理体系与我国传统施工图预算方式既有类似之处,又有区别。日本建设工程计价有统一的工程量计算规则和计价基础定额,实行量价分离,政府只管实物量消耗,价格由咨询公司采集、跟踪管理,政府不干预私人投资项目价格的确定。计价依据由建设省统一组织或经建设省统一委托编制,并发布有关公共建筑工程计价依据。建设省负责编制计价依据的目的:一是加强施工管理,促进建设业发展和科技进步;二是科学合理地规范建设市场的定价行为。编制的计价依据一方面为业主编制标底、确定工程造价的期望值提供依据,另一方面也是承包方报价的参考标准。

1.2.5　国际上工程造价管理的共同特征

综合上述五国的工程造价管理制度,除日本有统一的定额标准外,其他计价活动具有以下共同特点:

① 行之有效的政府间接调控。政府对工程造价采取不直接干预的方式,只是通过税收、信贷、价格、信息指导等经济手段引导和约束投资方向,政府调控市场,市场引导企业,使投资符合市场经济发展的需要,一般实行总分包的工程管理体制。

② 有章可循的计价依据。政府制定宏观控制的计价依据是不可缺少的,一般都是由政府颁发统一的工程量计算规则。

③ 采用清单计价方式,并委托专业咨询公司进行工程计价和控制。专业咨询公司一般都有丰富的工程造价实例资料、数据库和长期的计价实践经验,有较完善的工程计价信息系统和技术实力及手段,他们被允许充当业主和承包商的代理人。以工程特点和市场状况为主要依据进行工程计价,实行动态管理与控制是他们的社会责任。

④ 多渠道的工程造价信息。一般都是由政府颁布多种造价指数、价格指数或由有关协会、咨询公司提供价格和造价资料,供社会享用。由于形成了及时、准确、实用的工程造价信息网,故能够适应市场经济条件下工程价格信息快速、高效、多变的特点,满足计算与控制工程造价对价格信息的需求。

⑤ 形成了工程总包与分包的项目管理体制。施工承包商承担施工图设计,有利于承包商将设计与施工有机结合,充分发挥技术优势,大幅度降低施工成本,这样做更有利于业主降低项目投资与工程项目建设造价。

1.3　我国建设工程产品及其价格构成的基本概念

1.3.1　建设项目的分解及价格的形成

一个建设项目是一个完整配套的综合性产品,可包含诸多建设项目子分项,如图 1.1 所示。

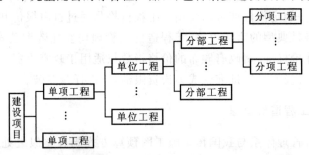

图 1.1　项目分解示意图

（1）建设项目

建设项目一般是指有一个设计任务书,能按经过优化的设计图纸进行施工,建设和营运中有按《公司法》构建的独立法人即项目法人负责制组织机构(或私营企业),经济上实行独立核算,并且是由一个或一个以上的单项工程组成的新增固定资产投资项目的统称。如一个工厂、一个矿山、一条铁路、一所学校、一个房地产小区等。建设项目的工程造价(或称工程总造价)一般是由工程估算、设计总概算或修正概算来确定的。

（2）单项工程

单项工程是指能够独立设计、独立施工,建成后能够独立发挥生产能力或工程效益的工程项目,即由多个类似或性质相近的单位工程(如生产车间、办公楼、教学楼、食堂、宿舍楼等)组成的工程项目,它是建设项目的组成部分,即建设项目的子系统,其单项工程产品总造价可由单项工程综合概(预)算来确定。若建设项目只包含一个单项工程,则此单项工程可称为建设项目。

（3）单位工程

单位工程是可以独立设计,也可以独立施工,但不能独立形成生产能力与发挥效益的工程项目。单位工程是单项工程的组成部分,是它的子系统,也是建设项目的子子(孙)系统。如具有生产能力的一个车间(或所谓单项工程)是由土建工程、设备安装工程等多个单位工程组成。人们常称的建筑工程,包括一般土建工程、工业管道工程、电气照明工程、卫生工程、庭院工程等单位工程。设备安装工程也可包括机械设备安装工程、给水排水安装工程、通风设备安装工程、电气设备安装工程和电梯安装工程等单位工程。单位工程是编制单项工程综合概(预)算、设计总概算的基本依据。单位工程造价一般可由施工图预算(或单位工程设计概算)或工程量清单计价确定。

(4)分部工程

分部工程是单位工程的组成部分。它是按照建筑物或构筑物的结构部位或主要的工种工程划分的工程分项。如土石方工程、基础工程、砌筑工程、主体工程、钢筋混凝土工程、楼地面工程、屋面工程等。分部工程费用是单位工程造价的组成部分,也是按分部工程发包时确定承发包合同价格的基本单元。

(5)分项工程

按照传统的施工图预算定额方法划分,所谓分项工程是分部工程的细分,是建设项目最基本的组成单元,是最简单的施工过程,也是工程预算分项中最基本的分项单元。一般是按照选用的施工方法、所使用的材料、结构构件规格等不同因素划分的施工分项。例如,按定额分部工程划分砖石工程时,可划分为砌砖基础、内墙、外墙、柱、空斗墙、空心砖墙、墙面勾缝和钢筋砖过梁等分项工程。又如,按结构部位划分的分部工程如砖基础工程,可细分为挖土方(即挖基坑或挖基槽)、做垫层、砌砖基础、防潮层、回填土等分项工程。分项工程是工程概预算分项中最小的分项,每个分项工程都能用最简单的施工过程去完成,且能用一定的计量单位计算(如基础或墙的计量单位为 10 m^3,现浇构件钢筋的计量单位为 t,水磨石地面的计量单位为 100 m^2 等),并能计算出一定量分项工程所需耗用的人工、材料和机械台班的数量。

请读者注意,按照工程量清单计价方式所称的清单分项工程项目(或清单项目),则不同于上述概念。清单中的分项是一个综合性概念,多属分部分项或专业工种工程分项,它可以包括上述分项工程中的两个或两个以上的分项工程。

1.3.2 工程概预算与项目建设过程的关系

从实质上讲,工程概预算是建设工程项目计划价格(或工程项目预算造价)的广义概念,从广义上讲,建设工程造价与工程概预算具有类同的含义。目前,也有不少人将建设项目总投资与建设项目工程造价(或设计总概算)混为一谈。简单地区别就是,建设项目总投资至少应包括项目建成后试生产或投产后基本的生产投入费用,如启动生产的流动资金及其利息等;建设项目工程造价(或设计总概算)只包括完成一个建设项目建设实施过程中的总投资,即从项目准备到建设实施阶段完成项目建设的总投资。工程概预算是以建设项目为前提,围绕建设项目分层次的工程价格构成体系,是由建设项目总概(预)算(建设项目总造价或修正概算)、单项工程综合概(预)算即单项工程造价、单位工程施工图预算(或单位工程工程量清单计价预算价、或单位工程造价)、工程量清单分项综合单价等构成的计划价格体系。

建设项目是一种特殊的产品,耗资额巨大,其投资目标的实现是一个复杂的综合管理系统过程,贯穿于建设项目实施的全过程。因此,必须严格遵循基本建设的制度、法规和程序,按照概预算发生的各个阶段,使"编"、"管"结合,实行各实施阶段的全面工程概预算与成本管理与控制,如图1.2所示。

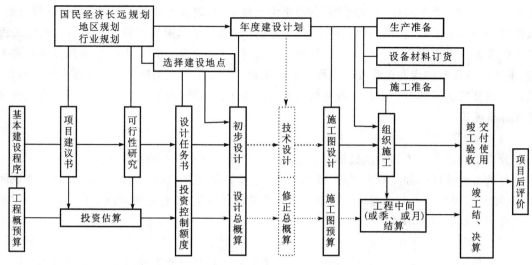

图 1.2　工程概预算与项目建设过程的关系

图 1.2 说明了基本建设程序、概(预)算编制与管理的总体过程,以及工程概预算与基本建设程序不可分割的关系。工程概预算的编制和管理是一切建设项目管理的重要内容之一,是实施建设工程造价管理,有效节约建设投资与资源和提高投资效益最直接的重要手段和方法。工程概预算的编制和管理,一开始就应注重项目建议书和可行性研究阶段(即工程估算)的投资估算,以及初步设计完成之后设计总概算的编制。如果采用三阶段设计(即图 1.2 所示的初步设计、技术设计、施工图设计),应编制相应的设计总概算、修正总概算(一般也称修正概算)和施工图预算。当采用两阶段设计时,则将初步设计与技术设计阶段合并,称为扩大的初步设计阶段。对应两阶段设计,工程概预算也相应简化为设计总概算和施工图预算两部分。

综上所述,工程概预算的编制和管理,是我国进行基本建设的一项极为重要的工作,是一切工程项目管理中注重工程风险与合同管理的重要环节,同时也是有效进行投资控制,不断提高投资经济效益和降低资源消耗的重要手段和方法。

1.4　建设工程概预算分类及其作用

所谓的工程概预算造价,是一个不同工程类型的造价体系。它会以不同的价格形式出现,即工程概预算价格形式表现为按工程建设阶段分类、按工程对象分类、按工程承包合同的结算方式分类等。请读者注意它们之间的共性与个性以及运用条件的区别。

1.4.1　按工程建设阶段分类

按工程建设阶段分类的工程概预算表现形式(图 1.2 所示)可分为:

(1) 设计总概算

设计总概算是在初步设计或扩大的初步设计阶段,由设计单位以投资估算为目标,预先计算建设项目由筹建至竣工验收、交付使用的全部建设费用的技术经济文件。它是根据可行性研究阶段决定的工程估价、国家或企业经科学论证批准的总投资额度、初步设计图纸、概算定额(或概算指标)、设备预算价格、各项费用定额或取费标准、市场价格信息和建设地点的自然及技术经济条件等资料编制的。

设计总概算是国家确定和控制建设项目总投资,编制基本建设计划的依据。每个建设项目只有在初步设计和概算文件被批准之后,才能列入国家基本建设计划,才能进行施工图设计。

(2) 修正总概算

采用三阶段设计时,在技术设计阶段,随着对初步设计内容的深化,建设规模、结构性质、设备类型等可能进行必要的修改和变动,此时,初步设计总概算也应作相应的调整和变动,即形成修正总概算。一般情况下,修正总概算不能超过已批准的设计总概算投资额。

(3) 施工图预算

图 1.2 所示的施工图预算,可以认为包括传统的施工图预算(或称定额预算)与工程量清单计价(或简称"清单计价")两种不同的计价方法,但它们都是反映单位工程工程造价的结果,都属于施工图设计阶段的预算,可以泛称为施工图预算。

传统的施工图预算计价法是我国五十多年来最主要的建筑安装工程预算编制方法,是计划经济体制下的产物,编制依据是国家或地方统一规定的基础定额与费用定额,有它特定的编制程序、步骤和方法。由于它产生于施工图设计阶段,因而将其称为施工图预算。

工程量清单计价也是单位工程预算的一种,应当说它是我国进入市场经济条件下新的计价方法,也是发生于施工图设计阶段,就其概预算特性来讲,仍属建筑安装工程预算的范畴。

上述两种不同计价方法将在本章第 1.5 节作简要介绍,详尽编制方法将在第 5 章、第 4 章分别专题讲述。

总之,施工图预算是反映和确定建筑安装工程预算造价的技术经济文件,是签订建筑安装工程施工合同、实行工程预算包干、银行拨付工程款、进行竣工结算和竣工决算以及合同管理与索赔的重要依据,是施工企业加强经营管理、搞好企业内部经济核算的重要依据。

(4) 竣工结算

竣工结算是指一个建设项目或单项工程、单位工程全部竣工,发、承包双方根据现场施工记录、设计变更通知书、现场变更签证、定额预算单价和有关取费标准等资料,经过建设单位与有关部门验收,由监理工程师签署并经过审计后,在原订合同预算价的基础上包括风险与索赔等依据最终形成的,并经双方按照合法程序办理的最终工程结算的技术经济文件,即发、承包双方交换工程产品的结算价。

竣工结算是工程结算中最终的一次性结算。除此以外,工程结算还应包括中间结算,即定期结算(如月结算、季结算)或工程施工阶段按工程形象进度结算,其作用是使施工企业获得收入,补偿消耗,是进行分项核算的依据。

(5) 竣工决算(或竣工成本决算、竣工财务决算)

竣工决算可分为施工企业单位工程竣工决算和建设单位的竣工决算。施工企业单位工程竣工决算,是以工程结算为依据编制的,从施工准备到竣工验收后的全部施工费用的技术经济文件,用于分析该工程施工的最终的实际效益,故也称竣工财务决算。建设单位的竣工决算,是由建设单位(业主)以竣工结算为依据编制的,从决算项目筹建到竣工验收、交付使用全过程中实际支付的全部建设费用的技术经济文件,它主要是反映基本建设实际投资额及其投资效果,是核定新增固定资产和流动资金价值的依据。

请读者注意:竣工决算是发、承包双方各自在竣工结算(全部预算定额费用)的基础上,加上为竣工产品另外付出的合理合法的全部财务支出量,据此而称之为"竣工财务决算"。一般而言,竣工财务决算的额度大于竣工结算的额度。

1.4.2　按工程对象分类

图 1.1 所示的项目分解示意图,既反映了价格体系的构成,也反映了工程产品及其与价格之间的关联关系,表明它们在不同条件下又能形成独立的产品价格。

(1) 分部分项工程概预算

分部分项工程概预算是以分部分项工程(即分部分项或专业工程分包产品)为对象而编制的工程建设费用的技术经济文件。它可能是分部分项工程设计概算,也可能是分部分项工程预算,可以作为业主(或总承包商)向专业工程分包商发包与结算的基本依据。

(2) 单位工程概预算

单位工程概预算是以单位工程为对象而编制的工程建设费用的技术经济文件,可能是单位工程设计概算,也可能是单位工程施工图预算。

(3) 工程建设其他费用概预算

工程建设其他费用是以建设项目为对象,根据有关规定应在建设投资中支付的,除建筑安装工程费、设备购置费、工具及生产家具购置费和预备费以外的一切费用,如土地、青苗等补偿费,安置补助费,建设单位管理费,生产职工培训费等。工程建设其他费用概预算是根据设计文件和国家、地方主管部门规定的取费标准进行编制的,以独立的费用项目列入单项工程综合概预算或建设项目总概算中。

(4) 单项工程综合概预算

单项工程综合概预算是确定单项工程建设费用的综合性技术经济文件,由该建设项目与其单项工程相关的各单位工程概预算汇编而成。当建设项目只有一个单项工程时,就可不必编制设计总概算,其工程建设其他费用概预算和预备费则列入单项工程综合概预算中,以反映该项工程建设的全部费用。

(5) 建设项目总概预算

建设项目总概算或称为设计总概算,是以概算定额或概算指标为依据编制的,详见本书第 8 章。所谓建设项目总预算,是以预算定额为依据,以施工图预算为基础,按照单位工程预算、单项工程预算和建设项目预算路径逐步归纳并加上其他费用之总和。

1.4.3　按工程承包合同的结算方式分类

我国推行工程量清单计价方式,是为了适应我国工程总承包管理新体制,同时与国际工程承包计价方式接轨。建设部令第 107 号《建筑工程施工发包与承包计价管理办法》第十二条规定,工程承包合同价格可以采用以下方式:

① 固定价　合同总价或单价在合同约定的风险范围内不可调整;

② 可调价　合同总价或单价在合同实施期内,根据合同约定的办法可以调整;

③ 成本加酬金。

按照国际上通用的承包合同规定的不同工程结算方式,工程概预算可分为以下五类:

(1) 固定总价合同概预算

固定总价合同概预算,是指以投资估算、初步设计阶段的设计图纸和工程说明书为依据,计算和确定的工程总造价。此类合同是按工程总造价一次包死的承包合同(即固定合同)。其工程概预算是编制的设计总概算或单项工程综合概算。工程总造价的精确程度取决于设计图纸和工程说明书的精细程度。如果图纸和说明书粗略,将使概预算总价难以精确,承发包双方可能承担较大的风险。

(2)计量定价合同概预算

计量定价合同概预算可称为工程量清单计价合同。它是以合同规定的工程量清单和清单分项综合单价为基础,计算和确定合同约定工程的工程造价。此种概预算编制的关键在于正确地确定每个分项工程的综合单价。这种定价方式风险较小,是国际工程施工承包中较为普遍的方式,也是我国即将普遍推行的合同计价方式。

(3)单价合同概预算

所谓单价合同,是以拟建工程项目或单位工程产品的标准计价单位(如以房地产住宅项目每平方米产品)的综合单价为计价依据,进行招标投标时所签订的计价合同。这种方式在国际工程招标中可以多种方式发包定价:

① 可以将工程设计和施工同时发包,承包商在没有施工图纸的情况下报价,显然这种计价方式要求承包商具有丰富的经验;

② 可由招标单位提出合同报价单价,再由中标单位认可,或经双方协调修订后作正式报价单价;

③ 综合单价固定不变,也可商定在实物工程量完成时,随工资和材料价格指数的变化进行合理的调整,调整办法必须在承包合同中明文规定。

后两种方式在我国较稳定的房地产商与工程承包商之间,在房屋结构简单、户型变化不大的房地产项目中曾较多采用。

(4)成本加酬金合同概预算

成本加酬金合同概预算,是指按合同规定的直接成本(人工、材料和机械台班费等),加上双方商定的总管理费用(包括税金)和利润金额来确定预算总造价。这种合同承包方式,同样适用于没有提出施工图纸的情况下,或在遭受到毁灭性灾害或战争破坏后,亟待修复的工程项目中。此种概预算计价合同方式还可细分为成本加固定百分数、成本加固定酬金、成本加浮动酬金和目标成本加奖罚金等四种方式。

(5)统包合同概预算

统包合同概预算,是按照合同规定从项目可行性研究开始,直到交付使用和维修服务全过程的工程总造价。采用统包合同确定单价的步骤一般为:

① 建设单位请投标单位进行拟建项目的可行性研究,投标单位在提出可行性研究报告时,同时提出完成初步设计和工程量清单(包括概算)所需的时间和费用。

② 建设单位委托中标单位做初步设计,同时着手组织现场施工的准备工作。

③ 建设单位委托做施工图设计,承包商同时着手组织施工。

这种统包合同承包方式,每进行一个程序都要签订合同,并规定应付给中标单位的报酬金额。由于设计逐步深入,其统包合同的概算和预算也是逐步完成的,因此,一般只能采用阶段性的成本加酬金的结算方式。

1.5 定额与清单计价的编制要领

让学习者先了解预算编制的总体概念与计价基本程序,是本书从第 1 版开始就具备的基本特点。读者首先要掌握概预算编制的基本内容、程序和步骤,这样有利于理解概预算编制过程的相关关联与内涵;懂得并掌握编制概预算的基本元素如工程建设定额、工程量、费用构成等;知道学什么、怎么学和如何掌握编制方法。本节将简要介绍定额计价与清单计价编制程序与基本概念。

1.5.1　定额计价与清单计价方法的费用构成

要掌握建筑安装工程概预算编制方法,必须先弄清建筑安装工程费用的构成。国家住建部、财政部于 2013 年 3 月 21 日为适应深化工程计价改革的需要,发布了《建筑安装工程费用项目组成》的通知(建标[2013]44 号),说明和规定了两种不同计价方式的"费用组成",即:

(1) 建筑安装工程费用项目按费用构成要素组成划分为人工费、材料费、施工机具使用费、企业管理费、利润、规费和税金,图 1.3 所示为按费用构成要素划分的建筑安装工程费用项目组成。

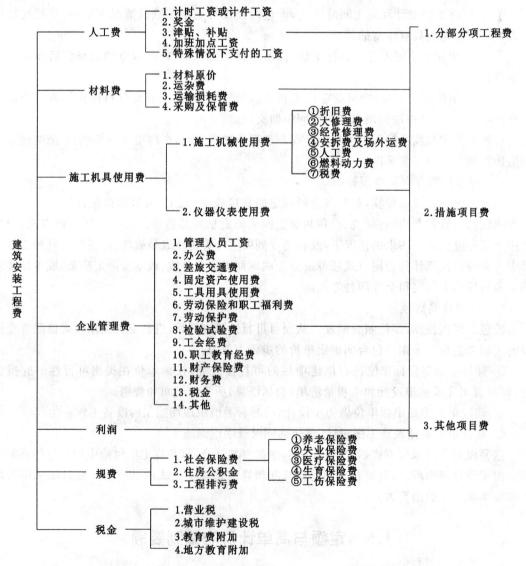

图 1.3　按费用构成要素划分的建筑安装工程费用项目组成

（2）为指导工程造价专业人员计算建筑安装工程造价，将建筑安装工程费用按工程造价形成顺序划分为分部分项工程费、措施项目费、其他项目费、规费和税金，图1.4所示为按造价形成顺序划分的建筑安装工程费用项目组成。

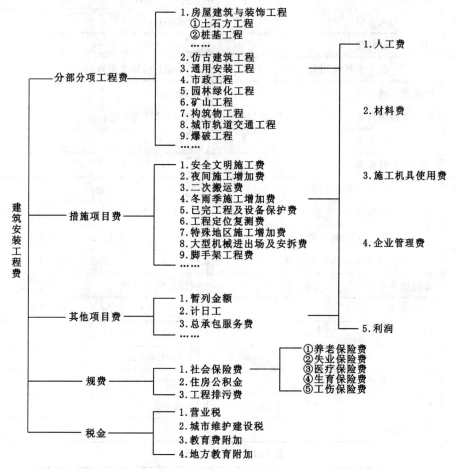

图 1.4　按造价形成顺序划分的建筑安装工程费用项目组成

两种不同建筑安装工程造价费用构成方式，也反映了两种不同的建筑安装工程造价计算路径与方法。

图1.3说明了采用定额计价方法的工程造价的费用构成，图中显示其工程造价由人工费、材料费、施工机具使用费、企业管理费、利润、规费、税金等费用组成。按传统施工图预算费用划分，直接费是指直接转移或凝结于工程产品中的活劳动与物化劳动的总量，由人工费、材料费、施工机具使用费和措施费组成；间接费由企业管理费、规费等费用组成。关于费用细分及其编制方法将在第2、3、4、5章中作详尽探讨。

图1.4说明了采用清单计价方法的工程造价的费用构成，图中显示其工程造价由分部分项工程费、措施项目费、其他项目费、规费、税金五大项费用组成。其编制方法将在第4章作深入系统地探讨。

1.5.2　定额计价与清单计价的基本程序与步骤

定额计价与清单计价的基本编制程序与步骤，如表1.1与表1.2所示。

表 1.1 定额计价程序

序号	费用项目		计算方法
1	分部分项工程费		1.1+1.2+1.3
1.1	其中	人工费	$\sum$（人工费）
1.2		材料费	$\sum$（材料费）
1.3		施工机具使用费	$\sum$（施工机具使用费）
2	措施项目费		2.1+2.2
2.1	单价措施项目费		2.1.1+2.1.2+2.1.3
2.1.1	其中	人工费	$\sum$（人工费）
2.1.2		材料费	$\sum$（材料费）
2.1.3		施工机具使用费	$\sum$（施工机具使用费）
2.2	总价措施项目费		2.2.1+2.2.2
2.2.1	其中	安全文明施工费	(1.1+1.3+2.1.1+2.1.3)×费率
2.2.2		其他总价措施项目费	(1.1+1.3+2.1.1+2.1.3)×费率
3	总包服务费		项目价值×费率
4	企业管理费		(1.1+1.3+2.1.1+2.1.3)×费率
5	利润		(1.1+1.3+2.1.1+2.1.3)×费率
6	规费		(1.1+1.3+2.1.1+2.1.3)×费率
7	不含税工程造价		1+2+3+4+5+6
8	税金		7×费率
9	含税工程造价		7+8

表 1.2 清单计价程序

序号	内 容	计 算 方 法	金额(元)
1	分部分项工程费	按计价规定计算	
1.1			
1.2			
2	措施项目费	按计价规定计算	
2.1	其中:安全文明施工费	按规定标准计算	
3	其他项目费		
3.1	其中:暂列金额	按计价规定计算	
3.2	其中:专业工程暂估价	按计价规定计算	
3.3	其中:计日工	按计价规定计算	
3.4	其中:总承包服务费	按计价规定计算	
4	规费	按规定标准计算	
5	税金(扣除不列入计税范围的工程设备金额)	(1+2+3+4)×规定税率	

招标控制价合计＝1+2+3+4+5

图 1.3、图 1.4 说明了两种计价方式分项费用构成的不同形式,从表 1.1 与表 1.2 中可以看出两种计价方式费用组成与计算程序及步骤的特征。

表 1.1 中概括了定额计价方法(传统称为"施工图预算")的计价程序与步骤;表 1.2 所表述的清单计价编制程序是:按照表列顺序分别求解分部分项工程费、措施项目费、其他项目费、规费、税金等五项费用,最后求得上述五项之和为含税工程造价。

1.5.3 掌握编制方法的要点及应注意的问题

掌握编制方法是每位造价工程师必须具备的基本技能,然而,对一个造价工程师而言,方法只是基本的手段,还必须掌握概预算编制的各方面必要条件和更多相关知识。因此,对全面掌握概预算编制理论知识和技能作如下提示:

(1)注重相关政策法规的学习,高度重视政策法规因素对编制概预算的直接影响

工程概预算书报批,审查其费用的构成、计取,从土地的购置到工程建设完成后的竣工验收、交付使用和竣工决算等,都有严格而明确的政策规定;在我国社会主义市场经济条件下,既有较强的政策性与计划性,又必须服从市场经济的价值规律,注重计划与市场相结合条件下的投资经营活动。建设项目的确立,既要受到国家、地方、行业市场经济发展的制约,以及国家产业政策、产业结构、投资方向、金融政策和技术经济政策的宏观调控,又要受到国家宏观经济可持续发展影响下的科学技术发展,市场需求变化,市场规则,劳力、原材料、设备等生产资料和金融市场变化等因素及能源、交通、物流、社会与人文环境的制约。

(2)地区性与市场性因素

建设工程产品存在于不同的地域空间,其产品价格必然会受到所在地区时间、空间、自然条件和社会与市场软硬环境的影响。建设工程产品的价值是人工、材料、机具、资金、能源和技术投入的结果。不同的区域和市场条件,对上述投入条件和工程造价的形成都会带来直接的影响。此外,由于施工现场的地物、地貌、地质与水文地质条件的不同,也会给工程概预算费用带来较大的影响,即使是同一设计图纸的建筑物或构筑物,也至少会在现场条件处理和基础工程费用上产生较大幅度的差异。当地技术协作、物资供应、交通运输、物流、市场价格和现场施工等建设条件,以及当地的企业定额水平,都将会反映到工程概预算价格之中。

(3)设计因素

设计图纸是编制工程概预算的基本依据之一,工程造价人员必须注重不断提高识图和理解设计意图的能力,也必须懂得设计规范、标准及其相关技术知识。

(4)建筑安装生产技术的发展与生产效率提高因素的影响

现今是科学技术高速发展的时代,工业与建筑业技术的加速发展会使生产效率不断提高,使安装生产与施工成本不断降低,注重行业成本、个别企业成本与价格水平的变化,运用市场竞争机制选择发承包商会对工程承包价产生重大影响,编制的工程安装与施工组织设计(或施工方案)和工程技术、环保、安全措施等,也会对工程概预算的编制产生较大的影响。

(5)不断提高编制人员的素质

工程概预算的编制和管理,是一项十分复杂而细致的工作。编制人员应具有较高的工程概预算编制综合能力,如工程识图、建筑构造、建筑结构、建筑施工、建筑设备、建筑材料、建筑技术经济与建筑经济管理等理论知识以及相应的实际经验;必须有高度的责任感,始终把节约投资、不断提高经济效益放在首位;政策观念强,知识面宽,不但应具有建筑经济学、投资经济

学、价格学、市场学等理论知识,而且要有较全面的相关专业理论与业务知识;必须充分熟悉有关概预算编制的政策、法规、制度、定额标准和与其相关的市场动态信息等。只有这样,才能准确地编制好工程概预算,防止"错、漏、冒"等问题的出现。

总之,要较好地掌握编制工程概预算的理论知识、技术和技能,不仅要懂得编制工程概预算的方法,还必须充分注意编制工程概预算的主观与客观条件及编制环境。

思考与练习

1.1　简述建设工程造价改革的必要性及其意义。

1.2　建设工程造价改革分为哪几个阶段?改革的主题是什么?

1.3　为什么说我国新《计价规范》的出台是深化工程管理体制改革的战略性措施?

1.4　建设项目、单项工程、单位工程、分部工程和分项工程如何定义?其相关性如何?

1.5　说明工程概预算与基本建设的关系。为什么说工程概预算是一个动态的计价体系?

1.6　简述工程概预算分类及其分类构成的具体内容。请举例说明其中两种不同类别的作用和运用条件。

1.7　国际上工程造价管理有哪些共同特征?

1.8　什么是固定总价合同概预算、计量定价合同概预算、单价合同概预算与成本加酬金合同概预算?

1.9　试分析比较图 1.3、图 1.4 中定额计价与工程量清单计价的费用构成,回答下列问题:

(1)两者有什么共同之处?

(2)两者有什么不同之处?

1.10　表 1.1 与表 1.2 所示计价程序各适用于什么计价方法,各自的计算步骤如何?

1.11　编制工程概预算应注意的问题有哪些?

1.12　工程概预算人员应注重哪些方面素质的培养和提高?

2 工程建设定额编制原理与方法

2.1 概　述

2.1.1 工程建设定额的概念

在社会化生产中,为了完成某一合格产品,就必然要消耗(投入)一定量的活劳动与物化劳动。在社会生产发展的不同时期,由于生产力水平及生产关系的不断变化,产品生产中所消耗的活劳动与物化劳动的数量会由于企业主客观条件的变化而不尽相同。然而,在一定时期内和一定的生产条件下,总会有一个相对稳定的消耗水平与额度。为了促进社会生产力不断提高和发展,节约资源和有效控制资源合理消耗,必须规定完成某一合格单位产品所需消耗的活劳动与物化劳动的数量标准(或额度),这也反映了社会发展过程中对"定额"产生的客观需求。

所谓"定",就是规定,"额",即标准或尺度,这是所谓"定额"最基本的含义。工程建设定额是指正常的工程建设在一定的施工生产条件下,为完成某项按照法定规则划分的合格的分项或分部分项工程(或建筑构件)所需资源消耗量的数量标准。

在理解工程建设定额含义时,还必须真正懂得其全面的内涵:

① 工程建设定额属于生产消费定额性质。既然工程建设是物质资料的生产过程,必然也是生产的消费过程。一个工程项目的建成,无论是新建、改建、扩建,还是恢复工程,都要消耗大量人力、物力、能源和资金。而工程建设定额所反映的,正是在一定的生产力发展水平条件下,以产品质量标准为依据,完成工程建设中某项产品与各种生产消耗之间特定的数量关系。

② 工程建设定额的水平必须与当时的生产力发展水平相适应,符合平均先进的原则。人们一般将工程建设定额所反映的资源消耗量的大小称为定额水平,因地制宜的定额水平必然要受到生产力发展水平的制约,应当与社会或行业生产力发展状态相适应。一般说来,生产力发展水平高,则生产效率高,生产过程中的消耗就少,定额所规定的资源消耗量应相应地降低,此种状况称为定额水平高;反之,生产力发展水平低,则定额所规定的资源消耗量应相应地提高,此种状况则称为定额水平低。

所谓平均先进原则,是指在正常的施工生产条件、劳动组织形式下,大多数生产者经过努力能够达到和超过的定额水平。平均先进原则应能够反映已经成熟的先进技术、先进管理和先进的创新成果,不断提高工程建设质量,不断降低资源消耗,不断提高企业管理水平,不断提高生产者的生产知识和技能,从而达到鞭策落后、勉励中间、鼓励先进的目的,适应社会、行业与企业可持续发展的需要。

③ 工程建设定额所规定的资源消耗量,是指为完成定额所标定(或限定)的产品(分项或分部分项工程,或建筑构件等),以对象品质合格为准则,所需耗用资源的限量标准。在确定消耗水平时,必须保证以产品质量合格为第一原则。

④ 工程建设定额反映的资源消耗量的内容,包括为完成该工程建设产品生产任务所需资

源消耗的品质、类型与类别。工程建设是一项物质生产活动,为完成物质生产过程必须形成有效的生产能力,而生产能力的形成必须消耗劳动力、劳动对象和劳动工具,反映在工程建设过程中,即为人工、材料和机械三种资源的消耗。

深刻理解"定额"的含义,就必须懂得:它包含生产与消费的转换过程,并服从于市场价值规律;基于质量标准;人工、材料和机械三种资源消耗有限定的额度等丰富的内涵。尽管管理科学在不断发展,但是仍然离不开定额作为科学管理的基础。没有定额提供有效管理消耗的基本数据标准,任何好的管理方法和手段都不可能取得理想的效果。所以,定额虽然是科学管理发展初期的产物,但它在企业管理中一直占有重要的基础性的作用和地位。定额是管理科学化的产物,也是科学管理的重要基础条件,两者是绝不可忽略的相辅相成的因果关系。

2.1.2　工程建设定额的特性

我国推行工程量清单计价方法,从本质上反映出我国工程造价进入了全面深化改革阶段。定额特性与在传统的工程造价制度下相比也发生了本质上的变化,主要反映在市场性与自主性上,具体表现在以下几个方面:

(1)定额的市场性与自主性

推行工程量清单计价是深化工程造价管理改革,推进建设市场化的重要途径。工程建设概预算定额长期以来是我国承发包计价、定价的主要依据。1992年,为了适应建筑市场改革的要求,针对工程概预算定额编制和使用中存在的问题,提出了"控制量、指导价、竞争费"的改革措施,其中对工程概预算定额改革的主要思路和原则是:将工程预算定额中的人、材、机消耗量和相应的单价分离,国家控制量以保证工程质量,价格逐步走向市场化。这一改革措施迈出了对传统定额改革的第一步,在我国实行市场经济的初期,在政府采用"管放结合"的价格机制方面起到了一定的作用。但随着建筑市场化进程的发展,这种做法难以改变工程预算定额中国家指令性内容比较多的状况,难以满足招标投标竞争定价和经评审合理低价中标的要求。因此,推行工程量清单计价方法的指导思想是:顺应市场的要求,引导并规范建设工程招标投标活动健康有序地发展。跳出传统的工程预算定额编制及预算计价方法的模式,探讨适应于招标投标和科学管理工程造价的需要,编制适应于工程量清单计价方法的新的计价规范是十分必要的,真正实现"政府宏观调控、企业自主报价、部门动态监管、社会全面监督"的运行机制。因而对传统认识的定额特性产生了本质的变化,突出了按市场规律搞工程建设的特性,由企业自主报价、市场定价成为定额特性的基本特征。

(2)定额的法令性和指导性

企业自主报价不等于放任不管,市场定价也必须遵守相应的法律法规、符合市场运行规则,还必须强调政府宏观调控和部门动态监管。政府宏观调控是指各级政府对工程建设招投标活动中的计价行为不是放任不管,而是要规范指导。政府宏观调控的具体手段,首先是要制定统一的计价规范,包括统一分部分项工程项目名称、统一项目编码、统一项目特征、统一计量单位、统一工程量计算规则,简称"五统一",为新的计价方法提供基础。所谓"五统一",是参考了国际通行的做法,由政府统一组织制定发布并在全国范围内实施,这是建立一个全国统一建设市场所必需的前提。其次是政府委托的工程造价管理机构制定供建设市场编制标底和投标报价参考的消耗量定额,作为社会平均水平宏观引导市场,使业主和企业能客观地了解建筑产品社会平均消耗水平,把握自己的投资能力和投资行为,这也是维护建设市场秩序的必要手段和措施。再者政府主管部门还规定,对全部使用国有资金或以国有资金投资为主的工程建设项目必须采用工程量清单计价方法。因此,法令性和指导性也是重要的定额特性。同时,工程建设市场交易必须符合国家经济可持续发展与和谐社会的大原则,遵循与国家基本建设发展和工程造价管理相关的政策法规,包括各类相关规范、标准、规则及规程等。

（3）定额的科学性与群众性

自主报价、市场定价原则,说明了"企业定额"将在今后形成的新的定额体系中占据十分重要的地位。各类定额都应在当时的实际生产力水平条件下,在实际生产中通过大量测定、检验,在综合分析研究、广泛搜集统计信息及资料累积的基础上,运用科学的方法制定。因此,它不仅具有严谨的科学性,而且具有广泛的群众基础。定额一旦颁发执行,就成为本行业广大职工共同奋斗的目标。总之,定额的制定和执行离不开本行业广大职工和专业工作人员的支持,也只有得到职工的充分协同与帮助,定额才会具有广泛的群众基础,才能先进合理,才能被职工所认同与接受。

（4）定额的动态性与相对稳定性

定额中所规定的各种活劳动与物化劳动消耗量,是由一定时期的社会生产力水平(包括企业自身条件)所确定的。随着生产技术和管理水平的不断提高,社会生产力水平也必然提高,有一个由量变到质变的过程,存在一个变动的周期,因此定额的执行也要经受由相适应到不相适应的循环发展的过程。当生产条件发生变化,技术水平不断提高,原有定额已不能适应生产需要时,相关部门和施工生产企业必须根据新的发展变化对原有定额进行修订和补充。所以,定额既不是固定不变,也不是朝定夕改的,企业定额的局部修订或补充会常常出现,这也是企业能否适应市场价格与环境条件变化的能力的充分体现。总之,变是绝对的而不变则是相对的,适应变化才是工程承包企业生存与发展必备的机能。

2.1.3　工程建设定额的分类

工程建设定额是一个复杂的体系,种类繁多,根据使用对象和设计与施工(安装)的具体目的、要求的不同,定额的形式、内容和类别也不同。

（1）根据生产要素分类

根据生产要素,把建设工程定额分为劳动消耗定额、材料消耗定额和机械消耗定额,如图2.1所示。

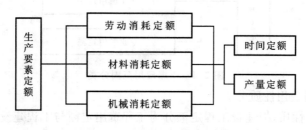

图 2.1　根据生产要素分类

按照生产要素构成的定额及其定额体系,一般称为"基础定额"。

（2）根据编制程序和用途分类

根据编制程序和用途,把建设工程定额分为施工定额、预算定额、概算定额、概算指标及投资估算指标,如图2.2所示。

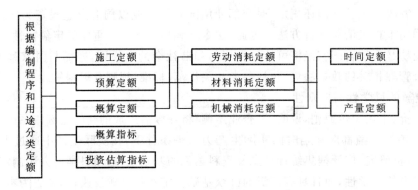

图 2.2 根据编制程序和用途分类

（3）根据管理权限和编制单位分类

根据管理权限和编制单位把建设工程定额分为全国统一定额、全国统一专业定额、地方定额、企业定额及补充定额，如图 2.3 所示。

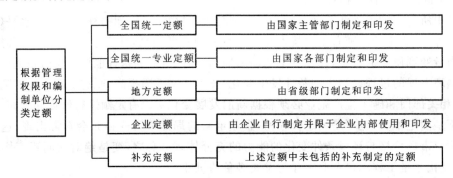

图 2.3 根据管理权限和编制单位分类

（4）根据应用范围分类

根据专业性质，把建设工程定额分为全国通用定额、行业通用定额、专业专用定额。如图 2.4 所示。

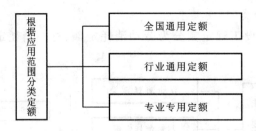

图 2.4 根据应用范围分类

（5）根据投资的费用性质分类

根据投资的费用性质，把建设工程定额分为工程费用定额与工程建设其他费用定额，如图 2.5 所示。

上述五类定额是从定额要素、表现形态、用途与适用范围等不同角度或不同层面对建设工程定额（亦称工程概预算定额）进行的分类。事实上，它们之间既有区别，又存在着紧密的联系，或者说存在着密切的层次关系，可以认为是一个有机的建设工程定额体系（或简称为"工程定额体系"）。图 2.2 所示是从建设工程定额的编制程序和用途角度定义的分类，也就从工程

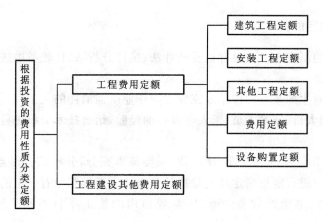

图 2.5 根据投资的费用性质分类

定额构成的层次关系及其使用范围的不同等方面反映出它们之间的相关性特征。据此,可以转换为用图 2.6 表示的工程定额层次与体系的关联。

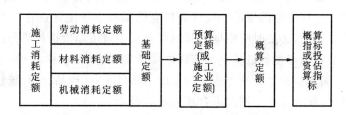

图 2.6 工程建设定额体系示意图

由图 2.6 可知,工程建设定额体系是由四个层次、不同特征的工程定额组成的系统,是一个十分庞大且复杂的动态工程定额系统。图中所示的劳动消耗定额、材料消耗定额及机械消耗定额,也称为施工消耗定额(或称为基础定额)。由政府主管部门组织编制的施工消耗定额,通称"全国统一基础定额",如现行的《全国统一建筑工程基础定额》(GJD—101—95)。从工程建设定额体系来看,施工消耗定额是定额系统最基层的子系统,也是只有量而无价即"量价分离"的基础定额,三类不同施工消耗定额是分别表示人工、材料、机械台班直接消耗的定额,也是构成其他各层次定额的基础或定额要素,故被称作"基础定额"。预算定额与施工企业定额是同一层次类型的两种不同使用范围的定额,前者是社会性(或地区通用性,或指导性)的预算定额,后者是企业的个别性的预算定额(称企业定额)。再上一层是以预算定额为基础编制而成的、再度综合的概算定额。最高层次的概算指标或投资(工程)估算指标,是更高层次综合统计的经验技术经济指标。

我国长期以来逐步建成和健全的工程建设定额体系,足以使外国同行惊叹,就是在于我国从 20 世纪 50 年代的工序定额(即劳动消耗定额)开始,建立和逐步完善了基础定额和预算定额包括国家、省、市与地区定额系统,至今已形成了庞大且复杂的动态工程定额体系;另外,我国从第一个五年计划开始,就不断总结工程建设定额管理的成功经验,还形成了在计划经济条件下较有成效的一系列概算指标,如 100 m² 建筑面积(平面),或 100 m³(工厂车间、房屋空间)万元指标等。关于以上各种定额的编制及其应用问题,将是本章以下各节要讨论的重要内容。

2.1.4　定额制定的基本方法

建筑工程定额的制定方法主要有经验估计法、统计分析法、比较类推法和技术测定法等。

（1）经验估计法

经验估计法是对生产某一种产品或完成某项作业所需消耗的人工、原材料、机械台班等的数量，根据定额管理人员、技术人员、工人等以往的经验，结合技术资料进行分析、估计，并最终确定出定额标准的方法。

经验估计法技术简单、工作量小、速度快，只要调查充分，分析综合得当，其可靠度还是比较高的。在一些不便进行定量测定和定量统计分析的定额编制中有一定的优越性。缺点是人为因素较多，科学性、准确性较差。所以，常规通用的施工项目不宜采用经验估计法来制定定额。

（2）统计分析法

统计分析法是根据记录统计资料，利用统计学原理，进行科学研究后确定定额的一种方法。所考虑的统计对象（样本）应该具有一定的代表性，应以具有平均水平的地区、企业、施工队伍的情况作为统计计算定额的依据。统计资料应以某些单项统计资料和实物效率为主，避免受价格因素变化的影响，必要时应根据当时的行业水平与市场价格趋势作适当的调整，以较为真实地反映生产消耗与市场价格状况。统计中要特别注意资料（样本）的真实性、系统性和完整性，确保定额的编制质量。这种方法适用于施工条件正常、产品稳定、统计制度健全、统计工作真实可信的情况，缺点是较难剔除不合理的时间消耗。

（3）比较类推法

比较类推法又称典范定额法。它是以精确测定好的同类型工序或产品的定额，经过对比分析，类推出同类中相邻工序或产品定额的方法。

采用这种方法制定定额简单易行、工作量小，但往往会因对定额的时间构成分析不够，对影响因素估计不足，或所选典型定额不当而影响定额的质量。本法适用于制定同类产品品种多、批量小的劳动定额和材料消耗定额。

（4）技术测定法

技术测定法是根据现场测试所获得的有关数据资料制定定额的方法。它选择具有平均技术水平和施工条件典型的施工过程，通过观察和实测来记录人、财、物和时间等方面的实际消耗，然后经过整理计算出定额标准。这种方法有较充分的科学依据，准确程度较高，时期性强，但工作量较大，测定的方法和技术较复杂。为了保证定额的质量，对那些工料消耗比较大的定额项目的制定应首先选择技术测定法。采用技术测定法的优点是精确性与可靠性高，但耗费人力与资源量大，同时必须特别重视对"样本"的采集与审定，注重它的有效性与通用性，保证采集过程中信息的真实性、精确性与可靠度。

以上四种方法各有优缺点，实际使用时也可以将其结合起来，互相对照和参考。在修订定额时，常常采用统计分析法和经验估计法。信息技术的高度发展，数据积累的有效运用，会使统计分析法获得更为广泛的应用天地，关键在于企业将定额管理、基础工作与信息技术应用有机地结合起来。

2.2 施工消耗定额

2.2.1 施工消耗定额的概念

2.2.1.1 施工消耗定额的概念和作用

施工消耗定额是施工企业直接用于建筑工程投标报价、施工管理与经济核算的一种定额。它是以同一性质的施工过程或工序为测定对象,以工序定额为基础综合而成的,确定建筑工人在正常的施工条件下,为完成一定计量单位的某一施工过程或工序所需人工、材料和机械台班消耗的数量标准。所以,施工消耗定额是由劳动定额、材料消耗定额和机械台班定额组成的,是最基本的定额。

施工单位应根据本企业的技术装备和施工组织能力,根据市场的需求和竞争环境,根据国家的有关政策、法律、规范、制度,自行决定定额水平,自己编制定额。同类企业和同一地区的企业之间存在施工定额水平的差距,企业只有不断提高自己的定额水平,才能在建筑市场中具有竞争能力,才能赢得生存的机会。

施工消耗定额是企业的基础定额,也是企业计价定额的基本依据。施工消耗定额在建筑安装企业管理工作中的基础作用,主要表现在以下几个方面:

① 施工消耗定额是编制招标文件和决策投标报价,以及编制施工组织设计、施工进度计划、施工作业计划的依据。

② 施工消耗定额是向施工队伍班组签发施工任务单和限额领料单的依据。施工任务单是记录班组完成任务情况和结算班组工人工资的凭证。限额领料单是项目经理部随任务单同时签发的领取材料的凭证,是限额领料与节约材料奖励的有效依据和措施。

③ 施工消耗定额是实行按劳分配的有效手段。

④ 施工消耗定额是编制施工项目目标成本计划和项目成本核算的重要依据,也是加强企业成本管理和经济核算,进行工料分析和"核算对比"的基础。

⑤ 施工消耗定额是企业强化定额管理和编制补充施工消耗定额,实行定额信息化管理的重要基础。

2.2.1.2 施工消耗定额的表现形式与内容

定额的结构形式与内容必须符合简明适用的原则。所谓简明适用,是指定额结构合理,步距大小适当,内容具有鲜明性与概括性,文字通俗易懂,计算方法简便可行,具有多方面的适应性,能在较大范围内满足不同情况、不同用途的需要,便于定额的贯彻执行,易被从业人员掌握运用。因此,必须注意以下几个方面的问题:

① 分部与分项工程项目划分合理。定额项目是定额结构形式与内容的主要体现,定额项目决定着定额分项的工作内容及其内涵。项目划分合理是指项目齐全,粗细恰当,简明易行,符合生产工艺流程与工序作业的客观规律性,这是定额结构形式简明适用的核心。定额项目齐全关系到定额适用范围,项目划分粗细关系到定额的使用价值。

② 步距大小适当。所谓定额步距,是指同类型产品或同类工作过程的相邻定额工作标准项目之间的水平间距。步距大小与定额的简明适用程度关系极大,步距大,定额项目就少,精确度就低;步距小,定额项目就多,精确度就高,有利于按劳分配,但计算和管理比较复杂,编制工作量大,使用也不方便。因此,步距大小必须适当。

③ 文字通俗易懂,计算方法简便。

④ 章、节的编排要便于使用。

施工消耗定额的表现形式与内容,是以定额表为主体的方式汇编成册的,主要内容包括以下三部分:

(1) 文字说明部分

文字说明部分又分为总说明、分册说明和分章(节)说明三部分。

总说明主要内容包括:定额的编制依据、编制原则、适用范围、用途、有关综合性工作内容、工程质量及安全要求、定额消耗指标的计算方法和有关规定。

分册说明主要包括:分册范围内的定额项目和工作内容、施工方法、质量及安全要求、工程量计算规则、有关规定和计算方法的说明。

分章(节)说明是指分章(节)定额的表头文字说明,其内容主要有工作内容、质量要求、施工说明、小组成员等。

(2) 分节定额部分

分节定额部分包括定额的文字说明、定额表和附注。

定额表是分节定额的核心部分和主要内容,它包括工程项目名称、定额编号、定额单位和人工、材料、机械台班消耗指标,如表 2.1 所示。

表 2.1　建筑安装工程施工定额表
墙　基

① 工作内容:包括砌砖、铺灰、递砖、挂线、吊直、找平、检查皮数杆、清扫落地灰及工作前清扫灰尘等工作。

② 质量要求:墙基两侧所出宽度必须相等,灰缝必须平整均匀,墙基中线位移不得超过 10 mm。

③ 施工说明:使用铺灰扒或铺灰器,实行双手挤浆。

每 1 m³ 砌体的劳动定额与单价

项　　目	单　位	1砖墙	1.5砖墙	2砖墙	2.5砖墙	3砖墙	3.5砖墙
		1	2	3	4	5	6
小组成员	人	三—1 五—1	三—2 五—1	三—2 四—1 五—1		三—3 四—1 五—1	
时间定额	工日	0.294	0.244	0.222	0.213	0.204	0.918
每日小组产量	m³	6.80	12.3	18.0	23.5	24.5	25.3
计件单价	元						

每 1 m³ 砌体的材料消耗定额

砖	块	527	521	518.8	517.3	516.2	515.4
砂浆	m³	0.252 2	0.260 4	0.264 0	0.266 3	0.268 0	0.269 2

注:① 垫基以下为墙基(无防潮层者以室内地坪以下为准),其厚度以防潮层处墙厚为标准。放脚部分已考虑在内,其工程量按平均厚度计算。

　　② 墙基深度按地面以下 1.5 m 深以内为准;超过 1.5 m 但不超过 2.5 m 者,其时间定额及单价乘以 1.2;超过 2.5 m 者,其时间定额及单价乘以 1.25,但砖、砂浆能直接运入地槽者不另加工。

　　③ 墙基的墙角、墙垛及砌地沟(暖气沟)等内外出檐不另加工。

　　④ 本定额以混合砂浆及白灰砂浆为准,使用水泥砂浆者,其时间定额及单价乘以 1.11。

　　⑤ 砌墙基弧形部分,其时间定额及单价乘以 1.43。

"附注"主要是根据施工内容及施工条件的变动,规定人工、材料、机械台班用量的增减变化,是对定额表的补充。在某些情况下,附注是为了说明和规定定额的使用范围,如规定该定额以使用某种规格的材料为条件,当材料规格变更了,定额就不再适用。

（3）定额附录部分

定额附录一般列于分册的最后,作为使用定额的参考,其主要内容包括:有关名词解释;先进经验及先进工具的介绍;计算材料用量、确定材料质量等参考性资料,如砂浆、混凝土配合比表及使用说明等。

施工定额手册中虽然以定额表部分为核心,但在使用时必须同时了解其他两部分内容,这样才不致发生错误。

2.2.2　人工消耗定额

人工消耗定额也称劳动定额或人工定额,是建筑安装工程统一劳动定额的简称。劳动定额标准与《施工及验收规范》、《建筑安装工人安全技术操作规程》、《安装工人技术等级标准》及有关评定标准和规定有机地结合,为多、快、好、省地生产合格建筑产品提供了可靠的保证,它们之间是相互促进的关系。没有规范、规程的存在,就不可能有科学的劳动定额标准;反之,没有科学的劳动定额标准,规范、规程也难以发挥作用。

现行的全国《建筑安装工程统一劳动定额》是供各地区主管部门和企业编制施工定额的参考定额,以建筑安装工程产品为对象,以合理组织现场施工为条件,按"实"计量。因此,定额规定的劳动时间或劳动量一般是不变的,其劳动工资单价可根据各地工资水平和现实情况进行必要的调整。劳动定额对不同工具、不同工艺、不同产品项目存在定额数量上的差异,这有利于贯彻按劳分配,加强企业管理,提高劳动生产率,能够较准确、及时地反映劳动者实际提供的劳动数量和质量。

劳动定额按其表现形式的不同,分为时间定额和产量定额。

（1）时间定额

时间定额亦称工时定额,是指在一定的生产技术和生产组织条件下,劳动者生产单位合格产品或完成一定的工作任务的劳动时间消耗的数量标准。定额时间包括准备与结束时间、作业时间(基本时间＋作业宽放时间)、个人生理需要与休息宽放时间等。

$$作业宽放时间＝技术宽放时间＋组织宽放时间$$

时间定额以"工日"为单位,每一工日工作时间按 8 h 计算。用公式表示如下:

$$单位产品时间定额（工日）＝\frac{1}{每工日产量} \tag{2.1}$$

或

$$单位产品时间定额（工日）＝\frac{小组成员工日数总和}{小组台班产量} \tag{2.2}$$

（2）产量定额

产量定额就是在一定的生产技术和生产组织条件下,劳动者在单位时间(工日)内生产合格产品的数量或完成工作任务量的数量标准。

产量定额根据时间定额计算,用公式表示如下:

$$每工日产量 = \frac{1}{单位产品时间定额（工日）} \qquad (2.3)$$

或

$$小组台班产量 = \frac{小组成员工日数总和}{单位产品时间定额（工日）} \qquad (2.4)$$

产量定额的计量单位是以产品的单位计量,如以 m、m^2、m^3、t、块、件等为计量单位。

时间定额和产量定额之间互为倒数关系,即

$$时间定额 = \frac{1}{产量定额} \qquad 时间定额 \times 产量定额 = 1 \qquad (2.5)$$

例如,现行的全国《建筑安装工程统一劳动定额》规定,人工挖二类土方,时间定额为每 m^3 耗工 0.192 工日,记作 0.192 工日/m^3。挖 1 m^3 的二类土,每工日的产量定额就是 1/0.192＝5.2 m^3,记作 5.2 m^3/工日。

现行的全国《建筑安装工程统一劳动定额》改变了传统劳动定额的形式和结构编排。为了推行标准化管理,一是采用了两套标准系列,即将原建筑安装工程统一劳动定额分为建筑安装工程劳动定额与建筑装饰工程劳动定额两大独立的部分;二是变传统的复式表现形式为单式表现形式,即采用时间定额(工日/××)表示。表 2.2 所示为砖墙劳动定额。

表 2.2　砖墙劳动定额
砖　墙

工作内容:包括砌墙面艺术形式、墙垛、平旋模板、梁板头砌砖、梁下塞砖、楼楞间砌砖、留楼梯踏步斜槽、留孔洞,砌各种凹进处、山墙泛水槽,安放木砖、铁件,安放 60 kg 以内的预制混凝土门窗过梁、隔板、垫块,以及调整立好后的门窗框等。

表 A　　　　　　　　　　　　　　　　　　　　　　　　　　　　　　　　　工日/m^3

项　目		双面清水			单面清水					序号
		1砖	1.5砖	2砖及2砖以外	0.5砖	0.75砖	1砖	1.5砖	2砖及2砖以外	
综　合	塔吊	1.27	1.20	1.12	1.52	1.48	1.23	1.14	1.07	一
	机吊	1.48	1.41	1.33	1.73	1.69	1.44	1.35	1.28	二
砌　砖		0.726	0.653	0.568	1.00	0.956	0.684	0.593	0.52	三
运　输	塔吊	0.44	0.44	0.44	0.434	0.437	0.44	0.44	0.44	四
	机吊	0.652	0.652	0.652	0.642	0.645	0.652	0.652	0.652	五
调制砂浆		0.101	0.106	0.107	0.085	0.089	0.101	0.106	0.107	六
编　号		4	5	6	7	8	9	10	11	

表 B　　　　　　　　　　　　　　　　　　　　　　　　　　　工日/m³

项　目		混　水　内　墙				混　水　外　墙					序号
		0.5砖	0.75砖	1砖	1.5砖及1.5砖以外	0.5砖	0.75砖	1砖	1.5砖	2砖及2砖以外	
综合	塔吊	1.38	1.34	1.02	0.994	1.5	1.44	1.09	1.04	1.01	一
	机吊	1.59	1.55	1.24	1.21	1.71	1.65	1.3	1.25	1.22	二
砌砖		0.865	0.815	0.482	0.448	0.98	0.915	0.549	0.491	0.458	三
运输	塔吊	0.434	0.437	0.44	0.44	0.434	0.437	0.44	0.44	0.44	四
	机吊	0.642	0.645	0.654	0.654	0.642	0.645	0.652	0.652	0.652	五
调制砂浆		0.085	0.089	0.101	0.106	0.085	0.089	0.101	0.106	0.107	六
编　号		12	13	14	15	16	17	18	19	20	

表 C　　　　　　　　　　　　　　　　　　　　　　　　　　　工日/m³

项　目		空斗墙		空心砖墙						序号
				内　墙			外　墙			
		清水	混水	墙体厚度(cm)						
				15以内	25以内	25以外	15以内	25以内	25以外	
综合	塔吊	0.864	0.722	0.909	0.758	0.671	0.965	0.804	0.712	一
	机吊	0.967	0.825	1.14	0.943	0.840	1.20	0.989	0.881	二
砌砖		0.619	0.477	0.500	0.417	0.370	0.556	0.463	0.411	三
运输	塔吊	0.218	0.218	0.364	0.296	0.256	0.364	0.296	0.256	四
	机吊	0.321	0.321	0.595	0.481	0.425	0.595	0.481	0.425	五
调制砂浆		0.027	0.027	0.045	0.045	0.045	0.045	0.045	0.045	六
编　号		21	22	23	24	25	26	27	28	

注:① 砌外墙不分里外架子,均执行本标准。
　　② 女儿墙按外墙相应项目的时间定额执行。
　　③ 地下室墙按内墙塔吊相应项目时间定额执行。
　　④ 空斗墙以不加填充料为准,工程量包括实砌部分。如加填充料时,则按《砖墙加工表》加工。
　　⑤ 平房、围墙按砖墙机吊相应项目时间定额执行。围墙砌筑包括搭拆简易架子,其墙垛、墙头、冒出檐不另加工。
　　⑥ 框架填充墙按相应项目的时间定额执行。
　　⑦ 空心砖墙包括镶砌标准砖。

（3）时间定额和产量定额的用途

时间定额和产量定额虽同是劳动定额的不同表现形式,但其用途却不相同。前者以单位产品的工日数表示,便于计算完成某一分部(项)工程所需的总工日数,便于核算工资,便于编制施工进度计划和计算分项工期。后者以单位时间内完成的产品数量表示,便于小组分配施工任务,考核工人的劳动效率和签发施工任务单。

2.2.3　材料消耗定额

材料消耗定额是指在"一定条件"下,完成单位合格施工作业过程(工作过程)的施工任务所需消耗的一定品种、规格建筑材料(包括半成品或成品、制品、物件、配件及周转材料等)的数量标准。所谓"一定条件",主要是指施工生产技术、施工工艺方法、劳动组织、工人技术熟练程度、企业管理水平、材料质量、自然条件及员工职业素质等。

建筑材料是施工企业进行生产活动,完成建筑产品的物化劳动过程的物质条件。建筑工程的原材料品种繁多,耗用量大。在一般工业与民用建筑工程中,材料费占整个工程费用的60%左右。因此,降低工程成本,在很大程度上取决于节约和减少建筑材料的消耗数量。

材料消耗定额是编制材料需要量计划、运输计划、供应计划,计算仓库面积,签发限额领料单和经济核算的依据。制定合理的材料消耗定额,是保障材料计划与采购、供应与管理,保证生产顺利进行,合理利用资源,减少积压、浪费的必要前提。

工程施工中的材料消耗,按其消耗方式可分为两类:一类是在施工中一次性消耗的、构成工程实体的材料,如砌筑砖砌体用的标准砖,浇筑混凝土构件用的混凝土等,一般把这种材料称为实体性材料或非周转性材料;另一类是在施工中周转使用,其价值是分批分次转移而一般不构成工程实体的耗用材料,它是为了有助于工程实体形成(如模板及支撑材料)或辅助作业(如脚手架材料)而使用并发生消耗的材料,一般称为周转性材料。

2.2.3.1　实体性材料

施工中,实体性材料的消耗一般可分为必须消耗的材料和损失的材料两类。其中,必须消耗的材料是确定材料定额消耗量所必须考虑的消耗;对于损失的材料,由于它是施工生产中不合理的耗费,可以通过加强管理来避免,所以在确定材料定额消耗量时一般不考虑损失材料的因素。

所谓必须消耗的材料,是指在合理用料的条件下,完成单位合格施工作业过程(工作过程)必须消耗的材料。它包括直接用于工程实体的材料、不可避免的施工废料和不可避免的合理损耗材料。其中,直接用于工程实体的材料数量,称为材料净耗量;不可避免的施工废料和合理损耗材料数量,称为材料合理损耗量。即

$$材料消耗量 = 材料净耗量 + 材料合理损耗量 \qquad (2.6)$$

材料损耗率是材料合理损耗量与材料净消耗量之比,即

$$材料损耗率 = \frac{材料合理损耗量}{材料净消耗量} \times 100\% \qquad (2.7)$$

材料消耗量还可依据材料净耗量及损耗率来确定,其计算公式为:

$$材料消耗量 = 材料净耗量 \times (1 + 材料损耗率) \qquad (2.8)$$

混凝土、砂浆及各种胶泥等按半成品考虑,其定额中消耗量的确定同实体性材料一样计算。在材料消耗量定额中,半成品是一种较为特殊的材料,它是按现行规范规定,结合本地区的实际情况,形成一定的配合比并计算取定的一种材料集合体。半成品中已考虑了组成半成品原材料的材料合理损耗。

2.2.3.2　周转性材料

建筑工程中使用的周转性材料,是指在施工过程中能多次使用、反复周转的工具性材料,如各种模板、活动支架、脚手架、支撑、挡土板等。周转性材料的定额消耗量是指每一次使用中的摊销数量。周转性材料的分次摊销量按以下公式计算:

（1）现浇混凝土结构木模板摊销量的计算

① 一次使用量

一次使用量是指完成定额规定的计量单位产品一次使用的基本量,即一次投入量。一次使用量可依据施工图算出,即

$$一次使用量 = \frac{每计量单位混凝土构件}{的模板接触面积} \times \frac{每平方米接触}{面积需模板量} \qquad (2.9)$$

② 损耗量

木模板从第二次使用起,每周转一次后必须进行一定的修补、加工才能继续使用。其损耗量是指每次修补、加工所消耗的木模板量,即

$$损耗量 = \frac{一次使用量 \times (周转次数-1) \times 损耗率}{周转次数} \qquad (2.10)$$

$$损耗率 = \frac{平均每次损耗量}{一次使用量} \times 100\% \qquad (2.11)$$

损耗率亦称补损率,可查表2.3。

表 2.3　木模板的有关数据

木模板周转次数	损耗率(%)	K_1	木模板周转次数	损耗率(%)	K_1
3	15	0.433 3	6	15	0.291 8
4	15	0.362 6	8	10	0.212 5
5	10	0.280 0	8	15	0.256 3
5	15	0.320 0	9	15	0.244 4
6	10	0.250 0	10	10	0.190 0

注:回收折价率按50%计算,施工管理费率按18.2%计算。

③ 周转次数

周转次数是指木模板从第一次使用起可以重复使用的次数。可查阅相关手册确定,如表2.3所示。

④ 周转使用量

周转使用量是指木模板在周转使用和补损的条件下,每周转一次平均所需的木模板量。

$$周转使用量 = \frac{一次使用量}{周转次数} + 损耗量 = 一次使用量 \times K_1 \qquad (2.12)$$

式中　K_1——周转使用系数。

$$K_1 = \frac{1 + (周转次数-1) \times 损耗率}{周转次数} \qquad (2.13)$$

⑤ 回收量

回收量是指木模板每周转一次后,可以平均回收的数量。

$$回收量 = \frac{一次使用量 \times (1 - 损耗率)}{周转次数} \tag{2.14}$$

⑥ 摊销量

摊销量是指为完成一定计量单位建筑产品,一次所需要摊销的木模板的数量。

$$摊销量 = 周转使用量 - 回收量 = 一次使用量 \times K_2 \tag{2.15}$$

式中　K_2——周转使用系数。

$$K_2 = K_1 - \frac{1 - 损耗率}{周转次数} \tag{2.16}$$

表 2.3 是木模板的有关数据,供计算时查用。

(2) 预制混凝土构件模板摊销量的计算

生产预制混凝土构件所用的模板也是周转性材料。摊销量的计算方法不同于现浇构件,它是按照多次使用、平均摊销的方法,根据一次使用量和周转次数进行计算的,即

$$摊销量 = \frac{一次使用量}{周转次数} \tag{2.17}$$

周转性材料的周转次数要根据工程类型和使用条件加以确定。影响周转性材料周转次数的主要因素有:周转性材料的结构及其坚固程度;工程的结构规格变化及相同规格的工程数量;工程进度的快慢与使用条件;周转性材料的保管、维修程度。

2.2.4　机械台班消耗定额

机械台班消耗定额又称机械使用定额,是指在正常的施工生产条件及合理的劳动组合和合理使用施工机械的条件下,生产单位合格产品所必须消耗的一定品种、规格施工机械的作业时间标准。其中包括准备与结束时间、基本作业时间、辅助作业时间,以及工人必需的休息时间。机械台班定额以台班为单位,每一台班按 8 h 计算。其表达形式有时间定额和产量定额两种。

(1) 机械时间定额

机械时间定额是指在正常的施工生产条件下,某种机械生产单位合格产品所必须消耗的台班数量。可按下式计算:

$$机械时间定额 = \frac{1}{机械台班产量定额} \tag{2.18}$$

工人使用一台机械,工作一个班(8 h),称为一个台班,它既包括机械本身的工作时间,又包括使用该机械工人的工作时间。

(2) 机械台班产量定额

机械台班产量定额是指某种机械在合理的施工组织和正常的施工条件下,单位时间内完成合格产品的数量。可按下式计算:

$$机械台班产量定额 = \frac{1}{机械时间定额} \tag{2.19}$$

机械时间定额与机械台班产量定额成反比,互为倒数关系。

(3) 操纵机械或配合机械的人工时间定额

规定配合机械完成某一单位合格产品所必须消耗的人工数量的标准,称为人工时间定额。可按下式计算:

$$人工时间定额 = \frac{小组成员工日数总和}{机械台班产量定额} \tag{2.20}$$

或

$$机械台班产量定额 = \frac{小组成员工日数总和}{人工时间定额} \tag{2.21}$$

【例 2.1】　一台 6 t 塔式起重机吊装某种混凝土构件,配合机械作业的小组成员为:司机 1 人,起重和安装工 7 人,电焊工 2 人。已知机械台班产量为 40 块,试求吊装每一块构件的机械时间定额和人工时间定额。

【解】

机械时间定额 $= \dfrac{1}{机械台班产量定额} = \dfrac{1}{40} = 0.025$ 台班/块;

人工时间定额 $= \dfrac{小组成员工日数总和}{机械台班产量定额} = \dfrac{1+7+2}{40} = 0.25$ 工日/块;

或为　$(1+7+2) \times 0.025 = 0.25$ 工日/块。

由上例可看出,机械时间定额与配合机械作业的人工时间定额之间的关系为:

$$人工时间定额 = 配合机械作业的人数 \times 机械时间定额 \tag{2.22}$$

2.2.5　基础定额

(1) 建筑工程基础定额的基本概念

我国现行的统一定额体系自新中国成立以来经过长时间的发展,凝聚了新中国几代工程造价工作者的心血。我国的建筑工程定额与概预算制度从编制劳动消耗定额(即基础定额构成要素劳动消耗标准)开始,逐步建立健全了施工消耗定额和工程概预算定额制度与管理体系。现时我国已经进入了市场经济深入发展的阶段,特别是建筑产品基础定额,对工程承包商来说在任何时刻都不可缺少,它是不断提高劳动生产效率,提高企业劳动生产管理水平最基本的制度和促进发展的有效手段。

基础定额本质上是一种资源消耗量指标,也是社会和企业劳动与物质消耗及其生产发展水平的反映。《全国统一建筑工程基础定额》说明中指出:"建筑工程基础定额是完成规定计量单位分项工程计价的人工、材料、施工机械台班消耗标准……是编制建筑工程(土建部分)地区单位估价表,确定工程造价的依据。"例如,砌筑每 10 m³ 砖基础,需要人工 112.18 工日、M5

水泥砂浆 2.36 m³、标准砖 5.236 千块。因此,基础定额是编制其他定额乃至工程造价的最基本的定额要素和依据,具有基础性、指导性和法令性特征。

从建筑工程基础定额的定义和作用中应当看到:"基础性"是它的基本性质和特征。从定额的运用范围来看,有不同层次和不同地域的基础定额,即有国家、地区(省、市)和企业的基础定额之分。在市场经济条件下,建筑安装企业必须更加注重健全和完善具有自身特色的企业定额体系,注重和加强企业基础工作与定额管理,营造符合企业内部环境,同时遵循市场价值规律,具有低消耗定额水平的比较优势与核心竞争力。企业家必须意识到,市场经济条件下的全面定额管理是企业生存与发展的生命线。

(2)建筑工程基础定额的作用

在《全国统一建筑工程基础定额》(土建工程)(GJD—101—95)的总说明中,明确指出了它的主要作用:

① 是编制全国统一建筑工程预算定额和《房屋建筑与装饰工程工程量清单计算规范》的工程量计算规则、项目划分、计量单位的依据;

② 是编制建筑工程(土建部分)地区单位估价表,确定工程造价,完成规定计量单位分项工程计价的人工、材料、施工机械台班消耗量的标准;

③ 是编制概算定额及投资估算指标的依据;

④ 是作为制订招标工程控制价、企业定额和投标报价的基础;

⑤ 使得考核设计、施工单位的经济效果有了一个统一的标准。

(3)建筑工程基础定额的编制原则

① 遵循社会主义市场经济的原则;

② 遵循社会平均消耗水平的原则;

③ 满足不同施工生产工艺计价需要,既要覆盖面广又要简明适用的原则;

④ 逐步与国际通用规则接轨的原则。

(4)建筑工程基础定额的编制依据

① 国家现行规范、规程控制量评定标准;

② 国家现行标准图集、通用图集及有关省、自治区、直辖市的标准图集的做法;

③ 1985 年发布的全国《建筑安装工程统一劳动定额》及 1981 年原国家建委发布的建筑工程预算定额修改稿;

④ 各省、行业、自治区、直辖市提供的有关资料及现场实地调查资料。

(5)建筑工程基础定额的构成

建筑工程基础定额是由人工工日、材料、施工机械台班消耗量三个部分构成。它们的确定方法简述如下:

① 人工工日消耗量的确定

定额中的人工工日消耗量是指在正常施工技术、生产组织条件下,完成规定计量单位分项工程所消耗的综合人工工日数量。定额人工工日不分工种、技术等级,一律以综合工日表示。内容包括基本用工、超运距用工、人工幅度差、辅助用工。其中,基本用工参照现行全国《建筑安装工程统一劳动定额》计算,缺项部分参考地区现行定额及实际资料计算。凡依据劳动定额计算的,均按规定计入人工幅度差;根据施工实际需要计算的,未计入人工幅度差。

$$综合工日 = \sum \left(\frac{基本}{用工} + \frac{超运距}{用工} + \frac{辅助}{用工} \right) \times \left(1 + \frac{人工}{幅度差} \right) \tag{2.23}$$

机械土石方、桩基础、构件运输及安装工程,人工随机械产量计算,人工幅度差按机械幅度差计算。现行全国《建筑安装工程统一劳动定额》允许各省、自治区、直辖市调整的部分,该定额内未予考虑。

② 材料消耗量的确定

定额中的材料消耗量是指在合理节约使用材料的条件下,完成规定计量单位分项工程必须消耗的一定品种和规格的材料、半成品、构配件等的数量标准。定额中的材料消耗包括主要材料、辅助材料、零星材料等。凡能计量的材料、成品、半成品均按品种、规格逐一列出数量,并计入相应损耗,其内容和范围包括从工地仓库、现场集中堆放地点或现场加工地点至操作或安装地点的运输损耗、施工操作损耗、施工现场堆放损耗。混凝土、砌筑砂浆、抹灰砂浆及各种胶泥均按半成品消耗量以体积(m³)表示,其配合比是按现行规范规定计算的。各省、自治区、直辖市可按当地材料质量情况调整其配合比和材料用量。

施工措施性消耗部分、周转性材料按不同施工方法、不同材质分别列出一次使用量和一次摊销量。施工工具用具性消耗材料,归入建筑安装工程费用定额中的工具用具费项。

③ 施工机械台班消耗量的确定

定额中的机械台班消耗量是指在正常施工条件下,完成规定计量单位分项工程中消耗的某类某种型号的施工机械的台班数量。施工机械分别按机械的功能和容量,区别单机或主机配合辅助机械作业,包括机械台班幅度差,以台班量表示。定额中均已包括材料、成品、半成品从工地仓库、现场集中堆放地点或现场加工地点至操作安装地点的水平运输和垂直运输所需要的人工和机械台班消耗量。如发生再次搬运的,应在建筑安装工程费用定额中二次搬运费项下支出。预制钢筋混凝土构件和钢构件是按机械回转半径 15 m 以内运距考虑的,当超过15 m 时,全国定额按构件 1 km 运输定额项目执行。

(6)《全国统一建筑工程基础定额》规定的适用范围

① 适用于工业与民用建筑的新建、扩建、改建工程。新建工程是指原无基础,从无到有,平地起家新开始建设的工程。对原单位进行扩建,其新增固定资产超过原有固定资产原值 3 倍以上的,也作为新建工程。扩建工程是指现有企事业单位,为了扩大原有主要产品的生产能力和效益,在原有固定资产的基础上,兴建一些生产车间或扩大原有固定资产的生产能力。改建工程是指现有企事业单位,为了提高生产率,改进产品质量或改变产品的方向,对原有设施或工艺流程进行技术改造或更新的项目。

② 适用于海拔高程 2 000 m 以下,地震烈度 7 度以下地区,超过以上情况时,可结合高原地区的特殊情况和地震要求,由省、自治区、直辖市或国务院有关部门制订调整办法。海拔高程在 2 000 m 以下,是指某点至大地水准面(我国取青岛黄海的平均海水面作为大地水准面)的铅垂距离在 2 000 m 以内。地震烈度是指某地区地面和各类建筑物遭受一次地震影响的强烈程度。地震烈度分为 1～12 度(可查当地设防烈度的资料)。

(7)《全国统一建筑工程基础定额》的内容与表格形式

现以《全国统一建筑工程基础定额》中"混凝土及钢筋混凝土工程"中的"现浇混凝土基础"及"砌筑工程"中的"砌砖"为例,说明其定额表格形式(见表 2.4、表 2.5)。

表 2.4 现浇混凝土

基 础

工作内容：1. 混凝土水平运输；
          2. 混凝土搅拌、捣固、养护。

计量单位：10 m³

定额编号			5-392	5-393	5-394
项 目		单位	人工挖土桩护井壁混凝土	带 形 基 础	
				毛石混凝土	混 凝 土
人工	综合工日	工日	18.69	8.37	9.56
材料	现浇混凝土(C20)	m³	10.15	8.63	10.15
	草袋子	m²	2.30	2.39	2.52
	水	m³	9.39	7.89	9.19
	毛石	m³	—	2.72	—
机械	混凝土搅拌机(400 L)	台班	1.00	0.33	0.39
	混凝土振捣器(插入式)	台班	2.00	0.66	0.77
	机动翻斗车(1 t)	台班	—	0.66	0.78

定额编号			5-398	5-399	5-400
项 目		单位	满 堂 基 础		承台桩基础
			有梁式	无梁式	
人工	综合工日	工日	11.11	9.15	13.16
材料	现浇混凝土(C20)	m³	10.15	10.15	10.15
	草袋子	m²	4.85	5.03	2.94
	水	m³	9.73	9.69	9.21
机械	混凝土搅拌机(400 L)	台班	0.39	0.39	0.39
	混凝土振捣器(插入式)	台班	0.77	0.77	0.77
	机动翻斗车(1 t)	台班	0.78	0.78	0.78

注：承台桩基础已考虑了凿桩头用工。

表 2.5 砌砖

砖基础、砖墙

工作内容：1. 砖基础：调运砂浆、铺砂浆、运砖、清理基槽坑、砌砖等。
          2. 砖墙：调、运、铺砂浆，运砖；砌砖包括窗台虎头砖、腰线、门窗套，安放木砖、铁件等。

计量单位：10 m³

定额编号			4-1	4-2	4-3	4-4
项 目		单位	砖基础	单面清水砖墙		
				1/2 砖	3/4 砖	1 砖
人工	综合工日	工日	12.18	21.97	21.63	18.87
材料	水泥砂浆 M5	m³	2.36	—	—	—
	水泥砂浆 M10	m³	—	1.95	2.13	—
	水泥混合砂浆 M2.5	m³	—	—	—	2.25
	普通黏土砖	千块	5.236	5.641	5.510	5.314
	水	m³	1.05	1.13	1.10	1.06
机械	砂浆搅拌机(200 L)	台班	0.39	0.33	0.35	0.38

（8）建筑工程基础定额编制示例

【例 2.2】　以表 2.5 中的 4-1 子目为例,说明如何编制基础定额或消耗量定额。

【解】　工作内容同表 2.5 中内容,即调运砂浆、铺砂浆、运砖、清理基槽坑、砌砖等。

事先确定的定额编制模型（样本）（即考虑不同砖基础种类）,其人工工日部分:一砖四等高砖基础占 50%;一砖半八等高砖基础占 30%;二砖及二砖以上四等高砖基础占 20%。其材料部分:民用墙基按 70% 计,工业墙基（独立柱）按 30% 计,T 形接头大放脚重叠为 0.785%,附墙基大放脚突出部分按 0.257 5% 计。两数相抵后重叠为:0.785%−0.257 5%＝0.527 5%。

① 人工工日消耗量

一砖四等高砖基础查劳动定额 4-1-1,消耗量为:0.89 工日/m³（查）×5 m³＝4.45 工日;

一砖半八等高砖基础查劳动定额 4-1-2,消耗量为:0.86 工日/m³（查）×3 m³＝2.58 工日;

二砖及二砖以上四等高砖基础查劳动定额 4-1-3,消耗量为:0.833 工日/m³（查）×2 m³＝1.666 工日;

查劳动定额附注,埋深超过 1.5 m 增加工日:0.04 工日/m³（查）×10 m³＝0.40 工日;

查劳动定额 4-15-177,砖 100 m 超运距用工:0.109 工日/m³（查）×10 m³＝1.09 工日;

查劳动定额 4-15-177,砂浆 100 m 超运距用工:0.040 8 工日/m³（查）×10 m³＝0.408 工日;

人工工日小计:4.45＋2.58＋1.666＋0.40＋1.09＋0.408＝10.594 工日

人工幅度差按 15% 计（不计劳动定额调整水平差）:10.594×15%＝1.598 工日

② 材料消耗量

材料消耗量的计算依据是:理论计算的消耗量;取定的材料场内运输及操作损耗率;实际工程的测算数据。

砖砌体水平和垂直灰缝为 10 mm。横缝位于同一水平面上,竖缝错开,不应有通缝。计算取样按一砖四等高砖基础（如图 2.7 所示）与二砖四等高砖柱基（如图 2.8 所示）。

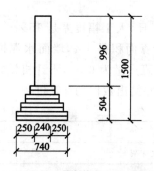

图 2.7　一砖四等高砖基础

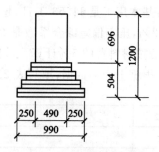

图 2.8　二砖四等高砖柱基

a. 一砖四等高砖基础:一砖墙高 996 mm,大放脚高 504 mm。

一砖部分:$\dfrac{996}{53+10}=15.8$ 层

每 1 m 墙基用砖量为:8 块×15.8（层）＋12 块×2（层）＋16 块×2（层）＋20 块×2（层）＋24 块×2（层）＝270.48 块

每 1 m³ 墙基用砖量为:$\dfrac{270.48}{0.24×1×(1.5+0.656)}=522.82$ 块

其中,0.656 为墙基大放脚折加高度。

每 1 m³ 墙基砂浆用量为:1−0.24×0.115×0.053×522.82＝0.235 m³

b. 二砖四等高砖柱基:二砖墙高 696 mm,大放脚高 504 mm。

二砖部分:$\dfrac{696}{53+10}=11.048$ 层

每柱基用砖为:8 块×11.048(层)+12.5 块×2(层)+18 块×2(层)+24.5 块×2(层)+32 块×2(层)=262.38 块

每 1 m³ 柱基用砖量为:262.38/(0.49×0.49×0.696+0.615×0.615×0.126+0.74×0.74×0.126+0.865×0.865×0.126+0.99×0.99×0.126)=523.15 块

每 1 m³ 柱基砂浆用量为:1−0.24×0.115×0.053×523.15=0.235 m³

c. 按取定的权数,计算如下:

砖:522.82×(1−0.527 5%)×70%+523.15×30%=521 块

砂浆:0.235×(1−0.527 5%)×70%+0.235×30%=0.234 m³

砖的损耗率为 0.5%,砂浆的损耗率为 1.0%,则

砖的定额含量:521×(1+0.5%)=523.6 块

砂浆的定额含量:0.234×(1+1.0%)=0.236 m³

水用于湿砖,综合按每千块砖浇水 0.2 m³ 计算,则

水的定额含量=0.523 6 千块×0.2 m³/千块=0.105 m³

③ 机械台班消耗量

砂浆搅拌机(200 L)的台班产量为 6 m³/台班

砂浆搅拌机(200 L)的定额含量:0.236/6=0.039 台班

以上的材料消耗量和机械台班消耗量均是采用 1 m³ 进行计算的,换算成定额单位 10 m³,就形成了表 2.5 中 4-1 子目。其他定额的编制原理和思路与上述的例子大致相同。

【例 2.3】 全国统一装饰工程定额中,有砖墙面水泥砂浆抹灰子目有关内容见表 2.6。计算规则同××省计价定额,计量单位为 100 m²。

已知:基本用工是 11.53 工日,超运距用工是 1.068 工日,人工幅度差是 15%。水泥砂浆损耗率为 2%,压实偏差综合系数是 9%,门窗洞口侧壁折算面积是 4%,墙面水泥护角不计,其他材料费按材料费的 5% 计算。砂浆搅拌机 200 L 的台班产量为 6 m³,不计机械幅度差。

问题:根据上面的数据,填写表 2.6 数量栏中的数据,并给出数据的计算过程。

表 2.6　　　　　　　　　　　　　　　　　　　　　　计量单位:100 m²

定额编号	B2-1B			
项目	砖墙面水泥砂浆抹灰			
名称		单价	数量	计算过程
人工	综合工日	工日		
材料	水泥砂浆 1:3	m³		
	水泥砂浆 1:2	m³		
	其他材料费	%		
机械	砂浆搅拌机 200 L	台班		

【解】 表 2.6 数量栏中的数据及数据的计算过程见表 2.7。

表 2.7 计量单位:100 m²

定额编号				B2-1B
项目				砖墙面水泥砂浆抹灰
				(14+6) mm
名称		单价	数量	计算过程
人工	综合工日	工日	14.490	$(11.53+1.068)\times(1+15\%)=14.490$ 工日
材料	水泥砂浆 1:3	m³	1.616	$100\times0.014\times(1+4\%)\times(1+2\%+9\%)=1.616$ m³
	水泥砂浆 1:2	m³	0.693	$100\times0.006\times(1+4\%)\times(1+2\%+9\%)=0.693$ m³
	其他材料费	%	5.000	按已知条件
机械	砂浆搅拌机 200 L	台班	0.309	$\dfrac{1.161+0.693}{6}=0.309$ 台班

2.3 预 算 定 额

2.3.1 预算定额的概念

建筑工程预算定额是工程建设进入施工图设计阶段时用于编制工程预算的依据,因而称为施工预算定额,简称"预算定额"。

预算定额是指在正常的施工条件下,按规定完成一定计量单位的分项工程或一定计量单位结构构件所必需的人工、材料和施工机械台班消耗的数量标准。在理解本概念的基础上,还必须注意预算定额的如下性质:

① 预算定额是一种计价性定额,它的主要作用是作为使用"实物法"计算工程造价的依据。

② 当施工企业用预算定额作为参照依据,采用"实物法"计算个别成本并最终确定工程造价时,预算定额是施工企业自行编制的一种企业内部有关生产消耗的数量标准,其性质属于企业定额;当预算定额由政府授权部门在综合有关企业预算定额的基础上统一编制颁发,并作为一种行业标准被投资者或社会中介机构作为指导性依据,采用"实物法"计算工程的社会平均成本并最终确定工程的社会造价时,它是一种反映有关社会平均生产性消耗的数量标准,其性质属于社会性定额。

③ 预算定额标定对象即定额分项的划分,有两种不同的划分方法。一种是我国传统预算定额的项目划分方法,即以本书第 1 章定义的分项工程或工种工程(或工序作业或不同材料、构件)为基础来划分定额分项,如不同砂浆品种、标号的砌砖(石)墙,或砖砌基础,或浇筑柱混凝土等都可分别是一个定额分项。这种分项方法细而繁杂,有利于施工企业的成本核算,而不利于工程发承包,工程结算复杂。另一种是国际上通用的即我国目前推行的工程量清单分项方法,它是以形成工程实体为基础进行分项。例如,砖基础工程包括垫层在内以形成的工程实体为一个分项;用不同混凝土强度等级区分的混凝土梁、板、柱等都可分为不同的实体项目,等等。这种划分有利于工程发承包及工程分包、工程结算等,更适合于采用工程量清单发承包。

④ 预算定额的定额水平通常取平均先进水平,取企业中大部分生产工人按一般的速度工作,在正常的条件下能够达到的水平。

⑤ 预算定额所规定的消耗指标包括人工、材料及机械台班的消耗,或者说预算定额是以施工消耗定额为基础,经过分析和调整而得到的结果。

2.3.2　预算定额的作用

① 预算定额是编制施工图预算,确定和控制建筑安装工程造价的基础。施工图预算是施工图设计文件之一,是确定和控制建筑安装工程造价的必要手段。

② 预算定额是推行限额设计和进行设计方案技术经济比较、技术经济分析的重要依据。

③ 预算定额是施工企业进行经济活动分析的依据。

④ 预算定额是编制招标控制价的依据。

⑤ 预算定额是编制概算定额和概算指标的基础。

⑥ 预算定额是投标报价的重要参考资料。

2.3.3　预算定额的编制依据

编制预算定额要遵循国家有关建筑工程经济技术政策和法规,统一的计算规则等,具体的依据资料有:

① 现行全国统一劳动定额、机械台班使用定额和材料消耗定额;

② 现行的设计规范、施工及验收规范、质量评定标准和安全操作规程;

③ 具有代表性的典型设计图纸和有关标准图集;

④ 新技术、新工艺、新结构、新材料和先进施工经验资料;

⑤ 有关科学试验、技术测定、统计资料和经验数据;

⑥ 国家和各地区以往颁发的预算定额及其基础资料;

⑦ 现行的工资标准和材料的市场价格与预算价格。

2.3.4　确定预算定额编制要点

预算定额的编制包括进行工程量计算和规定工程量计算规则、定额计量单位,确定人工、材料、机械台班消耗指标以及最后编制相关说明等内容。以下简要说明其编制要点:

2.3.4.1　编制总说明、册说明、章节说明、附录

总说明是一本定额的纲领性文件,是对整本定额的界定和概括,主要包括定额的适用范围、编制依据、编制条件及一些通用性问题的处理和规定等。对于多专业的定额,不仅要有总说明,还可能设置册说明;对于单册定额,只设总说明即可。册说明只对本册或本专业的内容进行说明,主要说明本专业较为通用的问题。章节说明更具体,是一些定额子目的使用说明,如增减规定和当实际情况与定额有差异时的处理方法。附录是与本定额相关的数据、参数、规定、工程量计算的资料等。

2.3.4.2　定额计量单位与计算精度的确定

定额计量单位一定要与定额项目的内容相适应,确切地反映各分项工程产品的形态特征与实物数量,且便于使用和计算。

计量单位一般根据分项工程或结构构件的特征及变化规律来确定。当物体的断面形状一定而长度不定时,宜采用延长米为计量单位,如落水管等。当物体有一定的厚度,而长度和宽度变化不定时,宜采用平方米为计量单位,如楼地面、墙面抹灰、屋面等。当物体的长、宽、高均

变化不定时,宜采用立方米为计量单位,如土方、砖石、混凝土工程等。有的分项工程虽然长、宽、高都变化不大,但质量和价格差异却很大,这时宜采用吨或千克为计量单位,如金属构件的制作、运输及安装等。在预算定额项目表中,一般都采用扩大计量单位,如 100 m、100 m²、10 m³等,以便于定额的编制和使用。

定额项目中各种消耗量指标的数值单位及小数位数的取定:

① 以"t"、"km"、"千块"为单位,应保留小数点后三位数字,第四位小数四舍五入;

② 以"m"、"m²"、"m³"、"kg"、"工日"、"台班"、"元"为单位,应保留小数点后两位数字,第三位小数四舍五入;

③ 以"个"、"件"、"根"、"组"、"系统"为单位,应取整数。

2.3.4.3　工程量的计算

预算定额是在基础定额的基础上编制的一种综合性定额。在预算定额中,一个分项工程包含了所必须完成的全部工作内容,如砖柱预算定额中包括了砌砖、调制砂浆、材料运输等全部工作内容。而在劳动定额中,砌砖、调制砂浆以及各种材料的运输等是分别列为单独的定额项目。若要利用劳动定额编制预算定额,必须根据选定的典型设计图纸,先计算出符合预算定额项目的施工过程的工程量,再分别计算出符合劳动定额项目的施工过程的工程量,这样才能综合出每一预算定额项目计量单位的结构构件或分项工程的人工、材料和机械消耗指标。

2.3.4.4　规定工程量计算规则

工程量计算规则是预算定额一个必需的组成部分,是连接预算定额与实际工程工程量计算的桥梁。预算定额编制的适用性,很大程度上取决于工程量计算规则是否适用,是否简明扼要,是否与定额的设置匹配。工程量计算规则的编制不仅要考虑预算定额的设置,同时还要兼顾工程的实际情况和从业人员的使用习惯。

2.3.4.5　人工消耗量的确定

预算定额中,人工消耗量应包括为完成该分项工程定额单位所必需的用工数量,即应包括基本用工和其他用工两部分。人工消耗量一是以现行的全国《建筑安装工程统一劳动定额》为基础进行计算,二是以现场测定进行计算。

（1）基本用工

基本用工是指完成某一合格分项工程所必需消耗的技术工种用工。例如,为完成各种墙体工程中的砌砖、调运砂浆、铺砂浆、运砖等所需要的工日数量。基本用工以技术工种相应劳动定额的工时定额计算,按不同工种列出定额工日。其计算式为:

$$基本用工 = \sum(某工序工程量 \times 相应工序时间定额) \qquad (2.24)$$

（2）其他用工

其他用工是辅助基本用工完成生产任务所耗用的人工。按其工作内容的不同可分为以下三类:

① 辅助用工。在技术工种劳动定额内不包括但在预算定额内必须考虑的用工,称为辅助用工。如材料加工、筛砂、洗石、淋灰、机械土方配合用工等。其计算式为:

$$辅助用工 = \sum(某工序工程数量 \times 相应工序时间定额) \qquad (2.25)$$

② 超运距用工。是指预算定额中规定的材料、半成品的平均水平运距超过劳动定额规定

的运输距离的用工。其计算式为：

$$超运距用工 = \sum (超运距运输材料数量 \times 相应超运距时间定额) \qquad (2.26)$$

$$超运距 = 预算定额取定运距 - 劳动定额已包括的运距 \qquad (2.27)$$

③ 人工幅度差。主要是指预算定额与劳动定额由于定额水平不同而引起的水平差。另外还包括定额中未包括，但在一般施工作业中又不可避免且无法计量的用工。如各工种间工序搭接、交叉作业时不可避免的停歇工时消耗，施工机械转移以及水电线路移动造成的间歇工时消耗，质量检查影响操作消耗的工时，以及施工作业中不可避免的其他零星用工等。

其计算采用乘系数的方法，即

$$人工幅度差 = (基本用工 + 辅助用工 + 超运距用工) \times 人工幅度差系数 \qquad (2.28)$$

人工幅度差系数，一般土建工程为 10%，设备安装工程为 12%。

由上述可知，建筑工程预算定额各分项工程的人工消耗量就等于该分项工程的基本用工数量与其他用工数量之和。即

$$人工消耗量 = 基本用工数量 + 其他用工数量 \qquad (2.29)$$

式中

$$其他用工数量 = 辅助用工数量 + 超运距用工数量 + 人工幅度差 \qquad (2.30)$$

2.3.4.6　材料消耗量指标的确定

预算定额是计价性定额，其材料消耗量是指施工现场为完成合格产品所必需的"一切在内"的消耗，包括必需的各种实体性材料和各种措施性材料（如模板、脚手架等）的消耗。引起消耗的因素应包括：材料净耗量、合理损耗量及周转性材料的摊销量。现以砖砌体为例加以说明。

(1) 主要材料消耗量指标的确定

现计算每 1 m³ 标准砖砌体，一砖半厚砖墙的材料净用量。

$$\frac{标准砖}{净用量} = \frac{2 \times 砌体厚度的砖数}{砌体厚度 \times (标准砖长 + 灰缝厚度) \times (标准砖厚度 + 灰缝厚度)} \qquad (2.31)$$

式中，标准砖尺寸与体积为：长×宽×厚 = 0.24 m × 0.115 m × 0.053 m = 0.001 462 8 m³；

砌体厚度：半砖墙为 0.115 m，一砖墙为 0.24 m，一砖半墙为 0.365 m；

砌体厚度的砖数：半砖墙为 0.5 块，一砖墙为 1 块，一砖半墙为 1.5 块；

灰缝厚度：0.01 m。

故一砖半厚砖墙的标准砖净用量为：

$$标准砖净用量 = \frac{2 \times 1.5}{0.365 \times (0.24 + 0.01) \times (0.053 + 0.01)} = 522 块$$

$$砂浆净用量 = 1 - 砖数 \times 每块砖的体积 = 1 - 522 \times 0.001 462 8 = 0.237 m³$$

$$材料的用量 = \frac{材料净用量}{1 - 损耗率} \qquad (2.32)$$

材料的损耗率如表 2.8 所示。

表 2.8 部分材料损耗率表(%)

序 号	材料名称	工程项目	损耗率	序 号	材料名称	工程项目	损耗率
1	红(青)砖	基 础	0.4	7	砌筑砂浆	砖砌体	1
2	红(青)砖	实砌墙	1	8	水泥石灰砂浆	梁、柱、腰线	2
3	红(青)砖	方砖柱	3	9	水泥石灰砂浆	墙及墙裙	2
4	砂		2	10	钢 筋	桩基	2
5	砂	混凝土工程	1.5	11	钢 筋	现浇混凝土工程	3
6	水 泥	砂浆		12	钢 筋	预应力	6.1

从表 2.8 中查出,砖和砂浆损耗率均为 1%,故一砖半厚砖墙标准砖和砂浆的耗用量为:

$$标准砖的耗用量 = \frac{标准砖净用量}{1-砖的损耗率} = \frac{522}{1-1\%} = 527.27 \ 块/m^3$$

$$砂浆的耗用量 = \frac{砂浆净用量}{1-砂浆的损耗率} = \frac{0.237}{1-1\%} = 0.239 \ m^3/m^3$$

(2) 次要材料消耗量的确定

预算定额中对于用量很少、价值不大的次要材料,估算其用量后,合并成"其他材料费",以"元"为单位列入预算定额表中。

(3) 周转性材料摊销的确定

周转性材料按多次使用、分次摊销的方式计入预算定额。

2.3.4.7 机械台班消耗量指标的确定

预算定额中的机械台班消耗量指标,一般按全国《建筑安装工程统一劳动定额》中的机械台班产量,并考虑一定的机械幅度差进行计算。机械幅度差是指合理的施工组织条件下机械的停歇时间。

计算机械台班消耗量指标时,机械幅度差以系数表示。大型机械的幅度差系数规定为:土石方机械 1.25;吊装机械 1.3;打桩机械 1.33;其他专用机械,如打夯、钢筋加工、木工、水磨石等,幅度差系数为 1.1。

垂直运输的塔吊、卷扬机,以及混凝土搅拌机、砂浆搅拌机是按工人小组配备使用的,应按小组产量计算台班产量,不考虑机械幅度差。计算公式如下:

$$\frac{机械台班}{消耗量} = \frac{定额计算量单位值}{小组总人数 \times \sum(分项计算取定比重 \times 劳动定额综合产量)}$$

$$= \frac{定额计算量单位值}{小组产量} \tag{2.33}$$

如劳动定额规定,砌砖小组成员为 22 人,一砖半厚砖墙综合产量(塔吊)为 2.272 m^3/工日,则每 10 m^3 一砖半厚砖墙机械台班消耗量(塔吊)为:

$$机械台班消耗量 = \frac{10}{22 \times 2.272} = 0.20 \ 台班$$

2.3.4.8 确定定额基价

在建筑工程预算定额表中应直接列出定额基价,其中人工费、材料费、机械使用费应分别列出,并列出人工、材料、机械的消耗量及人工、材料、机械的价格。

2.3.5 确定预算定额人工、材料、机械价格

2.3.5.1 人工单价的确定

(1) 生产工人的日工资单价组成

人工单价即预算人工工日单价,又称人工工资标准或工资率。合理地确定人工工资标准,是正确计算人工费和工程造价的前提和基础。人工单价是指一个建筑安装工人一个工作日在预算中应计入的全部人工费用。目前,我国的人工单价均采用综合人工单价的计价方式,即根据综合取定的不同工种、不同技术等级工人的工资单价及相应的工时比例进行加权平均,得出能够反映工程建设中生产工人一般综合价格水平的人工综合单价。

按照我国现行规定,人工单价的费用组成见表2.9。

表2.9　建筑安装工程人工费内容组成表

费用名称			费用组成内容
人工费	生产工人工资	基本工资	指按"各尽所能、按劳分配"的原则支付的生产工人的工资
		工资性质补贴	指按规定标准支付的物价补贴,煤、燃气补贴,上下班交通费补贴,住房补贴,流动施工津贴,地区津贴等
		辅助工资	指生产工人年有效施工天数以外非作业天数的工资,包括职工学习、培训、调动工作、探亲、休假期间的工资,因气候影响的停工工资,女工哺乳期间的工资和6个月以内的病假及产、婚、丧假期的工资
	职工福利费		指按规定标准计提的职工福利费,如医疗费等
	劳动保护费		指按规定标准支付的劳动保护用品的购置费及修理费,徒工服装补贴,防暑降温费,在有碍身体健康环境中施工的保健费等

(2) 生产工人工资标准的确定

生产工人基本工资执行的是岗位工资和技能工资制度,这一制度是根据有关部门制定的《全民所有制大中型建筑安装企业岗位技能工资制试行方案》确定的。其中,工人岗位工资标准设8个岗次(见表2.10),技能工资分初级工、中级工、高级工、技师和高级技师五类工资标准,共26档(见表2.11)。

表2.10　全民所有制大中型建筑安装企业工人岗位工资参考标准

(六类地区)　　　　　　　　　　　　单位:元/月

岗　　次	1	2	3	4	5	6	7	8
标准一	119	102	86	71	58	48	39	32
标准二	125	107	90	75	62	51	42	34
标准三	131	113	96	80	66	55	45	36
标准四	144	124	105	88	72	59	48	38
适用岗位								

建筑安装工程生产工人日工资标准(即工日单价或定额工日取定价),我国建筑业长期沿用1980年国家建工总局制定的建安工人一级工工资标准及工资等级系数计算法来确定。1993年,国家对工资制度作了一定的调整和改革,各省市根据改革精神,参照历史发展和经济现状,确定了以基本工资加补贴的计算方法测算取定工资。

表2.11 全民所有制大中型建筑安装企业技能工资参考标准（六类地区）

单位：元/月

岗次	1	2	3	4	5	6	7	8	9	10	11	12	13	14	15	16	17	18	19	20	21	22	23	24	25	26	27	28	29	30	31	32	33
标准一	50	56	62	68	75	82	89	96	103	110	117	124	132	140	148	156	164	172	180	188	196	204	212	220	229	238	247	256	265	275	285	295	305
标准二	52	58	65	72	79	86	93	100	108	116	124	132	140	148	156	164	172	180	189	198	207	216	225	234	243	252	261	270	280	290	300	310	320
标准三	54	61	68	75	82	89	97	105	113	121	129	137	145	153	162	171	180	189	198	207	216	225	235	245	255	265	275	285	295	305	315	325	335
标准四	57	64	72	80	88	96	105	114	123	132	141	150	159	168	177	186	195	204	214	224	234	244	254	264	274	284	294	304	314	324	334	344	354

工人：初级技术工人　非技术工人　中级技术工人　高级技术工人　技师

专业技术人员：初级专业技术人员　中级专业技术人员　高级专业技术人员　高级技师

管理人员：办事员　科员　教授级高级专业技术人员　中型企业正职　大型企业正职

如××省 1993 年确定的工日单价为：

基本工资　　　　　3.83 元/工日

工资性津贴　　　　2.32 元/工日

工资附加费　　　　1.01 元/工日

劳动保护费　　　　0.66 元/工日

辅助工资　　　　　0.97 元/工日

小计　　　　　　　8.79 元/工日

自此以后的日工资单价均以 1993 年单价为基础，再根据现行经济状况和物价指数进行调整。××省 1994 年的日工资单价在 1993 年单价基础上增加流动施工津贴 3.50 元/工日，则日工资单价为 12.29 元/工日。1996 年，根据物价上涨指数和市场经济情况，××省在 1994年的基础上乘以调整系数 1.587，即

$$现行工日单价 = 上年人工工日单价 × 调整系数 \qquad (2.34)$$

得(1996 年)工日单价＝12.29×1.587＝19.50 元/工日。

随着改革开放的深入，我国的经济体制发生了重大变化，国有企业的改制，私有企业的发展，使得用原有方法确定人工单价不能适应市场经济的需要，改革人工单价的确定方法是势在必行。下面给出××省新编定额人工单价的确定方法。

××省 2008 年中心城区最低工资为：700 元/月

根据国家规定，计薪天数为：(365－104)/12＝21.75 天/月

不含企业所缴职工社保部分的每工日单价为：700/21.75＝32.30 元/工日

考虑到××省 2008 年 CPI 增长指数 9.7％，则最低工资调整为：

$$32.30×(1＋9.7\%)＝35.43 元/工日$$

考虑到人工费的构成因素和市场的不确定因素，结合市场的实际情况，经测算给出 20％的综合因素调整系数，则工日单价为：

$$35.43＋32.30×20\%＝41.89 元/工日$$

取整为 42.00 元/工日。

2013 年，住建部与财政部颁发了建标【2013】44 号文件"关于印发《建筑安装工程费用项目组成》的通知"，按照国家统计局《关于工资总额组成的规定》，调整了人工费构成及内容。

① 人工费构成及内容

人工费是指支付给从事建筑安装工程施工的生产工人和附属生产单位工人的各项费用，内容包括：

a. 计时工资或计件工资：是指按计时工资标准和工作时间或对已做工作按计件单价支付给个人的劳动报酬。

b. 奖金：是指对超额劳动和增收节支支付的劳动报酬。如节约奖、劳动竞赛奖等。

c. 津贴补贴：是指为了补偿职工特殊或额外的劳动消耗和因其他特殊原因支付给个人的津贴，以及为了保证职工工资水平不受物价影响支付给个人的物价补贴。如流动施工津贴、特殊地区施工津贴、高温(寒)作业临时津贴、高空津贴等。

d. 加班加点工资：是指按规定支付的在法定节假日工作的加班工资和在法定工作日工作时间外延时工作的加点工资。

e. 特殊情况下支付的工资:是指根据国家法律、法规和政策规定,因病、工伤、产假、计划生育假、婚丧假、事假、探亲假、定期休假、停工学习、执行国家或社会义务等原因按计时工资标准或计时工资标准的一定比例支付的工资。

② 人工费构成要素参考计算方法

公式一:

$$人工费 = \sum(工日消耗量 \times 日工资单价) \qquad (2.35)$$

式中:

$$日工资单价 = \frac{生产工人平均月工资(计时或计件) + 平均月(奖金 + 津贴补贴 + 特殊情况下支付的工资)}{年平均每月法定工作日}$$

注:公式一主要适用于施工企业投标报价时自主确定人工费,也是工程造价管理机构编制计价定额、确定定额人工单价或发布人工成本信息的参考依据。

公式二:

$$人工费 = \sum(工程工日消耗量 \times 日工资单价) \qquad (2.36)$$

日工资单价是指施工企业平均技术达到熟练程度的生产工人在每工作日(国家法定工作时间内)按规定从事施工作业应得的日工资总额。

工程造价管理机构确定日工资单价应通过市场调查,根据工程项目的技术要求,参考实物工程量人工单价综合分析确定。最低日工资单价不得低于工程所在地人力资源和社会保障部门所发布的最低工资标准的:普工1.3倍,一般技工2倍,高级技工3倍。

工程计价定额不可只列一个综合工日单价,应根据工程项目技术要求和工种差别适当划分多种日人工单价,确保各分部工程人工费的构成合理。

注:公式二适用于工程造价管理机构编制计价定额时确定定额人工费,是施工企业投标报价的参考依据。

由于日工资单价确定的统一性不强,各地区处理日工资单价的方法不尽相同,虽然国家提供了日工资单价计算公式,但操作性不强,于是产生了很多变通的计算方法。

例如,××省认为,日工资单价的确定与消耗量定额的人工消耗量有着必然的联系,要准确地确定日工资单价就必须把消耗量定额与市场结合起来,于是产生了一种分项工程的分包价格与实际工程的测算资料相结合的计算方法。从理论上说,只要工程的分包价格相对准确,计算出来的定额日工资单价就相对准确。

(3) 影响人工单价的因素

① 社会平均工资水平。建筑安装工人人工单价必然和社会平均工资水平趋同。社会平均工资水平取决于经济发展水平。由于我国改革开放以来经济迅速增长,社会平均工资也有较大增长,从而造成人工单价的大幅提高。

② 生活消费指数。生活消费指数的提高会造成人工单价的提高,以减少生活水平的下降,或维持原来的生活水平。生活消费指数的变动取决于物价的变动,尤其取决于生活消费品物价的变动。

③ 劳动力市场供需变化。如果劳动力市场需求大于供给,人工单价就会提高;供给大于需求,市场竞争激烈,人工单价就会下降。

④ 政府推行的社会保障和福利政策也会影响人工单价的变动。

2.3.5.2　材料(实体性材料)预算价格的确定

材料预算价格又称材料单价或取定价,是指材料由来源地或交货地点到达工地仓库或施工现场存放地点后的出库价格。材料费占整个建筑工程直接费的比重很大,它是根据材料预算价格计算出来的。因此,正确地确定材料预算价格有利于提高预算质量,促进企业加强经济核算和降低工程成本。

工程施工中所用的材料按其消耗的不同性质,可分为实体性消耗材料和周转性消耗材料两类。由于这两类材料消耗性质的不同,其单价的概念和费用构成也不尽相同。以下仅仅介绍实体性材料预算价格的确定。

实体性材料的预算价格,是指通过施工单位采购活动到达施工现场时的材料价格。该价格的高低取决于材料从其来源地到达施工现场过程中所发生的费用,它包括材料的原价、包装费、运杂费和采购及保管费等。一般可按下式计算:

$$\begin{matrix}\text{材料预}\\\text{算价格}\end{matrix}=(\text{材料原价}+\text{运杂费})\times\left(1+\begin{matrix}\text{运输}\\\text{损耗率}\end{matrix}\right)\times\left(1+\begin{matrix}\text{采购保}\\\text{管费率}\end{matrix}\right) \tag{2.37}$$

工程设备费是材料费的一部分。工程设备是指构成或计划构成永久工程一部分的机电设备、金属结构设备、仪器装置及其他类似的设备和装置。

(1) 材料原价的确定

材料原价是指材料的出厂价、交货地价格、市场采购价或批发价;进口材料应以国际市场价格加上关税、手续费及保险费构成材料原价,也可以按国际通用的材料到岸价或者口岸价作为原价。确定原价时,当同一种材料因产地或供应单位的不同而有几种原价时,应根据不同来源地的供应数量及不同的单价,计算出加权平均原价。

(2) 材料运杂费

材料运杂费是指材料由来源地(或交货地)运到工地仓库(或存放地点)的过程中所发生的一切费用,见运输流程示意图图2.9。

从图中可以看出,材料的运杂费主要包括:

① 调车(驳船)费,是指机车到专用线(船只到专用码头)或非公用地点装货时的调车(驳船)费。

② 装卸费,是指给火车、轮船、汽车上下货物时所发生的费用。

③ 运输费,是指火车、汽车、轮船运输材料的运输费。

④ 附加工作费,是指货物从货源地运至工地仓库期间所发生的材料搬运、分类堆放及整理等费用。

⑤ 途中损耗,是指材料在装卸、运输过程中不可避免的合理损耗。

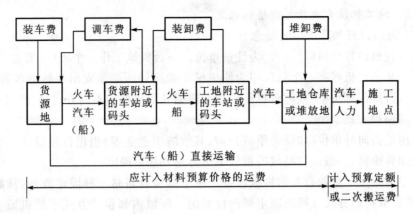

图 2.9 材料运输流程示意图

材料途中损耗 =（材料原价＋调车费＋装卸费＋运输费）×途中损耗率 　　(2.38)

（3）材料采购及保管费

材料采购及保管费是指材料部门在组织采购、供应和保管材料过程中所发生的各种费用，包括各级材料部门的职工工资、职工福利、劳动保护费、差旅及交通费、办公费等。

建筑材料的种类、规格繁多，采购保管费不可能按每种材料在采购过程中所发生的实际费用计取，只能规定几种费率。目前，由国家经贸委规定的综合采购保管费率为 2.5%（其中采购费率为 1%，保管费率为 1.5%）。由建设单位供应材料到现场仓库时，施工单位只收保管费。

采购保管费 =（材料原价＋运杂费）×（1＋运输损耗率）×采购保管费率 　　(2.39)

【例 2.4】 某工程需用白水泥，选定甲、乙两个供货地点，甲地出厂价 670 元/t，可供需要量的 70%；乙地出厂价 690 元/t，可供需要量的 30%。汽车运输，甲地离工地 80 km，乙地离工地 60 km。求白水泥预算价格。运输费按 0.40 元/(t・km)计算，装卸费为 16 元/t，装卸各一次，材料采购保管费率为 2.5%，运输损耗率为 1%。

【解】 ① 加权平均计算综合原价

综合原价 ＝ 670×70%＋690×30% ＝676(元/t)

② 运杂费为：80×0.40×70%＋60×0.40×30%＋16＝45.6(元/t)

③ 采购保管费为：(676＋45.6)×(1＋1%)×2.5%＝18.22(元/t)

④ 白水泥的预算价格为：(676＋45.6)×(1＋1%)＋18.22＝747.04(元/t)

（4）影响材料预算价格的因素

① 市场供求变化会影响材料的预算价格。材料原价是材料预算价格中最基本的组成部分，市场供大于求，价格就会下降；反之，价格就会上升。

② 材料生产成本的变动直接影响材料预算价格。

③ 流通环节和材料供应体制也会影响材料预算价格。

④ 运输距离和运输方法的改变会影响材料运输费用，从而影响材料预算价格。

⑤ 国际市场行情会对进口材料价格产生直接的影响。

2.3.5.3　施工机械台班预算价格的确定

(1) 施工机械台班预算价格的概念

施工机械台班预算价格以"台班"为计量单位。一台机械工作一个班(一般按 8 h 计)就称为一个台班。某一台机械在一个台班中为使机械正常运转所必须支出分摊的各种费用之和,就是施工机械台班预算价格,或称台班使用费。根据获取机械的不同方式,一般可分为外部租用与内部租用两种方式。

外部租用是指向外单位(如设备租赁公司、其他施工企业等)租用机械设备。此种方式下的机械台班预算价格,一般以该机械的租赁单价为基础加以确定。

内部租用是指使用企业自有的机械设备。由于机械设备是一种固定资产,从成本核算的角度来看,是采取折旧方式来回收固定资产投资的。所以内部租赁方式下的机械台班预算价格,一般可以机械折旧费(即大修费)为基础,再考虑相应的运行成本费用等因素,通过企业内部核算来确定机械台班预算价格(或台班租赁费)。

(2) 施工机械台班预算价格的计算

我国现行体制下施工机械台班预算价格由七项费用组成,如图 2.10 所示。

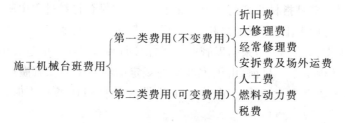

图 2.10　施工机械台班费用组成内容

现将施工机械台班预算价格各项费用的含义及计算方法分别叙述如下:

① 折旧费

折旧费是指施工机械在规定的使用年限内,陆续收回其原值的费用。

台班折旧费应按下列公式计算:

$$台班折旧费 = \frac{预算价格 \times (1 - 残值率) \times 时间价值系数}{耐用总台班} \qquad (2.40)$$

国产机械的预算价格应按下列公式计算:

$$预算价格 = 机械原值 + 供销部门手续费和一次运杂费 + 车辆购置税 \qquad (2.41)$$

供销部门手续费和一次运杂费可按机械原值的 5% 计算。

车辆购置税应按下列公式计算:

$$车辆购置税 = 计税价格 \times 车辆购置税率 \qquad (2.42)$$

$$计税价格 = 机械原值 + 供销部门手续费和一次运杂费 - 增值税 \qquad (2.43)$$

车辆购置税率应执行编制期国家有关规定。

进口机械的预算价格应按下列公式计算:

$$预算价格 = 到岸价格 + 关税 + 增值税 + 消费税 + \frac{外贸部门手续费和}{国内一次运杂费} + 财务费 + \frac{车辆}{购置税} \quad (2.44)$$

关税、增值税、消费税及财务费应执行编制期国家有关规定，并参照实际发生的费用计算。

外贸部门手续费和国内一次运杂费应按到岸价格的 6.5% 计算。

车辆购置税应按下列公式计算：

$$车辆购置税 = 计税价格 \times 车辆购置税率 \quad (2.45)$$

$$计税价格 = 到岸价格 + 关税 + 消费税 \quad (2.46)$$

车辆购置税率应执行编制期国家有关规定。

残值率指施工机械报废时回收其残余价值占机械原值的百分比。残值率应根据机械类型按下列数值确定：

运输机械：2%；

掘进机械：5%；

其他机械：中小型机械 4%，特大型机械 3%。

时间价值系数指购置施工机械的资金在施工生产过程中随着时间的推移而产生的单位增值。

时间价值系数应按下列公式计算：

$$时间价值系数 = 1 + \frac{年折现率 \times (折旧年限 + 1)}{2} \quad (2.47)$$

年折现率应按编制期银行年贷款利率确定。

折旧年限指施工机械逐年计提固定资产折旧的期限。折旧年限应在财政部规定的折旧年限范围内确定。

耐用总台班指施工机械从开始投入使用至报废前使用的总台班数。耐用总台班应按施工机械的技术指标及寿命期等相关参数确定。

确定折旧年限和耐用总台班时应综合考虑下列关系：

$$折旧年限 = \frac{耐用总台班}{年工作台班} \quad (2.48)$$

其中，年工作台班指施工机械在年度内使用的台班数量。年工作台班应在编制期制度工作日基础上扣除规定的修理、保养及机械利用率等因素确定。

② 大修理费

大修理费是指施工机械按规定的大修理间隔台班进行必要的大修理，以恢复其正常功能所需的费用。

台班大修理费应按下列公式计算：

$$台班大修理费 = \frac{一次大修理费 \times 寿命期大修理次数}{耐用总台班} \quad (2.49)$$

一次大修理费指施工机械一次大修理发生的工时费、配件费、辅料费、油燃料费及送修运杂费等。一次大修理费应以《全国统一施工机械保养修理技术经济定额》(以下简称《技术经济定额》)为基础,结合编制期市场价格综合确定。

寿命期大修理次数指施工机械在其寿命期(耐用总台班)内规定的大修理次数。寿命期大修理次数应参照《技术经济定额》确定。

③ 经常修理费

经常修理费指施工机械除大修理以外的各级保养和临时故障排除所需的费用。包括为保障机械正常运转所需替换设备与随机配备工具附具的摊销和维护费用,机械运转中日常保养所需润滑与擦拭的材料费用及机械停滞期间的维护和保养费用等。

台班经常修理费应按下列公式计算:

$$台班经常修理费 = \frac{\sum(各级保养一次费用 \times 寿命期各级保养次数) + 临时故障排除费}{耐用总台班}$$
$$+ 替换设备和工具附具台班摊销费 + 例保辅料费 \tag{2.50}$$

各级保养一次费用应以《技术经济定额》为基础,结合编制期市场价格综合确定。寿命期各级保养次数应参照《技术经济定额》确定。临时故障排除费可按各级保养费用之和的 3% 取定。替换设备和工具附具台班摊销费、例保辅料费的计算应以《技术经济定额》为基础,结合编制期市场价格综合确定。

当台班经常修理费计算公式中各项数值难以确定时,台班经常修理费也可按下列公式计算:

$$台班经常修理费 = 台班大修理费 \times K \tag{2.51}$$

式中　K——台班经常修理费系数,可按《全国统一施工机械台班费用定额》取值。

④ 安拆费及场外运费

安拆费指施工机械(大型机械除外)在现场进行安装与拆卸所需的人工、材料、机械和试运转费用,以及机械辅助设施的折旧、搭设、拆除等费用。场外运费指施工机械整体或分体自停放地点运至施工现场或由一施工地点运至另一施工地点的运输、装卸、辅助材料及架线等费用。

安拆费及场外运费根据施工机械不同分为计入台班单价、单独计算和不计算三种类型。

工地间移动较为频繁的小型机械及部分中型机械,其安拆费及场外运费应计入台班单价。台班安拆费及场外运费应按下列公式计算:

$$台班安拆费及场外运费 = \frac{一次安拆费和场外运费 \times 年平均安拆次数}{年工作台班} \tag{2.52}$$

一次安拆费应包括施工现场机械安装和拆卸一次所需的人工费、材料费、机械费及试运转费。一次场外运费应包括运输、装卸、辅助材料和架线等费用。年平均安拆次数应以《技术经济定额》为基础,由各地区(部门)结合具体情况确定。运输距离均应按 25 km 计算。

移动有一定难度的特大型(包括少数中型)机械,其安拆费及场外运费应单独计算。单独计算的安拆费及场外运费除应计算安拆费、场外运费外,还应计算辅助设施(包括基础、底座、固定锚桩、行走轨道枕木等)的折旧、搭设和拆除等费用。

不需安装、拆卸且自身又能开行的机械和固定在车间不需安装、拆卸及运输的机械,其安拆费及场外运费不计算。

自升式塔式起重机安装、拆卸费用的超高起点及其增加费,各地区(部门)可根据具体情况确定。

⑤ 人工费

人工费是指机上司机(司炉)和其他操作人员的人工费。

人工费应按下列公式计算:

$$台班人工费 = 人工消耗量 \times \frac{1 + (年制度工作日 - 年工作台班)}{年工作台班} \times 人工单价 \quad (2.53)$$

人工消耗量指机上司机(司炉)和其他操作人员工日消耗量。年制度工作日应执行编制期国家有关规定。人工单价应执行编制期工程造价管理部门的有关规定。

⑥ 燃料动力费

燃料动力费是指施工机械在运转作业中所消耗的各种燃料及水、电等。

燃料动力费应按下列公式计算:

$$台班燃料动力费 = \sum (燃料动力消耗量 \times 燃料动力单价) \quad (2.54)$$

燃料动力消耗量应根据施工机械技术指标及实测资料综合确定。燃料动力单价应执行编制期工程造价管理部门的有关规定。

⑦ 税费

税费是指施工机械按照国家规定应缴纳的车船使用税、保险费及年检费等。

税费应按下列公式计算:

$$税费 = \frac{年车船使用税 + 年保险费 + 年检费用}{年工作台班} \quad (2.55)$$

年车船使用税、年检费用应执行编制期有关部门的规定。年保险费应执行编制期有关部门强制性保险的规定,非强制性保险不应计算在内。

(3)影响机械台班价格的因素

① 施工机械的价格。它是影响折旧费,从而影响机械台班单价的重要因素。

② 机械使用年限。它不仅影响折旧费提取,也影响大修理费和经常修理费的开支。

③ 机械的使用效率和管理水平。

④ 政府征收税费的规定等。

2.3.6　预算定额与单位估价表

预算定额是指在正常的施工条件、施工技术和组织条件下,完成一定计量单位的分项工程或结构构件所需的人工、材料、机械台班消耗和价值货币表现的数量标准。单位估价表则是预算定额的另一种表现形式,是同预算定额(基价表)类同的一种计价性的定额形式,它更为突出地表现了地区性特征。

2.3.6.1 单位估价表的概念

单位估价表,或称地区统一基价表,是全国各省、市、地区主管部门根据全国统一基础定额或企业基础定额中的每个项目所制定的综合工日、材料耗用(或摊销)量、机械台班量等定额数量,乘以本地区所确定的人工单价、材料取定价和机械台班单价等,而制定出的定额各相应项目的基价、人工费、材料费和机械费等以货币形式表现出来的一种价格表。单位估价表是各个分项工程单位预算价格的一种货币形式价值指标,是现行建筑工程预算定额在某个城市或地区的另一种表现形式,是该城市或地区编制施工图预算的直接基础资料。

2.3.6.2 单位估价表的编制依据

单位估价表的编制依据是:

① 全国统一基础定额;

② 本地区建筑安装工人的日工资标准;

③ 本地区材料预算价格(包括材料市场价格和材料预算价格);

④ 本地区施工机械台班预算价格;

⑤ 国家与地区对编制单位估价表的有关规定及计算手册等资料;

⑥ 企业定额。

2.3.6.3 预算定额基价表与单位估价表的内容

为了便于确定各分部分项工程或结构构件的人工、材料和机械台班等的消耗指标,以及相应的价值货币表现的指标,应将预算定额按一定的顺序汇编成册。

以《全国统一建筑工程基础定额××省统一基价表》为例,建筑工程预算定额的内容由目录、总说明、建筑面积计算规则、章节说明及其相应的工程量计算规则、定额项目表、附录组成。

(1) 文字说明部分

① 总说明。在总说明中,主要阐述预算定额的用途、编制依据和原则、适用范围,定额中已考虑的因素和未考虑的因素,定额所采用的材料规格、材质标准,允许换算的原则,各分部工程定额中共性问题的有关统一规定及解决方法,使用中应注意的事项和有关问题的说明。

② 建筑面积计算规则。建筑面积计算规则严格、系统地规定了计算建筑面积的内容范围和计算规则,这是正确计算建筑面积的前提,从而使全国各地区同类建筑产品的价格水平具有可比性。

③ 章节说明。章节说明是建筑工程预算定额的重要内容,主要说明了本章节中所包括的主要内容,以及使用定额的一些基本规定,并阐述了该章节中的工程量计算规则和方法,定额分项中综合的内容、允许换算和不得换算的界限,允许增减系数范围以及其他方面的规定等。

(2) 分项工程定额项目表

分项工程定额项目表包括:

① 在定额项目表表头上方说明分项工程的工作内容,包括的主要工序、操作方法及计量单位等。

② 分项工程定额编号(子目号)。

③ 分项工程定额名称。

④ 定额基价,包括人工费、材料费、机械费。

⑤ 人工表现形式,包括工日数量、工日单价。

⑥ 材料(含成品、半成品等)表现形式。材料栏内主要列出主要材料、辅助材料和零星材

料等的名称及消耗数量,并计入相应损耗;对于用量少,对价格影响很小的零星材料合并为其他材料费,以金额"元"或占主要材料的比例表示,计入材料费。

⑦ 施工机械和施工仪表的表现形式。机械栏内有两种列法:一是列施工机械、施工仪器仪表的名称、规格和数量;二是零星机械以其他机械费形式以金额"元"或占主要机械的比例表示。

⑧ 凡单位价值在2 000元以内,不属于固定资产的低值易耗的小型施工机械和施工仪器仪表不列入定额中的施工机械和施工仪器仪表,而作为工具用具使用,在建筑安装工程费用定额中考虑。

⑨ 预算定额的价格。人工工日单价、材料价格、机械台班单价均以预算价格为准。

⑩ 说明和附注。在定额表下注明应调整、换算的内容和方法。

分项工程定额项目表的表达形式如表2.12所示。该表是《全国统一建筑工程基础定额××省统一基价表》中"砌筑工程"的摘录。

表2.12　预算定额或单位估价表(摘录)

1. 砖基础

工作内容:调运砂浆、铺砂浆、运砖、清理基槽坑、砌砖等。　　　　　　　　　　　　　单位:10 m³

定　额　编　号			3-1	3-2	3-3	3-4
项　　目			砖基础		圆弧形砖基础	
			水泥砂浆			
			M5	M7.5	M5	M7.5
基　　价(元)			1 624.84	1 639.05	1 673.25	1 687.46
其中	人工费(元)		365.40	365.40	408.30	408.30
	材料费(元)		1 241.05	1 255.26	1 241.05	1 255.26
	机械费(元)		18.39	18.39	23.90	23.90
名　　称	单位	单价(元)	数　　量			
人工	综合工日	工日	30.00	12.18	12.18	13.61	13.61
材	水泥砂浆 M5.0	m³	125.57	2.36	—	2.36	—
	水泥砂浆 M7.5	m³	131.59	—	2.36	—	2.36
	标准砖 240 mm×115 mm×53 mm	千块	180.00	5.236	5.236	5.236	5.236
料	水	m³	2.12	1.05	1.05	1.05	1.05
机械	砂浆搅拌机(200 L)	台班	61.29	0.30	0.30	0.39	0.39

分项工程定额项目表是按各分部工程归类,又按不同内容划分为若干个分项工程项目排列的定额项目表。

(3)定额编号

为了提高施工图预算编制质量,便于查阅和审查选套的定额项目是否正确,在编制施工图预算时必须注明选套的定额编号。预算定额手册的编号方法通常有"三符号"和"两符号"两种。

① 三符号编号法。三符号编号法的第一个符号表示分部工程(章)的序号,第二个符号表示分项工程(节)的序号,第三个符号表示分项工程项目中子项目的序号。其表达形式如下:

$$□ \; - \; □ \; - \; □$$
$$\downarrow \qquad \downarrow \qquad \downarrow$$
$$分部 \quad 分项 \quad 子目号$$

例如,××省建筑工程预算定额中单裁口五块料以上的木门框制作安装项目,它属于木结构工程,在预算定额中被排在第七部分;木门窗编排在第一分项工程内;单裁口五块料以上木门框制作安装编排在第二子项目栏内。其定额编号为:7-1-2。

② 两符号编号法。我国现行全国统一定额都是采用两符号进行编号的。两符号编号法的第一个符号表示分部工程的序号,第二个符号表示分项工程的序号。其表达形式如下:

$$□ \; - \; □$$
$$\downarrow \qquad \downarrow$$
$$分部 \qquad 分项$$

例如,现行××省统一基价表中采用 M7.5 水泥砂浆的砖基础,编排在第 3 章第 2 分项栏内,其定额编号为:3-2(见表 2.12)。

2.3.6.4 预算定额基价表与单位估价表的编制方法

预算定额基价表与单位估价表由若干个分项工程和结构构件的单价所组成,因此,编制单位估价表的主要工作就是计算分项工程或结构构件的单价或综合单价。单价中的人工费由预算定额中每一分项工程的用工量乘以地区人工综合平均日工资标准计算得出。计算公式如下:

$$分项工程预算基价 = 人工费 + 材料费 + 机械费 \qquad (2.56)$$

式中

$$人工费 = \sum(分项工程定额用工量 \times 地区综合平均日工资标准) \qquad (2.57)$$

$$材料费 = \sum(分项工程定额材料用量 \times 相应的材料预算价格) \qquad (2.58)$$

$$机械费 = \sum(分项工程定额机械台班使用量 \times 相应机械台班预算单价) \qquad (2.59)$$

【例 2.5】 计算表 2.12 中定额编号为 3-2 子目的基价、人工费、材料费、机械费。

【解】 ① 人工费 依据式(2.57)得:

人工费 = 综合工日 × 表中单价 = 12.18 工日 × 30.00 元/工日 = 365.40 元

② 材料费 依据式(2.58)得:

材料费 = M7.5 水泥砂浆用量 × M7.5 水泥砂浆预算价格 + 标准砖用量 × 标准砖预算价格 + 水用量 × 水预算价格 = 2.36 m³ × 131.59 元/m³ + 5.236 千块 × 180.00 元/千块 + 1.05 m³ × 2.12 元/m³ = 1 255.26 元

③ 机械费 依据式(2.59)得:

机械费 = 砂浆搅拌机机械台班使用量 × 砂浆搅拌机预算单价 = 0.30 台班 × 61.29 元/台班 = 18.39 元

④ 基价 依据式(2.56)得:

基价 = 365.40 + 1 255.26 + 18.39 = 1 639.05 元

通过以上计算,可完成预算定额或单位估价表的计算。计算的预算单价均为地区性取定或计算的价格。

2.3.7　预算定额的应用

（1）预算定额的直接套用

设计要求与定额项目的内容相一致时，可直接套用定额的预算基价及工料消耗量，计算该分项工程的直接费及工料所需量。

现以 2003 年《全国统一建筑工程基础定额××省统一基价表》为例，说明预算定额的具体使用方法（以后各例同）。

【例 2.6】　采用 M7.5 水泥砂浆砌筑砖基础 200 m³，试计算完成该分项工程的直接费及主要材料消耗量。

【解】　① 确定定额编号。查表 2.12 得定额编号为 3-2。

② 计算该分项工程直接费

直接费＝预算基价×工程量＝1 639.05 元/10 m³×200 m³＝32 781.00 元

③ 计算主要材料消耗量

查砌筑砂浆配合比表知：每 1 m³ M7.5 水泥砂浆含 32.5 级水泥 240.00 kg，中（粗）砂 1.18 m³，水 0.28 m³。

M7.5 水泥砂浆：2.36 m³/10 m³×200 m³＝47.20 m³

其中：水泥（32.5 级）：240.00 kg/m³×47.20 m³＝11 328 kg

中（粗）砂：1.18 m³/m³×47.20 m³＝55.70 m³

水：0.28 m³/m³×47.20 m³＝13.216 m³

标准砖：（5.236 千块/10 m³）×200 m³＝104.72 千块

（2）预算定额的换算

在确定某一分项工程或结构构件的预算价值时，如果施工图纸设计的项目内容与套用的相应定额项目内容不完全一致，则应按定额规定的范围、内容和方法进行换算。使施工图设计内容与预算定额内容要求相一致的换算（或调整）过程，称为预算定额的换算（或调整）。以下仅对混凝土与砂浆的换算方法进行说明。

① 混凝土的换算

由于混凝土强度等级不同而引起定额基价变动，必须对定额基价进行换算。在换算过程中，混凝土消耗量不变，仅调整混凝土的预算价格。因此，混凝土的换算实质就是预算单价的调整。其换算公式为：

换算价格 ＝ 原定额基价 ± 定额混凝土用量 × 两种不同混凝土的基价差　　　（2.60）

【例 2.7】　某工程构造柱，设计要求采用 C25 钢筋混凝土现浇，试确定该构造柱的基价。

已知：① ××省预算定额的定额编号为 5-359，C20 混凝土；基价为 2 389.12 元/10 m³；混凝土用量为 10.15 m³/10 m³。

② 查混凝土配合比表知，C20 混凝土基价为 175.28 元/m³（32.5 级水泥），C25 混凝土基价为 186.57 元/m³（32.5 级水泥）。

【解】　构造柱的基价为：2 389.12＋10.15×（186.57－175.28）＝2 503.71 元/10 m³

请注意，换算后混凝土中相应的材料也要作相应调整，均要按 C25 混凝土的配合比含量计算。查 C25 混凝土的配合比表知：水泥（32.5 级）464 kg/m³，中（粗）砂 0.43 m³/m³，碎石

（40 mm 粒径）0.87 m³/m³。

换算后材料用量分析：

水泥（32.5 级）：464 kg/m³×10.15 m³/10 m³＝4 709.6 kg/10 m³

中（粗）砂：0.43 m³/m³×10.15 m³/10 m³＝4.36 m³/10 m³

碎石（40 mm 粒径）：0.87 m³/m³×10.15 m³/10 m³＝8.83 m³/10 m³

② 砂浆的换算

砂浆的换算实质上是砂浆强度等级的换算。这是由于施工图设计的砂浆强度等级与定额规定的砂浆强度等级有差异，定额又规定允许换算。在换算过程中，单位产品材料消耗量一般不变，仅换算不同强度等级的砂浆单价和材料用量。方法与混凝土换算相同。

【例 2.8】 某工程空花墙，设计要求用黏土砖，M7.5 混合砂浆砌筑，试计算该分项工程预算价格及定额单位的主要材料耗用量。

已知：① ××省预算定额的定额编号为 4-71（M5 混合砂浆），其基价为 1 325.25 元/10 m³，砂浆用量为 1.18 m³/10 m³，标准砖 4.020 千块/10 m³。

② 查混凝土配合比表知，M7.5 混合砂浆基价为 135.15 元/m³，M5 混合砂浆基价为 116.25 元/m³。M7.5 混合砂浆的配合比为：水泥（32.5 级）303.0 kg/m³，石灰膏 0.05 m³/m³，中（粗）砂 1.18 m³/m³。

【解】 M7.5 混合砂浆砌筑黏土砖的基价为：

$$1\ 325.25＋1.18×(135.15－116.25)＝1\ 347.55\ 元/10\ m³$$

换算后主要材料耗用量分析：

标准砖：4.020 千块/10 m³

水泥（32.5 级）：303 kg/m³×1.18 m³/10 m³＝357.54 kg/10 m³

石灰膏：0.05 m³/m³×1.18 m³/10 m³＝0.059 m³/10 m³

中（粗）砂：1.18 m³/m³×1.18 m³/10 m³＝1.39 m³/10 m³

2.4 概 算 定 额

2.4.1 概算定额的基本概念

概算定额是以货币形式表示的、按国家或其授权机关规定完成一定计量单位的建筑与设备安装工程中扩大的结构或分项工程所需的人工、材料和施工机械台班耗量及费用的标准。概算定额也是综合预算定额，是在预算定额的基础上，根据有代表性的建筑工程通用图和标准图等资料，进行综合、扩大和合并而成的。因此，建筑工程概算定额亦称为"扩大的结构定额"。

概算定额的内容和深度是以预算定额为基础的综合与扩大。在合并时，不得遗漏或增加细目，以保证定额数据的严谨性和正确性。概算定额务必简化、准确和适用。

概算指标是在概算定额的基础上，以主体项目为主，合并相关部分进行综合、扩大而成的，因此也叫扩大定额。

通过概算定额计算的建筑安装工程费用与其他费用定额中的有关费用一起构成建设项目工程的总概算。

2.4.2 概算与预算的区别

概算定额与预算定额都是以建(构)筑物各个结构部分或分部分项工程为单位表示的,内容都包括人工、材料和机械台班使用量定额三个基本部分。概算定额所表达的主要内容、表达的主要方式及基本使用方法都与预算定额相近,但两者也存在差异。概算与预算的区别在于:

① 所起的作用不同。概算编制于初步设计阶段,并作为向国家和地区报批投资的文件,经审批后用以编制固定资产计划,是控制建设项目投资的基本依据;预算编制于施工图设计阶段,它起着决定建筑产品价格的作用,是确定工程价款的依据。

② 编制依据既有共性又有个性,不尽相同。相同的是,都必须遵循国家的法令法规;不同的是,概算依据预算定额、概算定额或概算指标进行编制,其项目分项和定额内容经扩大而简化,概括性强、步距跨度大;预算则依据预算基础定额和综合预算定额进行编制,其项目分项与定额内容较详尽,步距较小。

③ 编制内容不同。概算包括工程建设的全部内容,如总概算要考虑从筹建开始到竣工验收交付使用前所需的一切费用;预算一般不编制总预算,只编制单位工程预算和综合预算书,不包括准备阶段的费用(如勘察、征地、生产职工培训费用等)。

2.4.3 概算定额的作用

建筑工程概算定额的正确性和合理性,对提高概算准确性,合理使用建设资金,加强建设管理,控制工程造价及充分发挥投资效益起着积极的作用。概算定额的作用主要表现在以下几个方面:

① 概算定额是编制设计总概算、修正概算的主要依据。按有关规定,应按设计的不同阶段对拟建工程进行估价,初步设计阶段应编制概算,技术设计阶段应编制修正概算。概算定额是为适应设计深度而编制的计量计价标准。

② 概算定额是编制主要材料、设备订购(加工)计划的依据。

③ 概算定额是对设计方案进行经济分析比较的依据。设计方案的比较主要是对建筑、结构、工艺设备方案进行技术、经济比较,目的是选出经济合理的优秀设计方案。概算定额按扩大分项工程或扩大结构构件划分定额项目,可为设计方案的比较提供有效依据。

④ 概算定额是编制概算指标的依据。

⑤ 使用概算定额编制招标控制价、投标报价,既有一定的准确性,又能快速报价,并为我国推行工程量清单计价和工程总承包制度奠定良好基础。

2.4.4 概算定额的编制原则

概算定额的编制原则是:

① 工程实体性消耗与施工措施性消耗相分离;

② 项目齐全、步距合理;

③ 工程量计算规则简明适用,具有可计算性;

④ 定额水平反映社会平均水平,并应考虑概算定额与预算定额之间的幅度差;

⑤ 表现形式体现量价分离原则,并应体现各类工程的特点。

2.4.5　概算定额的编制依据

概算定额的编制依据是：

① 国家及各省有关建设工程造价的法律、法规等；

② 现行的全国统一预算定额；

③ 现行的设计规范、具有代表性的标准设计图纸和其他设计资料等；

④ 典型的已完工程的设计概算、施工图预算、竣工结算及有关测算资料等。

2.4.6　概算定额的内容和特点

概算定额由说明、定额项目表和附录三部分组成。说明包括总说明、章说明和节说明。其中：① 总说明包括概算定额的作用、适用范围、编制依据、使用规定及说明等。章说明包括工程量计算规则及有关说明、特殊问题处理方法的说明等。节说明主要包括定额的工程内容说明。② 定额项目表包括定额表及附注说明。定额表由定额编号，计量单位，人工、材料、机械台班消耗量组成。③ 附录的主要内容包括主要材料（半成品、成品）损耗率表及其他。

（1）概算定额的内容

下面以《××省建筑工程概算定额》为例作简要介绍。该定额是以主要工程量、基价、人工、主要材料、主要机械表现的定额。该定额共分为三部分。第一部分主体结构工程，分十二章，包括土石方工程，基础工程，墙、柱围护结构工程，楼盖工程，屋盖工程，构筑物及其他工程，耐酸、隔热、保温工程，金属结构工程，脚手架工程，垂直运输工程，钢筋、铁件工程，常用大型机械安拆和场外运输费用表。第二部分装饰装修工程，分四章，包括门窗工程，楼地面工程，墙、柱装饰工程，天棚面装饰工程。第三部分附录，包括常用混凝土、砂浆等配合比表，材料价格取定表，施工机械台班价格取定表。从总说明及工程量计算规则可知，该定额是以正常的施工条件、现行设计标准、国家颁发的有关规定、预算定额（统一基价表）为基础进行编制的，并给出了相应项目的含量与单价。

表2.13所示的钢筋混凝土圈梁、过梁概算定额（示例）摘自《××省建筑工程概算定额统一基价表》。

（2）概算定额的特点

① 项目划分贯彻简明适用的原则，在预算定额项目划分的基础上，进一步综合扩大，适当合并与综合了相关的预算分项工程项目，以简化分项和概算编制。

概算定额项目内容，包括完成该工程项目的全部施工过程所需的人工、材料、成品、半成品和施工机械台班费用。如现浇钢筋混凝土梁综合了钢筋运输、施工超高增加费、刷大白浆等内容；预制钢筋混凝土梁综合了从制作地点到安装现场15 m内的运输、安装、灌缝、钢筋铁件等内容。

② 全部工程项目基本形成独立、完整的单位产品价格，便于设计人员做多方案技术经济比较，提高设计质量。如屋盖工程项目综合了保温层、防水层，该保温层、防水层是一个完整的项目，同时综合了与它们相关的找平层。如设计需要更换另一种保温层、防水层材料时，可按单项定额调整或换算，该单项定额也已综合了它的相关项目。

③ 以预算定额为基础，在充分考虑到定额水平合理的前提下，取消了换算系数，原则上不留活口，为有效控制建设投资创造条件。如有关定额项目中均综合了钢筋和铁件含量，如与设计规定不符时，应予调整；计算构件含钢量时，设计图纸未说明的钢筋接头不计算；混凝土强度

等级,现浇构件一般按 C20 考虑,预制构件按 C30 考虑,扩大初步设计图中注明的混凝土强度等级与此不同时,均不调整;砌筑砂浆等级和抹灰砂浆配合比,编制概算时不调整。

表 2.13　钢筋混凝土圈梁、过梁概算定额(示例)

工作内容:混凝土、模板、钢筋、钢筋运输。　　　　　　　　　　　　　　　　　　　　　　单位:m³

定　额　编　号			3-120	3-121	3-122
项　　　目			现浇钢筋混凝土圈梁		
			现场搅拌混凝土	商品混凝土	集中搅拌混凝土
基价(元)			886.50	976.67	849.43
其中	人工费(元)		193.88	160.22	117.86
	材料费(元)		668.57	799.63	687.43
	机械费(元)		24.05	16.82	44.14
项目名称	单位	单价(元)	工　程　量		
主要工程量	圈梁 C20	10 m³	2 567.67	0.100 00	—	—
	圈梁 C20 商品混凝土	10 m³	3 469.35	—	0.100 00	—
	搅拌站生产能力(25 m³/h)	10 m³	1 989.54	—	—	0.100 00
	圈梁、压顶直形模板	100 m²	2 327.58	0.070 50	0.070 50	0.070 50
	现浇构件圆钢 φ6.5 以内	t	3 538.87	0.022 50	0.022 50	0.022 50
	现浇构件圆钢 φ14 以内	t	3 111.05	0.123 20	0.123 20	0.123 20
	混凝土输送泵(固定泵)	10 m³	54.57	—	—	0.100 00
	混凝土搅拌运输车运输 5 km 以内	10 m³	152.87	—	—	0.100 00
	成型钢筋运输人工装卸 10 km 以内	10 t	148.33	0.014 57	0.014 57	0.014 57
	成型钢筋运输人工装卸每增加 1 km	10 t	7.81	0.072 90	0.072 90	0.072 90
名　　　称	单位	单价(元)	消　耗　量		
人工	综合工日	工日	30.00	6.462 6	5.340 6	3.928 6
主要材料	C20 商品混凝土 碎石 20 mm	m³	290.00	—	1.015	—
	C20 碎石混凝土 碎石 20 mm 坍落度 110～130	m³	183.19	—	—	1.020
	C20 碎石混凝土 碎石 40 mm 坍落度 30～50	m³	160.88	1.015	—	—
	1:2 水泥砂浆	m³	229.82	0.000 2	0.000 2	0.000 2
	圆钢 φ6.5	t	2 600.00	0.023	0.023	0.023
	圆钢 φ14	t	2 600.00	0.128 7	0.128 7	0.128 7
	模板(板、方材)	m³	1 350.00	0.023	0.023	0.023
	九夹板模板	m²	36.70	1.480 5	1.480 5	1.480 5
主要机械	混凝土搅拌站(25 m³/h)	台班	919.61	—	—	0.008 3
	混凝土输送泵(60 m³/h)	台班	1 052.06	—	—	0.003 5
	混凝土搅拌输送车(6 m³)	台班	1 173.91	—	—	0.012

④ 在预算定额水平的基础上略有提高。一般来说,概算定额加权综合平均水平比预算定额增加造价的 2%～5%是合适的。

2.5　企业定额的编制

2.5.1　企业定额基本概念

（1）企业定额的概念

企业定额是施工企业在面临的市场营销环境与正常生产施工条件下,根据自身的施工组织、技术、设施配置、材料渠道和管理水平等要素,制定的本企业人工、材料、机械台班、费用(资金)消耗量与计价的标准。从定义可以看出,企业定额是一个企业定额体系,由施工消耗定额(或施工定额)、费用定额、企业预算(计价)定额等构成,是企业确定、调整(修订)、管理和控制定额水平、工程成本与投标报价的基本依据。

企业定额水平是企业综合实力的客观反映,应当反映和代表企业先进生产力发展趋势与水平,应当高于国家、地区与行业的现行定额标准,只有这样才能保证本企业在激烈的市场竞争中立于不败之地,保持企业活力,促进企业不断发展与进步。

（2）加强企业定额编制与管理的必要性

企业自主报价,市场竞争形成价格的发展趋势,促进企业成为真正的市场主体。毋庸置疑,健全和完善企业定额管理制度和体系是企业生存发展的必由之路。企业生产经营的目的是追求利润最大化,必须最大限度地降低企业内部的资源消耗,关键在于降低施工消耗成本。因此,强化企业定额管理必须成为施工企业重要的管理职能,企业定额管理水平也是企业整体素质的综合体现。评价一家企业的优劣,考察成本(或定额)水平是极为重要的判定标准,其核心问题是看企业是否进行了行之有效的定额与成本管理。

另外,企业定额的建立有助于规范工程建设项目承发包市场行为。目前,工程建设市场是买方市场,在激烈的市场竞争中,以预算定额为基础的报价被严重下浮、压低,这种恶性竞争会使某些施工企业偷工减料,或层层转包甚至非法转包,拖欠工资,工期和质量都得不到保证,一些新工艺、新材料、新技术、新设备得不到推广和运用,施工企业本身也不能获得应有的利润,甚至出现亏损,严重影响企业的发展与进步。工程量清单报价有利于促进公平竞争,规范报价行为,强化企业定额管理创新,使企业以自身实力与合理的价格水平获得合理合法的利润。同时,也有利于规范招投标市场,有利于施工企业在公平竞争中求得生存与发展。建立企业定额制度,既是加速我国工程建设企业综合实力发展的需要,也是增强核心竞争力的需要,使更多企业走出国门,促进中国工程承包企业成为装备更精良、技术更精锐的国际工程承包品牌商。

综上所述,健全和完善企业定额管理制度和体系,是企业发展中重要的战略措施。企业必须采取各种有效措施降低工程产品成本,不断提高整体素质,增强核心竞争力,实现价值最大化。

2.5.2　企业定额体系的构成

企业定额体系,应当根据施工企业资质层次、业务范围(承揽工程对象)与专业性质而自成体系,且应具有强化定额管理与运用的完备功能。企业定额体系,包括独具特色的企业基础定额(包括人工、材料、机械台班消耗定额)或企业施工定额、企业费用定额、企业预算定额(或称企业综合单价定额,或称企业定额单价基价表),如图 2.11 所示。目前,企业正处在电子技术、数字技术高速发展的时代,企业定额数据库的建立和完善必须同现代技术相结合,构成定额数据库与工程造价决策智能性系统,满足企业定额搜集、储存、更新、管理等要求。

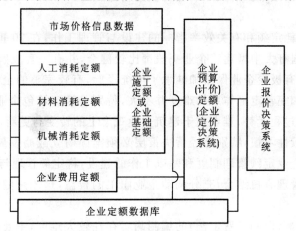

图 2.11　企业定额数据库系统

2.5.3　企业定额的编制原则和依据

(1) 企业定额的编制原则

① 定额水平的平均先进原则和代表先进生产力的原则;

② 创成本最低与价格优势中标的原则;

③ 个别性与自主性的优势竞争原则;

④ 定额项目划分简明适用性原则;

⑤ 坚持实事求是,正确地进行市场定位的原则;

⑥ 科学性与智能性定额管理的原则。

(2) 企业定额的编制依据

① 国家有关招标投标法规、计价规范和计算规范、统一的基础定额和相应的地方法规与定额等。

② 国家规定的工程技术、质量与安全标准及操作规程、工程设计标准图集及其相关的技术资料等。

③ 本行业和相关行业中先进企业的发展水平,相关资料、信息等。

④ 企业积累的已完工程资料、原有生产定额与管理费用定额及其分析资料、企业财务与项目成本台账、"工法"、技术专利及相关技术与组织经验资料和信息等。

⑤ 企业投标报价策略及其施工组织方案。

⑥ 国家的有关法律、法规,政府的价格政策。

2.5.4　企业定额的编制要求与方法

企业定额的编制原理,与前面讨论的施工消耗定额、基础定额、施工预算定额及单位估价表的编制原理基本类同,本节着重介绍其编制要求与方法,仅对企业费用定额的个性问题进行探讨。

（1）企业管理费用定额的编制要求

图 2.11 所示企业定额体系包括四种类别不同的定额,即施工消耗定额、企业施工定额或企业基础定额、企业费用定额、企业预算（计价）定额;或分为两大层次,一层是面向企业内部的基础性人工、材料、机械台班消耗定额与企业费用定额;另一层是面对市场报价使用的企业预算（计价）定额。

关于企业施工消耗定额和有关效率指标的建设与管理工作,在 20 世纪 50～70 年代计划经济体制下,当时的国有大中型建筑企业一般都比较健全,并有一套成熟的经验。然而,到 20 世纪 80 年代以后,只有极少企业保留和继承了传统经验,有较完整的企业定额编制与管理制度。其实,企业编制和完善定额体系的难度并不大,特别是施工承包企业,这些企业具有数据信息从计划到实践的过程优势,难点在于建筑企业观念上的转变与更新,丢掉"市场难以适应"的错误观念,放弃依赖性习惯,特别是经营决策层必须牢固树立战略发展和市场主体的观念,依靠企业职工,加强企业定额管理制度和基础工作的建设,将定额管理与合同、技术（计量）、质量、安全和成本核算管理有机结合,充分调动企业职工的智慧,这才是健全与完善定额管理的根本所在。

关于企业费用定额（即间接费定额）的编制确实存在较大难度,主要是因为长期以来传统的间接费取费办法一直是按行政机制的方式确立的,取费基数是以完整（最终）产品的全部直接费（或人工费）按规定的百分比提出的。因而,主管部门不是将管理费划归于定额的范畴,而是称其为"取费标准"。在推行工程量清单综合单价计价后,就必须按不同的清单分项（我国规范中还划分成分部分项工程分项与措施项目分项）来制定相应的综合单价基价中的管理费。然而,这种计取办法不符合工程承包企业管理费发生的客观事实,不利于企业部门与现场项目部费用耗用的划分,更不利于工程现场的成本核算。

作者认为,企业费用定额必须按照工程承包企业单件性生产的特征划分为工程承包企业（部门）管理费与施工现场项目部管理费（相当于一般工业产品生产的车间管理费）两个部分,并将当前所规定的行政规费从企业管理费中分离,形成现场管理费、企业管理费、规费三部分费用标准。显然,这与传统的间接费概念存在着很大的差别,更需要企业花费大气力在管理费定额编制上,通过强化企业、项目部的计划与统计工作,将传统的"取费标准"分解为企业管理费与项目管理费,逐步建立和完善企业管理费与项目管理费定额系统。这样,可以使工程造价的构成更加符合施工企业的生产规律,有利于控制施工现场成本,真实、客观地反映企业与项目的经济效益。

这里还必须强调:企业定额编制和管理,必须同企业计划与统计、财务会计、经济核算、工程技术与生产质量、安全、环境、资源消耗（包括机械台班和维护、更新）等管理有机结合,这样不仅可以为编制企业定额奠定坚实可靠的基础,同时还有利于确定一系列效率指标,不断促进营销、技术和企业与项目管理的进步,有利于施工企业定额的不断调整与创新,促进工程承包企业施工生产水平的不断提高;必须与信息技术结合,只有充分利用计算机数据储存量大、运算速度快、共享功能强、效率高的优势,才能健全与完善企业定额体系并不断提高运用效率,为实现企业管理系统数字化和与城市数字化网络数据共享奠定良好的基础。就当前来讲,形成企业定额数据库与工程预算、项目管理软件的接口,就能够形成有效的工程量清单报价、工程进度款与竣工结算以及工程造价全过程管理系统。特别是当今处于信息化的新时代,企业加强定额工作信息化管理,使"管理费"包含在企业施工定额内,都是可能实现的目标。

（2）企业定额的编制方法

企业定额编制可以根据定额子目的特殊性、所占工程造价的比重、技术含量等因素选择不同的方法，如现场观察测定法、经验统计法、定额换算法等。

① 现场观察测定法

现场观察测定法是我国数十年来专业测定定额的常用方法。它以研究工时消耗为对象，以观察测时为基本手段，通过密集抽样和粗放抽样等技术进行直接的时间研究，来确定人工消耗和机械台班定额水平。

这种方法的特点是，能够把现场工时消耗情况和施工组织技术条件联系起来加以观察、测时、计量和分析，以获得该施工过程的技术组织条件和有技术根据的工时消耗的基础资料。它不仅能为制定定额提供基础数据，也能为改善施工组织管理、改善工艺过程和操作方法、消除不合理的工时损失和进一步挖掘生产潜力提供依据。

这种方法技术简便、应用面广、所获资料全面，适用于影响工程造价大的重要项目与应用新技术、新工艺、新材料、新结构、新大型设备的项目，以及新施工方法的劳动力消耗和机械台班水平的测定。要强调的是，劳动消耗中要包含人工幅度差的因素，至于人工幅度差考虑多少，是低于现行预算定额水平还是作不同的取值，应在实践中探索确定。

② 经验统计法

经验统计法是运用抽样统计的方法，从以往类似工程施工竣工结算资料、典型设计图纸资料及成本核算资料中抽取若干个项目的资料，进行分析比较、测算及定量分析的方法。运用这种方法，首先要建立一系列数学模型，对以往不同类型样本的工程成本降低水平进行客观的、全面的统计与分析，然后得出相同类型工程成本的平均值或平均先进值。由于典型工程的经验数据权重不断增加，使其统计数据资料越来越完善、真实、可靠。这种方法只要正确确定基础数据的类型，然后对号入座即可。

本方法的特点是，数据信息积累过程长，统计分析要细致，要善于排除"水分"，但使用时简单易行，方便快捷。缺点是，模型中考虑的因素有限，而工程实际中考虑的因素往往较模型要复杂得多，对各种变化情况的需要不能一一适应，准确性也不够，因此选择上有一定的局限。但是，这种方法对设计方案较规范的通用型住宅工程的常用项目的人、材、机消耗及管理费测定比较适用。

③ 定额换算法

定额换算法是按照工程预算的计算程序计算出造价，分析出工程成本，然后依据具体工程项目的施工图纸、现场条件和企业劳动、设备及材料储备状况对定额水平进行适当调整，从而确定工程实际成本的方法。在各施工单位企业定额尚未健全与完善的现实情况下，采用这种定额换算的方法建立部分定额项目，不失为一种捷径。这种方法在假设条件下，把变化的条件罗列出来进行适当的增减，既简单易行，又相对准确，是补充企业一般工程项目人、材、机和管理费标准的较好方法之一。但是，用这种方法制定的定额水平，需要在实践中得到进一步的检验和完善。

（3）定额编制中应当注意的问题

① 施工定额水平的确定，不仅直接涉及企业的经济利益，同时又是决定企业生存与发展的重要因素。合理的企业定额水平有利于调动职工的积极性，不断提升企业综合素质，引导企业适应市场和作出正确的经营决策。因此，企业定额从编制到实施，必须以科学、审慎的态度反复论证，在企业投标报价与成本核算管理过程中不断检验、修正。

② 由于新技术、新材料、新结构、新工艺的不断涌现,有一些建筑应用技术被淘汰,施工工艺落后,出现一些定额滞后问题。因此,企业应设立专职常设部门,不断强化定额管理职能,及时搜集市场信息进行分析比较,不断调整与创新。

③ 在工程量清单计价方式下,不同工程分项有不同的工程特征,施工方案与报价决策因素也不尽相同。因此,定额项目划分与数据标准,应针对不同的工程进行不同分项的检验与核查,不断补充和完善新的定额分项,使企业定额具有较强的适应性与灵活性,不断完善工程定额的资料、情报、信息数据库。

④ 必须强化领导观念,坚持部门负责制,制定定额统计、考核、奖惩制度与办法,做到靠数字说话,把加强量化管理作为提升企业整体素质的重要手段。

思考与练习

2.1　简述工程建设定额的定义。其深刻的内涵表现在哪些方面?

2.2　请综合说明工程建设定额的主要特性。你认为最重要的原则是什么? 为什么?

2.3　简述施工消耗定额的定义,说明其包含哪些内容? 你认为施工消耗定额对施工企业重要吗? 为什么?

2.4　什么是基础定额? 成册的基础定额主体内容由哪几部分构成? 简要描述各部分的具体内容及要求。

2.5　什么是施工消耗定额,包括哪些内容? 人工消耗有哪两种表达形式,各有什么作用与用途?

2.6　某工程独立基础(单个体积在 2 m³ 以内),按工程量计算规则求得模板工程量为 187 m²,试求模板制作、安装、拆除各工序的用工量及综合用工量。

2.7　某工程有土方量 1 830 m³(砂质黏土,含水量经测定为 23%),施工方案中规定采用 88 kW 的推土机施工,推土距离为 60 m,试求完成该土方任务所需的推土机台班数。

2.8　一台 6 t 塔式起重机吊某种混凝土构件,配合机械作业的小组成员为司机 1 人、起重和安装工 7 人、电焊工 2 人。已知机械台班产量为 40 块,试求吊装每一块构件的机械时间定额和人工时间定额。

2.9　试计算每立方米一砖半墙中标准砖净用量及消耗量。

2.10　预制钢筋混凝土梁,根据选定的图纸计算出每 10 m³ 构件模板接触面积为 85 m²,每 10 m² 所需板材用量为 1.063 m³,枋材为 0.14 m³,制作损耗率为 5%,周转次数为 30 次,试计算其模板摊销量。

2.11　某招待所现浇 C10 毛石混凝土带形基础 15.23 m³,试计算完成该分项工程的直接费及主要材料消耗量。

2.12　某工程构造柱设计为 C25 钢筋混凝土现浇,试确定构造柱的单价。

2.13　某民用住宅楼地面,设计要求为 C15 混凝土层,厚度为 6 cm(无筋),试计算该分项工程的预算价格及定额单位工料消耗量。

2.14　某工程墙基防潮层,设计要求用 1∶2 水泥砂浆加 8% 防水粉施工,试计算该分项工程的预算价格。

2.15　某建筑物为 18 层,每层建筑面积为 601 m²,屋顶上楼梯间 30 m²,电梯机房 27 m²,水箱间 18 m²,试计算该工程的超层施工增加费。

2.16　建筑工程基础定额与预算定额之间有何关系?

2.17　试说明施工消耗定额、预算定额、概算定额的区别。

2.18　简述施工企业定额体系及其分项定额间的关系。你是怎样看待企业管理费定额的?

2.19　简述施工企业编制企业定额的重要性。

2.20　××省消耗量定额中,有如下定额子目,见表 2.14。问题:

(1)简述使用本定额的主要条件;

(2)解析 PVC 塑料管 φ100×3×4 000 及硬聚氯乙烯塑料三通 φ100 的数量 10.5 和 3.61 的含义;

(3)说明 PVC 塑料管 φ100×3×4 000、硬聚氯乙烯塑料三通 φ100、膨胀焊栓 M16×200 的材料名称及规格中各数字的含义;

（4）简述材料栏中各种材料的作用；

（5）说明本定额中普工和技工 2.170 工日所包含的内容。

表 2.14

工作内容：切管、埋管卡、安水管、粘接等全部操作过程。   计量单位：10 m

定额编号			××-×××	
项目			PVC 塑料落水管	
			$\phi100$	
名称		单位	数量	
人工	普工	工日	0.870	
	技工	工日	1.300	
材料	PVC 塑料管 $\phi100\times3\times4\,000$	m	10.5	
	硬聚氯乙烯塑料三通 $\phi100$	个	3.61	
	硬聚氯乙烯塑粘剂	kg	1.24	
	膨胀焊栓 M16×200	套	4.32	
	电	度	2.24	
	……	……	……	

2.21　某成套灯具的材料原价为 450 元/套，根据订货方的要求对该材料进行出厂包装，包装费用按材料原价的 5% 计算。从交货地点到工地仓库的运杂费约定按材料原价与包装费的 3% 计算。由于该灯具为易碎品，双方约定运输损耗率为 2%，采购及保管的费率为 3%，检验试验费为材料原价的 2%，试计算该成套灯具的材料价格。

2.22　某施工企业购置一台价格为 23.3 万元的数字液压摆式剪板机（QC12Y-6×6 000），经查阅现行湖北省施工机械台班费用定额，没有此机械台班费用。数字液压摆式剪板机的相关资料为：年工作台班：175 台班；年制度工作日：250 工日；耐用总班：2 440 台班；折旧年限：10 年；每台班用电消耗量：57.37 kW・h；每台班人工消耗量：1.0 工。假定：机械的残值率为 4%，时间价值系数为 1.41；大修理费为 28.28 元，电价为 0.72 元/kW・h，经常修理费为 14.99 元。试计算该机械的台班价格。

2.23　某工程的设备支架制作项目在现行计价依据中找不到合适的定额，发承包人同意编制补充定额，双方共同测定以下数据（计量单位拟用 100 kg）：

基本用工为 5.0 工日，超运距用工 0.5 工日，人工幅度差为 10%。

基本用料为角钢∠50 及∠25，用料比为 6：4，损耗率为 4%。氧气与乙炔用料比为（m³：kg）2.6：1，制作每吨支架耗氧量为 12 m³。交流弧焊机（21 kV・A）每台班使用电焊条量为 3.833 kg。

每吨设备支架制作需交流弧焊机（21 kV・A）4.2 台班。

问题：根据上面的数据，填写表 2.15 数量栏中的数据，并给出计算过程。

表 2.15

计量单位：100 kg

定额编号			C1-1B		
项目			设备支架制作		
名称		单价	数量	计算过程	
人工	综合工日	工日			
材料	角钢∠50	kg			
	角钢∠25	kg			
	氧气	m³			
	乙炔	kg			
	电焊条	kg			
机械	交流弧焊机（21 kV・A）	台班			

2.24　某外墙挂贴花岗岩工程,定额测定资料如下:

(1) 完成每平方米挂贴花岗岩的基本工作时间为 4.5 h;

(2) 辅助工作时间、准备与结束工作时间、不可避免的中断时间和休息时间分别占工作延续时间的 3%、1.5%、2%、16%,人工幅度差为 10%;

(3) 每挂贴 100 m² 花岗岩需 600×600 花岗岩板 102 m²,消耗 1∶3 水泥砂浆 5.55 m³,白水泥 15 kg,铁件 35 kg,水 1.5 m³;

(4) 每挂贴 100 m² 花岗岩需 200 L 灰浆搅拌机 0.93 台班;

(5) 该地区人工工日单价为 60.00 元/工日;花岗岩的预算价格为 200.00 元/m²;白水泥的预算价格为 0.60 元/kg;铁件的预算价格为 5.50 元/kg;水的预算价格为 2.12 元/m³;1∶3 水泥砂浆的预算价格为 200.67 元/m³;200 L 灰浆搅拌机台班价格为 86.57 元/台班。

计算结果保留三位小数。问题:

(1) 计算每平方米挂贴花岗岩墙面的人工时间定额和人工产量定额;

(2) 编制该分项工程的补充定额单价(定额计量单位为 100 m²);

(3) 若花岗岩变更为将军红花岗岩,该将军红花岗岩预算价格为 300.00 元/㎡,应如何换算定额单价,换算后的新定额单价是多少?

3 建筑安装工程工程量计算原理与方法

3.1 概　述

3.1.1 基本概念

3.1.1.1 工程量的概念

《辞海》中如此描述"工程量"："工程量是建筑安装工程中以物理计量单位或自然计量单位表示的建筑物、构筑物、设备安装工程或其各构成部分的实物数量的泛称。它既反映各构成部分的规模数量，也反映工程构造和装修等方面的具体特征。工程量是组织施工生产的重要依据，是考核企业生产成果的重要指标，也是计算和确定建筑安装产品价格的基本依据。"因此，工程量是编制建设工程概预算的一项极其重要的要素。

本书将建设工程或建筑安装工程概预算的工程量定义为：以《建设工程工程量清单计价规范》、"建筑工程概预算定额"规定的分项（分项工程或分部分项工程）划分要求和设计图纸为依据，按照相关现行"计算规则"进行计算的、以物理计量单位或自然计量单位表示的实体数量。

物理计量单位是以分项工程、分部分项工程或结构构件的物理属性为计量单位，如长度、面积、体积和质量等。自然计量单位是以客观存在的自然实体为单位的计量单位，如个、根、套、组、台、座等。《全国统一建筑工程预算工程量计算规则》（土建工程 GJDGZ—101—95）（以下简称《全国统一工程量计算规则》）明确规定，"汇总工程量时，其准确取值：立方米、平方米、米以下取两位；吨以下取三位；千克、件取整数"。

3.1.1.2 工程量分类

（1）按不同计算规则分类

从上述工程量定义中可以看出，建设工程或建筑安装工程概预算工程量，按照现行计算规则可以分为以下两大类：

① 定额概预算工程量，即按《全国统一建筑工程基础定额》分项与《全国统一工程量计算规则》计算的工程量，本书称为"定额工程量"。

② 按《建设工程工程量清单计价规范》（GB 50500—2013）（以下简称《计价规范》）规定的工程量计算规则计算的工程量，本书称为"工程量清单计价工程量"，或简称"清单工程量"。

可以看出，两类工程量的根本区别在于其分项特征不同。然而，两类工程量既有区别，又有紧密的关联。应当特别指出的是：定额工程量是清单工程量的基础，或者说定额工程量是构成清单工程量的重要因素。清单工程量是按工程实体净尺寸计算的工程量，而定额工程量是在工程实体工程量净值的基础上，加上施工操作（或预算定额包含的）、施工技术、施工必需条件等需要的一定的预留量，即在以下按不同工程量形态分类中介绍的施工过程超挖工程量、施工损失量等工程量。

（2）按不同工程量形态分类

在编制工程建设项目概预算过程中,除了计算工程结构实体工程量外,还应考虑和包括如下不同形态的工程量：

① 施工过程超挖工程量

在施工过程中,由于生产工艺及产品质量的需要,往往需要一定的超挖量,如土方工程中的放坡开挖,水利工程中的支撑模板所需要的工作面,地基处理等。施工中的超挖量与水文地质条件、施工方法、施工技术和管理水平等因素密切相关。

② 施工超填工程量

施工超填工程量是指由于施工超挖而相应增加的回填工程量。

③ 施工损失量

a. 体积变化损失量。如土石方填筑过程中地基沉陷而增加的工程量等。

b. 运输及操作损失量。如混凝土、土石方在运输、操作过程中的损失量。

c. 其他损失量。如混凝土防渗墙墙槽的接头孔重复造孔、二次浇筑混凝土增加的工程量。

④ 施工附加工程量

施工附加工程量是指为完成本项工程而必须增加的工程量。如隧洞工程施工中,为满足掘进、清渣、支护的需要而扩大超挖设计洞内断面,以及设置的错车道、避炮洞等所增加的工程量。

⑤ 质量检查工程量

a. 基础处理中采用钻一定数量检查孔进行质量检查而增加的工程量。

b. 其他工程项目的检查工程量。如土石方工程、填筑工程采用挖试坑的方法来检查填筑后的干密度所增加的工程量。

⑥ 试验工程量

如土石方工程为取得石料场爆破参数和土方碾压参数而进行的爆破试验、碾压试验所增加的工程量；为取得灌浆设计参数而专门进行的灌浆试验所增加的工程量等。

3.1.1.3　工程量计算的一般原则

工程量计算准确与否,会直接影响工程造价的准确性。因此,工程量的计算必须认真仔细,并遵循一定的原则,这样才能保证工程概预算造价的编制质量。工程量计算应遵循的原则有以下几点：

① 计算项目应与《全国统一建筑工程基础定额》项目的口径一致

计算工程量时,根据施工图列出的分项工程的口径(指分项工程所包括的工作内容和范围),必须与定额中相应分项工程的口径一致。如楼地面分部卷材防潮层定额项目中,已包括刷冷底子油一遍附加层工料的消耗,所以在计算该分项工程时,不能再列刷冷底子油项目了,否则就会重复计算工程量。

② 计量单位应与相应计算规则的计量单位相一致

按施工图纸计算工程量时,分项工程的计量单位,必须与相应规范、定额对应项目中的计量单位一致。如现浇钢筋混凝土柱、梁、板定额计量单位是 m^3,工程量的计量单位应与其相同。又如现浇钢筋混凝土整体楼梯定额计量单位按水平投影面积计算,则其工程量的计量单位也应按水平投影面积(m^2)计算。

③ 必须按工程量计算规则计算

《计价规范》各分项、预(概)算定额各分部都列有工程量计算规则,在计算工程量时,必须严格执行,以免造成工程量计算差错,使工程造价不正确。如在计算砖石工程时,基础与墙身的划分应以设计室内地坪为界,设计室内地坪以下为基础,以上为墙身。在砖墙工程量计算中,应扣除门窗洞、空圈、嵌入墙身的钢筋混凝土柱、梁、过梁、圈梁、钢筋砖过梁等所占的体积,而不扣除砖平拱、木砖、门窗走头、砖墙内的加固钢筋或木筋、铁件等所占的体积。嵌入墙身的钢筋混凝土梁、板头和凸出外墙面的窗台虎头砖、门窗套及三皮砖以下腰线等的增减均已在定额中考虑,计算工程量时不再重复计算。实砌内墙楼层间的梁板头已综合考虑,计算时不应扣除。

④ 必须与图纸设计的规定一致

工程量计算项目名称应与设计图纸的规定一致,算量应符合图纸规定的设计意图、规模、范围、质量等级要求。

⑤ 必须考虑建设环境因素的影响

如现场施工环境条件、水文、地质、气候和文明施工、安全与生态影响等。

⑥ 必须考虑经审定的施工组织设计或施工技术措施方案以及其他有关技术经济文件。

⑦ 计算必须准确,不重算、不漏算。

3.1.2　工程量计算的一般方法

(1) 计算工程量的方法

计算工程量的方法实际上是计算顺序问题。工程量计算顺序一般有以下四种:

① 按施工先后顺序计算。即从平整场地、基础挖土算起,直到装饰工程等全部施工内容结束为止。用这种方法计算工程量,要求具有一定的施工经验,能掌握全部施工的过程,并且要求对定额和图纸的内容十分熟悉,否则容易漏项。

② 按"基础定额"或单位估价表的分部分项顺序计算,即按定额的章节、子项目顺序,由前到后,逐项对照,只需核对定额项目中内容与图纸设计内容一致的即是需要计算工程量的项目。这种方法要求熟悉图纸,要有较好的工程设计基础知识,同时还应注意工程图纸是按使用要求设计的,其建筑造型、内外装修、结构形式以及室内设施千变万化,有些设计还采用了新工艺、新技术和新材料,或有些零星项目可能套不上定额项目,在计算工程量时,应单列出来,待后面编制成补充定额或补充单位估价表。

③ 按轴线编号顺序计算工程量。这种方法适用于计算外墙挖地槽、基础、墙砌体、装饰等工程。

④ 按业主在工程发包中提供的工程量清单项目编码序列逐项计算。

在实际工作中,以上方法是综合应用的。

(2) 工程量计算的注意事项

① 要根据相应的工程量计算规则进行计算,其中包括项目划分、计量单位、计算结果以及格式表达的相互统一。特别是那些直接用来计量算价项目的工程量,其计量单位必须与相应的预算基价或综合单价的计量单位统一。

② 注意设计图纸和设计说明,能做出准确的项目描述,图纸中的错漏、尺寸、符号、用料及做法不清等问题应及时提出并由设计单位解决,计算时应以图示尺寸为依据,不能任意加大或缩小。

③ 注意计算中的整体性、相关性。一个工程项目是一个整体,计算工程量时应从整体出发。如墙体工程,开始计算时不论有无门窗洞口均按整体墙体计算,在算到门、窗或其他相关分部时再在墙体工程中扣除这部分洞口工程量。又如计算土方工程量时,要注意室外地坪标高与设计室内地坪标高的差数,为计算挖、填深度提供可靠数据。

④ 注意在某一分项工程计算过程中的顺序性。计算工程量时,为了避免发生遗漏、重复等现象,应注意计算顺序。常用的计算顺序有:

a. 按顺时针方向计算工程量

从平面图左上角开始,按顺时针方向逐步计算,绕一周后回到左上角,如图 3.1(a)所示。此方法适用于计算外墙、外墙地槽、楼地面、天棚、室内装修等工程量。

b. 按先横后竖、先左后右的顺序计算工程量

以平面图上的横竖方向分别从左到右或从上到下逐步计算,如图 3.1(b)所示。先计算横向,先上后下有①②③④⑤五道;后计算竖向,先左后右有⑥⑦⑧⑨⑩⑪六道。此方法适用于计算内墙、内墙基础和各种间隔等工程量。

c. 按轴线编号顺序计算工程量

这种方法适用于计算内外墙挖地槽、内外墙基础、内外墙砌体、内外墙装饰等工程,如图 3.1(c)所示。

d. 按图纸上的构、配件编号分类依次计算工程量

这种方法是按照各类不同的构、配件,如柱基、柱、梁、板、木门窗和金属构件等自身编号分别依次计算。如图 3.1(d)所示,顺序地按柱 Z_1,Z_2,Z_3,…,板 B_1,B_2,B_3,…,主梁 L_1,L_2,L_3,…,次梁 l_1,l_2,l_3,…,等构件编号分类依次计算。

⑤ 注意计算列式的规范性与完整性。计算时,最好采用统一格式的工程量计算纸,列出算式并标清计算的部位、轴线编号[例如图 3.1(c)中 D 轴线②～⑨的内墙],以便核对。

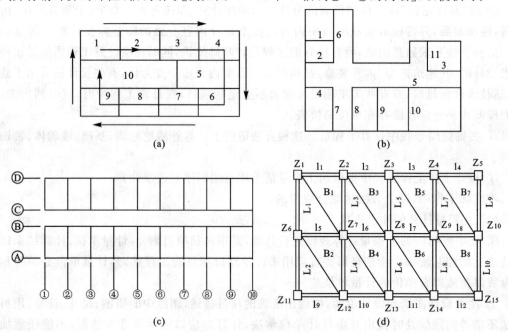

图 3.1　工程量计算顺序

⑥ 注意计算的切实性。计算工程量前,应深入了解工程的现场情况,以及拟采用的施工方案、施工方法等,从而使工程量更切合实际。有些规则规定计算工程量时,只考虑图示尺寸、没有考虑实际发生的量,这时两者的差异应在报价时予以考虑。

⑦ 注意对计算结果的自检和他检。

3.2 建筑面积的计算

3.2.1 概述

(1)建筑面积的概念

建筑面积是指建筑物(包括墙体)所形成的楼地面面积。

(2)建筑面积的组成

建筑面积包括房屋使用面积、辅助面积和结构面积三部分。其房屋使用面积是指建筑物各层平面布置中可直接为生产或生活使用的净面积之和;辅助面积是指建筑物各层平面布置中辅助生产或生活所占净面积之和;结构面积是指建筑物各层平面布置中的墙体、柱等结构所占面积之和。

(3)计算建筑面积的作用

在工程项目建设中,建筑面积是一项重要的技术经济指标,如依据建筑面积确定概算指标,计算每平方米的工程造价、每平方米的用工量、每平方米的主要材料用量等;也是计算某些分项工程量的基本数据依据,如计算平整场地、综合脚手架、室内回填土、楼地面工程等;它还是反映计划、统计及工程概况等状况重要的技术经济指标之一,如计划建设面积、在施(建)面积、竣工面积等指标。此外,确定拟建项目的规模,反映国家的建设速度、人民生活改善状况、房地产交易状况,评价投资效益、设计方案的经济性和合理性,对单项工程进行技术经济分析等,都涉及建筑面积相关数量与指标的计算。

3.2.2 建筑面积计算的相关规定

新建、扩建、改建工业与民用建设工程建筑面积的计算,应遵循科学、合理的原则,按2014年7月1日开始实施的《建筑工程建筑面积计算规范》(GB/T 50353—2013)进行计算,并应符合国家现行的有关标准、规范的规定。现按规范 GB/T 50353—2013 的相关规定介绍如下:

3.2.2.1 计算建筑面积的范围

(1)建筑物的建筑面积应按自然层外墙结构外围水平面积之和计算。建筑物内设有局部楼层时,对于局部楼层的二层及以上楼层,有围护结构的应按其围护结构外围水平面积计算,无围护结构的应按其结构底板水平面积计算。结构层高在 2.20 m 及以上的,应计算全面积,结构层高在 2.20 m 以下的,应计算1/2面积。建筑物内的局部楼层如图 3.2 所示。

(2)对于形成建筑空间的坡屋顶与场馆看台下的建筑空间,结构净高在 2.10 m 及以上的部位应计算全面积;结构净高在 1.20 m 及以上至 2.10 m 以下的部位应计算1/2面积;结构净高在 1.20 m 以下的部位不应计算建筑面积。

室内单独设置的有围护设施的悬挑看台,应按看台结构底板水平投影面积计算建筑面积。有顶盖无围护结构的场馆看台应按其顶盖水平投影面积的 1/2 计算面积。

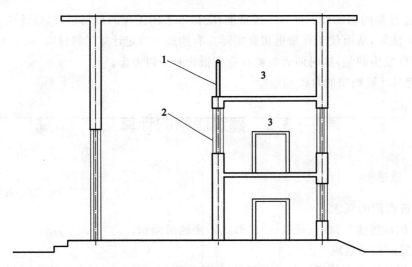

图 3.2　建筑物内的局部楼层

1—围护设施；2—围护结构；3—局部楼层

（3）地下室、半地下室应按其结构外围水平面积计算。结构层高在 2.20 m 及以上的，应计算全面积；结构层高在 2.20 m 以下的，应计算 1/2 面积。出入口外墙外侧坡道有顶盖的部位，应按其外墙结构外围水平面积的 1/2 计算面积。出入口坡道分有顶盖出入口坡道和无顶盖出入口坡道，出入口坡道顶盖的挑出长度，为顶盖结构外边线至外墙结构外边线的长度；顶盖应以设计图纸为准，如图 3.3 所示。

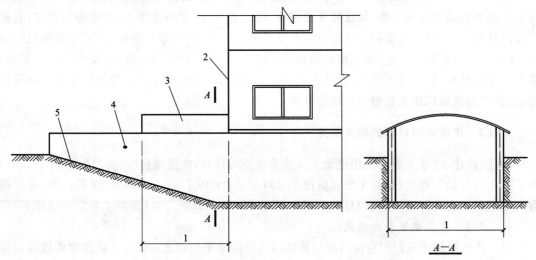

图 3.3　地下室出入口

1—计算 1/2 投影面积部位；2—主体建筑；3—出入口顶盖；4—封闭出入口侧墙；5—出入口坡道

（4）建筑物架空层及坡地建筑物吊脚架空层，应按其顶板水平投影计算建筑面积。结构层高在 2.20 m 及以上的，应计算全面积；结构层高在 2.20 m 以下的，应计算 1/2 面积。建筑物吊脚架空层，如图 3.4 所示。

（5）建筑物的门厅、大厅应按一层计算建筑面积，门厅、大厅内设置的走廊应按走廊结构底板水平投影面积计算建筑面积。结构层高在 2.20 m 及以上的，应计算全面积；结构层高在 2.20 m 以下的，应计算 1/2 面积。

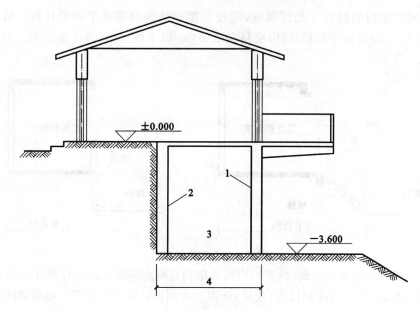

图 3.4 建筑物吊脚架空层

1—柱;2—墙;3—吊脚架空层;4—计算建筑面积部位

（6）对于建筑物间的架空走廊，有顶盖和围护设施的，应按其围护结构外围水平面积计算全面积；无围护结构、有围护设施的，应按其结构底板水平投影面积计算 1/2 面积。无围护结构的架空走廊如图 3.5 所示，有围护结构的架空走廊如图 3.6 所示。

(a)　　　　　　　　　　　　(b)

图 3.5 无围护结构的架空走廊

1—栏杆;2—架空走廊

图 3.6 有围护结构的架空走廊

1—架空走廊

（7）有围护结构的舞台灯光控制室,应按其围护结构外围水平面积计算。结构层高在2.20 m及以上的,应计算全面积;结构层高在2.20 m以下的,应计算1/2面积。舞台灯光控制室如图3.7所示。

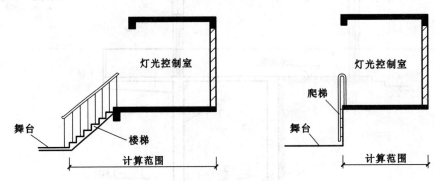

图3.7　舞台灯光控制室

（8）有围护设施的室外走廊(挑廊),应按其结构底板水平投影面积计算1/2面积;有围护设施(或柱)的檐廊,应按其围护设施(或柱)外围水平面积计算1/2面积。檐廊如图3.8所示。

（9）设在建筑物顶部的、有围护结构的楼梯间、水箱间、电梯机房等,结构层高在2.20 m及以上的应计算全面积;结构层高在2.20 m以下的,应计算1/2面积。围护结构不垂直于水平面的楼层,应按其底板面的外墙外围水平面积计算。结构净高在2.10 m及以上的部位,应计算全面积;结构净高在1.20 m及以上至2.10 m以下的部位,应计算1/2面积;结构净高在1.20 m以下的部位,不应计算建筑面积。斜围护结构如图3.9所示。

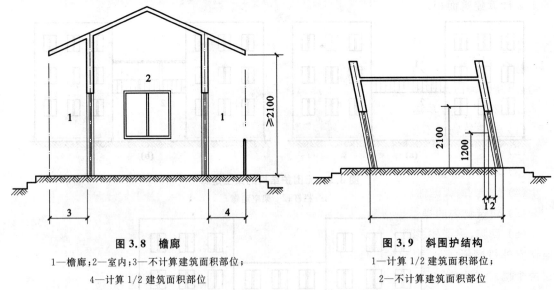

图3.8　檐廊

1—檐廊;2—室内;3—不计算建筑面积部位;

4—计算1/2建筑面积部位

图3.9　斜围护结构

1—计算1/2建筑面积部位;

2—不计算建筑面积部位

（10）建筑物的室内楼梯、电梯井、提物井、管道井、通风排气竖井、烟道,应并入建筑物的自然层计算建筑面积。有顶盖的采光井应按一层计算面积,且结构净高在2.10 m及以上的,应计算全面积;结构净高在2.10 m以下的,应计算1/2面积。建筑物的楼梯间层数按建筑物的层数计算。有顶盖的采光井包括建筑物中的采光井和地下室采光井,地下室采光井如图3.10所示。室外楼梯应并入所依附建筑物自然层,并应按其水平投影面积的1/2计算建筑面积,如图3.11所示。

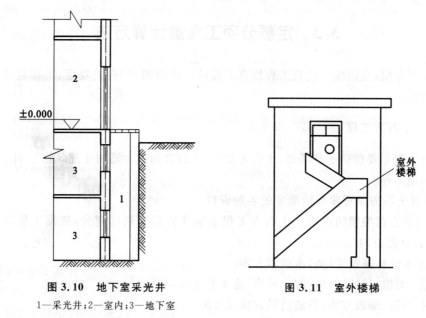

图 3.10 地下室采光井   图 3.11 室外楼梯

1—采光井;2—室内;3—地下室

（11）在主体结构内的阳台,应按其结构外围水平面积计算全面积;在主体结构外的阳台,应按其结构底板水平投影面积计算 1/2 面积。建筑物的阳台,不论其形式如何,均以建筑物主体结构为界分别计算建筑面积。

（12）有顶盖无围护结构的车棚、货棚、站台、加油站、收费站等,应按其顶盖水平投影面积的 1/2 计算建筑面积。

（13）幕墙以其在建筑物中所起的作用和功能来区分。直接作为外墙起围护作用的幕墙,按其外边线计算建筑面积;设置在建筑物墙体外起装饰作用的幕墙,不计算建筑面积。

与室内相通的变形缝,应按其自然层合并在建筑物建筑面积内计算。对于高低联跨的建筑物,当高低跨内部连通时,其变形缝应计算在低跨面积内。

3.2.2.2　不计算建筑面积的范围

（1）与建筑物内不相连通的建筑部件。

（2）骑楼、过街楼底层的开放公共空间和建筑物通道。

（3）舞台及后台悬挂幕布和布景的天桥、挑台等。

（4）露台、露天游泳池、花架、屋顶的水箱及装饰性结构构件。

（5）建筑物内的操作平台、上料平台、安装箱和罐体的平台。

（6）勒脚、附墙柱、垛、台阶、墙面抹灰、装饰面、镶贴块料面层、装饰性幕墙,主体结构外的空调室外机搁板（箱）、构件、配件,挑出宽度在 2.10 m 以下的无柱雨篷和顶盖高度达到或超过两个楼层的无柱雨篷。

（7）窗台与室内地面高差在 0.45 m 以下且结构净高在 2.10 m 以下的凸（飘）窗,窗台与室内地面高差在 0.45 m 及以上的凸（飘）窗。

（8）室外爬梯、室外专用消防钢楼梯。

（9）无围护结构的观光电梯。

（10）建筑物以外的地下人防通道,独立的烟囱、烟道、地沟、油（水）罐、气柜、水塔、贮油（水）池、贮仓、栈桥等构筑物。

3.3 定额分项工程量计算方法

本节主要介绍《全国统一建筑工程预算工程量计算规则》的有关规定、工程量计算方法和应注意的问题。

3.3.1 土石方工程

土石方工程主要包括平整场地、土石方工程、土石方回填。适用于建筑物和构筑物的土石方开挖及回填工程。

（1）计算土石方工程量前应确定的各种资料

① 土壤及岩石类别的确定。土石方工程土壤及岩石类别的划分,依据工程勘测资料与《土壤及岩石分类表》对照确定。

② 地下水位标高及排(降)水技术方案。

③ 土方、沟槽、基坑挖(填)起止标高、施工方法及运距。

④ 岩石开凿、爆破方法,石渣清运方法及运距。

⑤ 充分了解施工现场地形图、建筑与施工总平面图等资料,弄清地物地貌及地下暗埋,充分掌握施工现场的具体施工条件,以及其他有关资料。

（2）土石方工程量计算的一般计算规则

① 土方工程量,除场地平整、碾压和地基强夯按 m² 计算外,其他均以 m³ 为单位计算。土方体积均以挖掘前的天然密实体积(自然方)为准计算。如遇挖运松散土,必须以天然密实体积折算时,可按表 3.1 所列数值进行换算。

表 3.1　土方体积折算表

虚方体积	天然密实度体积	夯实后体积	松填体积
1.00	0.77	0.67	0.83
1.30	1.00	0.87	1.08
1.50	1.15	1.00	1.25
1.20	0.92	0.80	1.00

② 石方体积按图示尺寸以 m³ 计算。

③ 挖土一律以设计室外地坪标高为准,按图示尺寸计算。

（3）平整场地及碾压工程量计算

① 人工平整场地是指建筑场地挖、填土方厚度在 ±30 cm 以内及找平。挖、填土方厚度超过 ±30 cm 以外时,按场地土方平衡竖向布置图另行计算。

② 平整场地工程量按建筑物外墙外边线每边各加 2 m,以 m² 计算。以矩形平面建筑物为例,如图 3.12 所示,其平整场地工程量为:

$$S_p = (a+4)(b+4) = ab + 4(a+b) + 16 \tag{3.1}$$

式中　S_p——平整场地工程量,m²;

　　　　a——建筑物底面长度,m;

　　　　b——建筑物底面宽度,m。

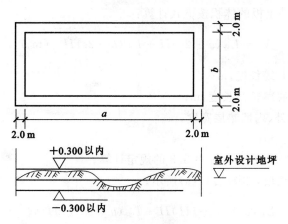

图 3.12　平整场地范围

③ 建筑物场地原土碾压以 m^2 计算,填土碾压按图示填土厚度以 m^3 计算。

(4) 挖掘沟槽、基坑土方工程量计算

① 沟槽、基坑的划分:

凡图示沟槽底宽在 3 m 以内,且沟槽长大于槽宽 3 倍的为沟槽;

凡图示基坑底面积在 20 m^2 以内的为基坑;

凡图示沟槽底宽在 3 m 以外,坑底面积在 20 m^2 以外,平整场地挖土方厚度在 30 cm 以外,均按挖土方计算。

② 计算挖沟槽、基坑、土方工程量需放坡时,放坡系数按表 3.2 的规定计算;挖沟槽、基坑需支挡土板时,其宽度按图示沟槽、基坑底宽,单面加 10 cm,双面加 20 cm 计算。挡土板面积,按槽、坑垂直支撑面积计算;支撑挡土板后,不得再计算放坡。基础施工所需工作面宽度,按表 3.3 的规定计算。

表 3.2　放坡系数表

土壤类别	放坡起点 (m)	人工挖土 $(1:k)$	机械挖土$(1:k)$	
			在坑内作业	在坑上作业
一、二类土	1.20	$1:0.5(k=1/2)$	$1:0.33(k=1/3)$	$1:0.75(k=3/4)$
三类土	1.50	$1:0.33(k=1/3)$	$1:0.25(k=1/4)$	$1:0.67(k=2/3)$
四类土	2.00	$1:0.25(k=1/4)$	$1:0.10(k=1/10)$	$1:0.33(k=1/3)$

注: ① 沟槽、基坑中土壤类别不同时,分别按其放坡起点、放坡系数及不同土壤厚度加权平均计算。

② 计算放坡时,在交接处的重复工程量不予扣除,原槽、坑作基础垫层时,放坡起点自垫层上表面开始计算。

③ 坡度系数 k=边坡宽度/坑(槽)深度。

表 3.3　基础施工所需工作面宽度计算表

基 础 材 料	每边各增加工作面宽度(mm)
砖基础	200
浆砌毛石、条石基础	150
混凝土基础垫层支模板	300
混凝土基础支模板	300
基础垂直面做防水层	800(防水层面)

a. 不放坡和不支挡土板的体积按下式计算：

$$V = L_外(a + 2c)H + L_内(b + 2c)H \quad (\text{m}^3) \tag{3.2}$$

式中　　$L_外$——外墙中心线长度，m；

　　　　$L_内$——内墙槽底净长线长度，m；

　　　　a、b——分别为外、内墙垫层宽度，m；

　　　　H——挖土深度，m；

　　　　c——工作面增加宽度，m，按表 3.3 的规定计算。

b. 由垫层下表面放坡，如图 3.13(a)所示。

$$V = L_外(a + 2c + kH)H + L_内(b + 2c + kH)H \quad (\text{m}^3) \tag{3.3}$$

式中　　k——坡度系数，应根据施工组织设计的规定确定放坡系数，如无规定时，可按表3.2计算。

c. 由垫层上表面放坡，如图 3.13(b)所示。

$$V = (L_外 aH_2 + L_内 bH_2) + [L_外(a + kH_1)H_1 + L_内(b + kH_1)H_1] \quad (\text{m}^3) \tag{3.4}$$

式中　　H_1——自然地面至垫层上表面的深度，m；

　　　　H_2——垫层厚度，m。

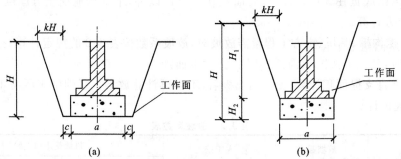

图 3.13　垫层上、下表面放坡

d. 带双面挡土板又设工作面时，如图 3.14 所示。因需支挡土板，基础每边增加 100 mm 工作面。算式如下所示：

$$V = L_外(a + 2c + 0.2)H + L_内(b + 2c + 0.2)H \quad (\text{m}^3) \tag{3.5}$$

e. 挖地坑的体积计算式，如图 3.15 所示。

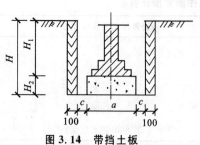

图 3.14　带挡土板

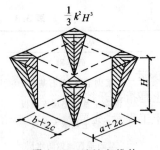

图 3.15　地坑角锥体

放坡的计算式为：

$$V = (a + 2c + kH)(b + 2c + kH)H + \frac{1}{3}k^2H^3 \quad (\text{m}^3) \tag{3.6}$$

式中 $\frac{1}{3}k^2H^3$——地坑放坡一个棱锥体的体积，m^3。

不放坡的计算式为：

$$V = abH \quad (\text{m}^3) \tag{3.7}$$

③ 沟槽、基坑深度，按图示槽、坑底面至室外地坪深度计算；管道地沟按图示沟底至室外地坪深度计算。

④ 挖沟槽长度，外墙按图示中心线长度计算；内墙按图示基础底面之间净长度计算；内外突出部分(垛、附墙烟囱等)体积并入沟槽土方工程量内计算。人工挖土方深度超过 1.5 m 时，按表 3.4 的规定增加工日数。

表 3.4　人工挖土方超深增加工日表　　　　　单位:100 m³

深 2 m 以内	深 4 m 以内	深 6 m 以内
5.55 工日	17.60 工日	26.16 工日

⑤ 回填土工程量计算。回填土分为夯填、松填，按图示回填体积并依据下列规定以 m³ 计算：

a. 槽、坑回填土工程量为：

$$V_{填} = V_{挖} - 设计室外标高以下埋设的基础及垫层等体积 \quad (\text{m}^3) \tag{3.8}$$

b. 室内回填土工程量(如图 3.16 所示)为：

$$V_{填} = 主墙之间的净面积 \times 填土厚度 \quad (\text{m}^3) \tag{3.9}$$

$$回填土厚度 = 室内外高差 - 垫层、找平层、面层等厚度 \quad (\text{m}) \tag{3.10}$$

式中，"主墙"是指结构厚度在 120 mm 以上(不含 120 mm)的各类墙体。

回填土一般在距离 5 m 内取土，常称就地回填。

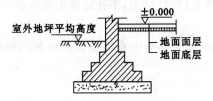

图 3.16　室内回填土计算高度示意图

（5）运土

运土是指把开挖后多余的土方运至指定地点，或是回填土不足时从指定地点取土回填。计算运土工程量，先要确定运土方法(采用人工运土或双轮车运土及其他运输工具运土)和运距。预算定额规定:人工运距超过 200 m 时，应按双轮车运土定额计算；双轮车运距超过 100 m 和挖土深度超过 6 m 时，由各地编制补充定额。运土工程量计算方法为：

$$V = 挖土体积 - 回填土体积 \quad (m^3) \tag{3.11}$$

或

$$V_{取} = 回填土体积 - 挖土体积 \quad (m^3) \tag{3.12}$$

如采取机械运土方式,应按下述规定计算:

① 推土机推土运距,按挖方区重心至回填区重心之间的直线距离计算;

② 铲运机运土运距,按挖方区重心至卸土区重心加转向距离 45 m 计算;

③ 自卸汽车运土运距,按挖方区重心至填土区(或堆放地点)重心的最短距离计算。

3.3.2 桩基础工程

(1)计算打桩工程量前应确定的事项

① 确定土质级别。依据工程地质资料中的土层构造,土壤物理、化学性质及每米沉桩时间鉴别适用定额土质级别。

② 确定施工方法,工艺流程,采用机型,桩、土壤、泥浆运距。

(2)桩基础工程量计算

① 钢筋混凝土预制桩,按设计桩长(包括桩尖,不扣除桩尖虚体积)乘以桩截面面积以 m^3 计算。管桩的空心体积应扣除。如管桩的空心部分按设计要求灌注混凝土或其他填充材料时,应另行计算。

② 接桩与送桩按下列规定计算:电焊接桩按设计接头,以个数计算;硫黄胶泥接桩按桩断面以 m^2 计算;送桩按桩截面面积乘以送桩长度(即打桩架底至桩顶面高度或自桩顶面至自然地坪面另加 0.5 m)计算。

③打拔钢板桩,按钢板桩质量以 t 计算。

④ 打孔灌注桩:

a. 混凝土桩、砂桩、碎石桩的体积,按设计规定的桩长(包括桩尖,不扣除桩尖虚体积)乘以钢管管箍外径截面面积计算。

b. 扩大桩的体积按单桩体积乘以次数计算。

c. 打孔后先埋入预制混凝土桩尖,再灌注混凝土时,桩尖按钢筋混凝土章节规定计算体积,灌注桩按设计长度(自桩尖顶面至桩顶面高度)乘以钢管管箍外径截面面积计算。

⑤ 钻孔灌注桩,按设计桩长(包括桩尖,不扣除桩尖虚体积)增加 0.25 m 乘以设计断面面积计算。

⑥ 灌注混凝土桩时,钢筋笼的钢筋由直立钢筋和箍筋两种组成,其工程量以 t 计算,如图 3.17、图 3.18 所示。

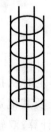

图 3.17　圆箍钢筋笼　　　　　　　　　　　　图 3.18　螺旋箍钢筋笼

$$钢筋笼质量＝主筋质量＋箍筋质量 \tag{3.13}$$

$$主筋质量＝直立钢筋长(加弯钩)×根数×单位质量 \tag{3.14}$$

$$圆形箍筋质量＝(圆箍周长＋钩长)×根数×单位质量 \tag{3.15}$$

$$螺旋箍筋质量＝螺旋箍筋长×单位质量＝\sqrt{1+\left[\frac{\pi(D-50)}{b}\right]^2}×H×单位质量 \tag{3.16}$$

式中　　D——桩直径，m;

　　　　b——螺距，m;

　　　　H——钢筋笼高度，m。

3.3.3 脚手架工程

在建筑施工中，当施工高度超过地面(室内自然地面或设计地面、室外地面)1.2 m，为能继续进行操作(如结构施工、内外装饰、安全网)、堆放和运送材料，需要搭设相应高度的脚手架时，应计算脚手架工程量。

(1) 单项脚手架工程量一般计算规则

① 建筑物外墙脚手架。凡设计室外地坪至檐口(或女儿墙上表面)的砌筑高度在 15 m 以下时，按单排脚手架计算;砌筑高度在 15 m 以上或砌筑高度虽然不足 15 m，但外墙门窗及装饰面积超过外墙表面积 60% 以上时，均按双排脚手架计算。

采用竹制脚手架时，按双排计算。

② 建筑物内墙脚手架。凡设计室内地坪至顶板下表面(或山墙高度的 1/2 处)的砌筑高度在 3.6 m 以下时，按里脚手架计算;砌筑高度超过 3.6 m 以上时，按单排脚手架计算。

③ 石砌墙体。凡砌筑高度超过 1.0 m 时，按外脚手架计算。

④ 计算内、外墙脚手架时，均不扣除门、窗洞口，空圈洞口等所占的面积。

⑤ 同一建筑物高度不同时，应按不同高度分别计算。

⑥ 现浇钢筋混凝土框架柱、梁，按双排脚手架计算。

⑦ 围墙脚手架。凡室外自然地坪至围墙顶面的砌筑高度在 3.6 m 以下时，按里脚手架计算;砌筑高度超过 3.6 m 时，按单排脚手架计算。

⑧ 室内顶棚装饰面距设计室内地坪在 3.6 m 以上时，应计算满堂脚手架。计算满堂脚手架后，墙面装饰工程则不再计算脚手架。

⑨ 采用滑升模板施工的钢筋混凝土烟囱、筒仓，不另计算脚手架。

⑩ 砌筑贮仓，按双排脚手架计算。

⑪ 贮水(油)池、大型设备基础，凡距地坪高度超过 1.2 m 时，均按双排脚手架计算。

⑫ 整体满堂钢筋混凝土基础的宽度超过 3 m 时，按其底板面积计算满堂脚手架。

(2) 砌筑脚手架工程量计算

① 外脚手架按外墙外边线长度乘以外墙砌筑高度以 m² 计算;突出墙外宽度在 24 cm 以内的墙垛、附墙烟囱等不计算脚手架;突出墙外宽度超过 24 cm 时按图示尺寸展开计算，并入外脚手架工程量之内。

② 里脚手架按墙面垂直投影面积计算。

(3) 现浇钢筋混凝土框架脚手架工程量计算

① 现浇钢筋混凝土柱（或独立柱），按柱图示周长尺寸另加 3.6 m，乘以柱高以 m² 计算，套用相应外脚手架定额。

② 现浇钢筋混凝土梁、墙，按设计室外地坪或楼板上表面至楼板底之间的高度，乘以梁、墙净长以 m² 计算，套用相应双排外脚手架定额。

（4）装饰工程脚手架工程量计算

① 满堂脚手架，按室内净面积计算。其高度在 3.6～5.2 m 之间时，计算基本层；超过 5.2 m 时，每增加 1.2 m 按增加一层计算，不足 0.6 m 的不计。算式表示如下：

$$满堂脚手架增加层 = \frac{室内净高度 - 5.2 \text{ m}}{1.2 \text{ m}} \tag{3.17}$$

② 悬空脚手架，按搭设水平投影面积以 m² 计算。

③ 挑脚手架，按搭设长度和层数，以延长米计算。

④ 高度超过 3.6 m，墙面装饰不能利用原砌筑脚手架时，可以计算装饰脚手架。装饰脚手架按双排脚手架乘以 0.3 计算。

（5）其他脚手架工程量计算

① 水平防护架，按实际铺板的水平投影面积，以 m² 计算。

② 垂直防护架，按自然地坪至最上一层横杆之间的搭设高度，乘以实际搭设长度，以 m² 计算。

③ 架空运输脚手架，按搭设长度以延长米计算。

④ 烟囱、水塔脚手架，区别不同搭设高度，以座计算。

⑤ 电梯井脚手架，按单孔以座计算。

⑥ 斜道，区别不同高度以座计算。

⑦ 砌筑贮仓脚手架，不分单筒或贮仓组，均按单筒外边线周长乘以设计室外地坪至贮仓上口之间高度，以 m² 计算。

⑧ 贮水（油）池脚手架，按外壁周长乘以室外地坪至池壁顶面之间高度，以 m² 计算。

⑨ 大型设备基础脚手架，按其外形周长乘以地坪至其外形顶面边线之间高度，以 m² 计算。

⑩ 建筑物垂直封闭工程量，按封闭面的垂直投影面积计算。

（6）安全网工程量计算

① 立挂式安全网，按架网部分的实挂长度乘以实挂高度计算。

② 挑出式安全网，按挑出的水平投影面积计算。

3.3.4 砌筑工程

砌筑工程主要包括砌体基础、墙体、柱、砌体勾缝及其他零星砌体等作业分项。

（1）基础工程量计算

① 基础与墙（柱）身使用同一种材料时，以设计室内地面为界（有地下室者，以地下室室内设计地面为界），以下为基础，以上为墙（柱）身。

② 基础与墙身使用不同材料时，位于设计室内地面±300 mm 以内时，以不同材料为分界线；超过±300 mm 时，以设计室内地面为分界线。

③ 砖、石围墙，以设计室外地坪为分界线，以下为基础，以上为墙身。

④ 标准砖墙墙体厚度，按表 3.5 的规定计算。

表 3.5 标准砖墙墙体厚度

墙厚(砖)	1/4	1/2	3/4	1	$1\frac{1}{2}$	2	$2\frac{1}{2}$	3
计算厚度(mm)	53	115	180	240	365	490	615	740

⑤ 砖石基础,以图示尺寸按 m³ 计算。砖石基础长度:外墙墙基按外墙中心线长度计算;内墙墙基按内墙净长计算。嵌入砖石基础的钢筋、铁件、管子、基础防潮层、单个面积在 0.3 m² 以内的孔洞以及砖石基础大放脚的 T 形接头重复部分,均不扣除。但靠墙暖气沟的挑檐亦不增加。附墙垛宽出部分体积并入基础工程量内。砖砌挖孔桩护壁按实砌体积计算。

砖石基础工程量计算公式:

$$外墙条形基础体积 = L_{中} \times 基础断面面积 - 面积在 0.3 \text{ m}^2 以上的孔洞等体积 \quad (3.18)$$

$$内墙条形基础体积 = L_{内} \times 基础断面面积 - 面积在 0.3 \text{ m}^2 以上的孔洞等体积 \quad (3.19)$$

砖基础的大放脚通常采用等高式和不等高式两种砌筑法,如图 3.19 所示。

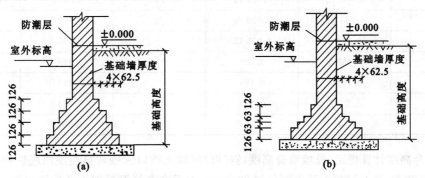

图 3.19 大放脚砖基础示意图

(a) 等高大放脚砖基础;(b) 不等高大放脚砖基础

采用大放脚砌筑法时,砖基础断面面积通常按下述两种方法计算:

a. 采用折加高度计算

$$基础断面面积 = 基础墙宽度 \times (基础高度 + 折加高度) \quad (3.20)$$

式中 基础高度——垫层上表面至室内地面的高度。

$$折加高度 = \frac{大放脚增加断面面积}{基础墙宽度} \quad (3.21)$$

大放脚折加高度见表 3.6。

b. 采用增加断面面积计算

$$基础断面面积 = 基础墙宽度 \times 基础高度 + 大放脚增加断面面积 \quad (3.22)$$

式中,等高式、不等高式砖墙基础大放脚增加断面面积见表 3.7。

(2)砖墙工程量计算

① 墙的长度计算规定:外墙长度按外墙中心线长度计算,内墙长度按内墙净长度计算。

表 3.6　等高、不等高砖墙基础大放脚折加高度表

放脚层高	折加高度(m)												增加断面面积(m²)	
	1/2 砖 (0.115)		1 砖 (0.24)		$1\frac{1}{2}$砖 (0.365)		2 砖 (0.49)		$2\frac{1}{2}$砖 (0.615)		3 砖 (0.74)			
	等高	不等高	等高	不等高	等高	不等高	等高	不等高	等高	不等高	等高	不等高	等高	不等高
一	0.137	0.137	0.066	0.066	0.043	0.043	0.032	0.032	0.026	0.026	0.021	0.021	0.015 75	0.015 75
二	0.411	0.342	0.197	0.164	0.129	0.108	0.096	0.08	0.077	0.064	0.064	0.053	0.047 25	0.039 38
三			0.394	0.328	0.259	0.216	0.193	0.161	0.154	0.128	0.128	0.106	0.094 5	0.078 75
四			0.656	0.525	0.432	0.345	0.321	0.253	0.256	0.205	0.213	0.17	0.157 5	0.126
⋮	⋮													⋮

表 3.7　砖墙基础大放脚增加断面面积计算表

放脚层数	增加断面面积(m²)		放脚层数	增加断面面积(m²)	
	等高	不等高		等高	不等高
一	0.015 75	0.015 75	八	0.567	0.441 1
二	0.047 25	0.039 38	九	0.708 8	0.551 3
三	0.094 5	0.078 75	十	0.866 3	0.669 4
四	0.157 5	0.126	十一	1.039 5	0.803 3
五	0.236 3	0.189	十二	1.243 5	0.945 0
六	0.330 8	0.259	十三	1.433 3	1.102 5
七	0.441	0.346 5	十四	1.653 8	1.267 9

② 墙身高度计算规定:外墙墙身高度,斜(坡)屋面无檐口天棚者算至屋面底板;有屋架且室内外均有天棚者,算至屋架下弦底面另加 200 mm;无天棚者算至屋架下弦底面另加 300 mm,出檐宽度超过 600 mm 时,应按实砌高度计算;平屋面算至钢筋混凝土板底。内墙墙身高度,位于屋架下弦者,其高度算至屋架底;无屋架者算至天棚底面另加 100 mm;有钢筋混凝土楼板隔层者算至底板;有框架梁时算至梁底面。内、外山墙墙身高度,按平均高度计算。见表3.8。

表 3.8　墙高确定表

墙别	屋面类型		墙高计算方法	示意图
外墙	坡屋面	无檐口天棚	以外墙中心线为准,算至屋面板底面	
		有檐口天棚	算至屋架下弦底面另加 200 mm	檐口天棚　屋架下弦
	平屋面		以外墙中心线为准,算至屋面板底面	

墙　别	屋面类型	墙高计算方法	示　意　图
内　墙	有下弦者	算至屋架下弦底面	
	无下弦者	算至天棚底面另加 100 mm	
山　墙	内、外山墙	按山墙平均高度计算 $\frac{1}{2}(H_1+H_2)$	

③ 计算墙体时,应扣除门窗洞口、过人洞、空圈、嵌入墙身的钢筋混凝土柱、梁(包括过梁、圈梁、挑梁)、砖平碹、平砌砖过梁和暖气包壁龛及内墙板头的体积,不扣除梁头、外墙板头、檩头、垫木、木楞头、沿椽木、木砖、门窗走头、砖墙内的加固钢筋、木筋、铁件、钢管及每个面积在 0.3 m² 以下的孔洞等所占的体积,突出墙面的窗台虎头砖、压顶线、山墙泛水、烟囱根、门窗套及三皮砖以内的腰线和挑檐等体积亦不增加。

④ 砖垛、三皮砖以上的腰线和挑檐等体积,并入墙身体积内计算,如图 3.20 所示。

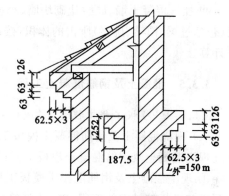

图 3.20　带三皮砖以上的腰线、挑檐示意图

⑤ 框架间砌体。区别内外墙,以框架间的净空间面积乘墙厚计算。框架外表面镶贴砖部分并入框架间砌体工程量内计算。

⑥ 女儿墙高度。自外墙顶面至图示女儿墙顶面高度,区别不同墙厚并入外墙计算。

内外墙砌筑工程量可用下式表示:

$$V_{外墙}=(L_{中}\cdot H_{外}-外门窗框外围面积)\times 墙厚\pm 有关体积 \tag{3.23}$$

$$V_{内墙}=(L_{内}\cdot H_{内}-内门窗洞口面积)\times 墙厚\pm 有关体积 \tag{3.24}$$

式中　$L_{中}$——外墙中心线长,m;

　　　$H_{外}$——外墙计算高度,m;

　　　$L_{内}$——内墙净长,m;

　　　$H_{内}$——内墙计算高度,m。

(3) 其他墙体工程量计算

① 附墙烟囱包括附墙通风道、垃圾道和采暖锅炉烟囱,按其外形体积计算,且并入所依附的墙体内,不扣除单一孔洞横断面面积在 0.1 m² 以内的体积,且孔洞的抹灰工料亦不增加。

② 砖砌锅台、炉灶不分大小,均按外形尺寸以 m³ 计算,不扣除各种孔洞的体积。

③ 零星砌砖适用于厕所蹲台、水槽腿、垃圾箱、台阶梯带、阳台栏杆、花台、花池、房上烟囱以及石墙的门窗立边、窗台虎头砖、钢筋砖过梁、砖平碹、地垄墙及支撑地楞的砖墩、屋面架空隔热层砖墩等实体,以 m³ 计算,套用零星砌体定额项目。

④ 墙面勾缝按墙面垂直投影面积以 m² 计算,应扣除墙裙墙面的抹灰面积,不扣除门窗洞口面积、抹灰腰线及门窗套所占面积,且附墙垛和门窗洞口侧壁的勾缝面积亦不增加。独立柱、房上烟囱勾缝按图示外形尺寸以 m² 计算。

⑤ 空花墙按空花部分外形体积以 m³ 计算,空花部分不予扣除。

⑥ 空斗墙是一种使用标准砖砌筑,使墙体内形成许多空腔的墙体。如"一斗一眠"、"二斗一眠"、"三斗一眠"及"无眠空斗"等砌法,其工程量按外形尺寸以 m³ 计算。墙角、内外墙交接处,门窗洞口立边,窗台砖及屋檐处的实砌部分已包括在定额内,不另行计算,但窗间墙、窗台下、楼板下、梁头下等实砌部分,应另行计算,套用零星砌体定额项目。

⑦ 多孔砖、空心砖按图示厚度以 m³ 计算,不扣除其孔、空心部分体积。

⑧ 填充墙按外形尺寸以 m³ 计算,其中实砌部分已包括在定额内,不另计算。

⑨ 加气混凝土墙、硅酸盐砌块墙、小型空心砌块墙按图示尺寸以 m³ 计算,扣除门窗洞和梁(包括过梁、圈梁、挑梁)所占的体积,按设计规定需要镶嵌的标准砖已综合考虑在定额内,不另计算。

3.3.5　混凝土及钢筋混凝土工程

3.3.5.1　模板工程工程量计算

(1)现浇混凝土及钢筋混凝土模板工程

现浇混凝土及钢筋混凝土模板工程量,按以下规定计算:

① 现浇混凝土及钢筋混凝土模板工程量,除另有规定者外,均应区别模板的不同材质,按混凝土与模板接触面的面积,以 m² 计算。

② 现浇钢筋混凝土柱、梁、板、墙的支模高度(即室外地坪至板底或板面至板底之间的高度)以 3.6 m 以内为准,超过 3.6 m 的部分,另按超过部分计算增加支撑工程量。

③ 现浇钢筋混凝土墙、板上单孔面积在 0.3 m² 以内的孔洞,不予扣除,洞侧壁模板亦不增加;单孔面积在 0.3 m² 以上时,应予扣除,洞侧壁模板面积并入墙、板模板工程量之内计算。

④ 现浇钢筋混凝土框架分别按梁、板、柱、墙有关规定计算,附墙柱并入墙内工程量计算。

⑤ 杯形基础杯口高度大于杯口大边长度的,套高杯基础定额项目。

⑥ 柱与梁、柱与墙、梁与梁等连接的重叠部分以及伸入墙内的梁头、板头部分,均不计算模板面积。

⑦ 构造柱外露面均应按图示外露部分计算模板面积,构造柱与墙接触面不计算模板面积。

⑧ 现浇钢筋混凝土悬挑板(雨篷、阳台)按图示外挑部分尺寸的水平投影面积计算。挑出墙外的牛腿梁及板边模板不另计算。

⑨ 现浇钢筋混凝土楼梯,以图示露明面尺寸的水平投影面积计算,不扣除小于 500 mm 楼梯井所占面积。楼梯的踏步、踏步板平台梁等侧面模板,不另计算。

⑩ 混凝土台阶不包括梯带,按图示台阶尺寸的水平投影面积计算,台阶端头两侧不另计算模板面积。

⑪ 现浇混凝土小型池槽按构件外围体积计算,池槽内、外侧及底部的模板不另计算。

（2）预制钢筋混凝土构件模板工程

预制钢筋混凝土构件模板工程量,按以下规定计算:

① 预制钢筋混凝土模板工程量,除另有规定者外,均按混凝土实体体积以 m³ 计算。

② 小型池槽按外形体积以 m³ 计算。

③ 预制桩尖按外形体积(不扣除桩尖虚体积部分)计算。

（3）构筑物钢筋混凝土模板工程

构筑物钢筋混凝土模板工程量,按以下规定计算:

① 构筑物工程的模板工程量,除另有规定者外,区别现浇、预制和构件类别,分别按上述有关规定计算。

② 大型池槽等分别按基础、墙、板、梁、柱等有关规定计算并套相应定额项目。

③ 使用液压滑升钢模板施工的烟筒、水塔塔身、贮仓等,均按混凝土体积以 m³ 计算。

④ 预制倒圆锥形水塔罐壳模板,按混凝土体积以 m³ 计算;预制倒圆锥形水塔罐壳组装、提升、就位,按不同容积以座计算。

3.3.5.2　混凝土浇筑工程

（1）现浇混凝土浇筑工程

现浇混凝土工程量,按以下规定计算:

① 混凝土工程量除另有规定者外,均按图示尺寸实体体积以 m³ 计算。不扣除构件内钢筋,预埋铁件及墙、板中 0.3 m² 以内的孔洞所占体积。

② 基础

a. 有肋带形混凝土基础,其肋高与肋宽之比在 4:1 以内时,按有肋带形基础计算;超过 4:1 时,其基础底部按板式基础计算,以上部分按墙计算。

b. 箱式满堂基础应分别按无梁式满堂基础、柱、墙、梁、板有关规定计算,套相应定额项目。

c. 设备基础除块体以外,其他类型设备基础分别按基础、梁、柱、板、墙等有关规定计算,套相应定额项目。

③ 柱

现浇混凝土柱的工程量,按图示断面尺寸乘以柱高以 m³ 计算,可用下式表示:

$$V_{柱} = 柱高 \times 柱截面面积 \qquad (3.25)$$

柱高按下列规定确定:

a. 有梁板的柱高,应自柱基上表面(或楼板上表面)至上一层楼板上表面之间的高度计算,如图 3.21(a)所示;

b. 无梁板的柱高,应自柱基上表面(或楼板上表面)至柱帽下表面之间的高度计算,如图 3.21(b)所示;

c. 框架柱的柱高,应自柱基上表面至柱顶高度计算,如图 3.21(c)所示;

d. 构造柱按全高计算,与砖墙嵌接部分的体积并入柱身体积内计算;

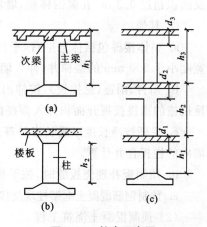

图 3.21　柱高示意图

e. 依附柱上的牛腿,并入柱身体积内计算。

④ 梁

现浇混凝土梁的工程量,按图示断面尺寸乘以梁长以 m³ 计算,可用下式表示:

$$V_{梁} = 梁长 \times 梁宽 \times 梁高 \tag{3.26}$$

梁高按设计图示,以梁底至梁顶面的高度确定。梁长按下列规定确定:

a. 梁与柱连接时,梁长算至柱侧面(见图 3.22);

b. 主梁与次梁连接时,次梁长算至主梁侧面(见图 3.22);

c. 伸入墙内梁头,梁垫体积并入梁体积内,如图 3.23 所示,其过梁长度按门、窗洞口外围宽度两端各加 250 mm 计算。

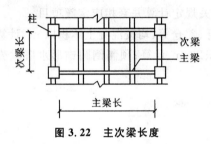

图 3.22　主次梁长度

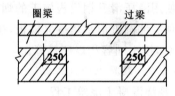

图 3.23　圈梁、过梁划分

⑤ 板

现浇混凝土板的工程量,按图示面积乘以板厚以 m³ 计算,其中:

a. 有梁板包括主、次梁与板,按梁、板体积之和计算。

b. 无梁板按板和柱帽体积之和计算。

c. 平板按板实体体积计算。

d. 现浇挑檐天沟与板(包括屋面板、楼板)连接时,以外墙为分界线;与圈梁(包括其他梁)连接时,以梁外边线为分界线。外墙边线以外或梁外边线以外为挑檐天沟。

e. 各类板伸入墙内的板头并入板体积内计算。

⑥ 墙

现浇混凝土墙的工程量,按图示中心线长度乘以墙高及厚度以 m³ 计算,应扣除门窗洞口及面积超过 0.3 m² 孔洞的体积,墙垛及突出部分并入墙体积内计算。

⑦ 其他

a. 整体楼梯包括休息平台,平台梁、斜梁及楼梯的连接梁,按水平投影面积计算;不扣除宽度小于 500 mm 的楼梯井,伸入墙内部分不另计算。

b. 阳台、雨篷(悬挑板),按伸出外墙的水平投影面积计算,伸出外墙的牛腿不另计算。带反挑檐的雨篷按展开面积并入雨篷内计算。

c. 栏杆按净长度以延长米计算;伸入墙内的长度已综合在定额内。栏板以 m³ 计算,伸入墙内的栏板合并计算。

d. 预制板补现浇板缝时,按平板计算。

e. 预制钢筋混凝土框架柱现浇接头(包括梁接头),按设计规定断面面积乘以长度以 m³ 计算。

(2)预制混凝土浇筑工程

预制混凝土工程量,按以下规定计算:

① 混凝土工程量均按图示尺寸实体体积以 m³ 计算，不扣除构件内钢筋、铁件及小于300 mm×300 mm 孔洞所占体积。

② 预制桩按桩全长（包括桩尖）乘以桩断面面积（空心桩应扣除孔洞体积）以 m³ 计算；预制桩桩尖按虚体积（不扣除桩尖虚体积部分）计算（图3.24），其计算公式如下：

$$V = (3h_1 r^2 + h_2 R^2) \times 1.047 \qquad (3.27)$$

式中　h_1、r——桩尖芯的高度和半径，m；

　　　h_2、R——桩尖的高度和半径，m。

③ 混凝土与钢构件组合的构件，混凝土部分按构件实体体积以 m³ 计算，钢构件部分按 t 计算，分别套相应的定额项目。

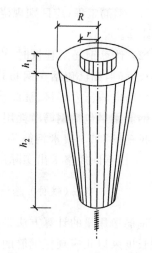

图 3.24　预制桩桩尖示意图

④ 固定预埋螺栓、铁件的支架，固定双层钢筋的铁马凳、垫铁件，按审定的施工组织设计规定计算，套相应定额项目。

（3）构筑物钢筋混凝土浇筑工程与接头灌缝

构筑物钢筋混凝土工程与接头灌缝工程量，按以下规定计算：

① 构筑物混凝土除另有规定者外，均按图示尺寸扣除门窗洞口及面积在 0.3 m² 以上孔洞所占体积以实体体积计算。

② 水塔，如图 3.25 所示。

a. 筒身与槽底以槽底连接的圈梁底为界，以上为槽底，以下为筒身。

b. 筒式塔身及依附于筒身的过梁、雨篷、挑檐等并入筒身体积内计算；柱式塔身、柱、梁合并计算。

c. 塔顶及槽底：塔顶包括顶板和圈梁，槽底包括底板挑出的斜壁板和圈梁等。

③ 贮水池不分平底、锥底、坡底，均按池底计算；壁基梁池壁不分圆形壁和矩形壁，均按池壁计算；其他项目均按现浇混凝土部分相应项目计算。

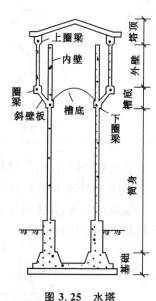

图 3.25　水塔

④ 钢筋混凝土构件接头灌缝

a. 钢筋混凝土构件接头灌缝，包括构件座浆、灌缝、堵板孔、塞板梁缝等，均按预制钢筋混凝土构件实体体积以 m³ 计算。

b. 柱与柱基的灌缝，按首层柱体积计算；首层以上柱灌缝按各层柱体积计算。

c. 空心板堵孔的人工材料，已包括在定额内。如不堵孔时，每 10 m³ 空心板体积应扣除0.23 m³ 预制混凝土块和2.2 工日。

3.3.5.3　钢筋与预埋铁件工程

钢筋与预埋铁件工程量，按以下规定计算：

（1）钢筋工程，应区别现浇、预制构件的不同钢种和规格，分别按设计长度乘以单位质量，以 t 计算。

（2）计算钢筋工程量时，设计已规定钢筋搭接长度时，按规定搭接长度计算；设计未规定搭接长度时，则已包括在钢筋的损耗率之内，不另计算搭接长度。

钢筋电渣压力焊接、套筒挤压等接头，以个计算。

钢筋用量包括钢筋净耗用量和损耗（捣制、预制构件钢筋损耗率为 2％，预应力钢筋先张法冷拔钢丝和 ф5 碳素钢筋为 9％，其他预应力钢筋为 6％，后张预应力钢筋为 13％，铁件为 1％），应按不同规格求出实际用量。计算公式为：

$$钢筋（铁件）总消耗量 ＝ 图示净用量 \times [1 ＋ 钢筋（铁件）损耗率] \qquad (3.28)$$

钢筋净用量的计算方法是，按施工图纸和有关规定算出构件中各种不同规格钢筋的长度，以此长度乘以相应规格钢筋的单位长度质量，得出钢筋净用量，再按规格汇总为总净用量。构件中的钢筋有直筋、弯起钢筋、箍筋等。

① 钢筋的保护层

钢筋置于混凝土中，要有一定厚度的混凝土包住它，以保护钢筋，防止腐蚀，加强钢筋与混凝土的黏结力。钢筋外皮至最近的混凝土表面的这层混凝土称为钢筋保护层。一般构件中钢筋的保护层厚度见表 3.9。

表 3.9　钢筋混凝土保护层最小厚度（mm）

环境条件	构件类别	受 力 筋			箍筋与构造筋	分布筋	钢筋端头
		≤C20	C25 及 C30	≥C35			
室内正常环境	板、墙、壳	15	15	15		10	
	梁、柱、预制肋形主筋	25	25	25	15		梁 10、柱 25
露天或室内高温环境	板、墙、壳	45	35	25		10	
	梁、预制肋形主筋	45	35	25	15		10
	柱	45	35	25	15		
	非主要承重构件	35					

当基础有垫层时，钢筋混凝土保护层最小厚度为 35 mm，无垫层时为 70 mm。

② 钢筋弯钩及其增加的长度

一般螺纹钢筋、焊接网片及焊接钢筋骨架可不必弯钩。对于光圆钢筋，为了提高钢筋与混凝土的黏结力，两端要弯钩。其弯钩形式有三种，如图 3.26 所示。

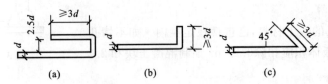

图 3.26　钢筋弯钩图

钢筋弯钩长度按设计规定计算,如设计无规定时可参照表 3.10 计算。

表 3.10 钢筋弯钩增加的长度(mm)

钢筋直径 d	半圆弯钩(6.25d)	斜弯钩(4.9d)	直弯钩(3d)
6	40	30	18
8	50	40	24
10	62.5	49	30
12	75	58.8	36
14	87.5	68.6	42
16	100	78.5	48
18	112	88	54
20	125	98	60
22	137.5	108	66
25	156.25	122.5	75
28	175	137	84
30	187.5	147	90

注:考虑操作所要求的长度,φ6 箍筋的弯钩长度单头按 40 mm 计算,双头按 80 mm 计算;φ8 箍筋的弯钩长度单头按 50 mm 计算,双头按 100 mm 计算。

③ 箍筋

箍筋的弯钩情况如图 3.27 所示。对于有抗震要求和受扭的结构,箍筋采用末端 135°带有平直部分的圆钩,如图 3.27(c)所示。

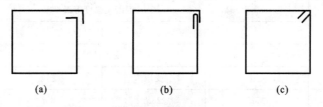

图 3.27 箍筋弯钩

(a) 90°/90°;(b) 90°/180°;(c) 135°/135°

在计算弯钩的长度时,不扣除加工时钢筋的延伸率。一般箍筋的直弯钩按 100 mm 计算。

④ 钢筋弯起增加的长度

在钢筋混凝土梁中,因受力需要,经常采用将钢筋弯起的方法(见表 3.11),其弯起的角度有 30°、45°和 60°三种形式。钢筋弯起增加的长度是指斜长 S 与水平长 L 之差,H 为梁高减上下保护层厚度之和。

当钢筋弯为 30°时,$S-L=0.27H$;

当钢筋弯为 45°时,$S-L=0.41H$;

当钢筋弯为 60°时，$S-L=0.57H$。

钢筋弯起增加的长度见表 3.11。

表 3.11　弯起钢筋长度的计算表

弯起钢筋形状	H(cm)	α=30°			H(cm)	α=45°			H(cm)	α=60°		
		S	L	S−L		S	L	S−L		S	L	S−L
	6	12	10	2	20	28	20	8	75	86	44	42
	7	14	12	2	25	35	25	10	80	92	46	46
	8	16	14	2	30	42	30	12	85	98	49	49
	9	18	16	2	35	49	35	14	90	104	52	52
	10	20	17	3	40	56	40	16	95	109	55	54
	11	22	19	3	45	63	45	18	100	115	58	57
	12	24	21	3	50	71	50	21	105	121	61	60
	13	26	22	4	55	78	55	23	110	127	64	63
	14	28	24	4	60	85	60	25	115	132	67	65
上图有关的基本数值	15	30	26	4	65	92	65	27	120	138	70	68

α	S	L	S−L	H(cm)	α=30°			α=45°			α=60°		
				16	32	28	4	99	70	29	144	73	71
30°	2H	1.73H	0.27H	17	34	29	5	106	75	31	150	75	75
45°	1.41H	1.00H	0.41H	18	36	31	5	113	80	33	155	78	77
60°	1.15H	0.58H	0.57H	19	38	33	5	120	85	35	161	81	80

⑤ 钢筋搭接增加的长度

钢筋搭接增加的长度按规范规定计算，见表 3.12。

表 3.12　绑扎骨架和绑扎网中钢筋搭接时的最小搭接长度表

钢筋种类	混凝土强度等级			
	C15		≥C20	
	受力情况			
	受拉	受压	受拉	受压
HPB235 级钢筋	35d	25d	30d	20d
HRB335 级钢筋	40d	30d	35d	25d
HRB400 级钢筋	45d	35d	40d	30d
冷拉低碳钢丝	250 mm	200 mm	250 mm	200 mm

注：d 为钢筋直径。

⑥ 钢筋图示用量计算

如果采用标准图，可按标准图所列钢筋混凝土构件的钢筋用量表，分别汇总其钢筋用量。对于设计图标注的钢筋混凝土构件，应按图示尺寸，区别钢筋的级别和规格分别计算，并汇总其钢筋用量。钢筋用量计算可按下式表示：

$$直钢筋长度＝构件长度－2×保护层厚度＋弯钩增加的长度 \qquad (3.29)$$

$$弯起钢筋长度＝直段钢筋长度＋斜段钢筋长度＋弯钩增加的长度 \qquad (3.30)$$

$$箍筋长度＝[(构件宽＋构件高)－4×保护层厚度]×2＋弯钩增加长度 \qquad (3.31)$$

$$箍筋个数＝(构件长度－混凝土保护层厚度)÷箍筋间距＋1 \qquad (3.32)$$

⑦ 钢筋的理论质量计算

$$钢筋理论质量 ＝ 钢筋长度×该钢筋每米质量 \qquad (3.33)$$

钢筋每米质量见表3.13。

表 3.13　钢筋理论质量表

直　径	φ4	φ6	φ8	φ10	φ12	φ14	φ16	φ18	φ20	φ22	φ25	φ28	φ30	φ32
每米重(kg/m)	0.098	0.222	0.395	0.617	0.888	1.21	1.58	2.00	2.47	2.98	3.85	4.83	5.55	6.31

【例 3.1】　求图 3.28 所示矩形梁的钢筋理论质量。设②号钢筋弯起角度为 45°。

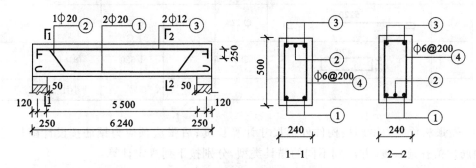

图 3.28　矩形梁

【解】　①号钢筋计算：

简图尺寸＝构件长度－2×保护层厚度＝6 240－2×10＝6 220 mm

单根长度＝简图尺寸＋双弯钩尺寸(查表 3.10)＝6 220＋250＝6 470 mm

总长度＝钢筋根数×单根长度＝2×6 470＝12 940 mm＝12.94 m

理论质量＝总长度×钢筋每米质量(查表 3.13)＝12.94×2.47＝31.96 kg

②号钢筋计算：

受压水平段简图尺寸＝420－保护层厚度＝420－10＝410 mm

斜段简图尺寸：

弯起筋 H＝构件高－(2×保护层厚度)＝500－(2×25)＝450 mm

查表 3.11 知：H＝450 mm 的 S＝630 mm，L＝450 mm，则 $S-L$＝180 mm。

中间平直部分简图尺寸＝6 220－2×(410＋450)＝4 500 mm

单根钢筋长度＝4 500＋2×(250＋410＋630)＝7 080 mm＝7.08 m

理论质量＝7.08×2.47＝17.49 kg

③号钢筋计算：

简图尺寸(同①号钢筋)＝6 220 mm

单根长度＝6 220＋150＝6 370 mm

$$总长度＝2×6\ 370＝12\ 740\ mm＝12.74\ m$$

$$理论质量＝12.74×0.888＝11.31\ kg$$

④号钢筋计算：

$$箍筋长度＝[(240-30)+(500-30)]×2+160＝1\ 520\ mm＝1.52\ m$$

$$箍筋个数＝(6\ 240-2×10)÷200+1＝32\ 个(取整数)$$

$$总长度＝1.52×32＝48.64\ m$$

$$理论质量＝48.64×0.222＝10.80\ kg$$

将以上计算结果汇总列表，见表 3.14。

表 3.14　矩形梁钢筋表

构件	编号	简图	直径	根数	单根长(mm)	总长度(m)	质量(kg)
矩形梁	①	6220	φ20	2	6 470	12.94	31.96
	②	410 250 630 4500 630 410	φ20	1	7 080	7.08	17.49
	③	6220	φ12	2	6 370	12.74	11.31
	④	470 210	φ6	32	1 520	48.64	10.80
						小计	71.56

（3）先张法预应力钢筋按构件外形尺寸计算长度；后张法预应力钢筋按设计图规定的预应力钢筋预留孔道长度，并区别不同的锚具类型，分别按下列规定计算：

① 低合金钢筋两端采用螺杆锚具时，预应力钢筋长度按预留孔道长度减 0.35 m，螺杆另行计算。

② 低合金钢筋一端采用镦头插片，另一端采用螺杆锚具时，预应力钢筋长度按预留孔道长度计算，螺杆另行计算。

③ 低合金钢筋一端采用镦头插片，另一端采用帮条锚具时，预应力钢筋长度增加 0.15 m；两端均采用帮条锚具时，预应力钢筋长度共增加 0.3 m。

④ 低合金钢筋采用后张混凝土自锚时，预应力钢筋长度增加 0.35 m。

⑤ 低合金钢筋或钢绞线采用 JM、XM、QM 型锚具，孔道长度在 20 m 以内时，预应力钢筋长度增加 1 m；孔道长度在 20 m 以上时，预应力钢筋长度增加 1.8 m。

⑥ 碳素钢丝采用锥形锚具，孔道长在 20 m 以内时，预应力钢筋长度增加 1 m；孔道长在 20 m 以上时，预应力钢筋长度增加 1.8 m。

⑦ 碳素钢丝两端采用镦粗头时，预应力钢丝长度增加 0.35 m。

（4）钢筋混凝土构件预埋铁件工程量，按设计图示尺寸以 t 计算。

3.3.6　构件运输及安装工程

（1）预制混凝土构件的运输及安装均按构件图示尺寸，以实体体积计算；钢构件按构件设计尺寸以 t 计算，所需螺栓、电焊条等质量不另计算。单层木门窗按外框面积以 m² 计算，双层或一玻一纱则乘以系数 1.36。

（2）构件运输按构件的种类、运输距离分别列项计算。构件运输按表 3.15、表 3.16 的规定进行分类。

表 3.15　钢筋混凝土构件运输分类表

类　别	项　目
1	4 m 以内空心板、实心板
2	6 m 以内的桩、屋面板、工业楼板、进深梁、基础梁、吊车梁、楼梯休息板、楼梯段、阳台板
3	6～14 m 的梁、板、柱、桩，各类屋架、桁架、托架（14 m 以上另行处理）
4	天窗架、挡风架、侧板、端壁板、天窗上下档、门框及单件体积在 0.1 m³ 以内的小构件
5	装配式内、外墙板，大楼板，厕所板
6	隔墙板（高层用）

表 3.16　金属构件运输分类表

类　别	项　目
1	钢柱、屋架、托架梁、防风桁架
2	吊车梁、制动梁、型钢檩条、钢支撑、上下档、钢拉杆、栏杆、盖板、垃圾出灰门、倒灰门、笆子、爬梯、零星构件平台、操作台、走道休息台、扶梯、钢吊车梯台、烟囱紧固箍
3	墙架、挡风架、天窗架、组合檩条、轻型屋架、滚动支架、悬挂支架、管道支架

（3）预制钢筋混凝土构件运输及安装损耗率，按表 3.17 的规定计算后并入构件工程量内。其中，预制混凝土屋架、桁架、托架及长度在 9 m 以上的梁、板、柱等不计算损耗率。

表 3.17　预制钢筋混凝土构件制作、运输、安装损耗率表

名　称	制作废品率	运输堆放损耗率	安装（打桩）损耗率
各类预制构件	0.2%	0.8%	0.5%
预制钢筋混凝土桩	0.1%	0.4%	1.5%

预制构件安装工程量与运输工程量计算公式如下：

$$预制构件安装工程量 = 构件制作体积 \times (1 + 安装损耗率) \quad (3.34)$$

$$\begin{matrix}预制构件\\运输工程量\end{matrix} = \begin{matrix}构件制\\作体积\end{matrix} \times \left(1 + \begin{matrix}运输堆\\放损耗率\end{matrix} + \begin{matrix}安装\\损耗率\end{matrix}\right) \quad (3.35)$$

（4）预制混凝土构件运输的最大距离取 50 km；钢构件和木门窗的最大运输距离取 20 km；超过时另行补充。

（5）加气混凝土板（块）、硅酸盐块运输每 m³ 折合钢筋混凝土构件体积 0.4 m³，按一类构件运输计算。

（6）焊接形成的预制钢筋混凝土框架结构，其柱安装按框架柱计算，梁安装按框架梁计算；节点浇筑成型的框架，按连体框架梁、柱计算。

（7）组合屋架安装，以混凝土部分实体体积计算，钢杆件部分不另计算。

（8）预制钢筋混凝土多层柱安装，首层柱按"柱安装"项目计算，二层及二层以上按"柱接柱"项目计算。

（9）钢构件安装，按图示构件钢材质量以 t 计算。依附于钢柱上的牛腿及悬臂梁等，并入柱身主材质量计算。

3.3.7 门窗及木结构工程

门窗及木结构工程由门窗和木结构两部分组成。门窗工程有普通木门窗、铝合金门窗、不锈钢门窗、钢门窗、彩板钢门窗、塑料门窗、厂库房大门、特种门等分项。木结构包括木屋架、屋面木基层、木楼梯、木柱、木梁等分项。

定额中按机械与手工制作综合考虑，不论采用何种制作方式，均按定额执行，不得换算或调整。定额中采用的木材依据加工的难易程度分为四类：一类，红松、水桐木、樟子松；二类，白松（方杉、冷杉）、杉木、杨木、柳木、椴木；三类，青松、黄花松、秋子木、马尾松、东北榆木、柏木、苦楝木、梓木、黄菠萝、椿木、楠木、柚木、樟木；四类，栎木（柞木）、檀木、色木、槐木、荔木、麻栗木（麻栎、青刚）、桦木、荷木、水曲柳、华北榆木。

预算定额木结构部分的木料均以一、二类木种为准。如实际使用三、四类木种时，各个定额项目分别乘以下列系数：木门窗制作，按相应项目人工和机械乘以系数 1.3；木门窗安装，按相应项目人工和机械乘以系数 1.16；其他项目按相应项目人工和机械乘以系数 1.35。

预算定额项目的木材断面均以毛断面尺寸为准编制。如果实际施工中木材断面或厚度为净料时，应增加刨光损耗量：板方材一面刨光增加 3 mm，两面刨光增加 5 mm；圆木刨光每立方米木材体积增加 0.05 m³。

（1）各类门窗框扇制作、安装工程量均按门窗洞口面积计算，具体规定如下：

① 门窗盖口条、贴脸、拔水条，按图示尺寸以延长米计算，执行其他项目。

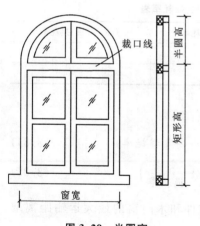

图 3.29 半圆窗

② 普通窗上部带有半圆窗的工程量应分别按半圆窗和普通窗计算。其分界线以普通窗和半圆窗之间的横框上裁口线为分界线，如图 3.29 所示。计算式可为：

$$半圆窗面积＝0.392\ 7×窗洞宽^2 \qquad (3.36)$$

$$矩形窗面积＝窗洞宽×矩形高 \qquad (3.37)$$

$$带有半圆形玻璃窗的工程量＝半圆窗面积＋矩形窗面积 \qquad (3.38)$$

③ 门窗扇包镀锌铁皮，按门窗洞口面积以 m² 计算；门窗框包镀锌铁皮，钉橡皮条、钉毛毡，按图示门窗洞口尺寸以延长米计算。

（2）铝合金门窗制作、安装，不锈钢门窗、彩板组角钢门窗、塑料门窗、钢门窗安装，均按设计门窗洞口面积计算。

（3）卷闸门安装，按洞口高度增加 600 mm 乘以门实际宽度以 m² 计算。电动装置安装以套计算，小门安装以个计算。卷闸门安装工程量计算式可为：

$$卷闸门安装工程量＝（洞高＋0.6）×卷闸门宽 \quad （m²） \qquad (3.39)$$

（4）不锈钢片包门框，按框外表面面积以 m² 计算；彩板组角钢门窗附框安装，按延长米计算。

(5) 木结构制作安装

① 木屋架制作、安装,均按设计断面竣工木料以 m³ 计算,其后备长度及配制损耗均不另外计算。附属于屋架的夹板、垫木等已并入相应的屋架制作项目中,不另计算;与屋架连接的挑檐木、支撑等,及屋架的马尾、折角和正交部分半屋架等,均按竣工木料体积计算后并入相连接屋架的体积内。

② 檩木制作、安装按竣工木料以 m³ 计算。简支檩长度按设计规定计算;如设计无规定者,按屋架或山墙中距增加 200 mm 计算;如为两端出山檩条,长度算至博风板;连续檩条的长度按设计长度计算,其接头长度按全部连续檩木总体积的 5% 计算。檩条托木已计入相应的檩木制作安装项目中,不另计算。

图 3.30 天窗简图

③ 屋面木基层,按屋面的斜面积计算。天窗挑檐重叠部分按设计规定计算,如图 3.30 所示。屋面烟囱及斜沟部分所占面积不扣除。

④ 封檐板按图示檐口外围长度计算,博风板按斜长度计算,每个大刀头增加长度500 mm。计算式为:

$$\genfrac{}{}{0pt}{}{博风板}{工程量}=\left(\genfrac{}{}{0pt}{}{山尖屋面}{水平投影长}\times\genfrac{}{}{0pt}{}{屋面坡}{度系数}+\genfrac{}{}{0pt}{}{大刀}{头长}\times2\right)\times\genfrac{}{}{0pt}{}{山墙}{端数} \tag{3.40}$$

⑤ 木楼梯按水平投影面积计算,不扣除宽度小于 300 mm 的楼梯井,其踢脚板、平台和伸入墙内部分不另计算。计算式为:

$$木楼梯工程量＝水平投影面积\times层数 \tag{3.41}$$

3.3.8 楼地面工程

楼地面是地面和楼面的总称,主要由垫层、找平层和面层、栏杆、扶手组成。面层可分为整体面层和块料面层两类。楼地面各构造层所用的水泥砂浆、水泥石子浆、混凝土等的配合比,如设计规定与定额不同时,可以换算。

(1) 地面垫层,按室内主墙间净空面积乘以设计厚度以 m³ 计算。应扣除凸出地面的构筑物、设备基础、室内管道、地沟等所占体积,不扣除柱、垛、间壁墙、附墙烟囱及面积在 0.3 m² 以内孔洞所占体积。

(2) 整体面层、找平层,均按主墙间净空面积以 m² 计算。应扣除凸出地面构筑物、设备基础、室内管道、地沟等所占面积,不扣除柱、垛、间壁墙、附墙烟囱及面积在 0.3 m² 以内孔洞所占面积,且门洞、空圈、暖气包槽、壁龛的开口部分亦不增加面积。

块料面层按图示尺寸实铺面积以 m² 计算,门洞、空圈、暖气包槽和壁龛的开口部分的工程量并入相应的面层内计算。

楼梯面层(包括踏步、平台及宽度小于 500 mm 的楼梯井)按水平投影面积计算。

台阶面层(包括踏步及最上一层踏步沿 300 mm)按水平投影面积计算。

(3) 踢脚板按延长米计算,洞口、空圈长度不予扣除,洞口、空圈、垛、附墙烟囱等侧壁长度亦不增加。踢脚板的高度是按 150 mm 考虑的,若超过其高度时需调整材料用量。

（4）散水、防滑坡道按图示尺寸以 m² 计算。

明沟按图示尺寸以延长米计算。

防滑条按楼梯踏步两端距离减 300 mm 以延长米计算。

栏杆、扶手包括弯头长度按延长米计算。

3.3.9　屋面及防水工程

屋面工程主要包括瓦屋面，卷材屋面，刚性屋面，屋面的找平层、保温层和架空隔热层及屋面排水等。

（1）瓦屋面

瓦屋面（包括挑檐部分）均按图示尺寸的水平投影面积乘以表 3.18 中的屋面坡度系数以 m² 计算。不扣除房上烟囱、风帽底座、风道、屋面小气窗、斜沟等所占面积。屋面小气窗的出檐部分亦不增加面积。

表 3.18　屋面坡度系数表

坡度 B ($A=1$)	坡度 $B/2A$	坡度角度(α)	延尺系数 C ($A=1$)	隔延尺系数 D ($A=1$)
1	1/2	45°	1.414 2	1.732 1
0.75		36°52′	1.250 0	1.600 8
0.70		35°	1.220 7	1.577 9
0.666	1/3	33°40′	1.201 5	1.562 0
0.65		33°01′	1.192 6	1.556 4
0.60		30°58′	1.162 2	1.536 2
0.577		30°	1.154 7	1.527 0
0.55		28°29′	1.141 3	1.517 0
0.50	1/4	26°34′	1.118 0	1.500 0
0.45		24°14′	1.096 6	1.483 9
0.40	1/5	21°48′	1.077 0	1.469 7
0.35		19°17′	1.059 4	1.456 9
0.30		16°42′	1.044 0	1.445 7
0.25		14°02′	1.030 8	1.436 2
0.20	1/10	11°19′	1.019 8	1.428 3
0.15		8°32′	1.011 2	1.422 1
0.125		7°08′	1.007 8	1.419 1
0.100	1/20	5°42′	1.005 0	1.417 7
0.083		4°45′	1.003 5	1.416 6
0.066	1/30	3°49′	1.002 2	1.415 7

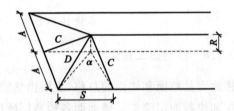

注：① 两坡排水屋面面积为屋面水平投影面积乘以延尺系数 C；
② 四坡排水屋面斜脊长度＝$A \cdot D$（当 $S=A$ 时）；
③ 沿山墙泛水长度＝$A \cdot C$。

（2）卷材屋面

卷材屋面按图示尺寸的水平投影面积乘以屋面坡度系数（见表 3.18）以 m² 计算。不扣除房上的烟囱、风帽底座、风道、斜沟等所占面积。其弯起部分和天窗出檐部分重叠的面积，应按图示尺寸另算。如平屋面的女儿墙、伸缩缝和天窗的弯起部分设计图无规定时,伸缩缝、女儿墙可按25 cm计算,天窗部分可按50 cm计算,均应并入相应屋面工程量内。卷材屋面的附加层、接缝、收头、找平层的嵌缝、冷底子油等已包括在定额内,不得另计。

(3) 卷材屋面的保温层、找平层

① 保温层按图示尺寸面积乘以平均厚度,以 m³ 计算。屋面砂浆找平层按楼地面工程计算。

② 屋面伸缩缝、干铺炉渣等项目,按楼地面相应项目套用。

(4) 屋面排水

① 天沟、泛水按面积计算,其长度方向的咬口搭接不展开,但宽度方向的咬口搭接铁皮应展开计算。如无大样图时,可按铁皮排水单体零件工程量折算表计算(表 3.19)。

表 3.19 铁皮排水单体零件折算表

名 称		单 位	水落管 (m)	檐沟 (m)	水斗 (个)	漏斗 (个)	下水口 (个)		
铁皮排水	水落管、檐沟、水斗、漏斗、下水口	m²	0.32	0.30	0.40	0.16	0.45		
	天沟、斜沟天窗窗台泛水、天窗侧面泛水、烟囱泛水、通气管泛水、滴水檐头泛水、滴水	m²	天沟 (m)	斜沟天窗窗台泛水 (m)	天窗侧面泛水 (m)	烟囱泛水 (m)	通气管泛水 (m)	滴水檐头泛水 (m)	滴水 (m)
			1.30	0.50	0.70	0.80	0.22	0.24	0.11

② 水落管的长度,由檐口的下口算至设计室外地坪。雨水口、水斗、弯头、短管以"个"为单位计算。

(5) 防水工程量的计算

防水工程适用于楼地面、墙基、墙身、构筑物、水池、水塔及室内厕所、浴室、地下室等的防水、防潮。防水工程按防水材料、施工方法不同有卷材防水和涂膜防水。卷材防水的附加层、接缝、收头、刷冷底子油等的工料用量已包括在定额中,不另计算。

根据防水、防潮的部位不同,定额中分为平面和立面项目。工程量计算应根据防水材料做法不同,分平面、立面列项。

建筑物地面防水、防潮层工程量,按主墙间净空面积计算,扣除凸出地面的构筑物、设备基础等所占的面积,不扣除柱、垛、间壁墙及 0.3 m² 以内孔洞所占面积。地面防潮层与墙面连接处高度在 500 mm 以内者,按展开面积并入平面工程量内计算;超过 500 mm 时,按立面防水层计算。

建筑物墙基防水、防潮层工程量,外墙上按外墙中心线长度,内墙上按内墙净长线长度乘以宽度以 m² 计算。

构筑物及建筑物地下室防水、防潮层工程量按实铺面积计算,不扣除 0.3 m² 以内的孔洞面积。平面与立面交接处的防水层,其上卷高度超过 500 mm 时,按立面防水层计算。

(6) 变形缝

变形缝包括伸缩缝、沉降缝和抗震缝。变形缝定额项目不仅适用于屋面,而且适用于墙面、楼地面等部位。变形缝定额包括填缝和盖缝,分别按使用材料分为平面、立面列项。各类变形缝工程量均按延长米计算。外墙变形缝如是内外双面填缝者,工程量按双面计算。

3.3.10 防腐、保温、隔热工程

(1) 耐酸防腐

耐酸防腐工程量按下列规定以面积(m²)为单位计算:

防腐工程项目应区分不同防腐材料种类及其厚度,按实铺面积以 m² 计算。应扣除凸出地面的构筑物、设备基础等所占的面积,砖垛等凸出墙面部分按展开面积计算,并入墙面防腐工程量内。

防腐踢脚板按实铺长度乘以高度以 m² 计算,应扣除门洞所占面积,并相应增加侧壁展开面积。

平面砌筑双层耐酸块料时,按单层面积乘以系数 2 计算。

防腐卷材的接缝、附加层、收头等人工、材料已计入定额中,不再另行计算。

(2) 保温、隔热

保温隔热工程按屋面保温、天棚保温、楼地面保温和其他保温等列项,其中每个部分又按保温材料和做法不同分列子项。

保温隔热层应区别不同保温隔热材料,除另有规定者外,均按实铺厚度以 m³ 计算。保温隔热材料的厚度,按隔热材料(不包括胶结材料)净厚度计算。

① 地面隔热层按围护结构墙体间净面积乘以设计厚度以 m³ 计算,不扣除柱、垛所占的体积。

② 墙体隔热层,外墙按隔热层中心线、内墙按隔热层净长度乘以图示尺寸的高度及厚度以 m³ 计算。应扣除冷藏门洞口和管道穿墙洞口所占的体积。

③ 柱包隔热层,按图示柱的隔热层中心线的展开长度乘以图示尺寸高度及厚度以 m³ 计算。

④ 天棚隔热层,按图示长、宽、厚的乘积,以 m³ 计算。

⑤ 池槽隔热层按图示池槽保温隔热层的长、宽及其厚度以 m³ 计算。其中池壁按墙面计算,池底按地面计算。

⑥ 门洞口侧壁周围的隔热部分,按图示隔热层尺寸以 m³ 计算,并入墙面的保温隔热工程量内。

⑦ 柱帽保温隔热层按图示保温隔热层体积计算,并入天棚保温隔热层工程量内。

3.3.11　装饰工程

(1) 墙、柱面工程

① 内墙面抹灰

a. 内墙面抹灰面积应扣除门窗洞口和 0.3 m² 以上的孔洞所占的面积,不扣除踢脚线、挂镜线和 0.3 m² 以内的孔洞,以及墙与构件交接处的面积。门窗洞口、空圈、孔洞的侧壁和顶面面积也不增加。附墙柱的侧面抹灰并入墙面墙裙抹灰工程量内计算。墙面高度按室内地坪以上的图示高度计算。墙面抹灰面积应扣除墙裙抹灰面积。

内墙面抹灰长度,以主墙间的图示净长尺寸计算。其高度为:无墙裙的按室内地面或楼面至天棚底面之间的距离计算;有墙裙的按墙裙顶至天棚底面之间的距离计算。

b. 钉板条天棚(不包括灰板条天棚抹灰)的内墙抹灰,其高度自楼、地面至天棚底面另加100 mm 计算。

② 外墙面抹灰

a. 外墙面抹灰面积按外墙面垂直投影面积以 m² 计算。应扣除门窗洞口、外墙裙、0.3 m²以上的孔洞、压顶所占面积。不扣除 0.3 m² 以内孔洞和墙与构件交接处的面积,门窗洞口及孔洞侧壁和顶面面积也不增加。附墙垛、柱侧面抹灰面积应并入外墙抹灰工程量内。

b. 外墙裙抹灰面积按其长度乘高度计算，门窗洞口及大于 0.3 m² 孔洞所占的面积应予扣除，门窗洞口及孔洞的侧壁面积也不增加。

③ 独立柱和单梁

a. 柱、梁抹灰，镶贴块料面层均按结构断面周长分别乘以高度或长度计算。

b. 柱、梁其他饰面面积按外围饰面尺寸分别乘以高度或长度计算。

④ "零星项目"抹灰或镶贴块料面层均按设计图示尺寸展开面积计算。其中栏板、栏杆（包括立柱、扶手或压顶、下坎）抹灰按立面垂直投影面积（扣除单个面积大于 0.3 m² 装饰孔洞所占的面积）乘以系数 2.2 以 m² 计算。如砂浆、块料种类不同，或栏板、栏杆只抹（贴）立柱、扶手时，应分别按展开面积或延长米计算。

⑤ 墙面镶贴块料面层，按实贴面积计算。墙裙镶贴块料面层，其高度按 1.5 m 以内综合，超过者按墙面定额执行。高度在 30 cm 以内者，按楼地面工程中的踢脚板定额执行。

⑥ 木隔墙、墙裙、护壁板均按墙的净长度乘以净高度计算，扣除门窗以及 0.3 m² 以上的孔洞面积。

半玻璃隔墙是指上部为玻璃隔墙，下部为砖墙或其他隔墙，应分别计算工程量，分别套用定额。玻璃隔墙的高度按上横档顶面至下横档底面计算，宽度按两边立框外边计算。

⑦ 铝合金隔墙、幕墙均以框外围面积计算。

⑧ 阳台、雨篷抹灰按水平投影面积乘以 2.5 的系数，套"零星抹灰"定额计算，包括上面、底面、侧面及牛腿全部抹灰面积。阳台的栏板、栏杆、压顶、下坎的抹灰应另列项目计算。

（2）天棚工程

天棚工程包括砂浆面层、天棚骨架和天棚面层及饰面。其工程量及有关规定如下：

① 天棚工程量按主墙间的净面积计算，不扣除间壁墙、检查洞、附墙烟囱、柱、垛和管道所占面积，但应扣除独立柱及与天棚相连的窗帘盒所占面积。檐口天棚、带梁天棚两侧的抹灰按展开面积计算，并入相应抹灰天棚面积内。

② 天棚骨架及面层分别列项，套用相应定额项目。对于二级及以上造型的天棚面层人工乘以系数 1.30。天棚面层在同一标高者称为一级天棚，天棚面层不在同一标高且每一高差在 20 cm 以上者称为二级或三级天棚。

③ 预制板底勾缝同天棚面层工程量。

④ 天棚抹灰带有装饰线者，分别按三道线或五道线以内，以延长米计算。线角道数是以每一个凸出的棱角为一道线，如图 3.31 所示。

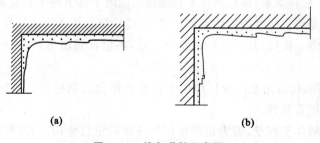

图 3.31　线角道数示意图

(a) 三道线；(b) 四道线

⑤《全国统一建筑装饰工程湖北省单位估价表》中规定,楼梯底面抹灰,按楼梯水平投影面积(楼梯井宽超过 20 cm 者,应扣除超过部分的投影面积)乘以系数 1.30,套用相应的天棚抹灰定额计算。

（3）门、窗工程

门窗工程包括铝合金门窗、卷闸门、彩板组角钢门窗、塑料门窗及钢门窗工程。

① 铝合金门窗的制作、安装,彩板组角钢门窗、塑料门窗、钢门窗安装工程量,按设计门窗洞口面积计算。平面为圆形、异形的门窗按展开面积计算。门带窗分别计算,套用相应定额,门算至门框外边线。

② 卷闸门面积按门洞口高度加 600 mm 再乘以卷闸门实际宽度以 m² 计算。电动装置以套计算,小门以个计算。

③ 彩板组角钢门窗附框安装按延长米计算。

④ 不锈钢片包门框按框外表面面积以 m² 计算。

（4）油漆、涂料工程

本分部工程包括木材面油漆、金属面油漆、抹灰面油漆和涂料、裱糊工程。

① 楼地面、天棚、墙、柱、梁面的喷(刷)涂料及抹灰面油漆的工程量,按楼地面、天棚面、墙、柱、梁面装饰工程相应的工程量计算。但柱、梁的工程量应乘以系数 1.15。

② 木材面、金属面油漆的工程量分别按定额规定的方法计算。

③ 裱糊工程量按裱糊的外表面面积计算。

3.3.12　金属结构制作工程

金属结构的制作包括分段制作和整体预装配的人工、材料及机械台班用量。整体预装配用的螺栓及锚固杆件用的螺栓,已包括在定额内。定额中除注明者外,均包括现场内(工厂内)的材料运输、号料、加工、组装及成品堆放等全部工序,并已包括刷一遍防锈漆工料。

（1）金属结构制作,按图示钢材尺寸以 t 计算,不扣除孔眼、切边的质量,焊条、铆钉、螺栓等质量亦不另计量。在计算不规则或多边形钢板质量时,均以其最大对角线乘以最大宽度的矩形面积计算。

（2）实腹柱、吊车梁、H 型钢等均按图示尺寸计算,其中腹板及翼板宽度按每边增加25 mm 计算。

（3）制动梁的制作工程量包括制动梁、制动桁架、制动板质量;墙架的制作工程量包括墙架柱、墙架梁及连接柱杆质量;钢柱制作工程量包括依附于柱上的牛腿及悬臂梁质量。

上述规定指凡是与主构件连接的钢件工程量,经计算后并入到主构件工程量内。

（4）轨道的制作工程量,只计算轨道本身质量,不包括轨道垫板、压板、斜垫、夹板及连接角钢等质量。

（5）铁栏杆制作,仅适用于工业厂房中平台或操作台的钢栏杆。而民用建筑中的铁栏杆等按其他章节有关项目计算。

（6）钢漏斗的制作工程量,若为矩形按图示分片取定尺寸;若为圆形按图示展开尺寸,并依钢板宽度分段计算,每段均以其上口长度(圆形以分段展开上口长度)与钢板宽度,按矩形计算。依附漏斗的型钢并入漏斗质量内计算。

3.3.13 垂直运输工程

(1) 垂直运输定额的项目划分

建筑工程的垂直运输包括建筑物的垂直运输和构筑物的垂直运输两大类,其中建筑物的垂直运输可按如下情况划分:

① 对于 20 m(6 层)以内的卷扬机或塔式起重机施工,定额的项目按建筑物用途、结构类型划分。建筑物按用途分为住宅、教学及办公用房、医院、宾馆、图书馆、影剧院、商场、科研用房、服务用房以及单层和多层厂房;结构类型包括混合结构、现浇框架、预制排架等。

② 对于 20 m(6 层)以上塔式起重机施工,定额按建筑物的用途、结构类型和檐高(层数)划分子项。其中结构类型包括内浇外砌、剪力墙、全装配和其他结构等。

(2) 建筑工程垂直运输项目的计算规则

① 建筑物垂直运输机械台班用量,区分不同建筑物的结构类型及高度按建筑面积以 m^2 计算。

② 构筑物垂直运输机械台班以座计算。超过规定高度时再按每增高 1 m 定额项目计算,其高度不足 1 m 时,亦按 1 m 计算。

3.3.14 建筑物超高增加人工、机械的计算

建筑物超过一定的高度后就会引起人工和机械施工效率的降低,其主要影响因素包括:

(1) 高空作业中,工人上下班工效降低,上楼工作前的休息以及自然休息增加的时间引起人工降效。

(2) 高层垂直运输影响作业时间。

(3) 人工降效引起机械降效。

(4) 由于建筑物超高,水压不足,高层用水需加压,加压水泵的台班数增加。

建筑物超高增加人工、机械的计算规则:

(1) 各项降效系数中包括的内容指建筑物基础上的全部工程项目,但不包括垂直运输、各类构件的水平运输及各项脚手架。

(2) 人工降效按规定内容中的全部人工费乘以定额系数计算。

(3) 吊装机械降效按吊装项目中的全部机械费乘以定额系数计算。

(4) 其他机械降效按规定内容中的全部机械费(不包括吊装机械)乘以定额系数计算。

(5) 建筑物施工用水因加压而增加的水泵台班,按建筑面积以 m^2 计算。

3.4 清单工程量的计算特征

3.4.1 清单工程量的计算特征描述

(1) "双重性"规则特征

所谓"双重性"规则特征,是指在进行清单工程量计算时,既要执行《建设工程工程量清单计价规范》与工程量计算规范相关计算规则的规定,同时还必须执行适应定额工程量计算的

《全国统一建筑工程预算工程量计算规则》、《建筑工程建筑面积计算规范》的相关计算规则的规定。

（2）"按设计图示尺寸"的计算规则

"按设计图示尺寸"的计算规则，是清单工程量计算区别于定额工程量计算的一项极其重要的特征之一。正如本书第 1.1.2 节中阐述的那样，工程量清单计价适应市场化与工程总承包管理体制的要求，即适应将每项清单分项工程量作为"实体产品"（即中间产品）进行工程发包与分包。因而，确立"按设计图示尺寸"的工程量计算规则的实质，亦即以"实体产品"为计量计价基本单位的规则。故"按设计图示尺寸"的计算规则，也可称为"实体性"规则。

（3）清单工程量具有综合性特征

《计价规范》规定，工程量清单除分部分项清单之外，还包括措施项目清单和其他费用清单等。措施项目又可以分为能够计算工程量的措施项目与不能计算工程量的措施项目两大类，前者与分部分项清单项目引用的计算规则基本相同；后者只能以自然实体单位如"项"、"宗"等表示计量单位，其计价单位则是用元、百元、千元、万元等表示项目的"工作量"。工程建设业习惯用万元货币表示项目的工作量，俗称"万元工作量"，又称为"建安工作量"，亦是广义的工程量。

定额工程量一般是按照分项工程即以工序（或构件、专业工种工程）作业分项作为计量计价基础，作为定额预算计量计价的基本单元，与全国统一预算基础定额分项类同。然而，分部分项清单项目具有"综合性"，与定额分项比较而言，清单工程量是以全国统一基础定额分项与其工程量计算规则为基点，两者有较多的相同之处，许多分项工程量计算规则的细则体现了对《全国统一建筑工程预算工程量计算规则》的贯彻，即统一于《计价规范》与《计算规范》的计算规则之中。但是，其招标与投标报价形式决定了有许多分部分项清单工程量是扩大其内涵的新概念，或者说它是在定额分项的基础上进行相关项的合并与结合。例如，在所包含的施工作业内容方面，表 3.20 土方工程中，编码为 010101003 的挖沟槽土方分项，规定了排地表水、土方开挖、围护（挡土板）及拆除、基底钎探、运输等 5 项工作内容；而定额工程量相应的分项中一般包括挖土、装土、修理底边和运土。又如，表 3.22 砖砌体中，编码为 010401001 的砖基础分项，其工作内容与对应的预算定额分项相比，除包括砌筑工程相关作业内容外，还包含了防潮层铺设。

（4）清单分项工程量在表现形式上具有更大的灵活性

清单工程量具有较强的综合性同时具有很强的灵活性。随着我国工程管理与行业管理体制的根本性变化，与国际接轨的各种新型工程发承包方式及各类不同的工程合同管理模式已经出现。例如，工程量清单中每 m^3 砖基础的内涵，在初步设计与工程概算阶段，业主（或总承包商）以每 m^3 完整砖基础工程（或中间产品）作为发包清单计价的基本单元，规定承包者应完成包括排地表与地下水、挖土方、混凝土垫层、砌砖基础、防潮层、回填土等及其相应的措施项目等全部工作内容，并作为独立的工程分包"产品"向专业分包商发包。这意味着：建立以每 m^3 砖基础工程为计量计价单位，形成砖基础工程单价分包合同来完成该项工程分包任务，以及按单价合同进行工程结算的模式。又如，在房地产商发包工程中，在前些年就已经存在以每 m^2 住房建筑面积作为发承包商之间的工程合同交易。在这样的条件下，清单工程量的 m^3 或 m^2 计量单位，远远超出了土方分项 m^3 或楼地面分项 m^2 计量的含义。总之，清单工程量具有更强的综合性与灵活性，可以适应各种类型工程发承包的经营方式。

3.4.2　清单工程量的计算特征案例

3.4.1 节说明的四个特征,可以通过下述示例进一步说明。如图 3.32 所示,计算某建设工程砖基础工程各分项清单工程量。本例的砖基础设计墙厚为 240 mm,采用混凝土实心砖, M5 水泥砂浆砌筑;基础防潮层为防水砂浆铺设,垫层为 C10 混凝土;经地基勘察,已知土质为三类土,含水率为 19%～21%,密实度不小于 0.94;施工方案规定,拟采用人工挖土、填土夯实,采用单挖、单填,其工程量小于 6 000 m³,人工运土、弃土运距为 20 m。

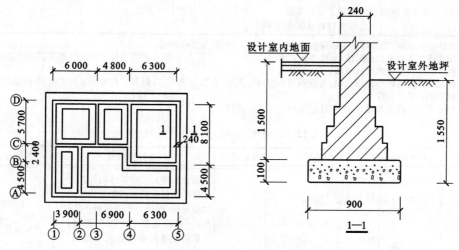

图 3.32　某砖基础施工图

计算清单分项工程量时,必须根据《计算规范》的规定对该工程进行分项。定额工程量分项一般可分为挖基础土方、混凝土垫层、砖基础砌筑、砂浆防潮层铺设、基础回填 5 个分项工程项目。根据这五个分项查阅《计算规范》中对应的相关分项,即《计算规范》(GB 50854—2013) 附录的表 A.1、表 E.1、表 D.1、表 J.3 和表 A.3,如表 3.20～表 3.24 所示。

表 3.20　土方工程(编码:010101)(表 A.1)

项目编码	项目名称	项目特征	计量单位	工程量计算规则	工程内容
010101001	平整场地	1. 土壤类别 2. 弃土运距 3. 取土运距	m²	按设计图示尺寸以建筑物首层建筑面积计算	1. 土方挖填 2. 场地找平 3. 运输
010101002	挖一般土方	1. 土壤类别 2. 挖土深度 3. 弃土运距		按设计图示尺寸以体积计算	1. 排地表水 2. 土方开挖 3. 围护(挡土板)及拆除 4. 基底钎探 5. 运输
010101003	挖沟槽土方			按设计图示尺寸以基础垫层底面积乘以挖土深度计算	
010101004	挖基坑土方		m³		
010101005	冻土开挖	1. 冻土厚度 2. 弃土运距		按设计图示尺寸开挖面积乘厚度以体积计算	1. 爆破 2. 开挖 3. 清理 4. 运输
010101006	挖淤泥、流砂	1. 挖掘深度 2. 弃淤泥、流砂距离		按设计图示位置、界限以体积计算	1. 开挖 2. 运输

注:表名后的表序(如表 A.1)与编码(如编码:010101)为《计算规范》中的表序与编码,后表类同。

表 3.21　现浇混凝土基础(编码:010501)(表 E.1)

项目编码	项目名称	项目特征	计量单位	工程量计算规则	工程内容
010501001	垫层		m³	按设计图示尺寸以体积计算。不扣除伸入承台基础的桩头所占体积	1. 模板及支撑制作、安装、拆除、堆放、运输及清理模内杂物,刷隔离剂等 2. 混凝土制作、运输、浇筑、振捣、养护
010501002	带形基础	1. 混凝土种类 2. 混凝土强度等级			
010501003	独立基础				
010501004	满堂基础				
010501005	桩承台基础				
010501006	设备基础	1. 混凝土种类 2. 混凝土强度等级 3. 灌浆材料及其强度等级			

注:1. 有肋带形基础、无肋带形基础应按本表中相关项目列项,并注明肋高。

2. 箱式满堂基础中柱、梁、墙、板按本附录表 E.2、表 E.3、表 E.4、表 E.5 相关项目分别编码列项;箱式满堂基础底板按本表的满堂基础项目列项。

3. 框架式设备基础中柱、梁、墙、板分别按本附录表 E.2、表 E.3、表 E.4、表 E.5 相关项目编码列项;基础部分按本表相关项目编码列项。

4. 如为毛石混凝土基础,项目特征应描述毛石所占比例。

表 3.22　砖砌体(编码:010401)(表 D.1)

项目编码	项目名称	项目特征	计量单位	工程量计算规则	工作内容
010401001	砖基础	1. 砖品种、规格、强度等级 2. 基础类型 3. 砂浆强度等级 4. 防潮层材料种类	m³	按设计图示尺寸以体积计算。包括附墙垛基础宽出部分体积,扣除地梁(圈梁)、构造柱所占体积,不扣除基础大放脚 T 形接头处的重叠部分及嵌入基础内的钢筋、铁件、管道、基础砂浆防潮层和单个面积≤0.3 m² 的孔洞所占体积,靠墙暖气沟的挑檐不增加。 基础长度:外墙按外墙中心线计算,内墙按内墙净长线计算	1. 砂浆制作、运输 2. 砌砖 3. 防潮层铺设 4. 材料运输

表 3.23　墙面防水、防潮(编码:010903)(表 J.3)

项目编码	项目名称	项目特征	计量单位	工程量计算规划	工作内容
010903001	墙面卷材防水	1. 卷材品种、规格、厚度 2. 防水层层数 3. 防水层做法	m³	按设计图示尺寸以面积计算	1. 基层处理 2. 刷黏结剂 3. 铺防水卷材 4. 接缝、嵌缝
010903002	墙面涂膜防水	1. 防水膜品种 2. 涂膜厚度、遍数 3. 增强材料种类			1. 基层处理 2. 刷基层处理剂 3. 铺布、喷涂防水层
010903003	墙面砂浆防水(防潮)	1. 防水层做法 2. 砂浆厚度、配合比 3. 钢丝网规格			1. 基层处理 2. 挂钢丝网片 3. 设置分格缝 4. 砂浆制作、运输、摊铺、养护
010903004	墙面变形缝	1. 嵌缝材料种类 2. 止水带材料种类 3. 盖缝材料种类 4. 防护材料种类	m	按设计图示尺寸以长度计算	1. 清缝 2. 填塞防水材料 3. 止水带安装 4. 盖缝制作、安装 5. 刷防护材料

注:1. 墙面防水搭接及附加层用量不另行计算,在综合单价中考虑。

2.墙面变形缝,若做双面,工程量乘系数2。

3.墙面找平层按本规范附录M墙、柱面装饰与隔断、幕墙工程"立面砂浆找平层"项目编码列项。

表 3.24　回填(编码:010103)(表 A.3)

项目编码	项目名称	项目特征	计量单位	工程量计算规划	工作内容
010103001	回填方	1.密实度要求 2.填方材料品种 3.填方粒径要求 4.填方来源、运距	m³	按设计图示尺寸以体积计算 1.场地回填:回填面积乘平均回填厚度 2.室内回填:主墙间面积乘回填厚度,不扣除间隔墙 3.基础回填:按挖方清单项目工程量减去自然地坪以下埋设的基础体积(包括基础垫层及其他构筑物)	1.运输 2.回填 3.压实
010103002	余方弃置	1.废弃料品种 2.运距		按挖方清单项目工程量减利用回填方体积(正数)计算	余方点装料运输至弃置点

注:1.填方密实度要求,在无特殊要求情况下,项目特征可描述为满足设计和规范的要求。

2.填方材料品种可以不描述,但应注明由投标人根据设计要求验方后方可填入,并符合项目工程的质量规范要求。

3.填方粒径要求,在无特殊要求情况下,项目特征可以不描述。

4.如需买土回填应在项目特征填方来源中描述,并注明买土方数量。

从表 3.20～表 3.24 可以看出,《计算规范》附录中各分项对项目编码、项目名称、项目特征、计量单位、工程量计算规则、工作内容等进行了较详尽的描述,计算清单工程量时必须严格按照工程量计算规则执行。表 3.22 对工作内容的描述中,将防潮层铺设并入了砖基础分项,即防潮层铺设是砖基础分项的附属分项,防潮层铺设费用也应包含于砖基础分项工程费用之中。

另外,上述五个分项还必须按规定进行最后一级编码,如挖基础实体土方编码为010101003001;所谓单价措施项目超挖土方编码为 010101003002;砖基础砌体编码为010401001001;防潮层铺设(砂浆防潮)为 010903003001;垫层编码为010501001001;土方回填编码为 010103001001。

各分项工程量(包括防潮层铺设)计算如下:

(1) 基础挖方(编码:010101003)工程量

在该砖基础土方开挖方案中,根据基础地质条件考虑放坡,如图 3.33 所示。查表 3.2 知,其放坡系数 $k=0.33$;查表 3.3 知,其基础施工工作面宽度每边各增加 200 mm。

根据本分项的工程量计算规则的规定(表 3.20),显然,规定的计算范围并不包括放坡和施工工作面增宽所需增加的超挖土方工程量。据《计算规范》规定,由于放坡和施工工作面增宽而增加的土方量应作为单价措施项目清单工程量处理,故应分为两部分计算:① 计算按图示标注的基础实体(即分部分项清单)土方工程量;② 计算单价措施项目土方工程量,即超挖的土方工程量。

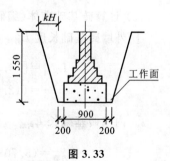

图 3.33

① 挖基础实体土方清单工程量(编码:010101003001)

挖基础实体土方清单工程量计算式为:

$$V_{挖土} = b \cdot (L_{外垫} + L_{内垫}) \cdot H$$

a. 外墙砖基础垫层长度 $L_{外垫}$

$$L_{外垫} = [(4.50 + 2.40 + 5.70) + (3.90 + 6.90 + 6.30)] \times 2$$
$$= (12.60 + 17.10) \times 2 = 59.40 \text{ m}$$

b. 内墙砖基础垫层长度 $L_{内垫}$

$$L_{内垫} = (5.70 - 0.90) + (8.10 - 0.45) + (4.50 + 2.40 - 0.90)$$
$$+ (6.00 + 4.80 - 0.90) + (6.30 - 0.45) = 34.20 \text{ m}$$

c. $L_{外垫} + L_{内垫} = 59.40 + 34.20 = 93.60 \text{ m}$

d. 砖基础垫层底面积 $S_{底}$

$$S_{底} = b \cdot (L_{外垫} + L_{内垫}) = 0.9 \times 93.60 = 84.24 \text{ m}^2$$

e. 砖基础实体土方清单工程量 $V_{挖土}$

$$V_{挖土} = 84.24 \times 1.55 = 130.57 \text{ m}^3$$

② 单价措施项目(超挖)土方清单(编码:010101003002)工程量 $V_{超}$

$$V_{超} = (2c + kH)H \cdot (L_{外垫} + L_{内垫})$$
$$= (2 \times 0.20 + 0.33 \times 1.55) \times 1.55 \times 93.60 = 132.24 \text{ m}^3$$

③ 基础挖土方总量

$$挖土方总量 = 实体挖土方量 + 单价措施超挖土方量$$
$$= 130.57 + 132.24 = 262.81 \text{ m}^3$$

(2) 计算混凝土垫层(编码:010501001001)工程量

根据本分项的工程量计算规则的规定(表 3.21),其清单工程量为:

$$V_{垫} = bh(L_{外垫} + L_{内垫}) = 0.90 \times 0.10 \times 93.60 = 8.42 \text{ m}^3$$

(3) 计算砖基础砌体(编码:010401001001)工程量

① 外墙砖基础长度 $L_{外墙}$

$$L_{外墙} = [(4.50 + 2.40 + 5.70) + (3.90 + 6.90 + 6.30)] \times 2$$
$$= (12.60 + 17.10) \times 2 = 59.40 \text{ m}$$

② 内墙砖基础长 $L_{内墙}$

$$L_{内墙} = (5.70 - 0.24) + (8.10 - 0.12) + (4.50 + 2.40 - 0.24)$$
$$+ (6.00 + 4.80 - 0.24) + (6.30 - 0.12) = 36.84 \text{ m}$$

③ $L_{外墙} + L_{内墙} = 59.40 + 36.84 = 96.24 \text{ m}$

④ 砖基础工程量

根据本分项的工程量计算规则的规定(表 3.22),其工程量计算式为:

$$V_{基} = (d \cdot h + \Delta S)(L_{外墙} + L_{内墙})$$

式中　Δh——增加大放脚折加高度;

　　　ΔS——大放脚增加断面面积。

砖基础图示大放脚为三层。查表 3.6 知,增加大放脚折加高度 Δh 为 0.394 m;查表 3.7 知,大放脚增加断面面积 ΔS 为 0.094 5 m^2。据此:

$$V_{基} = (0.24 \times 1.50 + 0.094\ 5) \times 96.24 = 43.74\ m^3$$

或

$$V_{基} = d(h + \Delta h)(L_{外墙} + L_{内墙}) = 0.24 \times (1.5 + 0.394) \times (59.40 + 36.84) = 43.74\ m^3$$

(4) 计算砖基础砂浆防潮层(编码:010903003001)工程量

根据本分项的工程量计算规则的规定:"按设计图示尺寸以面积计算",其清单工程量为:

$$S_{防潮层} = 0.24 \times 96.24 = 23.10\ m^2$$

(5) 计算基础回填土方(编码:010103001001)工程量

根据本分项的工程量计算规则的规定(表 3.24),其清单工程量为:

$$V_{回填} = V_{挖土} + V_{超} - V_{基} - V_{垫} = 130.57 + 132.24 - 43.74 - 8.42 = 210.65\ m^3$$

上述含编码为 010101003 的单价措施项目超挖土方工程量的六项清单工程量计算结果,列入清单工程量汇总表,如表 3.25 所示。

表 3.25　某砖基础工程清单工程量汇总表

项目编码	项目名称	计量单位	工程数量
010101003001	挖基础实体土方	m^3	130.57
010101003002	单价措施项目超挖土方	m^3	132.24
010401001001	砖基础砌体	m^3	43.74
010903003001	防潮层铺设(砂浆防潮)	m^2	23.10
010501001001	垫层	m^3	8.42
010103001001	土方回填	m^3	210.65

表 3.25 中,措施项目超挖土方系可计算的措施项目,按《计算规范》规定,应与其挖基础实体土方分部分项项目合并计算。

通过上述示例的计算过程,可以体会到清单工程量"双重性"规则、"实体性"规则、综合性与灵活性四大特征的应用。"实体性"规则即"按设计图示尺寸"的计算规则,几乎为每项清单工程量计算中必须遵循的普遍规则;"双重性"规则是指以上各项工程量计算规则的细部规则基本等同于定额工程量计算规则,在示例计算中也成为一条普遍性规则;综合性与灵活性特征,可以说是工程量清单计量计价的一条共性原则,主要体现在工程造价组合的综合性与灵活性上,本书第 4 章将完成本例的工程量清单、综合单价、整体基础每 m^3 造价等的编制,读者可以看到同传统定额计价方式相比,工程量清单计价方式在分项与组价方面的综合性与灵活性,更能适应多种形式的工程发承包经营的需要。

思考与练习

3.1　试说明计算工程量的含义和类别。有几种计算规则?

3.2　工程量计量单位一般有哪些?

3.3　试说明施工过程超挖工程量、施工损失量、其他损耗量的含义。

3.4　计算建筑面积为什么应遵循一定的顺序,本章介绍了哪几种计算顺序?

3.5　计算工程量应严格遵循哪些原则?否则会带来什么后果?

3.6　图 3.34 所示是某宿舍底层建筑平面图,试计算其底层建筑面积。

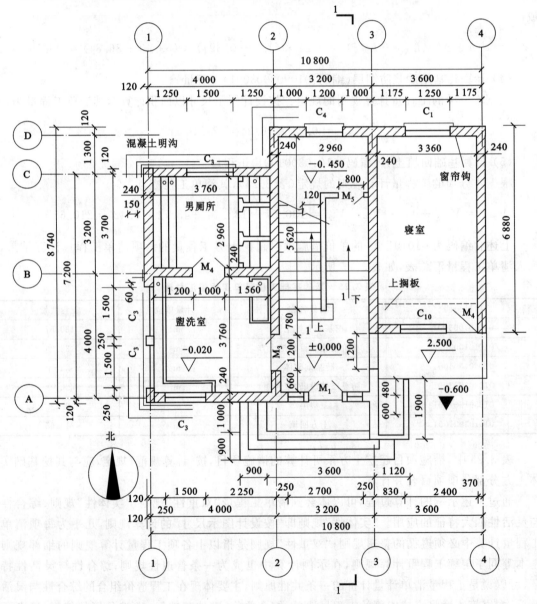

图 3.34　某宿舍底层建筑平面图

3.7 图3.35和图3.36所示是某职工宿舍基础工程施工图。根据工程土质条件可知其放坡系数、基础与施工工作面宽度,查表3.2知k为0.33;另查表3.3知其基础施工工作面宽度每边各增加200 mm。试根据定额工程量与清单工程量计算规则,分别计算该基础分部工程的挖基槽土方与最后回填土的工程量,并说明两种计算结果有何不同含义。

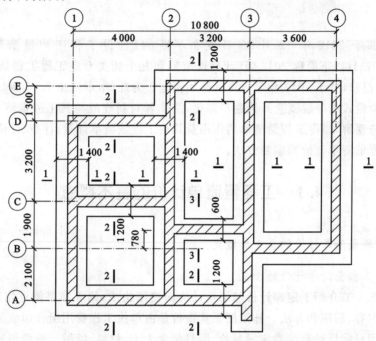

图3.35 职工宿舍基础结构平面图

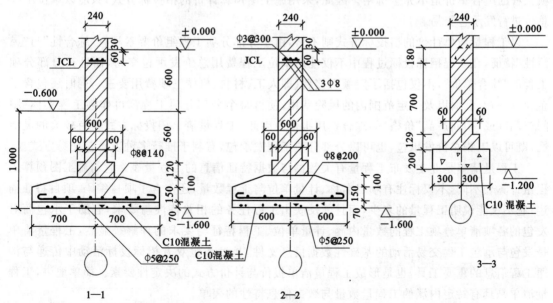

图3.36 基础结构详图

说明:1. 基础埋置深度 $H_1 = 1$ m;

2. 混凝土标号:基础为C15,垫层为C10,JQL防潮圈梁用C20防水混凝土,水泥用量不得少于310 kg/m³;

3. 基础钢筋为3号钢。

4 工程量清单计价的编制

国家住建部于 2012 年 12 月 25 日发布了新的《建设工程工程量清单计价规范》(GB 50500—2013)(以下简称 2013 版《计价规范》)和九个相关专业工程工程量计算规范(以下简称《计算规范》),并于 2013 年 7 月 1 日开始实施。为此,本章根据 2013 版《计价规范》,从介绍工程量计价模式的一般概念开始逐步深化,使读者对新规范与其工程量清单计价方法有较全面的认知与理解,懂得工程量清单的作用及其与工程量清单计量、计费、计价的关系,能较全面地掌握工程量清单计价的编制方法。

4.1 工程量清单计价的基本概念

4.1.1 工程量清单计价的含义与意义

4.1.1.1 工程量清单计价的含义

本书第 1.5.1 节介绍了定额计价与清单计价的费用构成,第 5 章将阐述定额计价即施工图预算的编制内容、程序和方法。施工图预算造价是由单位工程费用组合而成的总价,而分部与分项工程费用只能反映直接费定额基价,即只包含人工、材料、机械三项费用要素,分部与分项工程的组合单价是不完全价格。因此,采用施工图预算计价的招投标方式,只能以单位工程总价进行发承包交易。

以工程量清单计价的招投标方式则不然,由于分部分项工程组价要素具有"综合性"与"灵活性"特征,在工程招标投标过程中不仅能用单位工程费用总价发承包交易,而且其分部分项工程的"综合单价",不仅包括了定额直接费(即人工、材料、机械三项费用要素),同时还包含了企业管理费、利润以及一定范围内的风险费用,使得每个分部分项工程都可作为工程实体"中间产品"(或"中间产品"价格)的综合费用报价。因此,工程量清单招投标方式具有较大的灵活性,既可以工程总价发承包,也可以分部分项工程发承包,有利于推行多种发承包交易方式。

工程量清单是业主发布工程量有关数据与数据特征信息的工程量表。它与施工图预算工程量计算表不同,不仅标注有项目名称、计量单位与工程数量,还包含了项目编码、项目特征描述;它不仅能说明工程量的多少,而且能反映出工程任务的相关特性与要求,有助于承包商对发包的各项清单分项工程的数量内涵、计量单位、工程特征与要求的理解。显然,工程量清单是发包与承包工程交易活动的基础性数据信息文件,是发承包双方招标投标活动中传递与沟通工程信息的重要工具,也是形成工程量清单报价与计价方式的决定性要素。简单地讲,工程量清单是具有特定内涵的工程量数量与数据信息特性的表单。

4.1.1.2 工程量清单计价的意义

工程量清单计价制度的确立,使我国深化工程造价改革发生了质的飞跃,将对完善工程建设市场机制,促进工程建设与国家经济的可持续发展具有重大的意义。

(1) 强化工程量清单计价是全面深化工程建设造价管理体制改革的需要

我国改革开放以来,工程建设成就巨大,但是资源浪费也极为严重,重复建设和"三超"现象仍较严重。其根本问题在于政府(包括制度、法律、法规)、建设行业(包括业主、监理、咨询、工程承包商和银行、保险、材料与设备配套供应与租赁行业等)与市场之间没有形成良性的工程造价管理与控制的有效市场运行机制。为了改变工程建设中存在的种种问题,推行工程量清单计价是充分发挥市场机制,形成和完善政府宏观引导与调控,企业自主报价,市场竞争决定价格,将工程造价管理纳入法制轨道,规范建设市场经济秩序的一项治本之策。特别是2013版《计价规范》和各专业工程工程量计算规范的出台与工程量清单计价的进一步实施,必将对工程建设投资与工程成本进行全方位控制,强化诚信与法制机制,给我国建设市场和工程建设与行业的发展带来更强的活力。

(2) 工程量清单计价能有效地规范建设市场,适应社会主义市场经济发展的需要

真正实现建设市场的良性循环,除了法律、法规和行政监管外,还必须充分发挥"竞争"与"价格"机制的作用,用"看不见的手"来有效地分配社会资源,合理进行利益分配,使发承包双方互利双赢、各得其所。实行工程量清单计价,有利于充分发挥政府、社会公众、业主、承包商之间的协调作用,促进我国建设市场的可持续发展。

(3) 实行工程量清单计价是建设企业健康发展的需要

工程量清单是招标文件的重要组成部分,招标单位(或工程造价咨询单位)必须编制出准确的工程量清单,并要承担相应的风险,从而不断提高招标单位的社会责任感和工程管理水平,这是保障工程量清单制度有效性的重要措施。工程量清单具有公开性特征,对工程招标中弄虚作假、暗箱操作等起着节制的作用。报价单位必须对单位工程成本、利润进行认真分析和研究,精心编制和优化施工方案,根据企业定额合理确定人工、材料、机械、技术和方法等要素的投入与配置,优化组合项目部成员和施工技术措施等,科学地做出投标报价决策;从而改变过去依赖国家发布定额的状况,或以不正当手段采用层层转包、"卖牌子",依靠"剥削"他人劳动度日等错误做法,有效促使企业根据自身的条件编制出符合企业生产水平的施工定额和费用标准,不断创新,提高企业整体素质,以保证企业在激烈的市场竞争中立于不败之地,不断扩大市场份额。

(4) 实行工程量清单计价有利于我国工程造价管理政府职能的转变

工程量清单制度试行的这几年,政府加大了自身的改革,出台了推动市场发展的有效措施,工程承包市场与工程承包企业出现了明显转机。政府部门有效履行"经济调节、市场监管、社会管理和公共服务"的职能要求,全面改革工程造价管理制度和体制是全面推行工程量清单计价方式最根本的源动力。只有政府率先改革,依法管理与调控工程建设市场,为推行工程量清单制度创造良好的环境与氛围,才是有效推行工程量清单制度的根本性措施。

(5) 实行工程量清单计价有利于我国工程总分包建设体制的不断完善

我国工程承包管理体制和计价方式的改革,是相辅相成、相互渗透的配套改革。在启动了工程承包管理体制和工程量清单计价方式以后,国家相继出台了《建设工程监理规程》(DBJ 01—41—2002)、《建设工程项目管理规范》(GB/T 50326—2006)、《建设项目工程总承包管理规范》(GB/T 50358—2005)和2013版《计价规范》等。值得注意的是,2013版《计价规范》解决了执行工程量清单计价以来存在的主要问题,对清单编制和计价的指导思想、工程合同与结算管理措施等进行了深化,具体规定了合同价款约定、合同价款调整、合同价款期中支付、竣工结算与支付以

及合同解除的价款结算与支付、合同价款争议的解决方法,强化了市场监管措施和法规的执行力,对完善我国工程总承包管理体制,协调业主与总包、分包之间的关系起到了积极的推动作用。

（6）实行工程量清单计价是推进我国工程总承包管理模式、增强承包企业核心竞争力和融入全球大市场的迫切需要

随着我国改革开放的进一步加快,中国经济与世界经济发展日趋交融,利益共享、优势互补是发展的必然趋势。中国建设市场的对外开放已经使中国建设市场成为国际工程承包大市场,国外的企业以及投资项目会越来越多地进入中国国内市场,我国企业走出国门在海外的投资和工程总承包项目也在增加。为了适应对外开放建设市场和与国际市场接轨的形势要求,推行工程量清单计价方式,有利于尽快与国际通行的计价方法相适应,大力促进我国工程总承包企业经营模式的多样化,为建设市场主体创造与国际惯例接轨的市场竞争条件和环境,进一步开拓国际工程承包市场,创造具有中国特色的工程总承包品牌。

4.1.2　工程量清单计价的内容、作用、特点

4.1.2.1　工程量清单计价的主要内容

2013 版《计价规范》的发布是为了统一常规的经营性、政策性、技术性活动,并将其纳入行政性规定范畴,属于一种衡量准则、国家标准的范畴,从而为建设工程招标投标及其计价活动健康有序地发展提供了有效的依据。2013 版《计价规范》较 2008 版《计价规范》在内容上更为全面,更加丰富,规范条文内涵也更加准确。2013 版《计价规范》的基本内容、结构构成以及条文上的变化,如表 4.1 所示。2013 版《计价规范》分为总则、术语、一般规定、工程量清单编制、招标控制价等 16 章和附录 A～附录 L。

表 4.1　2013 版《计价规范》与 2008 版《计价规范》章、节、条文增减表

2013 版《计价规范》			2008 版《计价规范》			条文增（＋）减（－）
章	节	条文	章	节	条文	
1.总则		7	1.总则		8	－1
2.术语		52	2.术语		23	＋29
3.一般规定	4	19	4.1 一般规定	1	9	＋10
4.工程量清单编制	6	19	3.工程量清单编制	6	21	－2
5.招标控制价	3	21	4.2 招标控制价	1	9	＋12
6.投标报价	2	13	4.3 投标价	1	8	＋5
7.合同价款约定	2	5	4.4 工程合同价款的约定	1	4	＋1
8.工程计量	3	15	4.5 工程计量与价款支付中 4.5.3、4.5.4		2	＋13
9.合同价款调整	15	58	4.6 索赔与现场签证 4.7 工程价款调整	2	16	＋42
10.合同价款期中支付	3	24	4.5 工程计量与价款支付	1	6	＋18
11.竣工结算与支付	6	35	4.8 竣工结算	1	14	＋21
12.合同解除的价款结算与支付		4				＋4
13.合同价款争议的解决	5	19	4.9 工程计价争议处理	1	3	＋16
14.工程造价鉴定	3	19	4.9.2		1	＋18
15.工程计价资料与档案	2	13				＋13

2013版《计价规范》			2008版《计价规范》			条文增(+)
章	节	条文	章	节	条文	减(一)
16.工程计价表格		6	5.2 计价表格使用规定	1	5	+1
合计	54	329		17	137	+192
附录 A		物价变化合同价款调整方法				
附录 B～附录 L		计价表格22	5.1 计价表格组成	计价表格14节1、条文8		+8 −8

在 2008 版《计价规范》附录 A、B、C、D、E、F 的基础上,2013 年发布了九个专业工程工程量计算规范,即《房屋建筑与装饰工程工程量计算规范》(GB 50854—2013)、《仿古建筑工程工程量计算规范》(GB 50855—2013)、《通用安装工程工程量计算规范》(GB 50856—2013)、《市政工程工程量计算规范》(GB 50857—2013)、《园林绿化工程工程量计算规范》(GB 50858—2013)、《矿山工程工程量计算规范》(GB 50859—2013)、《构筑物工程工程量计算规范》(GB 50860—2013)、《城市轨道交通工程工程量计算规范》(GB 50861—2013)、《爆破工程工程量计算规范》(GB 50862—2013)等。各专业工程工程量计算规范分别包括正文(含总则、术语、工程计量、工程量清单编制)、附录、条文说明三个部分。专业工程工程量计算规范的正文部分共计 261 条,附录部分共计 3 915 个项目,在 2008 版《计价规范》的基础上新增 2 185 个项目,减少 350 个项目,具体变化见表 4.2。《计算规范》各专业之间的划分更加清晰、更加具有针对性和可操作性。

表 4.2 《计算规范》与 2008 版《计价规范》正文条款及附录项目增减表

序号	专业工程	正文条款	附录项目			
			2008 版《计价规范》	《计算规范》	增加(+)	减少(一)
1	房屋建筑与装饰工程	29	393	561	202	−34
2	仿古建筑工程	28	0	566	566	0
3	通用安装工程	26	1015	1144	320	−191
4	市政工程	27	351	564	320	−107
5	园林绿化工程	28	87	144	64	−7
6	矿山工程	25	135	150	25	−10
7	构筑物工程	28	8	98	90	0
8	城市轨道交通工程	38	90	620	531	−1
9	爆破工程	32	1	68	67	0
	合计	261	2080	3915	2185	−350

2013 版《计价规范》中明确规定,建设工程发承包及实施阶段的工程造价由分部分项工程费、措施项目费、其他项目费、规费和税金组成。即在此阶段进行计价活动,不论采用何种方式计价,建设工程造价均可划分为由分部分项工程费、措施项目费、其他项目费、规费和税金组成,详见本书图 1.4 所示。

图 1.4 中构成工程造价的分部分项工程费,就是 2013 版《计价规范》第 2.0.8 条综合单价所定义的费用,即完成该分部分项工程量清单项目所需的人工费、材料费、施工机械使用费和企业管理费与利润,以及一定范围内的风险费用。

2013 版《计价规范》将措施项目分为两类,并规定:

① 措施项目清单应根据拟建工程的实际情况列项。各专业工程的措施项目可按相关工程的现行国家计量规范中规定的项目选择列项。

② 措施项目中可以计算工程量的技术性项目,所谓单价措施项目,宜采用分部分项工程量清单的方式编制,列出项目编码、项目名称、项目特征、计量单位和工程量计算规则;不能计算工程量的措施项目,以"项"为计量单位。

4.1.2.2　工程量清单计价的作用

工程量清单是工程量清单计价的有效工具,是国际工程承包招标投标中流行的方式,对招标投标和工程造价全过程管理起着重要的作用,是招标人与投标人建立和实现"要约"与"承诺"需求的信息载体,由于形式简单统一,也为网上招标提供了有效工具。同时,因为它具有公开性,也为投标者提供了一个公开、公平、公正的竞争环境。工程量清单是采用统一的标准表单格式,由执业专业人员编制,招标人发布,可以避免由于项目分项不一致、漏项、多项、计算不准确等人为因素的影响,同时避免投标者各自大量计算工程量的时间,便于投标者将主要人力和精力集中于报价决策上,提高了投标工作的效率和中标的可能性。此外,工程量清单是工程合同的重要文件之一,因而又是确定招标控制价与投标报价、询价、评标、工程进度款支付的依据。与工程合同管理有效结合,工程量清单又是施工过程中的进度款支付(即施工过程中的工程结算)、索赔及竣工结算、竣工决算的重要依据。总之,它对从招标投标开始的全过程工程造价管理起着重要的作用。

4.1.2.3　工程量清单计价方式的特点

(1) 自主性与市场性。《计价规范》特别强调了由企业自主报价,市场形成价格。一方面体现在生产资料包括人工、材料、机械运用市场信息价格,根据市场行情和企业自身实力报价上;另一方面,根据我国市场的现状,今后还需要有全国性和地方性统一定额存在,然而其主导作用在于指导性,不是一种法定性指标,而是鼓励企业制定自己的企业定额。

(2) 法定性与强制性,主要表现在政府宏观控制和"五统一"的特征上。

(3) 分项计价单价的综合性及其招标投标的灵活性。

(4) 合理低价中标特性。《计价规范》推行合理低价中标,最大限度地节约国家投资和资源。我国目前还不具备最低价中标的社会条件,但从合理低价中标过渡到最低价中标也不会需要很长的时间。

(5) 合同化管理与其全方位造价管理的特性。我国工程造价改革从 20 世纪 80 年代以后逐步加大了改革力度,并在工程建设管理方面制定了一系列法规与制度,如颁布了建筑法、招标投标法、合同法和建设工程施工合同示范文本以及相关的法律、法规、条例、标准、规程等,为工程合同管理打下了较好的基础,而工程量清单计价模式又最能适应合同管理的要求。从本质上讲,工程项目管理的核心就是合同管理,特别是 2013 版《计价规范》强化了招标控制价、工程计量与价款支付、索赔与现场签证、工程价款调整、合同价款争议的解决等具体要求,更加细化了工程量清单计价与其过程控制,有利于将工程项目管理纳入法治管理的范畴。合同管理既涉及建设工程项目管理的全过程,由于工程计价是建设工程合同条款的核心要素,因而也涉及建设工程造价管理的全方位与全过程,而且是从工程建设前期的投资估价或工程设计总概算开始,直到竣工结(决)算。合同定价只是影响全局的一个重要的中间环节,工程合同管理的核心是以保证质量为前提的工程计价全过程的综合管理。

4.2　工程量清单的编制

4.2.1　工程量清单的编制原则、依据与步骤

4.2.1.1　工程量清单的编制原则

(1) 符合《计价规范》的原则

项目分项类别、分项名称、清单分项编码、计量单位、分项项目特征、工作内容等,都必须符合《计价规范》的规定和要求。

(2) 符合工程量实物分项与描述准确的原则

工程量清单是对招标人和投标人都有很强约束力的重要文件,专业性强,内容复杂,对编制人的业务技术水平和能力要求高,能否编制出完整、严谨、准确的工程量清单,是招标成败的关键。工程量清单是传达招标人要求,便于投标人响应和完成招标工程实体、工程任务目标及相应分项工程数量,全面反映投标报价要求的直接依据。因此,招标人向投标人所提供的工程量清单,必须与施工图纸相符合,且能充分体现设计意图,充分反映施工现场的现实施工条件,为投标人能够合理报价创造有利条件。

(3) 工作认真审慎的原则

《计价规范》中强制性条文之一第 4.1.2 条规定:"招标工程量清单必须作为招标文件的组成部分,其准确性和完整性应由招标人负责。"编制清单前,应当认真学习《计价规范》、相关政策法规、工程量计算规则、施工图纸、工程地质与水文资料和相关的技术资料等,熟悉施工现场情况,注重现场施工条件分析。对初定的工程量清单的各个分项,必须依据有关规定进行认真核对、审核,避免错漏项、少算或多算工程数量等现象发生,对措施项目与其他项目清单也应当认真核实,最大限度地减少人为因素导致的错误发生。应当做到不留缺口,防止日后追加工程投资,增加工程造价。

4.2.1.2　工程量清单的编制依据

2013 版《计价规范》第 4.1.5 条明确规定:

"编制招标工程量清单应依据:

(1) 本规范和相关工程的国家计量规范;

(2) 国家或省级、行业建设主管部门颁发的计价定额和办法;

(3) 建设工程设计文件及相关资料;

(4) 与建设工程有关的标准、规范、技术资料;

(5) 拟定的招标文件;

(6) 施工现场情况、地勘水文资料、工程特点及常规施工方案;

(7) 其他相关资料。"

4.2.1.3　工程量清单的编制步骤

工程量清单编制程序与步骤如图 4.1 所示。

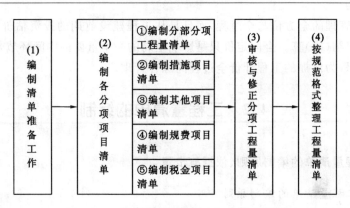

图 4.1 工程量清单编制程序与步骤示意图

4.2.2 工程量清单的编码与计量单位

4.2.2.1 工程量清单的编码

工程量清单的编码,主要是指分部分项工程工程量清单的编码。由于建筑产品的特性且与土地结合,使其产品位置固定,体积庞大,建筑形式多样,构件与材料消耗品种多、类型复杂,因此,其施工技术与施工工艺以及施工现场环境条件也是复杂多变,使得工程施工对象的分部分项实体产品的类别有较大的差异。以墙体为例,不但形体多变,而且构成墙体的质体类型、材料类型,不同操作工艺和墙体内外构造及其面层的不同组合等使墙体具有多种类型。如果没有科学的编码区分,不同墙体的清单分项就无法正确地表达与描述。此外,信息技术已在工程造价软件中得到广泛运用,若无统一编码则无法让公众接受与识别并得到信息技术的支持。没有清单分项的科学编码,招标响应、企业定额的制定等就缺乏统一的依据。《计算规范》以上述因素为前提,对分部分项工程量清单分项编码作了严格科学的规定,并作为必须遵循的规定条款。

《计算规范》中规定:"工程量清单的项目编码,应采用十二位阿拉伯数字表示。一至九位应按附录的规定设置,十至十二位应根据拟建工程的工程量清单项目名称和项目特征设置,同一招标工程的项目编码不得有重码。"这样,12位数编码就能区分各种类型的项目。一个项目的编码由五级组成,如图4.2所示。

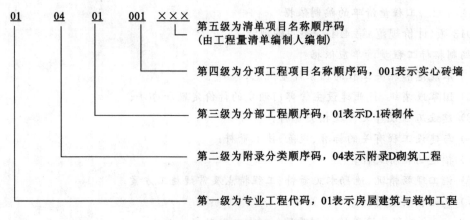

图 4.2 清单项目编码示意图

第一级即第一、二位,为专业工程代码,01—房屋建筑与装饰工程;02—仿古建筑工程;03—通用安装工程;04—市政工程;05—园林绿化工程;06—矿山工程;07—构筑物工程;08—城市轨道交通工程;09—爆破工程。

第二级即第三、四两位,为附录分类顺序码,如在房屋建筑与装饰工程中,用01、04、05分别表示土石方工程、砌筑工程、混凝土及钢筋混凝土工程的顺序码,与前级代码结合表示则分别为0101、0104、0105。

第三级即第五、六两位,为分部工程顺序码,如土石方工程又分土方工程、石方工程、回填三类工种工程,其代码分别为01、02、03,加上前面代码则分别为010101、010102、010103。

第四级即第七、八、九三位,为分项工程项目名称顺序码,如土方工程共有七个分项工程,代码分别为001、002、003、004、005、006、007。又如平整场地和挖一般土方两个项目的编码分别为001、002,加上前面代码则分别为010101001、010101002。

请注意,上述四级代码即前九位编码,是各专业工程《计算规范》附录中明确规定的编码,供清单编制时查询,不能作任何调整与变动。表3.20是关于房屋建筑与装饰工程专业的,表中分项工程第一级编码为01。表头中的表A.1,其中的"A"表示本表为专业工程中土石方工程的分项编码,即第二级编码为01;其中的"1",表示本表是土石方工程中的土方工程分项列表,即第三级代码为01。因此,表A.1中前六位编码均为010101,详见表3.20表头中编码010101和项目编码栏。

第五级为清单项目名称顺序码,由工程量清单编制人编制,编制过程和方法通过下例介绍。

当同一标段(或合同段)的一份工程量清单中含有多个单位工程且工程量清单是以单位工程为编制对象时,应特别注意项目编码第十至十二位的设置不得有重码的规定。例如,一个标段(或合同段)的工程量清单中含有三个单位工程,每一单位工程中都有项目特征相同的实心砖墙砌体,在工程量清单中又需反映三个不同单位工程的实心砖墙砌体工程量时,则第一个单位工程的实心砖墙的项目编码应为010401003001,第二个单位工程的实心砖墙的项目编码应为010401003002,第三个单位工程的实心砖墙的项目编码应为010401003003,并分别列出各单位工程实心砖墙的工程量。

【例4.1】 编码举例。表示某项建筑工程中用M10水泥浆砌1/2清水直形红砖墙和用M10水泥浆砌3/4清水直形红砖墙两个工程量清单的编码。

下述编制步骤从确定前三级编码开始,第五级编码是编制者区分需要编制的具体分项对象的第五级分项代码即标志编码(或称识别码)。确定第五级编码时,应注重与实际工程对象结合,同时还应满足后续编制综合单价的要求。

① 确定前三级编码。按上述介绍,首先在《房屋建筑与装饰工程工程量计算规范》中查到与编码对象砖砌体分部分项工程对应的清单分项表,如表4.3所示。该表表头所示"表D.1砖砌体(编码:010401)",括号内所示编码便是前三级编码。

② 确定第四级编码。表4.3中项目编码栏内,根据不同分部分项工程规定了前四级编码,其三位尾数则是第四级编码。本例中两个清单分项对象的作业内容均为清水实心墙砌体,两项的第四级编码均为"003",其四级序列编码均为010401003。

③ 确定和编制第五级编码。本例所示两种不同厚度(1/2、3/4)的实心砖墙同属砖砌体工程,其第五级编码分别为001、002,则两个分项的工程量清单项目编码分别为010401003001、010401003002,如表4.4所示。

表 4.3　砖砌体(编码:010401)(表 D.1)

项目编码	项目名称	项目特征	计量单位	工程量计算规则	工作内容
010401003	实心砖墙	1. 砖品种、规格、强度等级 2. 墙体类型 3. 砂浆强度等级、配合比	m³	按设计图示尺寸以体积计算。扣除门窗、洞口、嵌入墙内的钢筋混凝土柱、梁、圈梁、挑梁、过梁及凹进墙内的壁龛、管槽、暖气槽、消火栓箱所占体积,不扣除梁头、板头、檩头、垫木、木楞头、沿缘木、木砖、门窗走头、砖墙内加固钢筋、木筋、铁件、钢管及单个面积≤0.3 m² 的孔洞所占体积。凸出墙面的腰线、挑檐、压顶、窗台线、虎头砖、门窗套的体积亦不增加。凸出墙面的砖垛并入墙体体积内计算 　1. 墙长度:外墙按中心线,内墙按净长计算 　2. 墙高度: 　(1) 外墙:斜(坡)屋面无檐口天棚者算至屋面板底;有屋架且室内外均有天棚者算至屋架下弦底另加 200 mm;无天棚者算至屋架下弦底另加 300 mm;出檐宽度超过 600 mm 时按实砌高度计算;有钢筋混凝土楼板隔层者算至板顶。平屋面算至钢筋混凝土板底 　(2) 内墙:位于屋架下弦者,算至屋架下弦底;无屋架者算至天棚底另加 100 mm;有钢筋混凝土楼板隔层者算至板顶;有框架梁时算至梁底 　(3) 女儿墙:从屋面板上表面算至女儿墙顶面(如有混凝土压顶时算至压顶下表面) 　(4) 内、外山墙:按其平均高度计算 　3. 框架间墙:不分内外墙按墙体净尺寸以体积计算 　4. 围墙:高度算至压顶上表面(如有混凝土压顶时算至压顶下表面),围墙柱并入围墙体积内	1. 砂浆制作、运输 2. 砌砖 3. 刮缝 4. 砖压顶砌筑 5. 材料运输

表 4.4　实心砖墙工程量清单

序号	第五级编码	项目编码	项目名称	计量单位	工程数量
1	001	010401003001	用 M10 水泥浆砌 1/2 清水直形红砖墙	m³	
2	002	010401003002	用 M10 水泥浆砌 3/4 清水直形红砖墙	m³	

　　编制第五级编码时应注意以下问题:

　　a. 所列各工程量清单分项编码的排列顺序,应按分部分项清单项目、措施项目清单项目归类。

　　b. 对同一类别的分部分项工程量清单项目,应严格按照各专业工程《计算规范》附录中所规定的分部分项工程或工种工程的同类分项归纳清单。如《房屋建筑与装饰工程工程量计算规范》有 17 个附录、114 个分部分项工程,如表 4.5 所示。

表 4.5　房屋建筑与装饰工程项目清单分部工程项目划分表

序号	附录	专业项目名称与编码		分部项目名称与编码	
		专业项目名称	编码	分部项目名称	编码
1	A. 土石方工程	土石方工程	01	表 A.1 土方工程	010101
2				表 A.2 石方工程	010102
3				表 A.3 回填	010103
4	B. 地基处理与边坡支护工程	地基处理与边坡支护工程	02	表 B.1 地基处理	010201
5				表 B.2 基坑与边坡支护	010202
6	C. 桩基工程	桩基工程	03	表 C.1 打桩	010301
7				表 C.2 灌注桩	010302
8	D. 砌筑工程	砌筑工程	04	表 D.1 砖砌体	010401
9				表 D.2 砌块砌体	010402
10				表 D.3 石砌体	010403
11				表 D.4 垫层	010404
12	E. 混凝土及钢筋混凝土工程	混凝土及钢筋混凝土工程	05	表 E.1 现浇混凝土基础	010501
13				表 E.2 现浇混凝土柱	010502
14				表 E.3 现浇混凝土梁	010503
15				表 E.4 现浇混凝土墙	010504
16				表 E.5 现浇混凝土板	010505
17				表 E.6 现浇混凝土楼梯	010506
18				表 E.7 现浇混凝土其他构件	010507
19				表 E.8 后浇带	010508
20				表 E.9 预制混凝土柱	010509
21				表 E.10 预制混凝土梁	010510
22				表 E.11 预制混凝土屋架	010511
23				表 E.12 预制混凝土板	010512
24				表 E.13 预制混凝土楼梯	010513
25				表 E.14 其他预制构件	010514
26				表 E.15 钢筋工程	010515
27				表 E.16 螺栓、铁件	010516
28	F. 金属结构工程	金属结构工程	06	表 F.1 钢网架	010601
29				表 F.2 钢屋架、钢托架、钢桁架、钢架桥	010602
30				表 F.3 钢柱	010603
31				表 F.4 钢梁	010604
32				表 F.5 钢板楼板、墙板	010605
33				表 F.6 钢构件	010606
34				表 F.7 金属制品	010607

续表 4.5

序号	附录	专业项目名称与编码		分部项目名称与编码	
		专业项目名称	编码	分部项目名称	编码
35	G. 木结构工程	木结构工程	07	表 G.1 木屋架	010701
36				表 G.2 木构件	010702
37				表 G.3 屋面木基层	010703
38	H. 门窗工程	门窗工程	08	表 H.1 木门	010801
39				表 H.2 金属门	010802
40				表 H.3 金属卷帘(闸)门	010803
41				表 H.4 厂库房大门、特种门	010804
42				表 H.5 其他门	010805
42				表 H.6 木窗	010806
44				表 H.7 金属窗	010807
45				表 H.8 门窗套	010808
46				表 H.9 窗台板	010809
47				表 H.10 窗帘、窗帘盒、轨	010810
48	J. 屋面及防水工程	屋面及防水工程	09	表 J.1 瓦、型材及其他屋面	010901
49				表 J.2 屋面防水及其他	010902
50				表 J.3 墙面防水、防潮	010903
51				表 J.4 楼(地)面防水、防潮	010904
52	K. 保温、隔热、防腐工程	保温、隔热、防腐工程	10	表 K.1 保温、隔热	011001
53				表 K.2 防腐面层	011002
54				表 K.3 其他防腐	011003
55	L. 楼地面装饰工程	楼地面装饰工程	11	表 L.1 楼地面及找平层	011101
56				表 L.2 块料面层	011102
57				表 L.3 橡胶面层	011103
58				表 L.4 其他材料面层	011104
59				表 L.5 踢脚线	011105
60				表 L.6 楼梯面层	011106
61				表 L.7 台阶装饰	011107
62				表 L.8 零星装饰项目	011108

续表 4.5

序号	附录	专业项目名称与编码		分部项目名称与编码	
		专业项目名称	编码	分部项目名称	编码
63				表 M.1 墙面抹灰	011201
64				表 M.2 柱(梁)面抹灰	011202
65				表 M.3 零星抹灰	011203
66				表 M.4 墙面块料面层	011204
67	M. 墙、柱面装饰与隔断、幕墙工程	墙、柱面装饰与隔断、幕墙工程	12	表 M.5 柱(梁)面镶贴块料	011205
68				表 M.6 镶贴零星块料	011206
69				表 M.7 墙饰面	011207
70				表 M.8 柱(梁)饰面	011208
71				表 M.9 幕墙工程	011209
72				表 M.10 隔断	011210
73				表 N.1 天棚抹灰	011301
74	N. 天棚工程	天棚工程	13	表 N.2 天棚吊顶	011302
75				表 N.3 采光天棚	011303
76				表 N.4 天棚其他装饰	011304
77				表 P.1 门油漆	011401
78				表 P.2 窗油漆	011402
79				表 P.3 木扶手及其他板条、线条油漆	011403
80	P. 油漆、涂料、裱糊工程	油漆、涂料、裱糊工程	14	表 P.4 木材面油漆	011404
81				表 P.5 金属面油漆	011405
82				表 P.6 抹灰面油漆	011406
83				表 P.7 喷刷涂料	011407
84				表 P.8 裱糊	011408
85				表 Q.1 柜类、货架	011501
86				表 Q.2 压条、装饰线	011502
87				表 Q.3 扶手、栏杆、栏板装饰	011503
88	Q. 其他装饰工程	其他装饰工程	15	表 Q.4 暖气罩	011504
89				表 Q.5 浴厕配件	011505
90				表 Q.6 雨篷、旗杆	011506
91				表 Q.7 招牌、灯箱	011507
92				表 Q.8 美术字	011508

续表 4.5

序号	附录	专业项目名称与编码		分部项目名称与编码	
		专业项目名称	编码	分部项目名称	编码
93	R.拆除工程	拆除工程	16	表 R.1 砖砌体拆除	011601
94				表 R.2 混凝土及钢筋混凝土构件拆除	011602
95				表 R.3 木构件拆除	011603
96				表 R.4 抹灰层拆除	011604
97				表 R.5 块料面层拆除	011605
98				表 R.6 龙骨及饰面拆除	011606
99				表 R.7 屋面拆除	011607
100				表 R.8 铲除油漆涂料裱糊面	011608
101				表 R.9 栏杆栏板、轻质隔断隔墙拆除	011609
102				表 R.10 门窗拆除	011610
103				表 R.11 金属构件拆除	011611
104				表 R.12 管道及卫生洁具拆除	011612
105				表 R.13 灯具、玻璃拆除	011613
106				表 R.14 其他构件拆除	011614
107				表 R.15 开孔(打洞)	011615
108	S.措施项目	措施项目	17	S.1 脚手架工程	011701
109				S.2 混凝土模板及支架(撑)	011702
110				S.3 垂直运输	011703
111				S.4 超高施工增加	011704
112				S.5 大型机械设备进出场及安拆	011705
113				S.6 施工排水、降水	011706
114				S.7 安全文明施工及其他措施项目	011707

c. 同类分部分项工程的各分项的排列顺序,要尽可能满足施工工种作业活动在空间、程序或顺序上与发生时间的内在要求,编码顺序由 001、002、…、00n 数列编排。

如此归类,一是工程量清单项目按同类性质的专业工程、分部分项工程或工种工程清单项目进行归类,排列清晰,为编制同类分项工程综合单价奠定了较好的基础;二是便于与分部分项工程相关的措施项目的综合思考和拟定综合处理方案,以及方便措施项目清单的编制;三是归类清晰便于检查,可以防止和避免分部分项工程、措施项目清单发生错漏。

4.2.2.2　工程量清单分项计量的有效位数

工程量是指以物理计量单位或自然计量单位所表示的各分项工程或结构构件的具体数量。物理计量单位是以物体本身的某种物理属性为计量单位。《计算规范》规定:规范附录中有两个或两个以上计量单位的,应结合拟建工程项目的实际情况,确定其中一个为计量单位;同一工程项目的计量单位应一致。同时规定,工程计量时每一项目汇总的有效位数应遵守下列规定:

① 以"t"为单位,应保留小数点后三位数字,第四位小数四舍五入。

② 房屋建筑与装饰、通用安装、市政、城市轨道交通工程中,以"m"、"m²"、"m³"、"kg"为单位,应保留小数点后两位数字,第三位小数四舍五入;园林绿化工程中,以"m"、"m²"、"m³"为单位,应保留小数点后两位数字,第三位小数四舍五入。

③ 房屋建筑与装饰、通用安装工程中,以"台"、"个"、"件"、"套"、"根"、"组"、"系统"为单位,应取整数。市政、城市轨道交通工程中,以"个"、"件"、"根"、"组"、"系统"为单位,应取整数。园林绿化工程中,以"株"、"丛"、"缸"、"套"、"个"、"支"、"只"、"块"、"根"、"座"为单位,应取整数。

4.2.3　工程量清单的编制方法

4.2.3.1　分部分项工程量清单的分项

2013版《计价规范》第4.2.2条规定,"分部分项工程量清单必须根据相关工程现行国家计量规范规定的项目编码、项目名称、项目特征、计量单位和工程量计算规则进行编制。"分部分项工程项目是形成建筑产品实体部位的工程分项,也可称分部分项工程量清单项目为实体项目,它也是决定措施项目和其他项目清单的重要依据。显然,分部分项工程量清单编制的重要性决定了它必须准确、完整、可靠,否则会给后继编制工作、招标投标和工程实施带来诸多后患。对此,2013版《计价规范》第4.1.3条规定:"招标工程量清单是工程量清单计价的基础,应作为编制招标控制价、投标报价、计算或调整工程量、索赔等的依据之一。"强制性条款第4.1.2条还进一步明确了责任,即"招标工程量清单必须作为招标文件的组成部分,其准确性和完整性应由招标人负责。"

九个专业工程《计算规范》对分部分项工程量清单项目划分作了明确规定,其中《房屋建筑与装饰工程工程量计算规范》涉及的房屋建筑工程是本书讨论的主要对象。《房屋建筑与装饰工程工程量计算规范》中各分部工程分项如表4.5所示。

表4.5每个分部工程或工种工程分项表中,又包含了各分部分项工程分项,如附录E混凝土及钢筋混凝土工程中包含有16个混凝土及钢筋混凝土分部分项工程。以其中E.1现浇混凝土基础工程为例,如表4.6所示,表中又包括了垫层、带形基础、独立基础、满堂基础、桩承台基础、设备基础等6项分部分项清单项目,表中还规定了每个分项的项目编码、项目名称、项目特征、计量单位、工程量计算规则和工作内容。

表4.6　现浇混凝土基础(编码:010501)(表E.1)

项目编码	项目名称	项目特征	计量单位	工程量计算规则	工作内容
010501001	垫层				
010501002	带形基础				1.模板及支撑制作、安装、拆除、堆放、运输及清理模内杂物、刷隔离剂等
010501003	独立基础	1.混凝土种类 2.混凝土强度等级	m³	按设计图示尺寸以体积计算。不扣除伸入承台基础的桩头所占体积	
010501004	满堂基础				
010501005	桩承台基础				2.混凝土制作、运输、浇筑、振捣、养护
010501006	设备基础	1.混凝土种类 2.混凝土强度等级 3.灌浆材料及其强度等级			

综上所述,《计算规范》对分部分项工程量清单分项作了明确的规定,在编制分部分项工程量清单时,必须严格遵照执行。

4.2.3.2　分部分项工程量清单的编制步骤和方法

分部分项工程量清单的编制步骤如图 4.3 所示,分述如下:

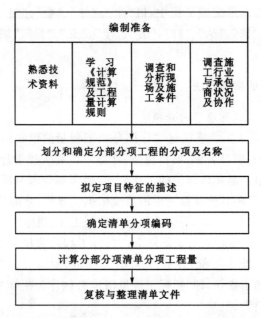

图 4.3　分部分项工程量清单编制程序示意图

（1）做好编制清单的准备工作

首先认真学习《计价规范》、《计算规范》及其相应的工程量计算规则;应十分熟悉地质、水文及其勘察资料,设计图纸及其相关设计与施工规范、标准及操作规程;充分了解施工现场情况,包括地下障碍物、现场施工条件;调查施工行业和可能响应本项目的承包商的施工能力及其协作条件等。

（2）划分和确定分部分项工程的分项及名称

所确定的分部分项工程量清单的每个分项与名称,应符合《计算规范》或预算定额中的项目名称并取得一致。特别应注意按照"工程实体"划分的原则,即划分项目对象所消耗的劳动和资源直接凝结于建筑工程产品的部分。例如,《房屋建筑与装饰工程工程量计算规范》表 D.1 砖砌体（编码 010401）中项目编号为 010401001 的砖基础分项,其工作内容规定中还包含了"防潮层铺设",这时"防潮层铺设"不需要另列分项,否则会出现重复的分项。事实上,一个基础成型,如果基坑地下水位较高时,还需要排水或降水措施辅助才能完成此项基础施工,形成基础工程实体。按照规范规定,排水、降水应当作为辅助施工措施,将其列入措施项目清单分项,而不列到分部分项清单之中。又如,钢筋混凝土基础的钢筋部分属钢筋混凝土基础构成实体部分,《房屋建筑与装饰工程工程量计算规范》附录 E 混凝土及钢筋混凝土工程中,没有设立钢筋混凝土基础分项,而是包含有表 E.1 现浇混凝土基础（编码:010501）与表 E.15 钢筋工程（编码:010515）两个分项,因此,钢筋混凝土基础实体项目应分为两项,即现浇混凝土基础与钢筋工程分项。另外,考虑到各专业的定额编制情况及方便使用者计价,对现浇混凝土模板采用两种方式进行编制,其一是"工作内容"中包括模板工程的内容,以"m³"计量,与混凝土工程项目一起组成综合单价;其二是在措施项目中单列现浇混凝土模板工程项目,以"m²"计量,单独组成综合单价。上述规定包含三层意思:一是招标人应根据工程的实际情况,在同一个标段(或合同段)中在两种表述方案中选择其一;二是招标人若采用单列现浇混凝土模板工程的方式,必须按本规范所规定的计量单位、项目编码、项目特征描述列出清单,同时,现浇混凝土项目中不应再含模板的工程费用;三是招标人若不单列现浇混凝土模板工程分项,即项目清单中未单列现浇混凝土模板,这意味着混凝土工程项目综合单价已经包含模板工程费用。因此,编制分部分项工程量清单分项时,必须符合《计算规范》的相关要求与规定,应特别关注项目特征与工作内容中描述的相关内含,注意区分分部分项工程量清单分项与措施项目工程量清单分项中所含内容。

由于工程建设的复杂性,技术发展日新月异,新材料、新技术、新设备、新工艺不断涌现,工程分项可能超出规范规定的范围。《计算规范》规定,"编制工程量清单出现附录中未包括的项目,编制人应作补充,并报省级或行业工程造价管理机构备案,省级或行业工程造价管理机构应汇总报住房和城乡建设部标准定额研究所"。因此,凡附录中的缺项,编制人可作补充,补充项目应填写于工程量清单相应分部工程项目之后。补充项目的编码由相应《计算规范》的代码(01~09)与"B"和三位阿拉伯数字组成,并应从××B001起顺序编制,同一招标工程的项目不得重码。补充的工程量清单需附有补充项目的名称、项目特征、计量单位、工程量计算规则、工作内容。不能计量的措施项目,需附有补充项目的名称、工作内容及包含范围。

(3)拟定项目特征的描述

分部分项工程量清单与计价表中设有项目特征描述专栏。《计算规范》规定,"工程量清单项目特征应按附录中规定的项目特征,结合拟建工程项目的实际予以描述。"分部分项工程量清单项目特征是确定一个清单项目综合单价的重要依据,编制的工程量清单中必须对其项目特征进行准确和全面的描述。一个同名称项目,由于材料品种、型号、规格、材质材性要求不同,反映在综合单价上的差别甚大。项目特征的描述是编制分部分项工程量清单十分重要的步骤和内容,是对承包商确定综合单价、采用施工材料和施工方法及其相应施工辅助措施工作的指引,并与施工质量、消耗、效率等有着密切关系。但是,有的项目特征用文字往往难以准确和全面地描述清楚,为达到规范、简洁、准确、全面描述项目特征的要求,描述工程量清单项目特征时应按以下原则进行:项目特征描述的内容按《计算规范》附录规定的内容进行,项目特征的表述应符合拟建工程的实际情况及要求,以满足确定综合单价的需要为前提;对采用标准图集或施工图纸能够全部或部分满足项目特征描述要求的,项目特征描述可直接采用"详见××标准图集或××图号"的方式,对于不能满足项目特征描述要求的部分,仍应用文字描述进行补充。

(4)确定清单分项编码

(5)计算分部分项清单分项的工程量

计算分部分项清单分项的工程量,也是编制分部分项工程量清单的一个重要步骤,应按《计算规范》规定的分项工程量计算规则进行,具体的计算方法参考本书3.4节介绍的原理和方法。

(6)复核与整理清单文件

这是编制分部分项工程量清单的最后一步,编制者必须反复核审校对,并应经过交叉校核定稿。

4.2.3.3　分部分项工程量清单的格式

2013版《计价规范》对工程量清单的格式作了明确的规定,以本书第3.4.2节清单工程量的计算特征案例中砖基础工程的工程量为例,其分部分项工程量清单与计价表的格式见本章表4.21。

4.2.3.4　措施项目工程量清单的编制

(1)措施项目的含义

2013版《计价规范》第2.0.5条对措施项目的定义是:"为完成工程项目施工,发生于该工程施工准备和施工过程中的技术、生活、安全、环境保护等方面的项目。"

(2)措施项目的编制

2013版《计价规范》对措施项目的编制作了两条规定:

"4.3.1　措施项目清单必须根据相关工程现行国家计量规范的规定编制。

4.3.2　措施项目清单应根据拟建工程的实际情况列项。"

措施项目清单的编制需考虑多种因素,除工程本身的因素外,还涉及水文、气象、环境、安全等因素。由于影响措施项目设置的因素很多,《计算规范》不可能将施工中可能出现的措施项目一一列出。在编制措施项目清单时,因工程情况不同,若出现《计算规范》附录中未列的措施项目,可根据工程的具体情况对措施项目清单作补充。

《计算规范》将措施项目划分为两类:一类是不能计算工程量的项目,如文明施工和安全防护、临时设施等,就以"项"计价,称为"总价项目",如表4.7所示;另一类是可以计算工程量的项目,如脚手架、降水工程等,就以"量"计价,更有利于措施费的确定和调整,称为"单价项目",采用分部分项工程项目清单的方式编制单价措施项目清单,见本章表4.21。

表4.7　总价措施项目清单与计价表(F.4)

工程名称:　　　　　　　　　　　　　　标段:　　　　　　　　　第　页　共　页

序号	项目编码	项目名称	计算基础	费率(%)	金额(元)	调整费率(%)	调整后金额(元)	备注
		安全文明施工费						
		夜间施工增加费						
		二次搬运费						
		冬雨季施工增加费						
		已完工程及设备保护费						
合计								

注:① "计算基础"中安全文明施工费可为"定额基价"、"定额人工费"或"定额人工费＋定额机械费",其他项目可为"定额人工费"或"定额人工费＋定额机械费"。

② 按施工方案计算的措施费,若无"计算基础"和费率的数值,也可只填"金额"数值,但应在备注栏中说明施工方案出处或计算方法。

措施项目虽然不是直接凝固到产品上的直接资源消耗项目,但都是为了完成分部分项工程必须发生的生产活动和资源耗用的保障项目。措施项目的内涵十分广泛,包括从施工技术措施、设备设置、施工必需的各种保障措施,到环保、安全和文明施工等项目的设置。编者必须认真思考和分析分部分项工程量清单中每个分项需要设置的措施项目,以保证各分部分项工程能顺利完成。因此,在讨论分部分项工程量清单编制中曾经提到,分部分项工程量清单编制与措施项目工程量清单项目编制必须综合考虑,两者之间有着紧密联系。每个具体的分部分项工程项目与对应的措施项目都是一个不可分割的工程实施系统,与工程项目内容及采用什么样的施工技术与方案密切关联。

　　例如,一个大跨度($L>30$ m)的钢筋混凝土预应力屋架吊装项目,按《房屋建筑与装饰工程工程量计算规范》的规定,有表 E.11 预制混凝土屋架项目和表 E.15 钢筋工程中的后张法预应力钢筋项目两个分部分项工程项目(见表 4.5),而没有大型屋架运输、拼装和数十吨重的屋架吊装项目,《通用安装工程工程量计算规范》中也找不到相应的大型屋架吊装项目。显然,这些均应列入措施项目中的施工过程与措施,必须编制详尽的大型屋架浇筑、运输、拼装、预应力施工和大型屋架吊装的施工方案,而不能只作一般性分析和划分。措施项目的确定不仅影响措施项目的划分与描述,而且会对承包方报价产生较大的影响。就大跨度钢筋混凝土预应力屋架运输、吊装设备问题而言,必须慎重行事。所以,分部分项与措施项目工程量清单编制是一个系统问题,编制中必须综合考虑。

　　要编好措施项目工程量清单,编制人员必须具有相关的施工管理、施工技术、施工工艺和施工方法等方面的知识及实践经验,掌握有关政策、法规和相关规章制度,如对环境保护、文明施工、安全施工等方面的规定和要求。为了改善和美化施工环境,组织文明施工就会发生措施项目及其费用开支,否则就会发生漏项少费的问题。

　　综上所述,编制措施项目工程量清单项目应注意以下几个问题:

　　① 要求编制人员对规范有深刻的理解,有比较丰富的知识和经验,要真正弄懂工程量清单计价方法的内涵,熟悉和掌握规范对措施项目的划分规定和要求,掌握其本质和规律,注重系统思维。

　　② 编制措施项目工程量清单项目应与编制分部分项工程量清单综合考虑,与分部分项工程紧密相关的措施项目的编制可同步进行。

　　③ 编制措施项目应与拟定或编制重点难点分部分项施工方案结合,以保证所拟措施项目划分和描述的可行性。

4.2.3.5　其他项目工程量清单的编制

(1) 2013 版《计价规范》的有关规定

关于其他项目的编制,规范规定了下列内容:

"4.4.1　其他项目清单应按照下列内容列项:

1.暂列金额;

2.暂估价:包括材料暂估单价、工程设备暂估单价、专业工程暂估价;

3.计日工;

4.总承包服务费。

4.4.2　暂列金额应根据工程特点按有关计价规定估算。

4.4.3　暂估价中的材料、工程设备暂估单价应根据工程造价信息或参照市场价格估算,列出明细表;专业工程暂估价应分不同专业,按有关计价规定估算,列出明细表。

4.4.4　计日工应列出项目名称、计量单位和暂估数量。

4.4.5　总承包服务费应列出服务项目及其内容。

4.4.6 出现本规范第 4.4.1 条未列的项目,应根据工程实际情况补充。"

其他项目清单与计价汇总表的格式如表 4.8 所示。

表 4.8 其他项目清单与计价汇总表(G.1)

工程名称: 标段: 第 页 共 页

序号	项目名称	金额(元)	结算金额(元)	备注
1	暂列金额			明细详见表×.×
2	暂估价			
2.1	材料(工程设备)暂估价/结算价			明细详见表×.×
2.2	专业工程暂估价/结算价			明细详见表×.×
3	计日工			明细详见表×.×
4	总承包服务费			明细详见表×.×
5	索赔与现场签证			明细详见表×.×
合计				

注:材料(工程设备)暂估单价进入清单项目综合单价,此处不汇总。

(2)有关术语应用

上述介绍的暂列金额、暂估价、计日工、总承包服务费四个术语,《计价规范》中给出了明确的定义,具体应用时要注意:

暂列金额虽然列入合同价格,但只有按照合同约定程序实际发生后才能成为中标人的应得金额,纳入合同结算价款中。扣除实际发生金额后的暂列金额仍属于招标人所有。

暂估价类似于 FIDIC 合同条款中的 Prime Cost Items,在招标阶段预见肯定要发生,只是因为标准不明确或者需要由专业承包人完成,暂时无法确定其价格或金额。一般而言,为方便合同管理和计价,需要纳入分部分项工程量清单项目综合单价中的暂估价最好只是材料费,以方便投标人组价。专业工程暂估价一般应是综合暂估价,应当包括除规费、税金以外的管理费、利润等。

计日工是为了解决现场发生的零星工作的计价而设立的。国际上常见的标准合同条款中,大多数都设立了计日工(Daywork)计价机制。计日工以完成零星工作所消耗的人工工时、材料数量、机械台班数进行计量,并按照计日工表中填报的适用项目的单价进行计价支付。计日工适用的零星工作一般是指合同约定之外或者因变更而产生的、工程量清单中没有相应项目的额外工作,尤其是那些在时间上不允许事先商定价格的额外工作。

计日工为额外工作和变更的计价提供了一个方便快捷的途径。但是,在以往的实践中,计日工经常被忽略,其中一个主要原因是计日工项目的单价水平一般要高于工程量清单项目的单价水平。理论上讲,合理的计日工单价水平一定是高于工程量清单的价格水平,其原因在于计日工往往是用于一些突发性的额外工作,缺少计划性,承包人在调动施工生产资源方面难免会影响已经计划好的工作,生产资源的使用效率也会有一定的降低,客观上造成超出常规的额外投入。另一方面,计日工清单往往忽略给出一个暂定的工程量,无法纳入有效的竞争,这也是造成计日工单价水平偏高的原因之一。因此,为了获得合理的计日工单价,计日工表中一定要给出暂定数量,并且需要根据经验估算出一个比较贴近实际的数量。当然,尽可能把项目列全,防患于未然,也是值得重视的工作。

总承包服务费是为了解决招标人在法律、法规允许的条件下,进行专业工程发包以及自行采购供应材料、设备时,要求总承包人对发包的专业工程提供协调和配合服务(如分包人使用总包人的脚手架、水电接剥等),对供应的材料、设备提供收、发和保管服务以及对施工现场进行统一管理,对竣工资料进行统一汇总整理等发生并向总承包人支付的费用。招标人应当预计该项费用并按投标人的投标报价向投标人支付该项费用。

(3) 其他项目清单的确定

工程建设标准的高低、工程的复杂程度、工程的工期长短、工程的组成内容、发包人对工程管理的要求等都直接影响其他项目清单的具体内容。如果工程规模大,周期长,技术复杂程度高,则暂列金额项目必然增多,项目费用必然增高。例如,业主的咨询、设计变更、预留设备材料采购金等项目与费用会增加;承包者的总包服务协调费用、计日工费用等也会相应增加。2013 版《计价规范》其他项目清单中,仅提供了四项内容作为列项的参考。显然,根据不同情况,很可能超出规定的范围,对此规范特别指出可以根据工程实际情况补充。如在竣工结算中,将索赔、现场签证列入其他项目中。

4.2.3.6 规费、税金项目清单的编制

(1) 规费项目清单的编制

2013 版《计价规范》规定,"4.5.1 规费项目清单应按照下列内容列项:

1.社会保险费:包括养老保险费、失业保险费、医疗保险费、工伤保险费、生育保险费;

2.住房公积金;

3.工程排污费。

4.5.2 出现本规范第 4.5.1 条未列的项目,应根据省级政府或省级有关部门的规定列项。"

规费作为政府和有关权力部门规定的必须缴纳的费用,政府和有关权力部门可根据形势发展的需要对规费项目进行调整。因此,对规范未包括的规费项目,计算时应根据省级政府和有关权力部门的规定进行补充。

根据住建部、财政部《建筑安装工程费用项目组成》(建标[2013]44 号)规定:

社会保险费和住房公积金应以定额人工费为计算基础,根据工程所在地省、自治区、直辖市或行业建设主管部门规定的费率计算。计算公式如下:

$$社会保险费和住房公积金 = \sum(工程定额人工费 \times 社会保险费和住房公积金费率)$$

式中,社会保险费和住房公积金费率可以每万元发承包价的生产工人人工费和管理人员工资含量与工程所在地规定的缴纳标准综合分析取定。

工程排污费等其他应列而未列入的规费应按工程所在地环境保护等部门规定的标准缴纳,按实计取列入。

(2) 税金项目清单的编制

2013 版《计价规范》规定,"4.6.1 税金项目清单应包括下列内容:

1.营业税;

2.城市维护建设税;

3.教育费附加;

4.地方教育附加。

4.6.2 出现本规范第 4.6.1 条未列的项目,应根据税务部门的规定列项。"

《建筑安装工程费用项目组成》规定,税金计算公式为:

$$税金 = 税前造价 \times 综合税率(\%)$$

规费、税金项目清单的编制与计算程序如表 4.9 所示。

表 4.9　规费、税金项目计价表

工程名称:　　　　　　　　　　　　　　标段:　　　　　　　　　　　第　页　共　页

序号	项目名称	计算基础	计算基数	计算费率(%)	金额(元)
1	规费	定额人工费			
1.1	社会保险费	定额人工费			
(1)	养老保险费	定额人工费			
(2)	失业保险费	定额人工费			
(3)	医疗保险费	定额人工费			
(4)	工伤保险费	定额人工费			
(5)	生育保险费	定额人工费			
1.2	住房公积金	定额人工费			
1.3	工程排污费	按工程所在地环境保护部门收费标准,按实计入			
2	税金	分部分项工程费+措施项目费+其他项目费+规费-按规定不计税的工程设备金额			
合计					

4.3　工程量清单计价方法

4.3.1　基本概念

工程量清单计价的基本过程为:在统一的工程量计算规则的基础上,根据具体工程的施工图纸计算出各个清单项目的工程量,再根据各种渠道所获得的工程造价信息和经验数据计算工程造价,如图 4.4 所示。

4.3.1.1　综合单价与清单计价的内涵

传统的定额计价方法使用的定额基价只包括人工费、材料费、机械使用费,由于此部分消耗直接凝固到建筑产品上,故称为直接费;管理费被列入间接费,是以完整的建筑产品的全部直接费为基数,乘以管理费费率而得到最终产品的管理费金额。工程量清单计价是按照建筑产品形成过程中的分部分项工程产品来构成建筑产品价格。分部分项工程类似于一台机器的零部件,构成它自身相对完整的产品价格,因此它更便于工程造价的管理、核算和结算。这里应当指出,我国现行的综合单价还没有构成像国际上通行的完整的分部分项产品价格,还应进一步包含措施项目、其他项目、规费和税金,以形成完整费用,这样就更有利于按分部分项产品实行分包制度。这种综合单价称为完全综合单价法,我国现行的综合单价相应称为不完全综合单价法。实行"不完全"到"完全"的过渡措施,符合中国目前的国情,而且两者之间可以相应

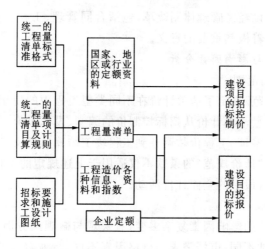

图 4.4　工程量清单计价过程

变通,用好清单计价才是我国工程造价改革的本质问题。随着我国工程建设总分包管理与行业体制的完善,也能够一变即通,功到自然成。

采用综合单价计价法与传统定额预算法有着根本的不同,其最基本的特征表现为分项工程项目费用的综合性强。它不仅包括传统预算定额中的直接费,还增加了管理费和利润两部分,而且应考虑风险因素以形成最终单价,因而称其为综合单价。从另一个角度看,对于某一项具体的分部分项工程,又具有单一性的特征。综合单价基本上能够反映一个分项工程单价再加上相应的措施项目费、其他项目费和规费、税金,就是某种意义上的"产品"(分部或分项工程)完整(或称全费用)的单价或价格,即将分部分项工程看作产品,使分部分项工程费用成为某种意义上的产品综合单价。这就意味着"综合性"是工程量清单计价法的本质特点和规律。

综合单价与清单计价的意义与内涵具体表现在以下几个方面:

(1) 它宣告了我国建设工程传统计价办法已失去主体地位,开始同国际接轨。当然,由于我国的国情,《计价规范》采用的综合单价还不是完全的综合单价,与国际通用的完全综合单价法还有所不同。沿用我国积累几十年经验的直接费定额的思路,更符合国情,也有利于工程量清单计价模式的推广与运用,而且真正意义上的分部分项产品全费用定额(即分部分项工程产品完全综合单价)的形成,还需要一段时间的积累与探索。

(2) 由于企业自主报价,企业定额成了企业报价的主要依据,这也是工程量清单计价的另一个重要特征。这样更有利于将施工企业推向市场,获得自我发展的原动力。能否形成有效的以分部分项产品为基础的分项费用(即综合单价中的管理费部分)定额,是我国当前推行工程量清单计价是否能够反映分部分项工程真实价值的一个十分关键性的问题。因此,无论是工程建设企业还是政府主管部门和行业协会,都应在形成有效的清单分项费用定额上花气力。

(3) 在定义综合单价时,规范强调了"以及一定范围内的风险费用"。这是与传统计价模式不同的一个突出点,是一个极大的进步,从本质上反映了市场经济的规律。人们都知道工程建设存在风险,无论是对业主还是承包商都是如此,这是从无数教训中得到的宝贵经验。这对于强化合同管理观念,提倡企业强化风险意识,加强风险预测、风险决策、风险防范和风险管理,促进深化我国工程建设经济管理体制改革,包括合同管理、工程保险、工程诚信、信用担保等制度的建立,无疑都有着极其重要的意义。

4.3.1.2　应用范围与影响因素分析

(1) 清单计价的应用范围

各专业工程《计算规范》规定了清单计价在不同类型工程中的使用范围,同时,2013 版《计价规范》中也规定了工程量清单计价从招标控制价的编制、投标报价、合同价款约定、工程计量与价款支付、索赔与现场签证、工程价款调整到工程竣工结算办理及工程造价争议处理等的全部内容。这说明 2013 版《计价规范》的条款不仅适用于上述规定的工程计价活动,而且适用于建设工程发承包及实施阶段中的全面计价活动。

(2) 影响因素的分析

综合单价与清单计价的影响因素复杂多变,有宏观与微观两方面。工程所处地区社会环境的经济与文化发展条件不同,市场需求与价格因素不同,行业自身的系统改革,相关产业发展状况,不同业主及其不同的投资心态,不同的设计企业及其水平,不同的承包商及其水平,不同建设地理位置等,都会对招标控制价、投标报价、综合单价与清单计价及其实施过程产生不同的影响。因此,无论是业主还是承包商,都必须作实地的深入调查研究和分析。这里只从微观的角度简明扼要地分析影响综合单价和工程造价的直接因素,包括以下几个因素:

① 市场因素

政府宏观控制、市场形成价格是新规范的一条重要原则,发承包双方在不违背有关法规政策的前提下,随行就市,自主定价。因此,市场形成价格,使工程产品的价格趋于动态之势。市场需求变化和技术、资金、人工、材料、设备、能源要素市场,以及费用与价格信息,成了影响工程造价的决定性因素。

② 业主因素

业主是工程建设市场的主体,也是影响工程价格的重要因素,特别是在买方市场中起着极其重要的作用。业主决策者决策的理智与科学性、资金实力和投资心态,都是决定工程造价的重要因素。

③ 设计、咨询、监理与施工因素

设计、咨询、监理和施工承包商的项目经理及其工作人员的执业素质和技术水平等也是重要因素。设计图纸是决定工程造价的直接因素,设计质量不仅对工程造价产生直接的影响,而且会对产品质量、工程造价的形成过程和施工管理过程产生重大的影响。发承包双方都应当关心设计质量,尽可能减少设计修改和变更带来的不利影响。我国施工承包商过去一直是"照图施工",只要能使施工顺利,不影响施工进程就绝不会对图纸发出质疑。实行工程量清单计价,咨询、监理都应当对节约投资、降低工程造价有高度的责任感,推行合理低价中标都属执业的本分。视设计浪费而不顾,只在施工招标中一味压价,显然是一种不正常的倾向。事实上,设计上的浪费远远大于施工中的浪费,这一点不仅要引起业主、咨询、监理的注意,更为重要的是要引起政府部门的重视。承包商应站在业主的立场,对施工图纸不合理的问题,发挥自身的技术优势或专业特长,对设计提出合理化的修改建议,为业主节省投资,并以自身技术与成本优势赢得更高利润。

④ 工程现场条件与环境因素

采用工程量清单报价给承包商带来了更宽松的报价环境,但是,也不能忽视自然环境与周边社会环境,如施工现场的水文、地质、平面布置、环保、安全、能源、交通和社区环境以及地理气候环境等因素存在的风险,这些因素都与分部分项工程项目、措施项目和其他项目的费用直接或间接相关。因此,必须认真做好充分的调查研究和施工现场踏勘,否则就有可能给发承包双方带来直接或间接的损失和伤害。

⑤ 项目经理及其定额基础工作因素

自 20 世纪 80 年代以来,随着我国项目管理制度的不断深化,国家建设项目实行了法人、项目经理责任制,施工企业内部实行了项目经理负责制,承包企业项目经理的地位和作用也逐步得到了社会和业主的认同。项目经理作为施工现场第一指挥者,对项目施工质量、进度、成本、安全、环保与营销等目标的实现起着决定性的作用,对工程成本与造价的影响作用,对促进行业总体生产效率增长的作用是不可低估的。总体上讲,项目经理的素质与企业的整体素质,特别是包括企业定额管理在内的基础工作密切相关,与采用清单报价方式有着更密切的联系。企业定额与其控制水平,是衡量承包企业综合实力和发展水平的标志,是影响投标报价和实现承诺的决定性因素。而且,市场形成价格的竞争是企业人才、技术和生产效率的竞争,企业定额因素和企业价格决策机制将会愈加重要和突出。

应当指出,特别是 2013 版《计价规范》的出台,更加强调了对工程造价与工程合同的全过程管理,而企业定额管理是工程造价与工程合同实行全过程有效管理的基础,因此,强化企业定额编制、管理及其有效运用,已经成为工程造价全面改革新时期的呼声与要求。

⑥ 行业与协作因素

行业与协作因素主要是指建设业与行业管理发展状况,工程技术与工程造价水平,本行业与相关行业提供协作的条件等。

⑦ 政策法规因素

政策法规因素主要是指与工程造价相关的政策法规、规范、标准以及政府职能转变和执法力度等因素的影响。这类因素是直接影响市场规范、行业管理体制与发展的决定性因素,也会直接反映到招标投标决策与施工现场管理之中。因此,发承包双方必须认真贯彻国家有关政策法规,将工程招标投标和计价及其管理过程变成学法、用法、守法的过程,用法律来保护各自的权利,讲求诚实守信,尽到自己遵纪守法的义务与责任。政府部门应健全和完善有关工程建设法规制度,完善监督和约束机制,强化执法力度。

4.3.2　工程量清单计价的原则、依据和程序

4.3.2.1　编制原则

编制工程量清单各分项综合单价和总价以及工程造价管理的全过程,应遵循下列原则:

(1) 质量效益原则

"质量第一"对于任何产品和生产企业来说都是一项永恒的原则。企业在市场经济条件下,既要保证产品质量,又要不断提高经济效益,这是企业长期发展的基本目标和动力。两个问题同时存在于企业之中,是矛盾的统一。运用和实施优秀的管理和科学合理的施工方案,才能有效地将质量、效益统一起来,从而求得企业长期的发展。质量、进度、资金(或成本)、安全、环境、方法等因素与工程造价密切相关,决策者和编制者必须坚持施工管理、施工方案的科学性,从始至终贯彻质量效益原则。

（2）竞争原则和不低于成本原则

从市场学角度讲,竞争是市场经济一个重要的规律,有商品生产就会有竞争。当今的建设市场仍然是买方市场,队伍庞大,企业众多,市场竞争更加激烈。这里讲竞争原则,就是要求造价编制者在考虑合理因素的同时使确定的清单价格具有竞争性,提高中标的可能性与可靠度。提倡坚持竞争原则与合理低价中标的同时,必须认真坚持不低于成本的原则。《中华人民共和国招标投标法》第三十三条规定:"投标人不得以低于成本的报价竞标。"坚持竞争原则与合理低价中标,有利于促进建筑业和建筑企业加强科学管理和技术进步,促进企业从长计议,坚持可持续发展。我国建设市场长期处于恶性竞争状况,虽说原因是多方面的,但少数企业决策者只顾眼前利益,存在"公司有工程,职工有事做"的错误指导思想,以低于成本的价格竞标,其结果是做一个工程亏一个工程,不仅工程质量得不到保证,而且亏损的积累使企业面临破产,根本谈不上技术进步和长期发展。低于成本报价夺标和非法层层转包是导致这种结果的重要原因。

（3）优势原则

具有竞争性的价格来源于企业优势,如品牌、诚信、管理、营销、技术、专利、质量、价格优势等。在众多投标者之中,一家企业不可能具有全方位的优势,但总会有自己的优势和长处,否则,只能是"陪标"。因而,确定价格时必须"扬长避短",运用价值工程的观念和方法,通过多种施工方案和技术措施的比较,采用"合理低价"、"低报价,高索赔"和"不平衡报价"等方法,体现报价的优势,不断提高中标率,不断提高市场份额,不断提升核心竞争力。

（4）风险与对策的原则

编制招标控制价或投标报价必须注重风险研究,充分预测风险,脚踏实地进行调查研究,采取有效的措施与对策。这里再次强调,当承包者的报价中需要考虑一定范围的风险费用时,建议材料价格风险费用一般在5%以内,施工机械价格风险费用一般在10%以内,有意加大风险因素也是不现实的做法。

4.3.2.2　工程量清单计价的依据

工程量清单计价的依据主要有：　　　　　　　　　　　。

①《建筑工程施工发包与承包计价管理办法》(原建设部令第107号)、2013版《计价规范》、专业工程《计算规范》及相关政策、法规、标准、规范以及操作规程等；

② 招标文件和施工图纸、地质与水文资料、施工组织设计、施工作业方案和技术,以及技术专利、质量、环保、安全措施方案及施工现场资料等；

③ 市场劳动力、材料、设备等价格信息和造价主管部门公布的价格信息及其相应价差调整的文件规定等信息与资料；

④ 承包商投标营销方案与投标策略、施工企业消耗与费用定额、企业技术与质量标准、企业"工法"资料、新技术新工艺标准,以及过去存档的同类与类似工程资料等；

⑤ 全国及省、市、地区建筑工程综合单价定额,或相关消耗与费用定额,或地区综合估价表(或基价表)。

4.3.2.3　工程项目总价的编制程序和步骤

采用工程量清单计价方式编制工程项目总价的程序和步骤如图4.5所示。关于工程量清单的编制已在前面作了较详细的讨论,对其他编制步骤如编制清单分项综合单价及工程量清单计价汇总等,将在以下各节中介绍。

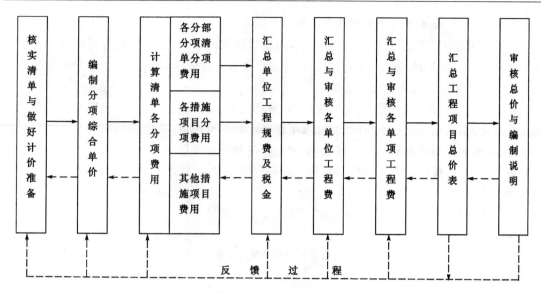

图 4.5 工程量清单计价程序与步骤示意图

工程量清单各分项综合单价是计算分部分项项目工程量清单费用和措施项目清单费用的基础数据。《计价规范》对分部分项项目清单费用、措施项目清单费用、其他项目清单费用、规费和税金的计算、统计、归纳和整理都有相应规定,并规定了统一的表述格式,必须遵照执行。

如图 4.5 所示,其具体编制工作首先是以工程量清单规定的分项工程量、陈述的工程特征和工作内容为依据,结合设计图纸的要求,以分部分项工程工程量清单和相对应的施工方案为主要依据,并结合相应的措施项目工程量清单分项综合考虑,编制分部分项综合单价。然后考虑和编制相关措施项目的综合单价。在总体程序上,首先确定分部分项工程量清单分项综合单价,然后按工程量清单编码排序,依次计算清单分项费用,按规范规定的分部分项工程量清单综合单价分析表、分部分项工程量清单与计价表进行填写与汇总,分别计算和确定措施项目工程量清单分项、其他项目工程量清单的单价和费用,再分别统计和确定三大分项的费用汇总并计算规费、税金,进行单位工程计价汇总,最后由招标人或投标人综合决策,形成单位工程的招标控制价或投标报价。

4.3.3 综合单价的编制

4.3.3.1 综合单价的内涵与规范格式

2013 版《计价规范》规定综合单价的全部费用应包括人工费、材料费、机械使用费、管理费和利润,并特别强调编制时应充分考虑风险因素对工程造价的影响等。因此,在编制分部分项项目和单价措施项目工程量清单与综合单价时,要对存在的风险作充分的估计与预测,并合理地反映于综合单价中,必要时也应在工程合同相应条款中固定下来。

企业投标报价,要尽可能根据企业生产能力与水平作报价决策,在确定综合单价时应依据具有自身特色的企业施工定额。因此,施工企业必须要健全与完善企业定额数据库信息系统,只有如此才能有效确定综合单价的人工、材料、设备、管理费和技术措施与方案,以及向招标人和招标评审者说明问题等。

综合单价的规范格式见本章表 4.13。

4.3.3.2　综合单价的编制程序与步骤

工程预算定额"项目"是按施工工序内容与要求设置的,而划分的工程量清单项目构成一个分部分项工程的实体,其工作内容可能包含多个预算定额分项,所以综合单价反映的是一个分部分项工程实体所包含工作内容的价值。

综合单价应依据施工企业定额来编制,但是目前大多数施工企业还未能形成具有自身特色的企业定额,在制定综合单价时,多是参用地区定额单价编制,其实质仍旧沿用了定额计价模式,只不过表现形式不同而已。因此,必须充分调动企业的能动性与创造性,编制具有自身特色的企业定额,促进企业专利技术与核心竞争力的发挥,这样才能充分发挥工程量清单计价方式的潜在价值。

确定综合单价是承包商准备响应和承诺业主招标的核心工作,是中标的关键一环。综合单价编制程序与步骤如表 4.10 所示。

表 4.10　分部分项工程及单价措施项目综合单价计算程序与步骤

序号	项目费用	计算方法
1	人工费	$\sum$(人工费)
2	材料费	$\sum$(材料费)
3	施工机械使用费	$\sum$(施工机械使用费)
4	企业管理费	(1+3)×费率
5	利润	(1+3)×费率
6	风险因素	按招标文件或约定计算
7	综合单价	1+2+3+4+5+6

4.3.3.3　综合单价编制示例

本例中采用 2013 版《湖北省房屋建筑与装饰工程消耗量定额及基价表》、《湖北省建设工程公共专业消耗量定额及基价表(土石方·地基处理·桩基础·预拌砂浆)》、《湖北省建筑安装工程费用定额》(以下简称"湖北 2013 版定额")进行计算与编制,编制中未考虑风险因素。

以下结合本书第 3.4.2 节清单工程量的计算特征案例中图 3.32 所示砖基础工程示例,其工程量计算结果见表 3.25,介绍综合单价编制方法。

1. 直型砖基础(010401001001)综合单价(计量单位:1 m³)

(1) 明确砖基础工作内容与计算工程量

编制工程清单分部分项工程项目或单价措施项目综合单价,首先应弄清《计算规范》与预算定额对该项目工作内容的相关规定。砖基础工作内容,在国家标准 2013 版《房屋建筑与装饰工程工程量计算规范》附录 D 表 D.1 中如此描述:"1.砂浆制作、运输;2.砌砖;3.防潮层铺设;4.材料运输"。与"湖北 2013 版定额"相比较,涉及砌砖基础与防潮层铺设两项定额分项。因此,编制本项综合单价,必须综合砌砖基础与防潮层铺设两个分项定额所含的全部费用。

工程量计算已在第 3.4.2 节示例中完成,请查阅核实。

(2) 计算综合单价

① 砖基础费用计算

a. 查"湖北 2013 版定额"A1-1 M5 水泥砂浆直形砖基础(详见表 4.11 直形砖基础),并由建筑工程类费用标准知:管理费取费费率为 23.84%,利润取费费率为 18.17%。

表 4.11 直形砖基础

工作内容：调、运、铺砂浆，运砖，清理基槽坑，砌砖等。 单位：10 m³

定额编号				A1-1	A1-2	A1-3
项 目				直形砖基础	圆弧形砖基础	直形多孔砖基础
				水泥砂浆 M5		
基价（元）				2 696.19	2 807.27	2 595.76
其中	人工费（元）			945.20	1 056.28	838.08
	材料费（元）			1 707.93	1 707.93	1 720.14
	机械费（元）			43.06	43.06	37.54
	名称	单位	单价（元）	数量		
人工	普工	工日	60.00	5.480	6.120	4.860
	技工	工日	92.00	6.700	7.490	5.940
材料	混凝土实心砖 240 mm×115 mm×53 mm	千块	230.00	5.236	5.236	—
	多孔砖 240 mm×115 mm×90 mm	千块	383.55	—	—	3.360
	水泥砂浆 M5.0	m³	212.01	2.360	2.360	2.020
	水	m³	3.15	1.050	1.050	1.000
机械	灰浆搅拌机 200 L	台班	110.40	0.390	0.390	0.340

b. 计算砌筑砖基础费用

人工费：945.20/10×1=94.52 元/m³

材料费：1 707.93/10×1=170.79 元/m³

机械费：43.06/10×1=4.31 元/m³

管理费：（人工费十机械费）×23.84%=（94.52+4.31）×23.84%=23.56 元/m³

利润：（人工费十机械费）×18.17%=（94.52+4.31）×18.17%=17.96 元/m³

管理费+利润=23.56 元/m³+17.96 元/m³=41.52 元/m³

砌筑砖基础费用小计：94.52+170.79+4.31+41.52=311.14 元/m³

② 防潮层（本设计要求采用防水砂浆防潮层）

a. 防水砂浆防潮层费用计算

查"湖北 2013 版定额"A5-138，其取费定额标准同前，如表 4.12 所示。

表 4.12 砂浆防水（潮）层

工作内容：清理基层、调制砂浆、抹水泥砂浆。 单位：100 m²

定额编号				A5-138	A5-139	A5-140	A5-141
项目				防水砂浆		防水砂浆（五层做法）	
				平面	立面	平面	立面
基价（元）				1 606.91	1 982.51	2 219.52	2 635.67
其中	人工费（元）			730.16	1 105.76	1 380.52	1 792.96
	材料费（元）			839.21	839.21	809.19	812.90
	机械费（元）			37.54	37.54	29.81	29.81
	名称	单位	单价（元）	数量			
人工	普工	工日	60.00	3.690	5.580	6.970	9.060
	技工	工日	92.00	5.530	8.380	10.460	13.580
材料	水泥砂浆 1：2	m³	370.86	2.040	2.040	1.010	1.020
	水泥浆	m³	692.87	—	—	0.610	0.610
	防水粉	kg	1.26	56.100	56.100	—	—
	水	m³	3.15	3.800	3.800	3.800	3.800
机械	灰浆搅拌机 200 L	台班	110.40	0.340	0.340	0.270	0.270

注：防水砂浆（五层做法）：第一、三、五层均为 2 mm 厚素水泥浆，第二、四层为 5 mm 厚防水砂浆。

b. 计算防潮层铺设折算费用

所谓计算防潮层铺设折算费用,就是折算每 m³ 砖基础中防潮层费用所占比例,即两者工程消耗量所占比例:$V_防/V_砖$,其中,$V_防$为防潮层铺设工程量,$V_砖$为砖基础工程量。

查表 3.25 可知:$V_砖=43.74 \text{ m}^3$,$V_防=23.10 \text{ m}^2$。

其费用折算数量为:$23.10/43.74=0.528 \text{ m}^2/\text{m}^3$

人工费:$730.16/100×0.528=3.86 \text{ 元}/\text{m}^3$

材料费:$839.21/100×0.528=4.43 \text{ 元}/\text{m}^3$

机械费:$37.54/100×0.528=0.20 \text{ 元}/\text{m}^3$

管理费:$(3.86+0.20)×23.84\%=0.97 \text{ 元}/\text{m}^3$

利润:$(3.86+0.20)×18.17\%=0.74 \text{ 元}/\text{m}^3$

管理费+利润$=0.97+0.74=1.71 \text{ 元}/\text{m}^3$

每 m³ 砖基所占防潮层费用小计:$3.86+4.43+0.20+1.71=10.20 \text{ 元}/\text{m}^3$

③ 计算砖基础综合单价

砖基础综合单价=每 m³ 砌筑砖基础费用+每 m³ 砖基础所占防潮层费用
$$=311.14+10.20=321.34 \text{ 元}/\text{m}^2$$

其材料合价:$(170.79+4.43)×43.74=7\ 664.25 \text{ 元}$

(3)编制综合单价分析表

上述计算结果即为编制综合单价分析表所需基础数据,将上述计算经核实整理后,填入表 4.13 即得砖基础综合单价分析表中。

表 4.13 砖基础综合单价分析表(F.2)

工程名称:××工程　　　　　　　　标段:　　　　　　　　第 1 页 共 4 页

项目编码	010401001001		项目名称	砖基础	计量单位	m³	工程量	43.74
清单综合单价组成明细								

定额编号	定额名称	定额单位	数量	单价				综合单价组成			
				人工费	材料费	机械费	管理费和利润	人工费	材料费	机械费	管理费和利润
A1-1	M5 水泥砂浆砖基础	10 m³	0.10	945.20	1 707.93	43.06	415.20	94.52	170.79	4.31	41.52
A5-138	防水砂浆平面	100 m²	0.0053	730.16	839.21	37.54	171.00	3.86	4.43	0.20	1.71
人工单价			小计					98.38	175.22	4.51	43.23
技工:92 元/工日;普工:60 元/工日			未计价材料费								
清单项目综合单价								321.34 元/m³			

	主要材料名称、规格、型号			单位	数量	单价(元)	合价(元)	暂估单价(元)	暂估合价(元)
材料费明细	混凝土实心砖 240 mm×115 mm×53 mm			千块	5.236	230.00	5 267.52		
	水泥砂浆 M5.0			m³	2.360	212.01	2 188.50		
	水			m³	1.050	3.15	14.47		
	水泥砂浆 1:2			m³	0.010 98	370.86	14.47		
	防水粉			kg	0.296 21	1.26	16.32		
	水			m³	0.020 06	3.15	2.76		
	其他材料费					—		—	
	材料费小计					—	7664.44	—	

注:1. 如不使用省级或行业建设主管部门发布的计价依据,可不填定额项目、编号等。
　　2. 招标文件提供了暂估单价的材料,按暂估的单价填入表内"暂估单价"栏及"暂估合价"栏。

2. 混凝土垫层(010501001001)综合单价(计量单位:1 m³)

a. 查"湖北 2013 版定额"A2-10 C10 混凝土基础垫层,其取费定额标准同前,如表 4.14 所示。

表 4.14 基础混凝土

工作内容:混凝土搅拌、水平运输、捣固、养护。 单位:10 m³

定额编号			A2-7	A2-8	A2-9	A2-10
项 目			满堂基础		独立式桩承台	基础垫层
			无梁式	有梁式	C20 现浇 混凝土	C10 现浇 混凝土
			C20 现浇混凝土			
基价(元)			3 692.15	3 774.96	3 720.12	3 588.99
其中		人工费(元)	941.08	1 023.68	980.56	1 005.16
		材料费(元)	2 687.45	2 687.66	2 675.94	2 520.21
		机械费(元)	63.62	63.62	63.62	63.62
	名称	单位	单价(元)	数量		
人工	普工	工日	60.00	6.960	7.570	7.250	7.430
	技工	工日	92.00	5.690	6.190	5.930	6.080
材料	现浇混凝土 C10 碎石粒径 40 mm	m³	240.99	—	—	—	10.150
	现浇混凝土 C20 碎石粒径 40 mm	m³	259.90	10.150	10.150	10.150	—
	水	m³	3.15	11.000	11.000	9.000	12.890
	电	度	0.97	3.080	3.080	3.080	3.080
	草袋	m²	2.15	5.500	5.600	3.080	14.220
机械	滚筒式混凝土 搅拌机 500 L	台班	163.14	0.390	0.390	0.390	0.390

b. 计算综合单价

人工费:1 005.16/10×1=100.52 元/m³

材料费:2 520.21/10×1=252.02 元/m³

机械费:63.62/10×1=6.36 元/m³

管理费:(100.52+6.36)×23.84%=25.48 元/m³

利润:(100.52+6.36)×18.17%=19.42 元/m³

管理费和利润合计:25.48+19.42=44.90 元/m³

垫层综合单价:100.52+252.02+6.36+44.90=403.80 元/m³

材料合价:2 520.21/10×8.42=2122.02 元

c. 编制基础混凝土垫层综合单价分析表,如表 4.15 所示。

3. 基础挖土方(010101003001、010101003002)综合单价(计量单位 100 m³)

基础挖土方分两个分项,其一为挖土方分部分项项目(010101003001),其二为挖土方单价措施项目(010101003002)。由于工作内容相同,其综合单价也相同,因此应按同一综合单价计算,其计量单位以 100 m³ 计取。根据《计算规范》附录 A.1 土方工程,挖沟槽土方规定的工作内容为:1.排地表水;2.土方开挖;3.围护(挡土板)及拆除;4.基底钎探;5.运输。

(1) 计价工程量与作业方式

从第 3.4.2 节清单工程量的计算特征案例的工程量计算结果与表 3.25 可知,人工基础挖土方总量为 2.628 1×100 m³,包括挖基础实体土方项目(010101003001)1.305 7×100 m³,单价措施项目(010101003002)超挖土方量 1.322 4×100 m³;挖填土方式为人工挖填土,电动夯实机夯实,剩余弃土采用人工运土方式,运距不超过 20 m。据此,应综合人工挖沟槽和人工运土方两项定额分项费用。

表 4.15　基础混凝土垫层综合单价分析表

工程名称:××工程　　　　　　　　　标段:　　　　　　　　　　　第 2 页　共 4 页

项目编码	010401001001	项目名称		砖基础	计量单位		m³	工程量		8.42
清单综合单价组成明细										

定额编号	定额名称	定额单位	数量	单价				综合单价组成			
				人工费	材料费	机械费	管理费和利润	人工费	材料费	机械费	管理费和利润
A2-10	C10 基础垫层	10 m³	0.1	1 005.16	2 520.21	63.62	449.00	100.52	252.02	6.36	44.90
人工单价				小计				100.52	252.02	6.36	44.90
技工:92 元/工日; 普工:60 元/工日				未计价材料费							
清单项目综合单价								403.80 元/m³			

	主要材料名称、规格、型号	单位	数量	单价 (元)	合价 (元)	暂估单价 (元)	暂估合价 (元)
材料费明细	商品混凝土 C10 碎石粒径 40 mm	m³	10.150	240.99	2 059.57		
	水	m³	12.890	3.15	34.19		
	电	度	3.080	0.97	2.52		
	草袋	m²	14.220	2.15	25.74		
	其他材料费			—		—	
	材料费小计			—	2 122.02	—	
机械	滚筒式混凝土搅拌机 500 L	台班	0.390	163.14	53.57		

(2)计算综合单价

定额分项包括人工挖沟槽、人工运土方,其消耗量分别见 G1-143,G1-215 定额子目。本项目施工管理费和利润费率查"湖北 2013 版定额",按土石方工程取费其费率分别为 7.60%、4.96%。

①人工挖沟槽(三类土、挖深 2 m 以内)

a. 查"湖北 2013 版定额"(公共专业部分)G1-143 人工挖沟槽(三类土、挖深 2 m 以内),见表 4.16 人工挖沟槽。

表 4.16　人工挖沟槽

工作内容:人工挖沟槽土方,将土置于沟槽边 1 m 以外、5 m 以内自然堆放,沟槽底夯实。　　　　单位:100 m³

定额编号			G1-143	G1-144	G1-145
项目			人工挖沟槽		
			三类土　深度(m 以内)		
			2	4	6
基价(元)			3 228.97	3 968.90	4 572.84
其中	人工费(元)		3 223.80	3 966.60	4 571.40
	材料费(元)		—	—	—
	机械费(元)		5.17	2.30	1.44
名称		单位	单价(元)	数量	
人工	普工	工日	60.00	53.730	66.110	76.190
机械	夯实机 电动 20~62 N·m	台班	28.70	0.180	0.080	0.050

b. 计算人工挖沟槽费用

人工费:53.73 工日×60.00 元/工日=3 223.80 元

材料费:0

机械费:0.18 台班×28.70 元/台班=5.17 元

管理费:(人工费十机械费)×7.60%=(3 223.80+5.17)×7.6%=245.40 元

利润:(人工费十机械费)×4.96%=(3 223.80+5.17)×4.96%=160.16 元

管理费和利润合计:245.40+160.16=405.56 元

人工挖沟槽费用小计:3 223.80+5.17+405.56=3 634.53 元/m³

② 人工运土方(运距 20 m)

a. 查"湖北 2013 版定额"(公共专业部分)G1-215 人工运土方(运距 20 m 以内),如表 4.17 所示。

表 4.17 人工运土

工作内容:清理道路,铺移及拆除道板,运、卸土方。 单位:100 m³

定额编号			G1-215	G1-216	G1-217	G1-218
项目			人工运土方		人工运淤泥	
			运距 20 m 以内	200 m 以内每增加 10 m	运距 20 m 以内	200 m 以内每增加 10 m
基价(元)			1 326.60	138.60	2 072.40	217.80
其中	人工费(元)		1 326.60	138.60	2 072.40	217.80
	材料费(元)		—	—	—	—
	机械费(元)		—	—	—	—
名称	单位	单价(元)	数量			
人工 普工	工日	60.00	22.110	2.310	34.540	3.630

b. 计算人工运土方费用

人工费:22.11 工日×60 元/工日=1 326.60 元

材料费:0

机械费:0

管理费:(人工费+机械费)×7.60%=1 326.60×7.6%=100.82 元

利润:(人工费+机械费)×4.96%=1 326.60×4.96%=65.80 元

管理费和利润合计:100.82+65.80=166.62 元

人工运土方费用小计:1 326.60+166.62=1 493.22 元/m³

③ 挖基础土方综合单价

挖基础土方综合单价=挖基础土方综合单价+人工运土方综合单价

$$=3 634.53+1 493.22$$

$$=5 127.75 元$$

(3) 编制挖基础土方综合单价分析表,如表 4.18 所示。

4. 土方回填(010103001001)综合单价(计量单位:100 m³)

a. 查"湖北 2013 版定额"(公共专业部分)G1-281,5 m 以内取土再填,其取费定额标准同前,如表 4.19 所示。

b. 计算综合单价

人工费:13.80 工日×60 元/工日=828.00 元

材料费:0

机械费:7.98 台班×28.70 元/台班=229.03 元

表 4.18　挖基础土方综合单价分析表

工程名称:××工程　　　　　　　　　　标段:　　　　　　　　　第 3 页　共 4 页

项目编码	010101003001 010101003002		项目名称	挖基础土方	计量单位	100 m³	工程量	2.6281
清单综合单价组成明细								
定额 编号	定额 名称	定额 单位	数量	单价			综合单价组成	

定额 编号	定额 名称	定额 单位	数量	人工费	材料费	机械费	管理费 和利润	人工费	材料费	机械费	管理费 和利润
G1-143	人工挖沟槽土方、三类 土深度 2 m 以内	100 m³	1	3 223.8		5.17	405.56	3 223.80		5.17	405.56
G1-215	人工运土方、运距 20 m 以内	100 m³	1	1 326.60			166.62	1 326.60			166.62
人工单价				小计				4 550.40		5.17	572.18
普工:60 元/工日				未计价材料费							
清单项目综合单价								5 127.75 元/100 m³			

表 4.19　回填土

工作内容:1.松填:包括 5 m 以内取土及铺平,不包括打夯。

　　　　　2.填土夯实:摊铺、碎土、平土、夯土。　　　　　　　　　　　　单位:100 m³

定额编号					G1-280	G1-281	G1-282
项目					回填土	填土夯实	
					松填	槽、坑	平地
基价(元)					514.20	1 057.03	812.82
其中	人工费(元)				514.20	828.00	636.60
	材料费(元)				—	—	—
	机械费(元)				—	229.03	176.22
	名称	单位	单价(元)		数量		
人工	普工	工日	60.00		8.570	13.800	10.610
机械	夯实机电动 20~62 N·m	台班	28.70		—	7.980	6.140

管理费:(人工费+机械费)×7.60%=(828.00+229.03)×7.60%=80.33 元

利润:(人工费+机械费)×4.96%=(828.00+229.03)×4.96%=52.43 元

管理费和利润合计:80.33+52.43=132.76 元

土方回填土综合单价:828.00+229.03+132.76=1 189.79 元

c. 编制回填土综合单价分析表,如表 4.20 所示。

根据以上砖基础工程清单工程量与综合单价编制过程,其分部分项工程和单价措施项目计价表如表 4.21 所示。

表 4.20 回填土综合单价分析表

项目编码	010103001001	项目名称	土方回镇	计量单位	100 m³	工程量	2.106 5

					清单综合单价组成明细					

定额编号	定额名称	定额单位	数量	单价				综合单价组成			
				人工费	材料费	机械费	管理费和利润	人工费	材料费	机械费	管理费和利润
G1-281	填土夯实槽	100 m³	1	828.00		229.03	132.76	828.00		229.03	132.76
人工单价			小计					828.00		229.03	132.76
普工:60 元/工日			未计价材料费								
清单项目综合单价								1 189.79 元/100 m³			

表 4.21 分部分项工程和单价措施项目清单与计价表(F.1)

序号	项目编码	项目名称	项目特征	计量单位	工程量	金额(元)		其中:暂估价
						综合单价	合价	
			土方工程					
1	010101003001	挖沟槽土方	1.土壤类别:三类 2.挖土深度:1.55 m 3.弃土运距:20 m	100 m³	1.305 7	5 127.75	6 695.03	
2	010101003002	单价措施挖沟槽土方	1.土壤类别:三类 2.挖土深度:1.55 m 3.弃土运距:20 m	100 m³	1.322 4	5 127.75	6 780.94	
3	010103001001	土方回填	1.密实度要求:0.94 2.填方材料品种:略 3.填方粒径要求:略 4.填方来源、运输距离:5 m	100 m³	2.106 5	1 189.79	2 506.29	
			分部小计				15 982.26	
			砌筑工程					
4	010401001001	砖基础	1.砖品种、规格、强度等级:标准红砖 2.基础类型:带形 3.砂浆强度等级:M5 水泥砂浆 4.防潮层种类及厚度:20 mm 厚1:2水泥砂浆(防水粉5%)	m³	43.74	321.37	14 056.72	
			分部小计				14 056.72	
			混凝土及钢筋混凝土工程					
5	010501001001	垫层	1.混凝土种类:现场搅拌 2.混凝土强度等级:C10	m³	8.42	403.80	3 400.00	
			分部小计				3 400.00	
			合计				33 438.98	

该工程分部分项工程和单价措施项目费用总计为 33 438.98 元,其每 m³ 砖基础平均费用(或单方计价费用)为 33 438.98/43.74＝764.49 元/m³。

4.3.4　工程量清单分项计价费用与汇总

4.3.4.1　工程量清单计价项目费用的一般规定

2013 版《计价规范》对工程量清单计价、运用范围和执行中的有关项目费用调整等作了如下规定:

"1.0.3　建设工程发承包及实施阶段的工程造价应由分部分项工程费、措施项目费、其他项目费、规费和税金组成。"

"3.1.4　工程量清单应采用综合单价计价。

3.1.5　措施项目中的安全文明施工费必须按国家或省级、行业建设主管部门的规定计算,不得作为竞争性费用。

3.1.6　规费和税金必须按国家或省级、行业建设主管部门的规定计算,不得作为竞争性费用。"

"3.2.1　发包人提供的材料和工程设备(以下简称甲供材料)应在招标文件中按照本规范附录 L.1 的规定填写《发包人提供材料和工程设备一览表》,写明甲供材料的名称、规格、数量、单价、交货方式、交货地点等。

承包人投标时,甲供材料单价应计入相应项目的综合单价中,签约后,发包人应按合同约定扣除甲供材料款,不予支付。"

"3.2.3　发包人提供的甲供材料如规格、数量或质量不符合合同要求,或由于发包人原因发生交货日期延误、交货地点及交货方式变更等情况的,发包人应承担由此增加的费用和(或)工期延误,并应向承包人支付合理利润。

3.2.4　发承包双方对甲供材料的数量发生争议不能达成一致的,应按照相关工程的计价定额同类项目规定的材料消耗量计算。

3.2.5　若发包人要求承包人采购已在招标文件中确定为甲供材料的,材料价格应由发承包双方根据市场调查确定并应另行签订补充协议。"

"3.3.3　对承包人提供的材料和工程设备经检测不符合合同约定的质量标准,发包人应立即要求承包人更换,由此增加的费用和(或)工期延误应由承包人承担。对发包人要求检测承包人已具有合格证明的材料、工程设备,但经检测证明该项材料、工程设备符合合同约定的质量标准,发包人应承担由此增加的费用和(或)工期延误,并向承包人支付合理利润。"

"3.4.1　建设工程发承包,必须在招标文件、合同中明确计价中的风险内容及其范围,不得采用无限风险、所有风险或类似语句规定计价中的风险内容及范围。

3.4.2　由于下列因素出现,影响合同价款调整的,应由发包人承担:

1. 国家法律、法规、规章和政策发生变化;

2. 省级或行业建设主管部门发布的人工费调整,但承包人对人工费或人工单价的报价高于发布的除外;

3. 由政府定价或政府指导价管理的原材料等价格进行了调整。

因承包人原因导致工期延误的,应按技术规范第 9.2.2 条、第 9.8.3 条的规定执行。

3.4.3　由于市场物价波动影响合同价款的,应由发承包双方合理分摊,按本规范附录

L.2或L.3填写《承包人提供主要材料和工程设备一览表》作为合同附件；当合同中没有约定，发承包双方发生争议时，应按技术规范第9.8.1~9.8.3条的规定调整合同价款。

3.4.4　由于承包人使用机械设备、施工技术以及组织管理水平等自身原因造成施工费用增加的，应由承包人全部承担。

3.4.5　当不可抗力发生，影响合同价款时，应按本规范第9.10节的规定执行。"

招标工程量清单是工程量清单计价的基础，应作为编制招标控制价、投标报价、计算或调整工程量、索赔等的依据之一。

4.3.4.2　工程量清单计价表达方式与表格使用规定

2013版《计价规范》第16章工程计价表格中规定了统一的"工程计价表格"及计价表格使用规定，现将相关规定节录如下：

"16.0.1　工程计价表宜采用统一格式。各省、自治区、直辖市建设行政主管部门和行业建设主管部门可根据本地区、本行业的实际情况，在本规范附录B至附录L计价表格的基础上补充完善。

16.0.2　工程计价表格的设置应满足工程计价的需要，方便使用。

16.0.3　工程量清单的编制应符合下列规定：

1. 工程量清单编制使用表格包括：封-1、扉-1、表-01、表-08、表-11、表-12（不含表-12-6~表-12-8）、表-13、表-20、表-21或表-22。

2. 扉页应按规定的内容填写、签字、盖章，由造价员编制的工程量清单应有负责审核的造价工程师签字、盖章。受委托编制的工程量清单，应有造价工程师签字、盖章以及工程造价咨询人盖章。

3. 总说明应按下列内容填写：

（1）工程概况：建设规模、工程特征、计划工期、施工现场实际情况、自然地理条件、环境保护要求等。

（2）工程招标和专业工程发包范围。

（3）工程量清单编制依据。

（4）工程质量、材料、施工等的特殊要求。

（5）其他需要说明的问题。

16.0.4　招标控制价、投标报价、竣工结算的编制应符合下列规定：

1. 使用表格

（1）招标控制价使用表格包括：封-2、扉-2、表-01、表-02、表-03、表-04、表-08、表-09、表-11、表-12（不含表-12-6~表-12-8）、表-13、表-20、表-21或表-22。

（2）投标报价使用的表格包括：封-3、扉-3、表-01、表-02、表-03、表-04、表-08、表-09、表-11、表-12（不含表-12-6~表-12-8）、表-13、表-16、招标文件提供的表-20、表-21或表-22。

（3）竣工结算使用的表格包括：封-4、扉-4、表-01、表-05、表-06、表-07、表-08、表-09、表-10、表-11、表-12、表-13、表-14、表-15、表-16、表-17、表-18、表-19、表-20、表-21或表-22。

2. 扉页应按规定的内容填写、签字、盖章，除承包人自行编制的投标报价和竣工结算外，受委托编制的招标控制价、投标报价、竣工结算，由造价员编制的应有负责审核的造价工程师签字、盖章以及工程造价咨询人盖章。

3. 总说明应按下列内容填写

（1）工程概况：建设规模、工程特征、计划工期、合同工期、实际工期、施工现场及变化情况、施工组织设计的特点、自然地理条件、环境保护要求等。

（2）编制依据等。

16.0.5　工程造价鉴定应符合下列规定：

1. 工程造价鉴定使用表格包括：封-5、扉-5、表-01、表-05～表-20、表-21 或表-22。

2. 扉页应按规定内容填写、签字、盖章，应有承担鉴定和负责审核的注册造价工程师签字、盖执业专用章。

3. 说明应按本规范第 14.3.5 条第 1 款至第 6 款的规定填写。

16.0.6　投标人应按招标文件的要求，附工程量清单综合单价分析表。"

以上系 2013 版《计价规范》规定的计价格式原文，编制者应严格遵照执行。对有些技术复杂的单位工程项目，除采用规定的工程量清单系列用表格式外，还需补充必需的文件附件和附表说明。例如，措施项目和其他措施项目清单分项的工作特征和内容的补充说明，相应的各项费用的来源细目及其说明等都应作必要的补充，以便客观地反映工程的复杂程度和技术要求等。

4.3.4.3　工程量清单项目费用分析与计算

（1）分部分项工程量清单费用的确定

确定分部分项工程量清单分项综合单价后，可按分部分项工程量清单计价表的分项，逐项计算分项合价，最后计算分部分项工程量清单汇总合计费用，计算过程如下所示：

$$某分部分项清单分项计价费用＝某分部分项清单分项综合单价×某分部分项清单分项工程数量$$

$$(4.1)$$

$$分部分项工程量清单合计费用 ＝ \sum 分部分项工程量清单各分项计价费用 \qquad (4.2)$$

如表 4.21 所示，该项基础工程分部分项工程和单价措施项目清单费用小计为 33 438.98 元，如果为基础工程结算价，该项费用可称为基础工程施工造价。

（2）措施项目与其他项目清单费用的确定

2013 版《计价规范》对招标控制价中措施项目、其他项目的计价有如下规定：

"5.2.3　分部分项工程和措施项目中的单价项目，应根据拟定的招标文件和招标工程量清单项目中的特征描述及有关要求确定综合单价计算。

5.2.4　措施项目中的总价项目应根据拟定的招标文件和常规的施工方案按本规范第 3.1.4 和 3.1.5 条的规定计价。"

措施项目中的总价项目费用应包括除规费、税金外的全部费用。

措施项目清单中的安全文明施工费应按照国家或省级、行业建设主管部门的规定计价，不得作为竞争性费用。根据《中华人民共和国安全生产法》、《中华人民共和国建筑法》、《建设工程安全生产管理条例》、《安全生产许可证条例》等法律、法规的规定，2005 年 6 月 7 日原建设部办公厅"关于印发《建筑工程安全防护、文明施工措施费及使用管理规定》的通知"（建办[2005]89 号），将安全文明施工费纳入国家强制性管理范围，其费用标准不予竞争。《计价规范》规定：措施项目清单中的安全文明施工费应按国家或省级、行业建设主管部门的规定费用标准计价，招标人不得要求投标人对该项费用进行优惠，投标人也不得将该项费用参与市场竞争。

2013 版《计价规范》中安全文明施工费包括《建筑安装工程费用项目组成》（建标[2013]44 号）中措施费中的环境保护费、文明施工费、临时设施费、安全施工费。

2013版《计价规范》中有关招标控制价的其他项目清单计价的规定如下：

"5.2.5　其他项目应按下列规定计价：

1. 暂列金额应按招标工程量清单中列出的金额填写；

2. 暂估价中的材料、工程设备单价应按招标工程量清单中列出的单价计入综合单价；

3. 暂估价中的专业工程金额应按招标工程量清单中列出的金额填写；

4. 计日工应按招标工程量清单中列出的项目根据工程特点和有关计价依据确定综合单价计算；

5. 总承包服务费应根据招标工程量清单列出的内容和要求估算。"

暂列金额由招标人根据工程特点、工期长短、有关计价规定进行估算，一般可以分部分项工程费的 10%～15% 作为参考。

暂估价中的材料单价应按照工程造价管理机构发布的工程造价信息或参考市场价格确定。

暂估价中的专业工程暂估价应区分不同专业，按有关计价规定估算。

招标人应根据工程特点，按照列出的计日工项目和有关计价依据计算。

招标人应根据招标文件中列出的内容和向总承包人提出的要求，参照下列标准计算总承包服务费：

① 招标人仅要求对分包的专业工程进行总承包管理和协调时，按分包专业工程估算造价的 1.5% 计算；

② 招标人要求对分包的专业工程进行总承包管理和协调，并同时要求提供配合服务时，根据招标文件中列出的配合服务内容和提出的要求，按分包专业工程估算造价的 3%～5% 计算；

③ 招标人自行供应材料的，按招标人供应材料价值的 1% 计算。

2013版《计价规范》对投标报价中措施项目、其他项目的计价有如下规定：

"6.2.3　分部分项工程和措施项目中的单价项目，应根据招标文件和招标工程量清单项目中的特征描述确定综合单价计算。

6.2.4　措施项目中的总价项目金额应根据招标文件及投标时拟定的施工组织设计或施工方案，按本规范第 3.1.4 条的规定自主确定。其中安全文明施工费应按照本规范第 3.1.5 条的规定确定。

6.2.5　其他项目费应按下列规定报价：

1. 暂列金额应按招标工程量清单中列出的金额填写；

2. 材料、工程设备暂估价应按招标工程量清单中列出的单价计入综合单价；

3. 专业工程暂估价应按招标工程量清单中列出的金额填写；

4. 计日工应按招标工程量清单中列出的项目和数量，自主确定综合单价并计算计日工金额；

5. 总承包服务费应根据招标工程量清单中列出的内容和提出的要求自主确定。"

（3）规费

规费是根据省级政府或省级有关权力部门的规定必须缴纳的，应计入建筑安装工程造价的费用。

根据《建筑安装工程费用项目组成》（建标[2013]44号）的规定，规费是工程造价的组成部分。规费由施工企业根据省级政府或省级有关权力部门的规定进行缴纳。

（4）税金

税金是指国家税法规定的应计入建筑安装工程造价内的营业税、城市维护建设税、教育费附加和地方教育附加。各地区主管部门一般将上述四种税金经过计算，转换为四种税金的综合税率，便于在计价中反映出税前与税后两种工程造价。

4.3.4.4　建设项目施工造价的形成

本节强调了建设项目施工造价区别于建设项目工程（总）造价的概念。众所周知，建设项目是一个广义的概念，它包括众多的单位工程与单项工程。按建设项目建设实施阶段划分有：建设准备阶段（包括立项、可行性研究、设计及采购等）、施工阶段、竣工验收与试运行阶段。显然，本节所论述的工程计价主要限定在"施工阶段"的计价活动或相关工程造价问题的探讨上，这符合 2013 版《计价规范》对适用范围的规定。《计价规范》总则第 1.0.2 条规定："本规范适用于建设工程发承包及实施阶段的计价活动。"也可以理解是指施工阶段的发承包计价活动。因此，规范讨论的工程计价或建设项目招标控制价、投标报价等，所涉及的计价均属于建设项目施工造价的范畴。请读者注意，本节所述建设项目施工造价与本书第 8 章提到的单项工程综合概算、建设项目总概算或建设工程（总）造价在内涵上的区别。

（1）单位工程造价的形成

完成上述各项清单计价费用之后，即可分别完成规范工程计价格式表中规定的分部分项工程和单价措施项目清单与计价表、总价措施项目清单与计价表、其他项目清单计价表，包括规费和税金项目计划表等，然后按表 4.22 的要求完成计价格式中的单位工程造价汇总表。

表 4.22　单位工程项目招标控制价/投标报价汇总表（E.3）

工程名称：　　　　　　　　　　　标段：　　　　　　　　　第　页　共　页

序号	汇总内容	金额（元）	其中：暂估价（元）
1	分部分项工程		
1.1			
1.2			
1.3			
2	措施项目		
2.1	其中：安全文明施工费		
3	其他项目		
3.1	其中：暂列金额		
3.2	其中：专业工程暂估价		
3.3	其中：计日工		
3.4	其中：总承包服务费		
4	规费		
5	税金		
	招标控制价合计＝1＋2＋3＋4＋5		

注：本表适用于单位工程招标控制价或投标报价的汇总，如无单位工程划分，单项工程也可使用本表汇总。

请注意，2013版《计价规范》所提出的计价格式和工程量清单格式，只是针对计价编制的主要环节提供的一种示范性应用表式。在编制某些规模、技术、施工变化因素较复杂的工程时，可根据实际情况和需要增加一些相应的必要文件和表格。招标人应对工程量清单中某些较为复杂或有特殊要求的清单项目另行编制相应的补充说明，详细地说明工程特征和工作内容，以及特殊的施工条件和要求等，必要时应编制工程量清单项目细目表，便于投标人准确地报价和承诺。投标人应对某些关键的或技术条件复杂的分部分项清单项目或措施项目的报价作必要的回应，补充施工方案或文件说明，或编制综合单价分析表等。补充的项目说明，应在计价相应的表式项目名称中给予标明"见××补充附件"，以引起招标者与评标者的注意。

（2）建设项目工程施工总价的形成

建设项目工程施工总价，应在单位工程项目招标控制价、投标报价或竣工结算价汇总的基础上形成，应按2013版《计价规范》附表E.1、附表E.2、附表E.3等系列表式和相关规定进行计算与统计。

$$单项工程招标控制价（或投标报价）费用金额＝\sum 单位工程招标控制价（或投标报价）费用金额 \qquad (4.3)$$

$$建设项目招标控制价（或投标报价）费用金额＝\sum 单项工程招标控制价（或投标报价）费用金额 \qquad (4.4)$$

为便于理解上述计价编制过程，现附上由广州中茂园林建设工程有限公司编制的群体园林景观建设工程项目投标报价案例供读者参考。

4.3.4.5 群体园林景观建设工程项目投标报价案例

本案例按上述式(4.3)、式(4.4)进行计算与编制：建设项目投标报价汇总表，为各单项工程投标报价汇总表计价数据之和；单项工程投标报价汇总表，为各单位工程投标报价汇总表计价数据之和。

为了使读者重点了解从单位工程到建设项目投标报价的汇总过程，本例中仅以小学绿化单位工程为例，较为完整地列举了发生计价费用的相关计价表式，以此说明计价汇总的过程。其他分项的计价表式进行了节选，其汇总的过程类似。具体示例如下：

（1）投标总价封面如图4.6所示。

（2）工程总说明如表4.23所示。

（3）小学种绿化配置平面图如图4.7所示；植物种植说明（略）；苗木清单（略）。

（4）中学乔灌配置图如图4.8所示。

（5）E1综合楼周边索引及铺装图如图4.9所示。

（6）消防站乔木、灌木配置图如图4.10所示。

（7）某住宅小区园林景观工程建设项目投标报价汇总表如表4.24所示。

（8）某住宅小区学校园林景观工程单项工程投标报价汇总表如表4.25所示。

（9）某住宅小区学校园林景观工程——园建工程、绿化工程、水电安装工程单位工程投标报价汇总表分别如表4.26、表4.27、表4.28所示。

投 标 总 价

招　　标　　人：　　×××房地产开发有限公司

工　程　名　称：　　某住宅小区园林景观工程

投标总价(小写)：　　　　1 986 709.75 元

　　　　(大写)：　壹佰玖拾捌万陆仟柒佰零玖元柒角伍分

投　　标　　人：　广州中茂园林建设工程有限公司(单位盖章)

法定代表人
或其授权人：　　　　(签字或盖章)

编　　制　　人：　(造价人员签字盖专用章)

编　制　时　间：　　　年　　月　　日

图 4.6　投标总价封面

(10) 某住宅小区学校园林景观工程——绿化工程分部分项工程和单价措施项目清单与计价表(节选),总价措施项目清单与计价表,规费、税金项目计价表分别如表 4.29、表 4.30、表 4.31 所示。

(11) 某住宅小区 E1 综合楼园林景观工程单项工程投标报价汇总表如表 4.32 所示。

(12) 某住宅小区 E1 综合楼园林景观工程——园建工程、绿化工程单位工程投标报价汇总表分别如表 4.33、表 4.34 所示。

(13) 某住宅小区消防站园林景观工程单项工程投标报价汇总表如表 4.35 所示。

(14) 某住宅小区消防站园林景观工程——绿化工程单位工程投标报价汇总表如表 4.36 所示。

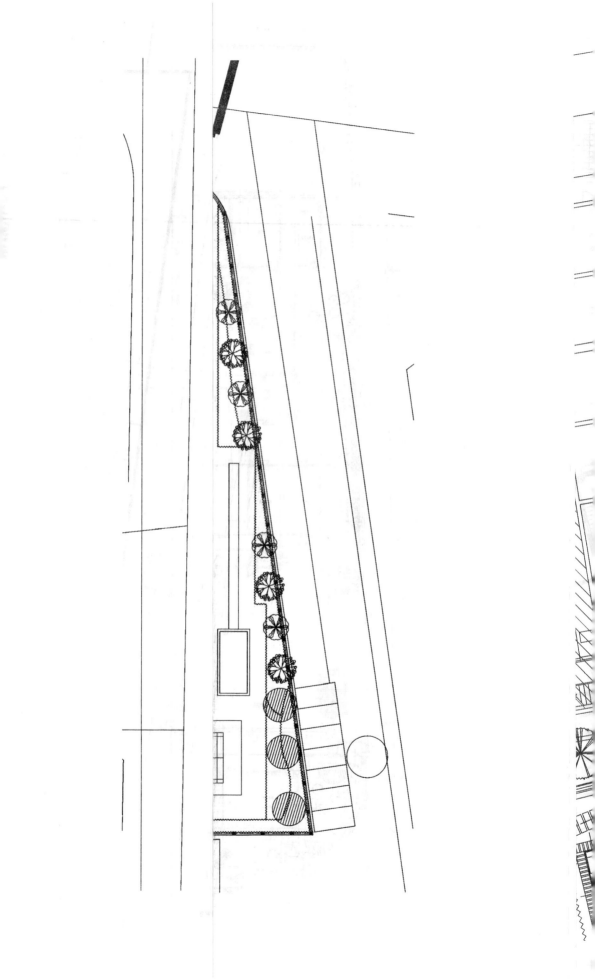

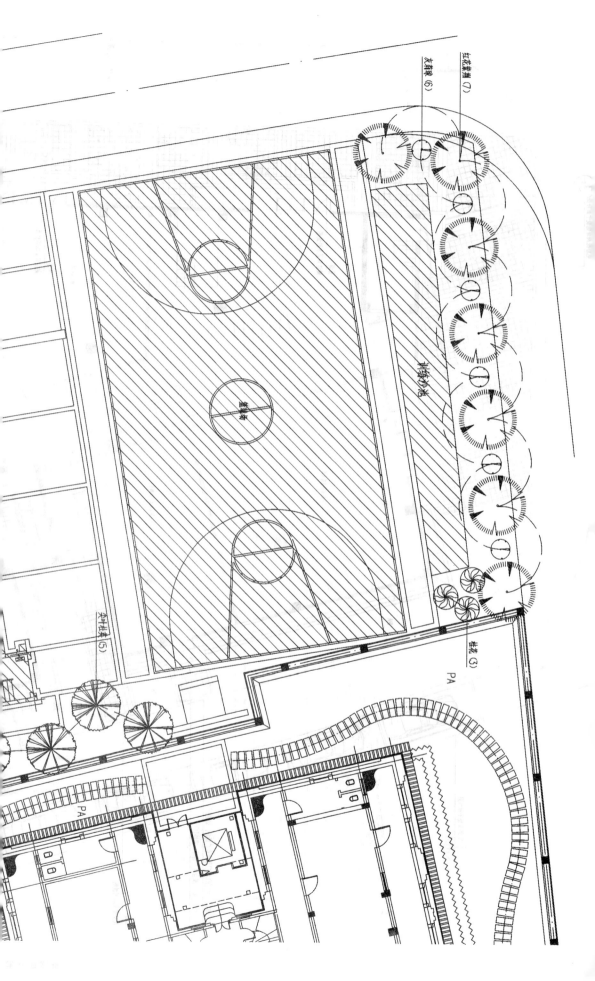

表 4.23　工程总说明

某住宅小区园林景观工程总说明

一、工程概况

本工程为广州市某住宅小区园林景观工程,总建设面积为 13 223 m²,施工项目包括学校(中学、小学)、消防站和 E1 综合楼三个单项工程。学校单项工程包括:小学园建面积约 1 460 m²,绿化面积约 2 473 m²;中学园建面积约 3 000 m²,绿化面积约 3738 m²。消防站单项工程绿化面积约 280 m²。E1 综合楼单项工程园建面积约 1 272 m²,绿化面积约 1 000 m²。另外,本工程没有按中、小学项目划分单位工程,而是按其实施内容与取费标准相同的项目进行划分,如按园建工程、绿化工程、水电安装工程来确定其三个单位工程分项。

本工程主要的工程实施内容包含:

(1) 园建工程:施工用地的场地平整、土方高挖低填及场内外运输,园建道路施工及铺装,钢筋混凝土工程,砖基础工程,旱溪、升旗台、廊架、亭、桥、池边景石、雕塑、挡球网、挡网门及其基础等分项施工。

(2) 绿化工程:绿化用地的场地平整、种植土购买、运输、回填,乔木、灌木、攀爬类植物、草皮等的供应、运输、放置与栽植、管理、养护及保活,种植土回填等分项施工。

(3) 给排水工程:包括室外景观园路、绿化给排水等分项施工。园林电气工程:包括园林绿化动力、照明电气系统等分项施工。

二、投标报价书编制依据

本工程投标报价文件的编制依据包括:有关招标文件、工程量清单和工程技术规范、工程招标图纸及施工图纸会审答疑,《建设工程工程量清单计价规范》(GB 50500—2013)、《园林绿化工程工程量计算规范》(GB 50858—2013)、2010 年《广东省建筑与装饰工程综合定额》、2010 年《广东省市政工程综合定额》、2010 年《广东省安装工程综合定额》、2010 年《广东省园林绿化工程综合定额》,规费、税金的取费标准按广东省取费标准执行。另外,人工、材料、机械价格按照定额规定价不调价差;苗木类产品因没有定额规定价格,按市场价格计价。

三、园林景观工程工程量清单报价编制特点

(1) 园林景观工程计价文件编制具有专业知识涉及面广的特点。园林景观工程虽说工程总造价不大,但是专业涉及面广,在清单编制和报价的过程中不仅会涉及园林景观工程计价问题,同时需要灵活套用相关建筑、装饰、市政、安装等专业定额及其工程量清单计价文件等。

(2) 园林景观工程具有多样性和不规则性的特点,其许多分项是以株、丛、缸、套、个、只等单位计量。因此,基本上是依靠手工算量,无法运用市场上惯用的图形算量工具软件计量与套用定额计价。

(3) 园林景观工程具有艺术性和灵活性的特点,部分项目没有对应的工程量清单编码分项和现成的定额套用,往往需要根据具体工程实际自行补充工程量清单分项及综合定额项目。

因此,编制园林景观工程概预算,既要熟悉设计图纸,充分了解设计意图,又必须注重工程实际、积累经验数据信息和掌握市场行情的变化,为编制工程概预算创造有利条件。

表 4.24 建设项目投标报价汇总表

工程名称:某住宅小区园林景观工程 第1页 共1页

序号	单项工程名称	金额(元)	其中:(元)		
			暂估价	安全文明施工费	规费
1	某住宅小区学校园林景观工程	1 676 472.29		35 515.06	1 616.96
2	某住宅小区消防站园林景观工程	56 941.90		513.81	54.92
3	某住宅小区 E1 综合楼园林景观工程	253 295.56		5 646.89	244.31
	合计	1 986 709.75		41 675.76	1 916.19

注:① 本表适用于建设项目招标控制价或投标报价的汇总。
② 建设项目投标报价汇总表为各单项工程投标报价汇总表之和。

表 4.25 单项工程投标报价汇总表

工程名称:某住宅小区学校园林景观工程 第1页 共1页

序号	单位工程名称	金额(元)	其中:(元)		
			暂估价	安全文明施工费	规费
1	某住宅小区学校园林景观工程——园建工程	549 859.62		16 345.04	530.34
2	某住宅小区学校园林景观工程——绿化工程	713 237.60		9 259.15	687.92
3	某住宅小区学校园林景观工程——水电安装工程	413 375.07		9 910.87	398.70
	合计	1 676 472.29		35 515.06	1 616.96

注:① 本表适用于单项工程招标控制价或投标报价的汇总。暂估价包括分部分项工程中的暂估价和专业工程工程暂估价。
② 单项工程投标报价汇总表为各单位工程投标报价汇总表之和。

表 4.26 单位工程投标报价汇总表

工程名称:某住宅小区学校园林景观工程——园建工程 标段: 第1页 共1页

序号	汇总内容	金额(元)	其中:暂估价(元)
1	分部分项合计	513 995.01	
1.1	小学园建工程	229 544.65	
1.2	中学园建工程	284 450.36	
2	措施项目合计	16 345.04	
2.1	安全防护、文明施工措施项目费	16 345.04	
2.2	其他措施费	—	
3	其他项目		

序号	汇总内容	金额(元)	其中:暂估价(元)
3.1	暂列金额		
3.2	专业工程暂估价		
3.3	计日工		
3.4	总承包服务费		
3.5	索培费用		
3.6	现场签证费用		
4	规费	530.34	—
5	税金及堤围防护费	18 989.23	—
6	总造价	549 859.62	
	投标报价合计＝1＋2＋3＋4＋5	549 859.62	

注:本表适用于单位工程招标控制价或投标报价的汇总,如无单位工程划分,单项工程也可使用本表汇总。

表 4.27　单位工程投标报价汇总表

工程名称:某住宅小区学校园林景观工程——绿化工程　　　　　　标段:　　　　第 1 页　共 1 页

序号	汇总内容	金额(元)	其中:暂估价(元)
1	分部分项合计	678 659.09	
1.1	小学绿化	343 379.89	
1.2	中学绿化	335 279.2	
2	措施项目合计	9 259.15	
2.1	安全防护、文明施工措施项目费	9 259.15	
2.2	其他措施费		—
3	其他项目		
3.1	暂列金额		
3.2	专业工程暂估价		
3.3	计日工		
3.4	总承包服务费		
3.5	索赔费用		
3.6	现场签证费用		
4	规费	687.92	—

续表 4.27

序号	汇总内容	金额(元)	其中:暂估价(元)
5	税金及堤围防护费	24 631.44	——
6	总造价	713 237.60	
	投标报价合计＝1＋2＋3＋4＋5	713 237.60	

注:本表适用于单位工程招标控制价或投标报价的汇总,如无单位工程划分,单项工程也可使用本表汇总。

表 4.28　单位工程投标报价汇总表

工程名称:某住宅小区学校园林景观工程——水电安装工程　　　　　标段:　　　第 1 页　共 1 页

序号	汇总内容	金额(元)	其中:暂估价(元)
1	分部分项合计	388 789.72	
1.1	小学水电安装	197 207.23	
1.2	中学水电安装	191 582.49	
2	措施项目合计	9 910.87	
2.1	安全防护、文明施工措施项目费	9 910.87	
2.2	其他措施费		
3	其他项目		——
3.1	暂列金额		
3.2	专业工程暂估价		
3.3	计日工		
3.4	总承包服务费		
3.5	索赔费用		
3.6	现场签证费用		
4	规费	398.70	——
5	税金及堤围防护费	14 275.78	——
6	总造价	413 375.07	
	投标报价合计＝1＋2＋3＋4＋5	413 375.07	

注:本表适用于单位工程招标控制价或投标报价的汇总,如无单位工程划分,单项工程也可使用本表汇总。

表 4.29 分部分项工程和单价措施项目清单与计价表（节选）

工程名称:某住宅小区学校园林景观工程——绿化工程　　　　　　标段:　　　　第1页　共8页

序号	项目编码	项目名称	项目特征描述	计量单位	工程量	金额（元）		
						综合单价	合价	其中 暂估价
1	050101010001	整理绿化用地	1.土壤类别:一、二类土; 2.场内±30 cm找平	m²	2 453	2.63	6 451.39	
2	050102001001	栽植乔木 白兰 A	1.乔木种类:白兰 A; 2.乔木规格:胸径 10～12 cm,高度 4.0～4.5 m,冠幅 3.0 m; 3.成活保养期:3 个月; 4.保存保养期:9 个月; 5.树木保护、支撑:篙竹三脚桩支撑	株	4	1 320.44	5 281.76	
3	050102001002	栽植乔木 白兰 B	1.乔木种类:白兰 B; 2.乔木规格:胸径 8～10 cm,高度3.5～4.0 m,冠幅 2.5～3.0 m; 3.成活保养期:3 个月; 4.保存保养期:9 个月; 5.树木保护、支撑:篙竹三脚桩支撑	株	9	686.65	6 179.85	
4	050102001003	栽植乔木 尖叶杜英	1.乔木种类:尖叶杜英; 2.乔木规格:胸径 13～15 cm,高度 5.0～5.5 m,冠幅 3.0～3.5 m; 3.成活保养期:3 个月; 4.保存保养期:9 个月; 5.树木保护、支撑:篙竹三脚桩支撑	株	7	2 273.86	15 917.02	
5	050102001004	栽植乔木 小叶榄仁 A	1.乔木种类:小叶榄仁 A; 2.乔木规格:胸径 13～15 cm,高度 5.0～5.5 m,冠幅 3.0～3.5 m; 3.成活保养期:3 个月; 4.保存保养期:9 个月; 5.树木保护、支撑:篙竹三脚桩支撑	株	2	3 153.88	6 307.76	
6	050102001005	栽植乔木 小叶榄仁 B	1.乔木种类:小叶榄仁 B; 2.乔木规格:胸径 10～12 cm,高度 4.5～5.0 m,冠幅 2.5～3.0 m; 3.成活保养期:3 个月	株	6	1 540.44	9 242.64	
			本页小计				49 380.42	

编者注:为计取规费等的使用,可在表中增设其中:"定额人工费"。

续表 4.29

工程名称:某住宅小区学校园林景观工程——绿化工程　　　　　标段:　　　

序号	项目编码	项目名称	项目特征描述	计量单位	工程量	金额(元)		其中
						综合单价	合价	暂估价
⋮	⋮	⋮	⋮					
26	050102008009	栽植花卉 黄连翘	1.地皮种类:黄连翘; 2.规格:苗高 0.3 m,冠幅 0.25 m种植密度:36 株/m²; 3.成活养护期:3个月; 4.保存保养期:9 个月	m²	114	80.62	9 190.68	
27	050102008010	栽植花卉 花叶良姜	1.地皮种类:花叶良姜; 2.规格:苗高 0.4m,冠幅 0.3 m种植密度:25 株/m²; 3.成活养护期:3个月; 4.保存保养期:9 个月	m²	37	122.13	4 518.81	
28	050102008011	栽植花卉 肾蕨	1.地皮种类:肾蕨; 2.规格:苗高 0.3 m,冠幅 0.25 m种植密度:36 株/m²; 3.成活养护期:3个月; 4.保存保养期:9 个月	m²	25	86.09	2 152.25	
29	050102012012	铺种草皮 台湾草	1.草皮种类:台湾草; 2.铺种方式:满铺; 3.规格:30×30/件; 4.成活保养期:3个月; 5.保存保养期:9 个月	m²	1 220	41.08	50 117.6	
		中学绿化					335 279.2	
30	050101010002	整理绿化用地	1.土壤类别:一二类土; 2.场内±30 cm找平	m²	3 877.6	2.63	10 198.09	
31	050102001012	栽植乔木 尖叶杜英	1.乔木种类:尖叶杜英; 2.乔木规格:胸径 15 ～ 18 cm,高度 5.0～5.5 m,冠幅 4 ～4.5 m; 3.成活保养期:3个月; 4.保存保养期:9 个月; 5.树木保护、支撑:篙竹三脚 桩支撑竹长 3 m内	株	10	4 531.74	45 317.4	
32	050102001013	栽植乔木 高山榕	1.乔木种类:高山榕; 2.乔木规格:胸径 18 ～ 20 cm,高度 5.0～5.5 m,冠幅 4.5～5 m; 3.成活保养期:3个月; 4.保存保养期:9 个月; 5.树木保护、支撑:篙竹三脚 桩支撑 竹长 3 m内	株	5	2 423.61	12 118.05	
			本页小计				133 612.88	

工程名称:某住宅小区学校园林景观工程——绿化工程　　　标段:　　　第 8 页　共 8 页

序号	项目编码	项目名称	项目特征描述	计量单位	工程量	金额(元)		
						综合单价	合价	其中暂估价
⋮	⋮	⋮	⋮					
45	050102008017	栽植花卉大叶红草	1.地被种类:大叶红草; 2.规格:苗高 0.25 m,冠幅 0.25 m 种植密度:36 株/m²; 3.成活保养期:3 个月; 4.保存保养期:9 个月	m²	196	80.62	15 801.52	
46	050102012013	铺种草皮台湾草	1.草皮种类:台湾草; 2.铺种方式:满铺 3.规格:30×30/件; 3.成活保养期:3 个月; 4.保存保养期:9 个月	m²	2 543	41.08	104 466.44	
		措施项目						
		本页小计					120 267.96	
		合计					678 659.09	

表 4.30　总价措施项目清单与计价表

工程名称:某住宅小区学校园林景观工程——绿化工程　　　标段:　　　第 1 页　共 1 页

序号	项目编码	项目名称	计算基础	费率(%)	金额(元)	调整费率(%)	调整后金额(元)	备注
1	050405001001	安全文明施工(含环境保护、文明施工、安全施工、临时设施)	分部分项人工费	5.25	9 259.15			以人工费为计算基础,费率为 5.25%
2	050405002001	夜间施工						
3	050405003001	非夜间施工照明						
4	050405004001	二次搬运						
5	050405005001	冬雨季施工						
6	050405006001	反季节栽植影响措施						
7	050405007001	地上、地下设施的临时保护设施						
8	050405008001	已完工程及设备保护						
		合计			9 259.15			

注:1."计算基础"中安全文明施工费可为"定额基价"、"定额人工费"或"定额人工费+定额机械费",其他项目可为"定额人工费"或"定额人工费+定额机械费"。

　　2.按施工方案计算的措施费,若无"计算基础"和"费率"的数值,也可只填"金额"数值,但应在备注栏说明施工方案出处或计算方法。

表 4.31 规费、税金项目计价表

工程名称:某住宅小区学校园林景观工程——绿化工程　　　　　标段:　　　第 1 页　共 1 页

序号	项目名称	计算基础	计算基数	计算费率(%)	金额(元)
1	规费	工程排污费+施工噪音排除费+防洪工程维护费+危险作业意外伤害保险	687.92		687.92
1.1	工程排污费	分部分项合计+措施项目合计+其他项目	687 918.24	0	
1.2	施工噪音排除费	分部分项合计+措施项目合计+其他项目	687 918.24	0	
1.3	防洪工程维护费	分部分项合计+措施项目合计+其他项目	687 918.24	0	
1.4	危险作业意外伤害保险	分部分项合计+措施项目合计+其他项目	687 918.24	0.1	687.92
2	税金及堤围防护费	分部分项合计+措施项目合计+其他项目+规费	688 606.16	3.577	24 631.44
合计					25 319.36

注:按广东省有关规定,税金与堤围防护费合并取费。

表 4.32 单项工程投标报价汇总表

工程名称:某住宅小区 E1 综合楼园林景观工程　　　　　　　　　　　第 1 页　共 1 页

序号	单位工程名称	金额(元)	其中:(元)		
			暂估价	安全文明施工费	规费
1	某住宅小区 E1 综合楼园林景观工程——园建工程	143 906.18		4 277.73	138.80
2	某住宅小区 E1 综合楼园林景观工程——绿化工程	109 389.38		1 369.16	105.51
合计		253 295.56		5 646.89	244.31

注:① 本表适用于单项工程招标控制价或投标报价的汇总。暂估价包括分部分项工程中的暂估价和专业工程工程暂估价。
　　② 单项工程投标报价汇总表为各单位工程投标报价汇总表之和。

表 4.33 单位工程投标报价汇总表

工程名称:某住宅小区 E1 综合楼园林景观工程——园建工程　　　　标段:　　　第 1 页　共 1 页

序号	汇总内容	金额(元)	其中:暂估价(元)
1	分部分项合计	134 519.89	
1.1	室外铺装	134 519.89	
2	措施项目合计	4 277.73	
2.1	安全防护、文明施工措施项目费	4 277.73	
2.2	其他措施费		
3	其他项目		—
3.1	材料检验试验费		
3.2	工程优质费		
3.3	暂列金额		
3.4	暂估价		
3.5	计日工		
3.6	总承包服务费		
3.7	材料保管费		

序号	汇总内容	金额(元)	其中:暂估价(元)
3.8	预算包干费		
3.9	索赔费用		
3.10	现场签证费用		
4	规费	138.80	—
5	税金及堤围防护费	4 969.76	—
6	总造价	143 906.18	
7	人工费	25 678.22	
	投标报价合计＝1＋2＋3＋4＋5	143 906.18	

注:本表适用于单位工程招标控制价或投标报价的汇总,如无单位工程划分,单项工程也使用本表汇总。

表 4.34　单位工程投标报价汇总表

工程名称:某住宅小区 E1 综合楼园林景观工程——绿化工程　　　　　　　标段:　　第 1 页　共 1 页

序号	汇总内容	金额(元)	其中:暂估价(元)
1	分部分项合计	104 136.98	
1.1	绿化工程项目	104 136.98	
2	措施项目合计	1 369.16	
2.1	安全防护、文明施工措施项目费	1 369.16	
2.2	其他措施费		
3	其他项目		—
3.1	暂列金额		
3.2	专业工程暂估价		
3.3	计日工		
3.4	总承包服务费		
3.5	索赔费用		
3.6	现场签证费用		
4	规费	105.51	—
5	税金及堤围防护费	3 777.73	—
6	总造价	109 389.38	
	投标报价合计＝1＋2＋3＋4＋5	109 389.38	

注:本表适用于单位工程招标控制价或投标报价的汇总,如无单位工程划分,单项工程也可使用本表汇总。

表 4.35　单项工程投标报价汇总表

工程名称:某住宅小区消防站园林景观工程　　　　　　　　　　　　第 1 页　共 1 页

序号	单位工程名称	金额(元)	其中:(元)		
			暂估价	安全文明施工费	规费
1	某住宅小区消防站园林景观工程——绿化工程	56 941.90		513.81	54.92
	合计	56 941.90		513.81	54.92

注:1.本表适用于单项工程招标控制价或投标报价的汇总。暂估价包括分部分项工程中的暂估价和专业工程工程暂估价。
　　2.单项工程投标报价胡总表为各单位工程投标报价汇总表之和。

表 4.36　单位工程投标报价汇总表

工程名称:某住宅小区消防站园林景观工程——绿化工程　　　　标段:　　　第 1 页　共 1 页

序号	汇总内容	金额(元)	其中:暂估价(元)
1	分部分项合计	54 406.70	
2	措施项目合计	513.81	
2.1	安全防护、文明施工措施项目费	513.81	
2.2	其他措施费		
3	其他项目		—
3.1	暂列金额		
3.2	专业工程暂估价		
3.3	计日工		
3.4	总承包服务费		
3.5	索赔费用		
3.6	现场签证费用		
4	规费	54.92	—
5	税金及堤围防护费	1 966.47	—
6	总造价	56 941.90	
	投标报价合计=1+2+3+4+5	56 941.90	

注:本表适用于单位工程招标控制价或投标报价的汇总,如无单位工程划分,单项工程也可使用本表汇总。

4.4　某小区单位住宅楼工程量清单(土建部分)投标计价实例

4.4.1　工程概况

(1)房屋建筑工程

①　本工程为×××房地产开发公司××小区住宅楼,地址××市××区××大道。总建筑面积 5 242.15 m²,建筑底面积为 472.38 m²;建筑结构类型为框架结构,建筑楼层为 11 层,建筑高度为 31.9 m;首层室内标高±0.000,相当于绝对标高 25.78 m。

② 抗震设防烈度为 6 度,防火类别为小高层住宅建筑,耐火等级为二级;主要防火构造,室内装修防火处理,水电设备防火措施见图纸说明。

③ 墙体工程:首层及以上各层均采用加气混凝土砌块,M5 专用砂浆砌筑。

④ 屋面工程:上人屋面有保温层,为细石混凝土防水和高聚物改性沥青卷材防水屋面;不上人屋面无保温层,为 APP 改性油毡卷材防水屋面。

⑤ 内墙装修工程:刷 15 mm 厚 1∶1∶6 水泥石灰砂浆,再刷 5 mm 厚 1∶0.5∶3 水泥石灰砂浆,双飞粉粉面砂光,面层用户自理。

⑥ 外墙装修工程:加气混凝土砌块墙部位,刷水泥胶一遍,12 mm 厚 1∶1∶4 水泥石灰砂浆找平层,8 mm 厚 1∶3 水泥砂浆,水泥胶腻子粉平砂光,喷刷或滚刷外墙涂料两遍;用于钢筋混凝土梁柱部位为界面砂浆结合层,30 mm 厚聚苯颗粒保温浆料,界面砂浆结合层,12 mm 厚 1∶1∶4 水泥石灰砂浆找平层,8 mm 厚 1∶3 水泥砂浆,水泥胶腻子粉平砂光,喷刷或滚刷外墙涂料两遍。

⑦ 楼地面:地面用素土夯实,100 mm 厚炉渣保温层,80 mm 厚 C10 混凝土垫层,抹面压光,20 mm 厚 1∶2 水泥砂浆;楼面为现捣钢筋混凝土楼板,素水泥砂浆结合层一遍,抹面压光,20 mm 厚 1∶2 水泥砂浆。

⑧ 顶棚:15 mm 厚 1∶1∶6 水泥石灰砂浆,5 mm 厚 1∶0.5∶3 水泥石灰砂浆,双飞粉粉面砂光,白色乳胶漆涂料两遍。

⑨ 门窗工程:如表 4.37 所示。

表 4.37 门窗表

类型	设计编号	洞口尺寸(mm)	数量	做法索引	备注
门	FM 乙—1	1 200×2 100	14	由消防部门认可的厂家定做	乙级防火门
	FM 乙—2	600×2 100	22	由消防部门认可的厂家定做	乙级防火门
	FM 乙—3	1 000×2 100	44	由消防部门认可的厂家定做	乙级防火门
	M—1	1 000×2 100	23	厂家定做	防盗户门
	M—2	900×2 100	132	见大样图	夹板门
	M—3	800×2 100	110	见大样图	夹板门
	M—4	1 800×2 400	44	见大样图	塑钢推拉门(带纱)
	M—5	1 200×2 100	12	厂家定做	电梯门
	M—6	1 500×2 100	11	厂家定做	单元入口电子对讲门
窗	C—1	1 500×1 500	57	见大样图	塑钢平开窗
	C—2	900×1 500	132	见大样图	塑钢平开窗
凸窗	TC—1	1 500×1 800	44	见大样图	塑钢平开窗
	TC—2	1 200×1 800	44	见大样图	塑钢平开窗

(2) 房屋建筑结构

① 地基与基础:本工程建筑场地类别为二类,场地土类型为中硬场地土;基础采用预应力高强混凝土管桩;基坑如采用机械开挖,必须预留 500 mm,再由人工挖至设计标高,并应及时施工垫层。标高±0.000 以下采用 MU10 灰砂砖,M5 水泥砂浆砌筑。

② 钢筋混凝土:钢筋保护层厚度(mm)如表 4.38 所示。

表 4.38　钢筋保护层厚度（mm）

环境类别	板　墙		梁		柱	
	≤C20	C25～C45	≤C20	C25～C45	≤C20	C25～C45
一	20	15	30	25	30	30
二(a)	—	20	—	30	—	30

钢筋的连接可分为三类：绑扎连接、机械连接和焊接。

钢筋连接方式：a. 地下室底板的梁板纵筋和框支梁的纵筋应采用焊接和机械连接，当 $d \geqslant$ 18 mm 时，应采用机械连接。b. 其他部位的梁板纵筋可采用焊接和绑扎连接，当 $d \geqslant 28$ mm 时应采用机械连接。c. 所有柱子钢筋采用焊接（电渣压力焊或闪光对焊）和机械连接，当 $d \geqslant$ 28 mm 时应采用机械连接。

钢筋锚固：现浇框架梁、柱钢筋配置，锚固及连接构造详见 12ZG003 大样；剪力墙构造详见 12ZG003 大样。非框架梁主筋伸入支座锚固长度：底部 Ⅰ 级钢筋为 $15d$，Ⅱ 级钢筋为 $12d$，且应伸至支座外缘，上部钢筋为 $35d$；纵向受拉钢筋的最小锚固长度及搭接长度详见 12ZG003 有关内容。

③ 柱配筋及箍筋类型：如表 4.39 所示。

表 4.39　柱配筋及箍筋类型表

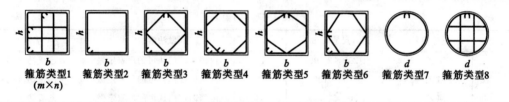

箍筋类型1　箍筋类型2　箍筋类型3　箍筋类型4　箍筋类型5　箍筋类型6　箍筋类型7　箍筋类型8
(m×n)

柱号	标高	b×h	全部纵筋	角筋	b 边一侧中部筋	h 边一侧中部筋	箍筋类型号	箍筋	备注
	基础顶面～17.370	500×600	1.196	4Φ22	2Φ18	2Φ18	1(4×4)	Φ8@1000/200	
	17.370～屋面	400×500	1.232	4Φ20	1Φ16	2Φ16	1(3×4)	Φ8@100/200	
	基础顶面～17.370	500×500	1.317	4Φ20	2Φ18	2Φ18	1(4×4)	Φ8@100/200	
	17.370～屋面	400×400	1.273	4Φ18	1Φ18	1Φ18	1(3×3)	Φ8@100/200	
	基础顶面～17.370	900×450	1.07	4Φ22	4Φ18	2Φ18	1(6×4)	Φ8@100	
	17.370～屋面	900×450	1.01	4Φ18	4Φ18	2Φ18	1(6×4)	Φ8@100	
	基础顶面～17.370	800×450	1.13	4Φ22	3Φ18	2Φ18	1(5×4)	Φ8@100	
	17.370～屋面	800×450	1.056	4Φ18	3Φ18	2Φ18	1(5×4)	Φ8@100	
	基础顶面～17.370	500×500	1.317	4Φ20	2Φ18	2Φ18	1(4×4)	Φ8@100/200	
	17.370～屋面	500×500	1.273	4Φ18	2Φ18	2Φ18	1(4×4)	Φ8@100/200	

4.4.2　编制依据

（1）标准依据

①《房屋建筑与装饰工程工程量计算规范》（GB 50854—2013）；

② 中国建筑标准设计研究院《混凝土结构施工图平面整体表示方法制图规则和构造详图》(11G101—1)(现浇混凝土框架、剪力墙、梁、板)。

(2) 定额依据

① 《湖北省建设工程公共专业消耗量定额及基价表》(土石方·地基处理·桩基础·预拌砂浆)(2013 版);

② 《湖北省房屋建筑与装饰工程消耗量定额及基价表》(结构·屋面)(2013 版);

③ 《湖北省房屋建筑与装饰工程消耗量定额及基价表》(装饰·装修)(2013 版);

④ 《湖北省施工机械台班费用定额》(2013 版);

⑤ 《湖北省建筑安装工程费用定额》(2013 版)。

(3) 图纸依据

建筑与结构设计图如图 4.11~图 4.22 所示。

(4) 其他

① 当地建设工程"市场信息价";

② 有关文件及相关资料。

4.4.3 计算式表

清单工程量汇总计算表如表 4.40 所示(其中辅助工作未计算)。

4.4.4 清单计价

清单计价投标报价书基本表格组成:

(1) 投标总价封面如图 4.23 所示;

(2) 总说明,一般包括工程概况、编制依据及其他需特殊说明的问题(见前所述);

(3) 单位工程投标报价汇总表如表 4.41 所示;

(4) 分部分项工程和单价措施项目清单与计价表如表 4.42 所示;

(5) 综合单价分析表如表 4.43 所示;

(6) 总价措施项目清单与计价表如表 4.44 所示;

(7) 规费、税金项目计价表如表 4.45 所示。

4.4.5 工程清单计价编制结论

本工程建筑面积为 5 242.15 m²。

工程总造价为 6 669 096.98 元;单位工程单方造价为 1 272.65 元/m²。

三材总耗用量为:钢材 197.71 t;水泥 235.99 t;商品混凝土 303.07 m³。

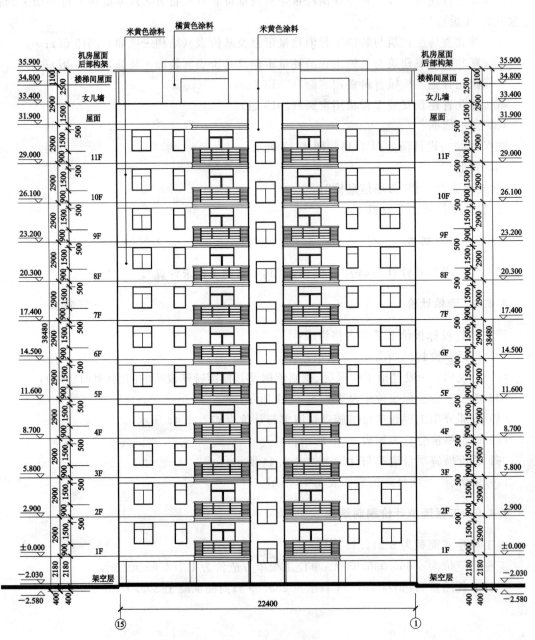

图 4.11　2#楼 ⑮—① 立面图 1 : 100

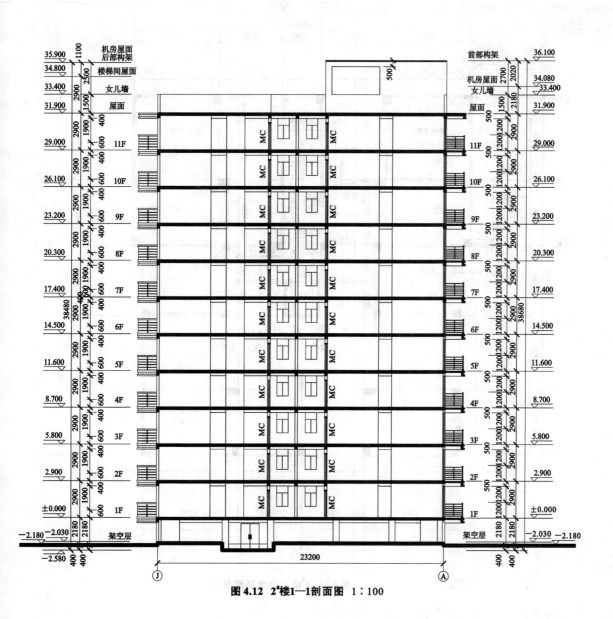

图4.12 2*楼1—1剖面图 1:100

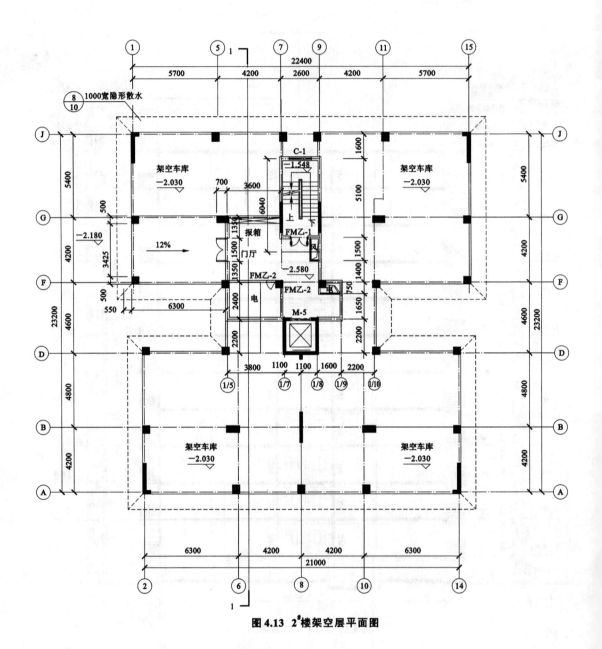

图 4.13　2[#]楼架空层平面图

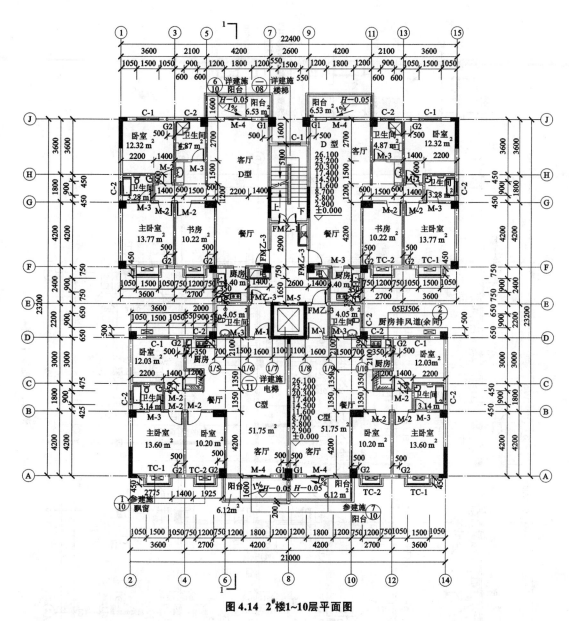

图4.14 2#楼1~10层平面图

说明:
1.墙体材料:无特殊说明,所有外墙为250 mm厚的加气混凝土砌块,分户墙和梯间墙厚200 mm,套内隔墙厚150 mm。
2.如无特殊注明,门洞垛宽为100 mm或与梁柱边对齐。
3.所有混凝土柱和混凝土外墙的截面尺寸、定位,均详见结施图。
4.G1为客厅预留空调洞口,孔径为φ80,孔心距地(楼)面180 mm;G2为卧室预留空调洞口,孔径φ80,孔心距地(楼)面2100 mm。
  冷凝水管预埋参见98ZJ901第26页。
5.卫生间洁具、厨房灶台、水池等由用户自理,卫生间降板400 mm。厨房及阳台所有未注明者均低于楼(地)面建筑标高50 mm。
6.厨房变压式排烟道楼板预留洞口尺寸为400 mm×450 mm,选用图集05EJ505第5页,具体定位见平面图。
7.柱子和剪力墙如有不详细,以结施图为准。
8.厨房、厕所具体布置详见水施图。

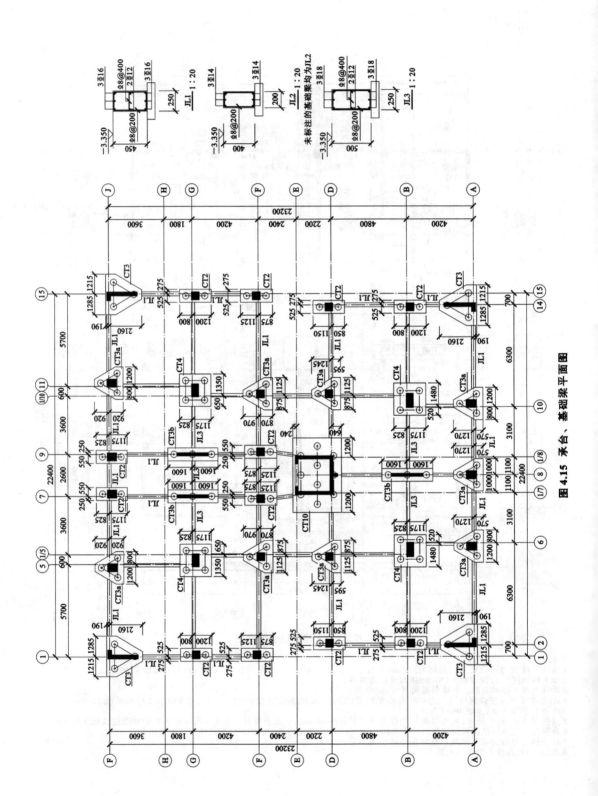

图 4.15 承台、基础梁平面图

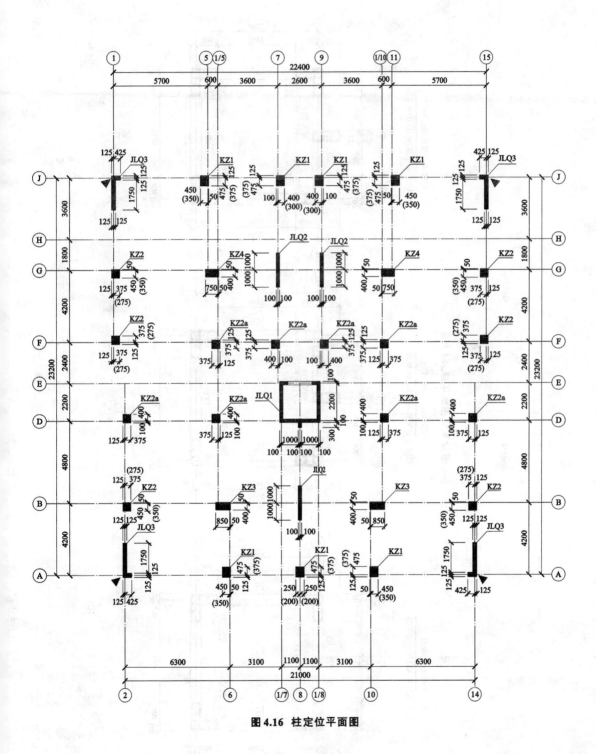

图 4.16 柱定位平面图

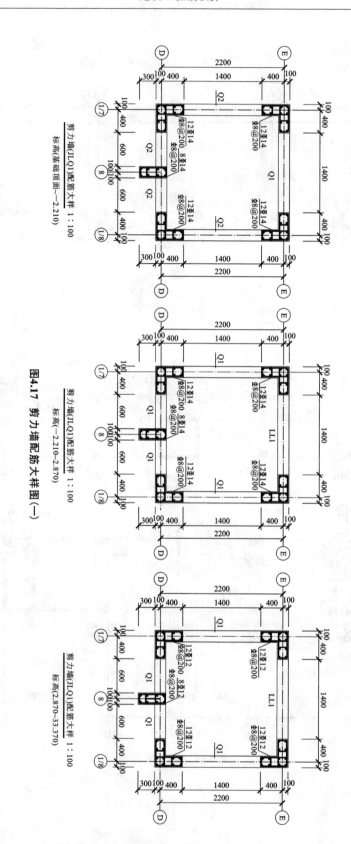

图4.17　剪力墙配筋大样图(一)

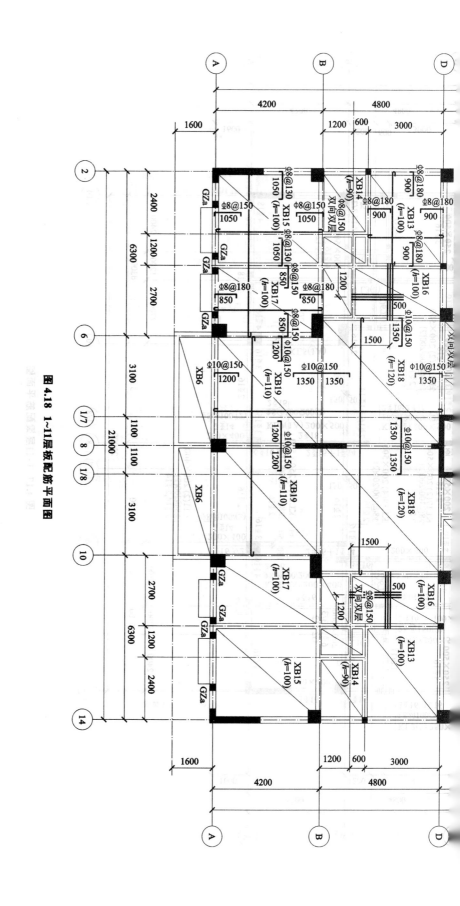

图 4.18 1~11层板配筋平面图

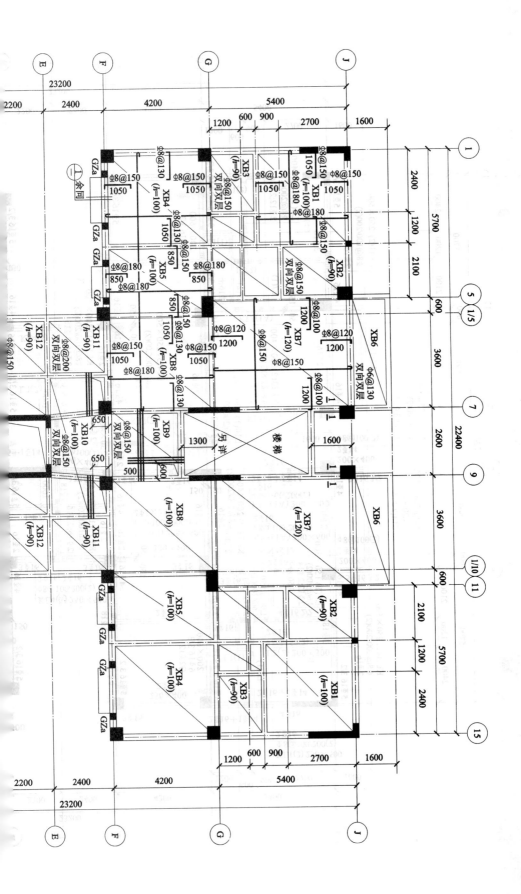

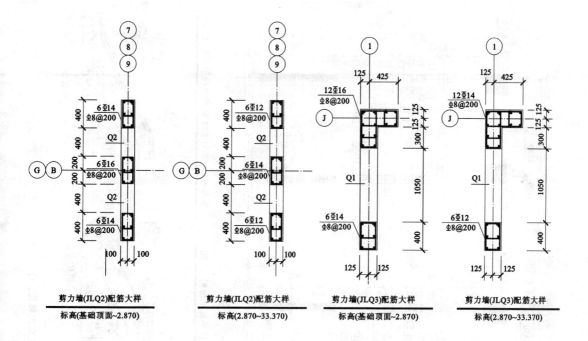

剪力墙(JLQ2)配筋大样
标高(基础顶面~2.870)

剪力墙(JLQ2)配筋大样
标高(2.870~33.370)

剪力墙(JLQ3)配筋大样
标高(基础顶面~2.870)

剪力墙(JLQ3)配筋大样
标高(2.870~33.370)

剪力墙连系梁表					
编号	梁顶标高	梁截面 $b \times h$	上部纵筋	下部纵筋	箍筋
LL1	−0.030	200×400	3Φ14	3Φ14	Φ8@100(2)
	2.870~2.90 ~31.870	200×600	3Φ16	3Φ16	Φ8@100(2)
	33.370	250×600	3Φ20	3Φ20	Φ8@100(2)

剪力墙墙身表				
编号	墙厚	水平分布筋	垂直分布筋	拉筋
Q1(2排)	250	Φ8@150	Φ8@150	Φ6@600
Q2(2排)	200	Φ8@200	Φ8@200	Φ6@600

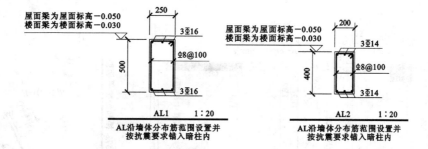

屋面梁为屋面标高−0.050
楼面梁为楼面标高−0.030

AL1   1:20
AL沿墙体分布筋范围设置并
按抗震要求锚入暗柱内

屋面梁为屋面标高−0.050
楼面梁为楼面标高−0.030

AL2   1:20
AL沿墙体分布筋范围设置并
按抗震要求锚入暗柱内

图4.20 剪力墙配筋大样图(二)

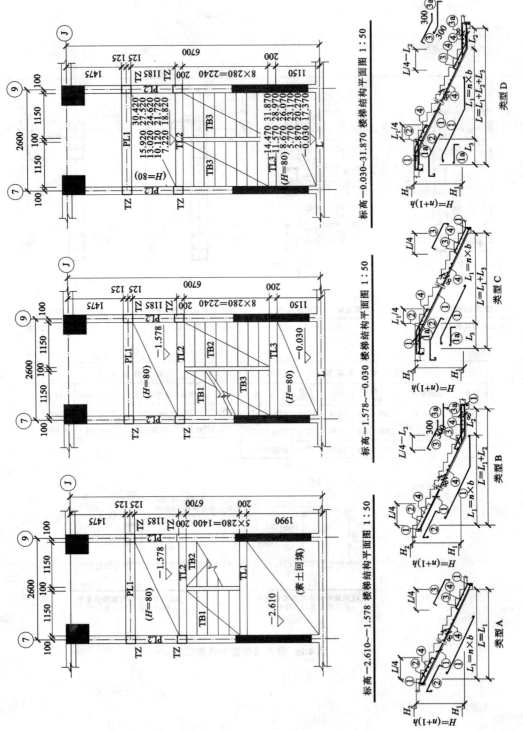

标高 −0.030~31.870 楼梯结构平面图 1 : 50

标高 −1.578~−0.030 楼梯结构平面图 1 : 50

标高 −2.610~−1.578 楼梯结构平面图 1 : 50

图 4.21 楼梯及结构大样图(一)

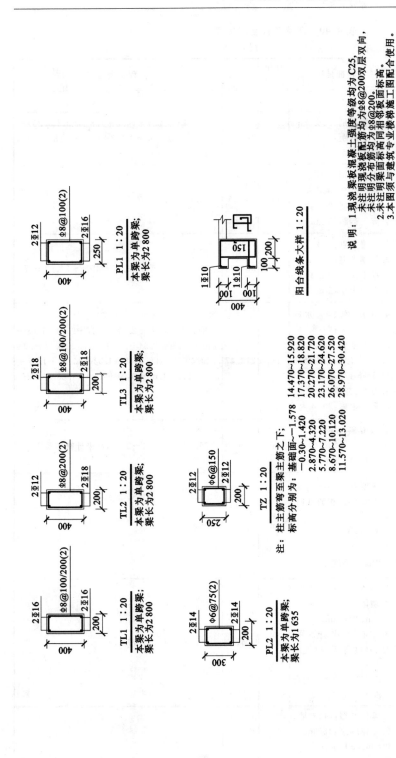

说明：1.现浇梁板混凝土强度等级均为C25，未注明现浇板配筋均为φ8@200双层双向，未注明分布筋均为φ8@200。
　　　2.未注明梁面标高同相邻板面标高。
　　　3.本图须与建筑专业楼梯施工图配合使用。

TL1 1:20
本梁为单跨梁；
梁长为2 800

TL2 1:20
本梁为单跨梁；
梁长为2 800

TL3 1:20
本梁为单跨梁；
梁长为2 800

PL1 1:20
本梁为单跨梁；
梁长为2 800

PL2 1:20
本梁为单跨梁；
梁长为1 635

TZ 1:20

阳台线条大样 1:20

注：柱主筋弯至梁主筋之下；
　基础面～-1.578
　-0.30～-1.420
　2.870～4.320
　5.770～7.220
　8.670～10.120
　11.570～13.020
　柱主筋弯至梁主筋之下；
　14.470～15.920
　17.370～18.820
　20.270～21.720
　23.170～24.620
　26.070～27.520
　28.970～30.420

梯段编号	梯段类型	数量	L (mm)	$L_1=n \cdot b$ (mm)	L_2 (mm)	L_3 (mm)	$H=(n+1)h$ (mm)	H_1 (m)	H_2 (m)	δ (mm)	梯段配筋 ①	(1a)	②	(2a)	③	(3a)	④	备注
TB1	A	1	1 400	1 400=5×280			1 032=6×172	-2.610	-1.578	100	φ6@120	φ6@120	φ6@120	φ6@120	φ6@120	φ6@120	φ6@200	
TB2	A	1	2 240	2 240=8×280			1 548=9×172	-1.578	-0.030	110	φ10@150	φ10@150	φ10@150	φ10@150	φ10@150	φ10@150	φ8@200	
TB2	A	22	2 240	2 240=8×280			1 450=9×161.1	H H+1.450	H+1.450 (H)	110	φ10@150	φ10@150	φ10@150	φ10@150	φ10@150	φ10@150	φ8@200	H=-0.030,2.870,5.770, 8.670,11.570,14.470, 17.370,20.270,23.170, 26.070,28.970,31.870

图 4.22　楼梯及结构大样图（二）

表 4.40　清单工程量汇总表

工程名称:某小区单位住宅楼(土建工程)　　　　　　　　标段:

序号	项目编码	项目名称	项目特征描述	计量单位	工程量	工程量表达式
		整个项目				
1	010101001001	平整场地	1.土壤类别:二类土; 2.弃土运距:5 m; 3.取土运距:5 m	m²	468.41	(22.4+0.25)×(4.2+1.8+3.6+0.25)+ (21+0.25)×(4.8+4.2+0.25)+(3.6+2.6 +3.6+0.25)×(2.4+2.2+0.25)
2	010101003001	挖基础土方基槽	1.土壤类别:二类土; 2.基础类型:基础梁; 3.挖土深度:2 m内; 4.弃土运距:5 km	m³	75.33	34.89+32.9+7.54
3	010101004001	挖基础土方基坑	1.土壤类别:二类土; 2.基础类型:独立; 3.挖土深度:2 m内; 4.弃土运距:5 m	m³	284.94	62.04+47.12+69.31+45.5+23.97+37
4	010103001001	土(石)方回镇	1.土质要求:含水率19.3%～21%; 2.密实度要求:0.94; 3.夯填(碾压):内燃压路机6～8 t十二遍; 4.夯填:夯填; 5.运输距离:20 m内	m³	213.47	360.27－(6.91+2.77+5.47+2.73+1.68+ 0.61+19.20+2.64+16.91+2.03+23.83+2.99 +14.40+1.94+7.68+1.02+15.59+1.57+ 3.09+2.1+1.05+0.94+2.90+1.68+3.22+ 1.85)
5	010103002001	余方弃置	1.废弃料品种:一、二类土; 2.运距:15 km	m³	146.8	75.33+284.94－213.47(未计密实系数)
6	010201001001	预制钢筋混凝土管桩	1.土壤级别:一类土; 2.单桩长度、根数:15 m 98根; 3.桩型:A 型; 4.桩截面:φ400 mm; 5.混凝土强度等级:C50	m	1 470	98×15
7	010402001001	砌块墙	1.墙体类型:内、外墙; 2.墙体厚度:150 mm、200 mm、250 mm; 3.空心砖、砌块品种、规格、强度等级:加气混凝土块; 4.砂浆强度等级、配合比:M5 混合砂浆	m³	1 061.71	99.68×11－34.77
8	010401003001	实心砖墙±0.000以下	1.墙体类型:内、外墙; 2.墙体厚度:150 mm、200 mm、250 mm; 3.空心砖、砌块品种、规格、强度等级:MU10灰砂砖; 4.砂浆强度等级、配合比:M5 水泥砂浆	m³	11.49	1.1+1.16+0.34+2.52+1.12+1.12+ 0.44+0.94+0.5+0.15+1.1+1

序号	项目编码	项目名称	项目特征描述	计量单位	工程量	工程量表达式
9	010401012001	零星砌体卫生间周围300 mm以下	1.墙体类型:内、外墙; 2.墙体厚度:150 mm、200 mm、250 mm; 3.空心砖、砌块品种、规格、强度等级:MU10灰砂砖; 4.砂浆强度等级、配合比:M7.5水泥砂浆	m³	34.77	$2\times0.3\times11\times[(2.1-0.45)\times0.25+(2.1-0.075-0.075)\times0.15-0.8\times0.25+(2.2-0.125-0.075)\times0.15+(2.2-0.125-0.375)\times0.15-0.8\times0.15+(2.2-0.125-0.1)\times0.2+(2.2-0.125-0.1)\times0.2-0.8\times0.2+(2.2-0.125-0.075)\times0.15+(2.2-0.125-0.075)\times0.15-0.8\times0.15+(1.8-0.05)\times0.25+1.8\times0.15+(4.2-0.125-0.1)\times0.15+(2.7+1.5-0.475+0.075)\times0.15+(2.2-0.4)\times0.15+(2.2-0.075)\times0.2+(1.8-0.125-0.05)\times0.25+(1.8-0.125-0.05)\times0.15]$
10	010501005001	桩承台基础	1.混凝土强度等级:C30	m³	97.61	$19.2+16.91+23.83+14.4+7.68+15.59$
11	010501002001	垫层	1.混凝土强度等级:C15	m³	52.55	$18.3+34.25$
12	010502001001	矩形柱KZ	1.柱高度:−3.430−20.270; 2.柱截面尺寸:500×600、500×500、900×450、800×450; 3.混凝土强度等级:C30	m³	148.39	$43.68+31.2+16.93+14.98+41.6$
13	010502001002	矩形柱KZ	1.柱高度:20.270−31.870; 2.柱截面尺寸:400×500、400×400、900×450、800×450、500×500; 3.混凝土强度等级:C25	m³	80.16	$20.3+13.92+11.75+10.44+23.75$
14	010502002003	构造柱	1.柱截面尺寸:250×250、250×350; 2.混凝土强度等级:C20	m³	72.02	$0.25\times0.25\times6\times11\times2.9+16\times0.35\times0.25\times2.9\times11+16\times0.1\times0.45\times1.8\times11$
15	010503001001	基础梁	1.梁底标高:−3.800; 2.梁截面:250×450、200×400、250×500; 3.混凝土强度等级:C30	m³	14.06	$6.91+5.47+1.68$
16	010503002001	矩形梁	1.梁截面:150×300、150×400、200×400、200×500、200×600、250×400、250×500; 2.混凝土强度等级:C25	m³	368.22	$2.17+11\times(2\times1.11+2.4+2\times0.96+2.03+2.33+4\times0.77+2\times1.24+2\times0.7+2\times0.39+2\times0.51+2\times0.46+0.34+0.39+0.24+2\times0.08+4\times0.2+4\times0.13+0.19+2\times0.65+2\times0.36+4\times0.08+2\times0.92+2\times0.86+2\times0.25+2\times0.32)+2\times0.4+2\times0.31+0.19+2\times0.15+0.35+0.24+0.19+0.34+4\times0.11+23.94+5.78$

续表 4.40

序号	项目编码	项目名称	项目特征描述	计量单位	工程量	工程量表达式
17	010503004001	圈梁	1. 梁截面:200×200、200×300、200×500; 2. 混凝土强度等级:C20	m³	64.42	(2.4×0.2×2+2×0.2×2)×(33.37−17.37)+(2.4×0.2×2+2×0.2×2)×(3.23+17.37)
18	010503005001	过梁	1. 梁截面:120×250; 2. 混凝土强度等级:C20	m³	98.58	0.03+2.57+8.87+61.02+3.31+9.18+13.6
19	010504001001	直形墙	1. 墙类型:剪力墙; 2. 墙厚度:150、200、250; 3. 混凝土强度等级:C25	m³	56	19.2+36.8
20	010504001002	直形墙	1. 墙类型:剪力墙; 2. 墙厚度:150、200、250; 3. 混凝土强度等级:C30	m³	72.8	24.96+47.84
21	010505001001	有梁板	1. 板厚度:80、90、100、120; 2. 混凝土强度等级:C25	m³	496.69	420.97+22.88+3.45+44.12+0.44+4.83
22	010506001001	直形楼梯	1. 混凝土强度等级:C25	m²	136.77	(2.6−0.25)×(5.1−0.25)×12
23	010507007001	其他构件	1. 构件的类型:女儿墙压顶; 2. 混凝土强度等级:C20	m³	5.55	0.25×0.2×[(9.675+6.05+5.35+9.85+4.85+9.25)×2+21]
24	010507001001	散水、坡道	1. 垫层材料种类、厚度:混凝土;	m²	118.6	1×(24.65+2×9.85+7.3×2+2.35×2+6.6×2+9.25×2+23.25)
25	010515001001	现浇混凝土钢筋	1. 钢筋种类、规格:圆钢φ6	t	17.422	(30 267 652.8+292 460+12 429 771.2+26 872 620)×0.001×0.222×0.001+(1 259 808+658 545.2+6 698 550)×0.001×0.222×0.001
26	010515001002	现浇混凝土钢筋	1. 钢筋种类、规格:圆钢Φ8	t	85.901	(41 916 916.8+3 147 985.4+100 122 647.7+1 291 107.2+423 906.8+24 649 003.4+3 029 147.2+42 889 469.2)×0.001×0.395×0.001
27	010515001003	现浇混凝土钢筋	1. 钢筋种类、规格:圆钢Φ10	t	6.865	(7 756 200+1 096 902+306 240+1 966 500)×0.001×0.617×0.001
28	010515001004	现浇混凝土钢筋	1. 钢筋种类、规格:圆钢Φ12	t	7.024	(2 562 560+154 104.8+1 174 899+1 875 458.4+6 124+531 792+1 013 760+591 040)×0.001×0.888×0.001
29	010515001005	现浇混凝土钢筋	1. 钢筋种类、规格:圆钢Φ14	t	0.078	64 748×0.001×1.208×0.001
30	010515001006	现浇混凝土钢筋	1. 钢筋种类、规格:圆钢Φ16	t	0.011	6 811.2×0.001×1.578×0.001

序号	项目编码	项目名称	项目特征描述	计量单位	工程量	工程量表达式
31	010515001007	现浇混凝土钢筋	1. 钢筋种类、规格：螺纹钢Φ12	t	6.739	(80 832＋1 778 200＋3 951 556＋1 778 200)×0.001×0.888×0.001
32	010515001008	现浇混凝土钢筋	1. 钢筋种类、规格：螺纹钢Φ14	t	37.619	(20 141 558.91＋1 516 006.75＋853 944＋148 961.2＋481 668＋614 670＋82 843.2)×0.001×1.578×0.001
33	010515001009	现浇混凝土钢筋	1. 钢筋种类、规格：螺纹钢Φ18	t	20.051	(1 877 089.5＋41 463＋577 860＋23 402＋250 889.6＋7 264 932)×0.001×1.998×0.001
34	010515001010	现浇混凝土钢筋	1. 钢筋种类、规格：螺纹钢Φ20	t	6.751	(859 920＋11 010＋1 866 580)×0.001×2.466×0.001
35	010515001011	现浇混凝土钢筋	1. 钢筋种类、规格：螺纹钢Φ22	t	3.37	(169 920＋959 384)×0.001×2.984×0.001
36	010801005001	木质防火门	1. 框截面尺寸、单扇面积：1 200×2 100、600×2 100、1 000×2 100； 2. 防火材料种类：乙级防火	樘	80	80
37	010802004001	防盗门	1. 门类型：防盗门； 2. 框材质、外围尺寸：1 000×2 100	樘	23	23
38	010801001001	夹板装饰门	1. 门类型：夹板门； 2. 框截面尺寸、单扇面积：900×2 100、800×2 100	樘	242	242
39	010802001001	塑钢门	1. 门类型：塑钢推拉门带纱； 2. 框材质、外围尺寸：1 800×2 400	樘	44	44
40	010805003001	电子对讲门	1. 门材质、品牌、外围尺寸：1 500×2 100	樘	11	11
41	010807007001	塑钢窗	1. 窗类型：塑钢开平窗； 2. 框材质、外围尺寸：1 500×1 500、900×1 500、1 500×1 800、1 200×1 800	樘	44	44
42	011105001001	水泥砂浆踢脚线	1. 踢脚线高度：10 cm	m²	432.47	0.1×[7.35＋3.58＋4.98＋3.28＋1.48＋1.95＋9.10＋4.70＋3.83＋6.90＋0.63＋6.15＋2.00＋2.70＋10.08＋9.75＋22×(14.80＋14.75＋13.00＋13.45＋11.83＋13.00＋7.05＋5.33＋6.90＋15.30＋14.75＋13＋7.90＋9.50＋12.25＋12.80＋7.40)]
43	011101001001	水泥砂浆楼地面	1. 垫层材料种类、厚度：80 mm 厚 C10 混凝土垫层； 2. 保温层厚度、材料种类：100 mm 厚炉渣； 3. 面层厚度、砂浆配合比：20 mm 厚 1：2 水泥砂浆	m²	34.07	(107.13＋53.44＋21.76＋15.03＋7.66＋8.99＋19.93＋191.95)×0.08

续表 4.40

序号	项目编码	项目名称	项目特征描述	计量单位	工程量	工程量表达式
44	011101001002	水泥砂浆楼地面	1. 面层厚度、砂浆配合比:20 mm 厚 1:2 水泥砂浆; 2. 结合层:素水泥砂浆	m²	4 350.28	22×(12.45＋7.84＋39.42＋17.04＋10.3＋5.79＋10.34＋3.27＋4.22＋11.68＋47.94＋17.1＋10.35)
45	011503001001	金属扶手带栏杆、栏板阳台	1. 扶手材料种类、规格、品牌、颜色:60×60 方钢扶手; 2. 栏杆材料种类、规格、品牌、颜色:小横管与墙体连接; 3. 油漆品种、刷漆遍数:刷白油漆	m	286.59	(800＋675＋4 200)×2×11＋(676＋800＋676＋800＋4 400)×2×11×0.001
46	011503001002	金属扶手带栏杆、栏板楼梯	1. 扶手材料种类、规格、品牌、颜色:不锈钢扶手; 2. 栏杆材料种类、规格、品牌、颜色:φ30 不锈钢管	m	63.11	2 668.35×23＋1 739.26×0.001
47	011201001001	墙面一般抹灰内墙	1. 墙体类型:内墙; 2. 底层厚度、砂浆配合比:15 mm 厚 1:1:6 水泥石灰砂浆; 3. 面层厚度、砂浆配合比:5 mm 厚 1:0.5:3 水泥石灰砂浆; 4. 装饰面材料种类:双飞粉粉面砂光	m²	12 056.47	11.93＋8.9＋9.5＋12.83＋3.66＋4.84＋17.46＋11.66＋7.42＋17.11＋1.55＋12.79＋4.96＋6.7＋25.06＋21.86＋11×2×(35.62＋5.96＋13.34＋33.07＋29.33＋35.03＋4.39＋32.35＋14.21＋20.57)＋2×(5.1＋15.26＋38.7＋35.03＋4.39＋32.35＋16.99＋16.61＋22.63＋29.86)＋29.12＋20.72)＋318.78＋61.66＋55.9＋370.31＋112.79＋140.40＋126.28＋164.63＋27.69＋254.18
48	011201001002	墙面一般抹灰外墙	1. 墙体类型:外墙; 2. 底层厚度、砂浆配合比:12 mm 厚 1:1:4 水泥砂浆; 3. 面层厚度、砂浆配合比:8 mm 厚 1:3 水泥砂浆	m²	4 006.3	[(9.9＋0.125＋0.4＋0.6＋0.275)×2＋9.85×2＋6.3×2＋(5.6＋0.25)×2＋(9＋0.4＋0.125)×2＋21＋0.25]×33.4＋(4.6－0.125－0.15)×2×(2.03＋33.4)＋(1.6－0.475－0.125)×(2.03＋33.4)×2＋(2.6－0.25)×(2.03＋33.4)－11×2.25
49	011301001001	天棚抹灰	1. 基层类型:混合砂浆; 2. 抹灰厚度、材料种类:5 mm 厚 1:0.5:3 水泥石灰砂浆、7 mm 厚 1:1:4 水泥石灰砂浆	m²	5 065.69	851.78＋4172.85＋41.06
50	010904001001	卷材防水卫生间	1. 卷材品种、规格:高聚物改性沥青卷材	m²	260.04	44×[(3.6－0.125－0.1)×0.15＋(3.6－0.125－0.4)×0.15＋(1.6－0.1－0.5－0.075)×0.2＋(1.6－0.1－0.1－0.075)×0.1＋(3.8－0.125－0.1－0.15)×0.25＋(1.6－0.1－0.075)×0.25＋(4.2－0.4－0.125)×0.25＋(2.4－0.375＋0.125)×0.25＋(2.2－0.125－0.4)×0.125＋(2.4－0.375＋0.125)×0.2＋(1.4－0.075－0.125)×0.2＋(0.75－0.375＋0.075)×0.15＋(2.4＋0.125＋0.125)×0.2＋(4.6－0.375－0.4)×0.125]

序号	项目编码	项目名称	项目特征描述	计量单位	工程量	工程量表达式
51	010902001001	屋面卷材防水上人屋面	1. 卷材品种、规格：高聚物改性沥青卷材	m²	380.93	$[(9.9-0.25)\times(9.6-0.25)+(4.6+0.25)\times(2.2-0.25)+(10.5-0.125)\times(9-0.25)]\times2$
52	010902001002	屋面卷材防水不上人屋面	1. 卷材品种、规格：APP 改性油毡卷材	m²	41.06	$(2.6-0.2)\times(8-0.125-0.1)+(5.4-0.25)\times(4.6-0.25)$
53	011001001001	保温隔热屋面	1. 保温隔热材料品种、规格、厚度：60 mm 1:12水泥珍珠岩； 2. 透气层材料品种：PVC50； 3. 防护材料种类、做法：20 mm 厚1:3水泥砂浆	m²	421.99	$[(9.9-0.25)\times(9.6-0.25)+(4.6+0.25)\times(2.2-0.25)+(10.5-0.125)\times(9-0.25)]\times2+41.06$
54	010904003001	砂浆防水（潮）	1. 防水（潮）部位：砌体	m²	5.91	$2.5+3.41$
55	011406001001	抹灰面油漆	1. 基层类型：砌块、混凝土； 2. 腻子种类：水泥浆腻子粉 3. 油漆品种、刷漆遍数：乳胶漆、两遍	m²	18 229.46	$12\ 056.47+5\ 056.69$
56	011407001001	刷喷涂料	1. 基层类型：砌块； 2. 涂料品种、刷喷遍数：外墙涂料、两遍	m²	5 113.6	$[(9.9+0.125+0.4+0.6+0.275)\times2+9.85\times2+6.3\times2+(5.6+0.25)\times2+(9+0.4+0.125)\times2+21+0.25]\times33.4+(4.6-0.125-0.15)\times2\times(2.03+33.4)+(1.6-0.475-0.125)\times(2.03+33.4)\times2+(2.6-0.25)\times(2.03+33.4)-11\times2.25+970.58+136.72$
57	011702006001	矩形梁	矩形梁，断面： 150 mm×300 mm 150 mm×400 mm 200 mm×400 mm 200 mm×500 mm 250 mm×500 mm	m²	6 159.1	$152.36+844.94+2\ 850.87+1\ 554.19+351.17+46.6+358.97$
58	011702014001	有梁板		m²	4 812.47	$11\times(2\times11.49+2\times4.63+2\times3.7+2\times13.28+2\times9.63+4\times5.18+2\times21.18+2\times13.56+5.68+11.34+2\times4.32+2\times3.96+2\times9.57+2\times3.7+2\times13.28+2\times6.46+2\times9.63+75.54+4\times1.73+2\times4.77+2\times2.8+2\times2.05)+4\times5.18+6.43+11.34+2\times85.01+2\times8.67+2\times90.16+2\times2.8+18.12+20.16+4$

续表 4.40

序号	项目编码	项目名称	项目特征描述	计量单位	工程量	工程量表达式
59	011702002001	矩形柱		m²	2 504.15	503.02＋388.8＋95.58＋88.25＋439.6＋0.25×2×6×11×2.9＋16×(0.35＋0.25)×2.9×11＋16×(0.7＋0.45)×2.9×11
60	011702025001	其他现浇构件		m²	590.84	72.72＋36.64＋65.21＋32.32＋26.64＋18.51＋0.56＋0.56×11＋0.56×12＋0.7×12＋2×0.33＋13.64＋5.22×11＋12×2.84＋12×2.76＋2＋1.61＋3.13＋2.58＋22×(3.07＋2.58)＋0.2×2×[(9.675＋6.05＋5.35＋9.85＋4.85＋9.25)×2＋21]
61	011701001001	综合脚手架		m²	5 242.2	[(21＋0.25)×(4.2＋1.8＋3＋0.25)＋(0.7＋1.5＋1.6＋1.1＋0.7＋1.5＋1.6＋1.1＋0.25)×(2.4＋2－0.25)＋(4.2＋1.8＋3.6＋0.25)×(22.4＋0.25)－(2.6－0.25)×1.6＋6.53＋6.12]×11＋69.34
62	011703001001	垂直运输		m²	3 361.16	470.26×7＋69.34
63	011704001001	超高施工增加		m²	3 361.16	
64	011705001001	大型机械设备进出场及安拆	施工塔吊	台·次	1	
65	011705001002	大型机械设备进出场及安拆	施工电梯	台·次	1	
66	011707001001	安全文明施工		项	1	
67	011707002001	夜间施工		项	1	
68	011707003001	非夜间施工照明		项	1	
69	011707004001	二次搬运		项	1	
70	011707005001	冬雨季施工		项	1	

投 标 总 价

招　　标　　人：　　×××开发公司　

工　程　名　称：　　某小区单位住宅楼(土建工程)　

投标总价(小写)：　　6 669 096.98 元　

（大写）：　陆佰陆拾陆万玖仟零玖拾陆元玖角捌分　

投　标　人：　　（单位盖章）　

法定代表人
或其授权人：　　（签字或盖章）　

编　制　人：　　（造价人员签字盖专用章）　

编　制　时　间：　　年　月　日

图 4.23　投标总价封面(扉-3)

表 4.41　单位工程投标报价汇总表(表-04)

工程名称:某小区单位住宅楼(土建工程)　　　　　标段：　　　　　第1页　共1页

序号	汇总内容	金额（元）	其中:暂估价（元）
一	分部分项工程费	5 813 252.23	
1.1	其中:人工费	1 652 942.04	
1.2	其中:施工机具使用费	372 007.44	
二	措施项目合计	227 661.18	
2.1	单价措施项目费		
2.1.1	其中:人工费		
2.2.2	其中:施工机具使用费		
2.2	总价措施项目费	227 661.18	
三	其他项目费		—
3.1	其中:人工费		
3.2	其中:施工机具使用费		
四	规费	400 100.82	—
五	税前包干项目		
六	税金	228 082.75	—
七	税后包干项目		
八	设备费		
九	含税工程造价	6 669 096.98	
	投标报价合计：	6 669 096.98	

注:本表适用于单位工程招标控制价或投标报价的汇总,如无单位工程划分,单项工程也可使用本表汇总。

表 4.42 分部分项工程和单价措施项目清单与计价表(表-08)

工程名称:某小区单位住宅楼(土建工程)　　　　　　　标段:　　　　　　　第 1 页　共 6 页

| 序号 | 项目编码 | 项目名称 | 项目特征描述 | 计量单位 | 工程量 | 金额(元) | | 其中 |
						综合单价	合价	暂估价
		整个项目						
1	010101001001	平整场地	1. 土壤类别:二类土; 2. 弃土运距:5 m; 3. 取土运距:5 m	m²	468.41	2.13	997.71	
2	010101003001	挖基础土方基槽	1. 土壤类别:二类土; 2. 基础类型:基础梁; 3. 挖土深度:2 m内; 4. 弃土运距:5 km	m³	75.33	22.22	1 673.83	
3	010101004001	挖基础土方基坑	1. 土壤类别:二类土; 2. 基础类型:独立; 3. 挖土深度:2 m内; 4. 弃土运距:5 m	m³	284.94	36.06	10 274.94	
4	010103001001	土(石)方回填	1. 土质要求:含水率19.3%～21%; 2. 密实度要求:0.94; 3. 夯填(碾压):内燃压路机6～8 t 12 遍; 4. 夯填:夯填; 5. 运输距离:20 m内	m³	213.47	23.8	5 080.59	
5	010103002001	余方弃置	1. 废弃料品种:一、二类土; 2. 运距:15 km	m³	146.8	120	17 616	
6	010201001001	预制钢筋混凝土管桩	1. 土壤级别:一类土; 2. 单桩长度、根数:15 m 98 根; 3. 桩型:A 型; 4. 桩截面:φ400 mm; 5. 混凝土强度等级:C50	m	1 470	194.5	285 915	
7	010402001001	砌块墙	1. 墙体类型:内、外墙; 2. 墙体厚度:150 mm、200 mm、250 mm; 3. 空心砖、砌块品种、规格、强度等级:加气混凝土块; 4. 砂浆强度等级、配合比:M5 混合砂浆	m³	1 061.71	368.39	391 123.35	
8	010401003001	实心砖墙±0.000 以下	1. 墙体类型:内、外墙; 2. 墙体厚度:150 mm、200 mm、250 mm; 3. 空心砖、砌块品种、规格、强度等级:MU10 灰砂砖; 4. 砂浆强度等级、配合比:M5 水泥砂浆	m³	11.49	379.75	4 363.33	
			本页小计				717 044.75	

注:为计取规费等的使用,可在表中增设其中:"定额人工费"。

工程名称:某小区单位住宅楼(土建工程)　　　　　　　　　　标段:　　　　　　　　第 2 页　共 6 页

序号	项目编码	项目名称	项目特征描述	计量单位	工程量	金额(元)		其中
						综合单价	合价	暂估价
9	010401012001	零星砌体卫生间周围 300 mm 以下	1.墙体类型:内、外墙; 2.墙体厚度:150、200、250; 3.空心砖、砌块品种、规格、强度等级:MU10 灰砂砖; 4.砂浆强度等级、配合比:M7.5 水泥砂浆	m³	34.77	452.98	15 750.11	
10	010501005001	桩承台基础	1.混凝土强度等级:C30	m³	97.61	437.61	42 715.11	
11	010501002001	垫层	1.混凝土强度等级:C15	m³	52.55	387.75	20 376.26	
12	010502001001	矩形柱 KZ	1. 柱高度:−3.430、−20.270; 2.柱截面尺寸:500×600、500×500、900×450、800×450; 3.混凝土强度等级:C30	m³	148.39	489.15	72 584.97	
13	010502001002	矩形柱 KZ	1. 柱高度:20.270 −31.870; 2.柱截面尺寸:400×500、400×400、900×450、800×450、500×500; 3.混凝土强度等级:C25	m³	80.16	475.96	38 152.95	
14	010502002003	构造柱	1.柱截面尺寸:250×250、250×350; 2.混凝土强度等级:C20	m³	72.02	484.03	34 859.84	
15	010503001001	基础梁	1.梁底标高:−3.800; 2.梁截面:250×450、200×400、250×500; 3.混凝土强度等级:C30	m³	14.06	432.22	6 077.01	
16	010503002001	矩形梁	1.梁截面:150×300、150×400、200×400、200×500、200×600、250×400、250×500; 2.混凝土强度等级:C25	m³	368.22	440.93	162 359.24	
17	010503004001	圈梁	1.梁截面:200×200、200×300、200×500; 2.混凝土强度等级:C20	m³	64.42	485.33	31 264.96	
18	010503005001	过梁	1.梁截面:120×250; 2.混凝土强度等级:C20	m³	98.58	516.71	50 937.27	
19	010504001001	直形墙	1.墙类型:剪力墙; 2.墙厚度:150、200、250; 3.混凝土强度等级:C25	m³	56	468.82	26 253.92	
			本页小计				501 331.64	

续表 4.42

工程名称:某小区单位住宅楼(土建工程)　　　　　　　　标段:　　　　　　　

序号	项目编码	项目名称	项目特征描述	计量单位	工程量	综合单价	合价	暂估价
						金额(元)		其中
20	010504001002	直形墙	1.墙类型:剪力墙; 2.墙厚度:150、200、250; 3.混凝土强度等级:C30	m³	72.8	482.01	35 090.33	
21	010505001001	有梁板	1.板厚度:80、90、100、120; 2.混凝土强度等级:C25	m³	51.24	431.88	22 129.53	
22	010506001001	直形楼梯	1.混凝土强度等级:C25	m²	136.77	127.31	17 412.19	
23	010507007001	其他构件	1.构件的类型:女儿墙压顶; 2.混凝土强度等级:C20	m³ m² m	5.55			
24	010507001001	散水、坡道	1.垫层材料种类、厚度:混凝土	m²	118.6	34.99	4 149.81	
25	010515001001	现浇混凝土钢筋	1.钢筋种类、规格:圆钢φ6	t	17.422	6 297.91	109 722.19	
26	010515001002	现浇混凝土钢筋	1.钢筋种类、规格:圆钢φ8	t	85.901	5 455.55	468 637.2	
27	010515001003	现浇混凝土钢筋	1.钢筋种类、规格:圆钢φ10	t	6.865	5 004.47	34 355.69	
28	010515001004	现浇混凝土钢筋	1.钢筋种类、规格:圆钢φ12	t	7.024	5 237.84	36 790.59	
29	010515001005	现浇混凝土钢筋	1.钢筋种类、规格:圆钢φ14	t	0.078	5 041.41	393.23	
30	010515001006	现浇混凝土钢筋	1.钢筋种类、规格:圆钢φ16	t	0.011	4 931.82	54.25	
31	010515001007	现浇混凝土钢筋	1.钢筋种类、规格:螺纹钢φ12	t	6.739	5 526.2	37 241.06	
32	010515001008	现浇混凝土钢筋	1.钢筋种类、规格:螺纹钢φ14	t	37.619	5 372.29	202 100.18	
33	010515001009	现浇混凝土钢筋	1.钢筋种类、规格:螺纹钢φ18	t	20.051	5 041.65	101 090.12	
34	010515001010	现浇混凝土钢筋	1.钢筋种类、规格:螺纹钢φ20	t	6.751	4 920.25	33 216.61	
35	010515001011	现浇混凝土钢筋	1.钢筋种类、规格:螺纹钢φ22	t	3.37	4 817.37	16 234.54	
36	010801005001	木质防火门	1.框截面尺寸、单扇面积: 1 200×2 100、600×2 100、 1 000×2 100; 2.防火材料种类:乙级防火	樘	80	1 244.81	99 584.8	
37	010802004001	防盗门	1.门类型:防盗门; 2.框材质、外围尺寸:1 000×210	樘	23	680.46	15 650.58	
			本页小计				1 233 852.9	

工程名称:某小区单位住宅楼(土建工程)　　　　　　标段:　　　　　　

序号	项目编码	项目名称	项目特征描述	计量单位	工程量	金额(元)		
						综合单价	合价	其中
								暂估价
38	010801001001	夹板装饰门	1.门类型:夹板门; 2.框截面尺寸、单扇面积:900×2 100、800×2 100	樘	242	1 047.2	253 422.4	
39	010802001001	塑钢门	1.门类型:塑钢推拉门带纱; 2.框材质、外围尺寸:1 800×2 400	樘	44	1 560.72	68 671.68	
40	010805003001	电子对讲门	1.门材质、品牌、外围尺寸:1 500×2 100	樘	11	1 429.85	15 728.35	
41	010807007001	塑钢窗	1.窗类型:塑钢开平窗; 2.框材质、外围尺寸:1 500×1 500、900×1 500、1 500×1 800、1 200×1 800	樘	44	4 950.25	217 811	
42	011105001001	水泥砂浆踢脚线	1.踢脚线高度:10 cm	m²	432.47	35.22	15 231.59	
43	011101001001	水泥砂浆楼地面	1.垫层材料种类、厚度:80 mm厚 C10 混凝土垫层; 2.保温层厚度、材料种类:100 mm 厚炉渣; 3.面层厚度、砂浆配合比:20 mm 厚 1:2 水泥砂浆	m²	34.07	60.79	2 071.12	
44	011101001002	水泥砂浆楼地面	1.面层厚度、砂浆配合比:20 mm 厚 1:2 水泥砂浆; 2.结合层:素水泥砂浆	m²	4350.28	20.07	87 310.12	
45	011503001001	金属扶手带栏杆、栏板阳台	1.扶手材料种类、规格、品牌、颜色:60×60 方钢扶手; 2.栏杆材料种类、规格、品牌、颜色:小横管与墙体连接; 3.油漆品种、刷漆遍数:刷白油漆	m	286.59	399.88	114 601.61	
46	011503001002	金属扶手带栏杆、栏板楼梯	1.扶手材料种类、规格、品牌、颜色:不锈钢扶手; 2.栏杆材料种类、规格、品牌、颜色:ϕ30 不锈钢钢管	m	63.11	87.8	5 541.06	
47	011201001001	墙面一般抹灰内墙	1.墙体类型:内墙; 2.底层厚度、砂浆配合比:15 mm 厚 1:1:6 水泥石灰砂浆; 3.面层厚度、砂浆配合比:5 mm 厚 1:0.5:3 水泥石灰砂浆; 4.装饰面材料种类:双飞粉粉面砂光	m²	12 056.47	26.38	318 049.68	
			本页小计				1 098 438.61	

续表 4.42

工程名称:某小区单位住宅楼(土建工程)　　　　　　　　标段:　　　　　　　　第 5 页　共 6 页

序号	项目编码	项目名称	项目特征描述	计量单位	工程量	金额(元)		其中
						综合单价	合价	暂估价
48	011201001002	墙面一般抹灰外墙	1.墙体类型:外墙; 2.底层厚度、砂浆配合比:12 mm 厚1:1:4 水泥砂浆; 3.面层厚度、砂浆配合比:8 mm 厚1:3 水泥砂浆	m²	4 006.3	26.38	105 686.19	
49	011301001001	天棚抹灰	1.基层类型:混合砂浆; 2.抹灰厚度、材料种类:5 mm厚1:0.5:3 水泥石灰砂浆、7 mm 厚1:1:4 水泥石灰砂浆	m²	5 065.69	18	91 182.42	
50	010904001001	卷材防水卫生间	卷材品种、规格:高聚物改性沥青卷材	m²	260.04	59.4	15 446.38	
51	010902001001	屋面卷材防水上人屋面	卷材品种、规格:高聚物改性沥青卷材	m²	380.93	62.83	23 933.83	
52	010902001002	屋面卷材防水不上人屋面	卷材品种、规格:APP 改性油毡卷材	m²	41.06	67.42	2 768.27	
53	011001001001	保温隔热屋面	1.保温隔热材料品种、规格、厚度:60 mm 1:12 水泥珍珠岩; 2.透气层材料品种:PVC50; 3.防护材料种类、做法:20 mm 厚1:3 水泥砂浆	m²	380.93	16.55	6 304.39	
54	010904003001	砂浆防水(潮)	防水(潮)部位:砌体	m²	5.91	19.29	114	
55	011406001001	抹灰面油漆	1.基层类型:砌块、混凝土; 2.腻子种类:水泥浆腻子粉; 3.油漆品种、刷漆遍数:乳胶漆、两遍	m²	18 229.46	19.46	354 745.29	
56	011407001001	刷喷涂料	1.基层类型:砌块; 2.涂料品种、刷喷遍数:外墙涂料、两遍	m²	5 113.6	12.19	62 334.78	
57	011702006001	矩形梁		m²	6 159.1	68.67	422 945.4	
58	011702014001	有梁板		m²	4 812.47	60.96	293 368.17	
59	011702002001	矩形柱		m²	2 504.15	54.02	135 274.18	
60	011702025001	其他现浇构件		m²	590.84	111.22	65 713.22	
61	011701001001	综合脚手架		m²	5 242.2	28.43	149 035.75	
62	011703001001	垂直运输		m²	3 361.16	22.12	74 348.86	
63	011704001001	超高施工增加		m²	3 361.16	129.08	433 858.53	
64	011705001001	大型机械设备进出场及安拆	机械设备名称:塔吊	台·次	1	15 009.08	15 009.08	
			本页小计				1 579 816.52	

工程名称:某小区单位住宅楼(土建工程)　　　　　　　标段:　　　　　　　第 6 页　共 6 页

序号	项目编码	项目名称	项目特征描述	计量单位	工程量	金额(元)		
						综合单价	合价	其中 暂估价
65	011705001002	大型机械设备进出场及安拆	机械设备名称:施工电梯	台·次	1	10 515.59	10 515.59	
66	011707001001	安全文明施工			1			
67	011707002001	夜间施工			1			
68	011707003001	非夜间施工照明			1			
69	011707004001	二次搬运			1			
70	011707005001	冬雨季施工			1			
		分部小计					5 813 252.23	
		措施项目						
		分部小计						
	本页小计						682 767.81	
	合计						5 813 252.23	

表 4.43　综合单价分析表(表-09)

工程名称:某小区单位住宅楼(土建工程)　　　　　　　标段:　　　　　　　第 6 页　共 70 页

项目编码	010201001001		项目名称	预制钢筋混凝土管桩	计量单位	m	工程量	1 470	
清单综合单价组成明细									
定额编号	定额项目名称	定额单位	数量	单价				合价			
				人工费	材料费	机械费	管理费和利润	人工费	材料费	机械费	管理费和利润
G3-27	静力压预应力混凝土管桩 桩径(mm 以内)400	100 m	0.01	375.68	16 105.06	1 803.01	915.27	3.76	161.05	18.03	9.15
G3-31	静力压送预应力混凝土管桩 桩径(mm 以内)400	100 m	0.00 07	540.48	11.4	2 105.19	1 111.45	0.36	0.01	1.4	0.74
人工单价		小计						4.12	161.06	19.43	9.89
技工 92 元/工日 普工 60 元/工日		未计价材料费						0			
	清单项目综合单价							194.5			

材料费明细	主要材料名称、规格、型号	单位	数量	单价(元)	合价(元)	暂估单价(元)	暂估合价(元)
	预应力混凝土管桩 φ400	m	1.01	158	159.58		
	其他材料费	—		—	1.48	—	0
	材料费小计	—		—	161.06	—	0

注:1.如不使用省级或行业建设主管部门发布的计价依据,可不填定额编码、名称等;

　　2.招标文件提供了暂估单价的材料,按暂估的单价填入表内"暂估单价"栏及"暂估合价"栏。

续表 4.43

工程名称:某小区单位住宅楼(土建工程)　　　　标段:　　　　

项目编码	010201001001		项目名称	预制钢筋混凝土管桩	计量单位	m	工程量	1 061.71

清单综合单价组成明细								

定额编号	定额项目名称	定额单位	数量	单价				合价			
				人工费	材料费	机械费	管理费和利润	人工费	材料费	机械费	管理费和利润
A1-46	加气混凝土砌块墙 600×300×(125、200、250) 混合砂浆 M5	10 m³	0.1	897.72	2 388.69	14.35	383.16	89.77	238.87	1.44	38.32
	人工单价		小计					89.77	238.87	1.44	38.32
	技工 92 元/工日 普工 60 元/工日		未计价材料费					0			
	清单项目综合单价							368.39			

材料费明细	主要材料名称、规格、型号			单位	数量	单价(元)	合价(元)	暂估单价(元)	暂估合价(元)
	加气混凝土砌块 600×300×100 以上			m³	0.950 4	225	213.84		
	其他材料费			—			25.03	—	0
	材料费小计			—			238.87	—	0

工程名称:某小区单位住宅楼(土建工程)　　　　标段:　　　　

项目编码	010401003001		项目名称	实心砖墙 ±0.000 以下	计量单位	m³	工程量	11.49

清单综合单价组成明细								

定额编号	定额项目名称	定额单位	数量	单价				合价			
				人工费	材料费	机械费	管理费和利润	人工费	材料费	机械费	管理费和利润
A1-7	混水砖墙 1 砖 混合砂浆 M5	10 m³	0.1	1 247.68	1 966.06	41.95	541.78	124.77	196.61	4.2	54.18
	人工单价		小计					124.77	196.61	4.2	54.18
	技工 92 元/工日 普工 60 元/工日		未计价材料费					0			
	清单项目综合单价							379.75			

材料费明细	主要材料名称、规格、型号			单位	数量	单价(元)	合价(元)	暂估单价(元)	暂估合价(元)
	其他材料费			—			196.61	—	0
	材料费小计			—			196.61	—	0

工程名称:某小区单位住宅楼(土建工程)　　　　　　标段:　　　　　　

项目编码	010502001001	项目名称	矩形柱 KZ	计量单位	m³	工程量	148.39

<table>
<tr><td colspan="12" align="center">清单综合单价组成明细</td></tr>
<tr><td rowspan="2">定额编号</td><td rowspan="2">定额项目名称</td><td rowspan="2">定额单位</td><td rowspan="2">数量</td><td colspan="4">单价</td><td colspan="4">合价</td></tr>
<tr><td>人工费</td><td>材料费</td><td>机械费</td><td>管理费和利润</td><td>人工费</td><td>材料费</td><td>机械费</td><td>管理费和利润</td></tr>
<tr><td>A2-80 换</td><td>矩形柱 C30 商品混凝土</td><td>10 m³</td><td>0.1</td><td>758.88</td><td>3 813.92</td><td>0</td><td>318.81</td><td>75.89</td><td>381.38</td><td>0</td><td>31.88</td></tr>
<tr><td colspan="4" align="center">人工单价</td><td colspan="4" align="center">小计</td><td>75.89</td><td>381.38</td><td>0</td><td>31.88</td></tr>
<tr><td colspan="4">技工 92 元/工日
普工 60 元/工日</td><td colspan="4" align="center">未计价材料费</td><td colspan="4" align="center">0</td></tr>
<tr><td colspan="8" align="center">清单项目综合单价</td><td colspan="4" align="center">489.15</td></tr>
</table>

材料费明细	主要材料名称、规格、型号	单位	数量	单价(元)	合价(元)	暂估单价(元)	暂估合价(元)
	商品混凝土 C30 碎石 20	m³	1.015	373	378.6		
	其他材料费			—	2.79	—	0
	材料费小计			—	381.38	—	0

工程名称:某小区单位住宅楼(土建工程)　　　　　　标段:　　　　　　

项目编码	010515001010	项目名称	现浇混凝土钢筋	计量单位	t	工程量	6.751

<table>
<tr><td colspan="12" align="center">清单综合单价组成明细</td></tr>
<tr><td rowspan="2">定额编号</td><td rowspan="2">定额项目名称</td><td rowspan="2">定额单位</td><td rowspan="2">数量</td><td colspan="4">单价</td><td colspan="4">合价</td></tr>
<tr><td>人工费</td><td>材料费</td><td>机械费</td><td>管理费和利润</td><td>人工费</td><td>材料费</td><td>机械费</td><td>管理费和利润</td></tr>
<tr><td>A2-458</td><td>现浇构件螺纹钢筋(mm 以内)φ20</td><td>t</td><td>1</td><td>490.56</td><td>4 004.2</td><td>154.5</td><td>270.99</td><td>490.56</td><td>4 004.2</td><td>154.5</td><td>270.99</td></tr>
<tr><td colspan="4" align="center">人工单价</td><td colspan="4" align="center">小计</td><td>490.56</td><td>4 004.2</td><td>154.5</td><td>270.99</td></tr>
<tr><td colspan="4">技工 92 元/工日
普工 60 元/工日</td><td colspan="4" align="center">未计价材料费</td><td colspan="4" align="center">0</td></tr>
<tr><td colspan="8" align="center">清单项目综合单价</td><td colspan="4" align="center">4 920.25</td></tr>
</table>

材料费明细	主要材料名称、规格、型号	单位	数量	单价(元)	合价(元)	暂估单价(元)	暂估合价(元)
	其他材料费			—	4 004.2		0
	材料费小计			—	4 004.2	—	0

续表 4.43

工程名称:某小区单位住宅楼(土建工程)　　　　　标段:　　　　　

项目编码	011101001002	项目名称	水泥砂浆楼地面	计量单位	m²	工程量	4350.28

清单综合单价组成明细

定额编号	定额项目名称	定额单位	数量	单价				合价			
				人工费	材料费	机械费	管理费和利润	人工费	材料费	机械费	管理费和利润
A13-30	水泥砂浆面层 楼地面厚度 20 mm	100 m²	0.01	836.36	877.52	37.54	255.79	8.36	8.78	0.38	2.56
	人工单价			小计				8.36	8.78	0.38	2.56
	技工 92 元/工日 普工 60 元/工日			未计价材料费				0			
	清单项目综合单价							4 920.25			

材料费明细	主要材料名称、规格、型号			单位	数量	单价(元)	合价(元)	暂估单价(元)	暂估合价(元)
	其他材料费					—	8.78	—	0
	材料费小计					—	8.78	—	0

工程名称:某小区单位住宅楼(土建工程)　　　　　标段:　　　　　

项目编码	010902001001	项目名称	屋面卷材防水 上人屋面	计量单位	m²	工程量	380.93

清单综合单价组成明细

定额编号	定额项目名称	定额单位	数量	单价				合价			
				人工费	材料费	机械费	管理费和利润	人工费	材料费	机械费	管理费和利润
A5-102	高聚物改性沥青防水卷材 立面	100 m²	0.01	1 076.2	4 754.94	0	452.12	10.76	47.55	0	4.52
	人工单价			小计				10.76	47.55	0	4.52
	技工 92 元/工日 普工 60 元/工日			未计价材料费				0			
	清单项目综合单价							62.83			

材料费明细	主要材料名称、规格、型号			单位	数量	单价(元)	合价(元)	暂估单价(元)	暂估合价(元)
	其他材料费					—	47.55	—	0
	材料费小计					—	47.55	—	0

工程名称:某小区单位住宅楼(土建工程)　　　　　　标段:　　　　　　第 63 页　共 70 页

项目编码	011704001001	项目名称	超高施工增加	计量单位	m²	工程量	3 361.16

清单综合单价组成明细										
定额编号	定额项目名称	定额单位	数量	单价				合价		
				人工费	材料费	机械费	管理费和利润	人工费	材料费	机械费	管理费和利润
A9-5	9～12 层 檐高(m 以内)40	100 m²	0.01	3 824.32	0	5 265.04	3 818.44	38.24	0	52.65	38.18
人工单价		小计						38.24	0	52.65	38.18
技工 92 元/工日普工 60 元/工日		未计价材料费						0			
清单项目综合单价								129.08			

材料费明细	主要材料名称、规格、型号	单位	数量	单价(元)	合价(元)	暂估单价(元)	暂估合价(元)

工程名称:某小区单位住宅楼(土建工程)　　　　　　标段:　　　　　　第 64 页　共 70 页

项目编码	011705001001	项目名称	大型机械设备进出场及安拆	计量单位	台·次	工程量	1

清单综合单价组成明细										
定额编号	定额项目名称	定额单位	数量	单价				合价		
				人工费	材料费	机械费	管理费和利润	人工费	材料费	机械费	管理费和利润
A10-6	自升式塔式起重机 起重力矩(kN·m 以内)1000	台次	1	5 520	0	5 049.03	4 440.05	5 520	0	5 049.03	4 440.05
人工单价		小计						5 520	0	5 049.03	4 440.05
技工 92 元/工日		未计价材料费						0			
清单项目综合单价								15 009.08			

材料费明细	主要材料名称、规格、型号	单位	数量	单价(元)	合价(元)	暂估单价(元)	暂估合价(元)

表 4.44　总价措施项目清单与计价表(表-11)

工程名称:某小区单位住宅楼(土建工程)　　　　　标段:　　　　　　　第1页　共2页

项目编码	项目名称	计算基础	费率(%)	金额(元)	调整费率(%)	调整后金额(元)	备注
A	房屋建筑工程			227 661.18			
011707001001	安全文明施工费			214 499			
1	安全施工费			116 997.97			
1.1	房屋建筑工程(12层以下或檐高≤40 m)	建筑工程人工费＋建筑工程机械费	7.2	94 065.75			
1.2	装饰工程	装饰装修工程人工费＋装饰装修工程机械费	3.29	22 596.72			
1.3	土石方工程	土石方工程人工费＋土石方工程机械费	1.06	335.5			
2	文明施工费,环境保护费			57 393.93			
2.1	房屋建筑工程(12层以下或檐高≤40 m)	建筑工程人工费＋建筑工程机械费	3.68	48 078.05			
2.2	装饰工程	装饰装修工程人工费＋装饰装修工程机械费	1.29	8 860.11			
2.3	土石方工程	土石方工程人工费＋土石方工程机械费	1.44	455.77			
3	临时设施费			40 107.1			
3.1	房屋建筑工程(12层以下或檐高≤40 m)	建筑工程人工费＋建筑工程机械费	2.4	31 355.25			
3.2	装饰工程	装饰装修工程人工费＋装饰装修工程机械费	1.23	8 448.01			
3.3	土石方工程	土石方工程人工费＋土石方工程机械费	0.96	303.84			
011707002001	夜间施工增加费			3 037.43			
4.1	房屋建筑工程(12层以下或檐高≤40 m)	建筑工程人工费＋建筑工程机械费	0.15	1 959.7			
4.2	装饰工程	装饰装修工程人工费＋装饰装修工程机械费	0.15	1 030.25			
4.3	土石方工程	土石方工程人工费＋土石方工程机械费	0.15	47.48			
011707004001	二次搬运						
011707005001	冬雨季施工增加费			7 492.31			
6.1	房屋建筑工程(12层以下或檐高≤40 m)	建筑工程人工费＋建筑工程机械费	0.37	4 833.93			
6.2	装饰工程	装饰装修工程人工费＋装饰装修工程机械费	0.37	2 541.27			
6.3	土石方工程	土石方工程人工费＋土石方工程机械费	0.37	117.11			
01B999	工程定位复测费			2 632.44			

工程名称:某小区单位住宅楼(土建工程)　　　　　　标段:　　　　　　　　　第 2 页　共 2 页

项目编码	项目名称	计算基础	费率(%)	金额(元)	调整费率(%)	调整后金额(元)	备注
7.1	房屋建筑工程(12 层以下或檐高≤40 m)	建筑工程人工费＋建筑工程机械费	0.13	1 698.41			
7.2	装饰工程	装饰装修工程人工费＋装饰装修工程机械费	0.13	892.88			
7.3	土石方工程	土石方工程人工费＋土石方工程机械费	0.13	41.15			
B	通用安装工程						
031302001001	安全文明施工费						
031302002001	夜间施工增加费						
031302004001	二次搬运						
031302005001	冬雨季施工增加费						
03B999	工程定位复测费						
合计				227 661.18			

注:1."计算基础"中安全文明施工费可为"定额基价"、"定额人工费"或"定额人工费＋定额机械费",其他项目可为"定额人工费"或"定额人工费＋定额机械费"。

　　2.按施工方案计算的措施费,若无"计算基础"和"费率"的数值,也可只填"金额"数值,但应在备注栏说明施工方案出处或计算方法。

表 4.45　规费、税金项目计价表(表-13)

工程名称:某小区单位住宅楼(土建工程)　　　　　　标段:　　　　　　　　　第 1 页　共 2 页

序号	项目名称	计算基础	计算基数	计算费率(%)	金额(元)
1	规费	社会保险费＋住房公积金＋工程排污费	400 100.82		400 100.82
1.1	社会保险费	养老保险金＋失业保险金＋医疗保险金＋工伤保险金＋生育保险金	299 195.21		299 195.21
1.1.1	养老保险金	房屋建筑工程＋装饰工程＋通用安装工程＋土石方工程	189 637.52		189 637.52
1.1.1.1	房屋建筑工程	建筑工程人工费＋建筑工程机械费＋其他项目人工费＋其他项目机械费	1 306 468.71	11.68	152 595.55
1.1.1.2	装饰工程	装饰装修工程人工费＋装饰装修工程机械费	686 830.26	5.26	36 127.27
1.1.1.4	土石方工程	土石方工程人工费＋土石方工程机械费	31 650.51	2.89	914.7
1.1.2	失业保险金	房屋建筑工程＋装饰工程＋通用安装工程＋土石方工程	18 948.99		18 948.99
1.1.2.1	房屋建筑工程	建筑工程人工费＋建筑工程机械费＋其他项目人工费＋其他项目机械费	1 306 468.71	1.17	15 285.68
1.1.2.2	装饰工程	装饰装修工程人工费＋装饰装修工程机械费	686 830.26	0.52	3 571.52
1.1.2.4	土石方工程	土石方工程人工费＋土石方工程机械费	31 650.51	0.29	91.79
1.1.3	医疗保险金	房屋建筑工程＋装饰工程＋通用安装工程＋土石方工程	59 204.55		59 204.55

编制人(造价人员):　　　　　　　　　　　　　　　　　复核人(造价工程师):

续表 4.45

工程名称：某小区单位住宅楼(土建工程)　　　　　　标段：　　　　　　　　　　第 2 页　共 2 页

序号	项目名称	计算基础	计算基数	计算费率(%)	金额(元)
1.1.3.1	房屋建筑工程	建筑工程人工费＋建筑工程机械费＋其他项目人工费＋其他项目机械费	1 306 468.71	3.7	48 339.34
1.1.3.2	装饰工程	装饰装修工程人工费＋装饰装修工程机械费	686 830.26	1.54	10 577.19
1.1.3.4	土石方工程	土石方工程人工费＋土石方工程机械费	31 650.51	0.91	288.02
1.1.4	工伤保险金	房屋建筑工程＋装饰工程＋通用安装工程＋土石方工程	22 065.24		22 065.24
1.1.4.1	房屋建筑工程	建筑工程人工费＋建筑工程机械费＋其他项目人工费＋其他项目机械费	1 306 468.71	1.36	17 767.97
1.1.4.2	装饰工程	装饰装修工程人工费＋装饰装修工程机械费	686 830.26	0.61	4 189.66
1.1.4.4	土石方工程	土石方工程人工费＋土石方工程机械费	31 650.51	0.34	107.61
1.1.5	生育保险金	房屋建筑工程＋装饰工程＋通用安装工程＋土石方工程	9 338.91		9 338.91
1.1.5.1	房屋建筑工程	建筑工程人工费＋建筑工程机械费＋其他项目人工费＋其他项目机械费	1 306 468.71	0.58	7 577.52
1.1.5.2	装饰工程	装饰装修工程人工费＋装饰装修工程机械费	686 830.26	0.25	1 717.08
1.1.5.4	土石方工程	土石方工程人工费＋土石方工程机械费	31 650.51	0.14	44.31
1.2	住房公积金	房屋建筑工程＋装饰工程＋通用安装工程＋土石方工程	78 153.54		78 153.54
1.2.1	房屋建筑工程	建筑工程人工费＋建筑工程机械费＋其他项目人工费＋其他项目机械费	1 306 468.71	4.87	63 625.03
1.2.2	装饰工程	装饰装修工程人工费＋装饰装修工程机械费	686 830.26	2.06	14 148.7
1.2.4	土石方工程	土石方工程人工费＋土石方工程机械费	31 650.51	1.2	379.81
1.3	工程排污费	房屋建筑工程＋装饰工程＋通用安装工程＋土石方工程	22 752.07		22 752.07
1.3.1	房屋建筑工程	建筑工程人工费＋建筑工程机械费＋其他项目人工费＋其他项目机械费	1 306 468.71	1.36	17 767.97
1.3.2	装饰工程	装饰装修工程人工费＋装饰装修工程机械费	686 830.26	0.71	4 876.49
1.3.4	土石方工程	土石方工程人工费＋土石方工程机械费	31 650.51	0.34	107.61
2	税金	分部分项工程费＋措施项目合计＋其他项目费＋规费＋税前包干项目	6 441 014.23	3.5411	228 082.75
合计					628 183.57

编制人(造价人员)：　　　　　　　　　　　　　　　复核人(造价工程师)：

思考与练习

4.1　采用工程量清单计价与招标的意义何在？对我国的建设市场将会产生什么样的影响？

4.2　我国传统计价方式与工程量清单计价方式有何区别？

4.3　2013版《计价规范》与2008版《计价规范》相比发生了很大的变化,请具体说明有哪些重要变化？

4.4　《计价规范》是如何定义工程量清单、综合单价、工程量清单计价的？

4.5　采用工程量清单计价应当做到哪"五统一",为什么说"项目特征"描述特别重要？

4.6　工程量清单的编制原则和依据是什么？工程量清单有哪几种分项清单,各自表述的范围如何？

4.7　规范规定统一编码的作用和意义是什么？采用12位数码表示工程量清单编码时,其12位编码如何区别清单分项的特性？并举例说明。

4.8　试说明工程量清单的编制程序和步骤。

4.9　试说明分部分项工程量清单的编制程序,编制分部分项清单为什么要注意"实体性"原则？

4.10　规范中列举了哪两类措施项目,各有什么特点？举例说明。

4.11　编制分部分项工程量清单时,为什么要对措施项目同时作系统思考？举一例说明它们之间的相关性。

4.12　查看2013版《计价规范》,说明工程量清单计价格式由哪些种类表式组成,分别列举工程量清单招标的组表与投标报价的组表。其要求如何？

4.13　工程量清单有时需要编制施工方案来确定相应的分部分项和措施项目清单分项,这是为什么？请用建筑工程钢筋混凝土条形基础工程来进行分析说明。

4.14　工程量清单计价应包括哪些费用？综合单价与传统定额单价的内涵有什么不同？

4.15　影响综合单价和清单计价的因素有哪些？

4.16　工程量清单计价有哪些编制依据？你如何看待企业定额在报价中的作用？

4.17　请查阅2013版《计价规范》,说明什么是招标控制价、投标报价、工程价款结算？暂估价是否是招标控制价？

4.18　工程量清单预算价格编制的程序与步骤是什么？

4.19　某项工程中,某分部分项清单项目是现浇混凝土矩形梁,其周长在1.8 m以内,工程量为126 m³,请用《计算规范》和你所在地区发布的定额和相关文件规定,编制其综合单价分析表并计算合价。

4.20　请利用第3章思考与练习中第3.7题给定的条件,根据2013版《计价规范》及《房屋建筑与装饰工程工程量计算规范》的规定,以及本地区定额基价,编制该基础分部工程[包括挖土方、垫层、钢筋混凝土条形基础到±0.00的砖砌体(不考虑JCL,以砖墙替代)、防水砂浆防潮层、回填土]的下列文件:

(1)编制该基础分部工程(包括措施项目)的分部分项工程量清单;

(2)编制该基础工程分部分项工程量清单各分项综合单价;

(3)计算该基础工程的合价。如果按每m³钢筋混凝土基础实体产品发包该基础工程,其发包控制综合单价应为多少？

5 施工图预算的编制

5.1 概　述

5.1.1 施工图预算的作用

施工图预算在建设工程中具有十分重要的作用,主要体现在以下几个方面:

(1)施工图预算是设计阶段控制工程造价的重要环节,是控制施工图设计不突破设计概算的重要措施,也是编制或调整固定资产投资计划的依据。

(2)施工图预算是建设单位编制与确定招标控制价、拨付工程价款,承包商投标报价决策,发承包双方建立工程承包合同价格,进行工程索赔、审计、结算与决算的重要依据。

(3)施工图预算是实行建筑工程预算包干的依据。通过发承包双方协商,可在施工图预算的基础上增加一定系数,由施工承包商将工程费用一次包死。

(4)施工图预算是进行工程建设造价管理,强化施工企业经营管理,实行工程项目成本管理与控制,搞好企业经济核算最基本的计价文件。

(5)施工图预算所确定的人工、材料和施工机械台班等消耗量指标,可以作为施工企业与项目部编制施工组织计划和劳动力需用量、材料需用量、施工机械使用与调度计划,以及统计完成工程数量及考核施工成本的依据。

5.1.2 施工图预算的编制依据

(1)经有关主管部门批准会审通过的全部施工图设计文件。包括全部设计图纸、设计说明书、标准图、图纸会审纪要、设计变更通知单及经建设主管部门批准的设计概算文件等。

(2)经施工企业主管部门批准并报业主及监理认可的施工组织设计文件,包括施工方案、施工进度计划、施工现场平面布置及工艺方法、技术措施等。

(3)预算定额(或单位估价表)、地区材料市场价格信息,以及地区颁布的材料预算价格、工程造价信息、材料调价通知、取费调整通知等。它们是确定预算材料价格及材料差价的依据。

(4)招标文件、工程合同或协议书。它明确了施工单位承包的工程范围、责任、权利和义务。

(5)施工现场勘察的地质、水文、地貌、交通、环境及标高测量资料等。

(6)预算工作手册、常用的各种数据、计算公式、材料换算表、各类常用标准图集及各种必备的工具书。

5.1.3 施工图预算的编制原则

施工图预算是施工企业与建设单位结算工程价款等经济活动的主要依据,是一项工作量

大,政策性、技术性和时效性强的工作。编制时必须遵循以下原则:

(1) 法规性原则　认真贯彻执行国家现行的各项政策法规及相关规范、标准和规程等。

(2) 市场性原则　充分掌握工程建设市场人工、材料、机械等生产资料及金融贷款等市场行情。

(3) 创新性原则　有效运用新材料、新技术、新工法、新工艺,坚持不断创新。

(4) 面向工程实际的原则　深入调查研究和充分掌握施工现场施工条件,使预算编制符合设计意图和工程实际。

(5) 互利双赢原则　准确划分项目和计算工程量,有效合理地套用定额,既不多算、重算,又不漏算、少算,实事求是地确定工程造价。

5.2　施工图预算费用构成要素与取费标准

由于工程计价方式的改革与推进,全国各地取费定额标准也在相应更新,取费方式也不尽相同。定额计价与清单计价都涉及取费定额标准问题,本节以住建部、财政部建标[2013]44号文及湖北省取费定额标准为例,介绍两种计价方式都涉及的取费定额标准及其应用问题。

5.2.1　直接费

按传统说法,直接费是人工费、材料费、施工机具使用费之和,亦称定额直接费。按建筑安装工程项目费用要素的构成特征,本书将人工费、材料费、施工机具使用费称为三大最基本的工程项目价格组成费用要素,都是直接凝聚于建筑安装工程项目产品的主要费用,人们习惯简略称为"工、料、机"费。

(1) 人工费

人工费是指按工资总额构成规定,支付给从事建筑安装工程施工的生产工人和附属生产单位工人的各项费用。包括:计时工资或计件工资、奖金、津贴补贴、加班加点工资、特殊情况下支付的工资等。

现行"湖北 2013 版定额"人工单价如表 5.1 所示,表中规定了基本参考标准。

表 5.1　人工单价　　　　　　　　　　　　　　　　单位:元/日

人工级别	普工	技工	高级技工
工日单价	60	92	138

注:① 此价格为 2013 版定额编制期的人工发布价。

② 普工为技术等级 1~3 级的工人,技工为技术等级 4~7 级的工人,高级技工为技术等级 7 级以上的工人。

(2) 材料费

材料费是指施工过程中耗费的原材料、辅助材料、构配件、零件、半成品或成品、工程设备的费用。包括:材料原价、运杂费、运输损耗费、采购及保管费等。

(3) 施工机具使用费

施工机具使用费是指施工作业所发生的施工机械、仪器仪表使用费或其租赁费。

施工机械使用费以施工机械台班耗用量乘以施工机械台班单价表示,施工机械台班单价由折旧费、大修理费、经常修理费、安拆费及场外运费、人工费、燃料动力费、税费等 7 项费用组成。

仪器仪表使用费是指工程施工所需使用的仪器仪表的摊销及维修费用。

5.2.2 其他项目构成费及其费率标准

关于取费费率,全国各地区根据各地不同情况、不同工程类型,以及长期形成的习惯做法,采用不同的取费"基数",一般有以下三种类型:

① 以传统做法所称的直接费为计费基数,即以"工、料、机"三项费用之和为基数;

② 以人工费与施工机具使用费之和为计费基数;

③ 以人工费为计费基数。

采用什么样的取费基数与费率,均由本地区取费定额标准确定。以下介绍的取费基数采用的是第二种方式,即以人工费与施工机具使用费之和为计费基数。

5.2.2.1 总价措施项目费

（1）安全文明施工费（见表 5.2）

单位:%

表 5.2 安全文明施工费费率表

| 专业工程 | 房屋建筑工程 | | | 装饰工程 | 通用安装工程 | 土石方工程 | 市政工程 | 园林绿化工程 |
	12 层以下（或檐高≤40 m）	12 层以上（或檐高＞40 m）	工业厂房					
计价基数	人工费＋施工机具使用费							
费率	13.28	12.51	10.68	5.81	9.05	3.46	—	—
其中 安全施工费	7.20	7.41	4.94	3.29	3.57	1.06	—	—
文明施工费与环境保护费	3.68	2.47	3.19	1.29	1.97	1.44	—	—
临时设施费	2.40	2.63	2.55	1.23	3.51	0.96	—	—

（2）其他总价措施项目费（见表 5.3）

单位:%

表 5.3 其他总价措施项目费费率表

计价基数	人工费＋施工机具使用费
费率	0.65
其中 夜间施工增加费	0.15
二次搬运费	按施工组织设计确定
冬雨季施工增加费	0.37
工程定位复测费	0.13

5.2.2.2 企业管理费

企业管理费是指建筑安装企业组织施工生产和经营管理所需的费用。包括:管理人员工资、办公费、差旅交通费、固定资产使用费、工具用具使用费、劳动保险和职工福利费、劳动保护费、检验试验费、工会经费、职工教育经费、财产保险费、账务费、税金及其他。

企业管理费费率如表 5.4 所示。

单位:%

表 5.4 企业管理费费率表

专业工程	房屋建筑工程	装饰工程	通用安装工程	土石方工程	市政工程	园林绿化工程
计费基数	人工费＋施工机具使用费					
费率	23.84	13.47	17.5	7.60	—	

5.2.2.3 利润

利润是指施工企业完成所承包工程获得的盈利。其取费费率如表 5.5 所示。

表 5.5 利润费率表 单位：%

专业工程	房屋建筑工程	装饰工程	通用安装工程	土石方工程	市政工程	园林绿化工程
计费基数	人工费＋施工机具使用费					
费 率	18.17	15.8	14.91	4.96	—	—

5.2.2.4 规费

规费是指按国家法律、法规规定，由省级政府和省级有关权力部门规定必须缴纳或计取的费用。包括：社会保险费（包括养老保险、失业保险、医疗保险、生育保险、工伤保险等 5 项费用）、住房公积金、工程排污费。其他应列而未列入的规费，按实际发生计取。规费取费费率如表 5.6 所示。

表 5.6 规费费率表 单位：%

专业工程		房屋建筑工程	装饰工程	通用安装工程	土石方工程	市政工程	园林绿化工程
计费基数		人工费＋施工机具使用费					
费 率		24.72	10.95	9.66	7.11	—	—
社会保险费		18.49	8.18	8.71	4.57	—	—
其中	养老保险费	11.68	5.26	5.60	2.89	—	—
	失业保险费	1.17	0.52	0.56	0.29	—	—
	医疗保险费	3.70	1.54	1.64	0.91	—	—
	生育保险费	1.36	0.61	0.65	0.34	—	—
	工伤保险费	0.58	0.25	0.26	0.14	—	—
住房公积金		4.87	2.06	0.20	1.20	—	—
工程排污费		1.36	0.71	0.75	1.34	—	—

5.2.2.5 税金

税金是指国家税法规定的应计入建筑安装工程造价内的营业税、城市维护建设税、教育费附加以及地方教育附加。税金取费费率如表 5.7 所示。

表 5.7 税金费率 单位：%

纳税人地区	纳税人所在地在市区	纳税人所在地在县城、镇	纳税人所在地不在市区、县城或镇
计税基数	不含税工程造价		
综合税率	3.48	3.41	3.28

注：① 不分国营或集体企业，均以工程所在地税率计取。

② 企事业单位所属的建筑修缮单位，承包本单位建筑、安装和修缮业务不计取税金（本单位的范围只限于从事建筑安装和修缮业务的企业单位本身，不能扩大到本部门各企业之间或总分支机构之间）。

③ 建筑安装企业承包工程实行分包形式的，税金由总承包单位统一缴纳。

5.3　一般土建工程施工图预算的编制

5.3.1　施工图预算编制的费用构成与计价程序

施工图预算的编制方法,根据计算路径与取用定额的分项单价(或费用)不同,有两种不同的计算方式,即俗称的施工图预算单价法与实物法。前者是采用定额分部分项产品即"定额单价"作为计算依据的编制方法;后者是分别采用定额分项的人工、材料、施工机具费用(或单价)作为计价依据的编制方法。这两种方法的核心区别在于计算工程造价的路径不同。但由于定额单价是工、料、机单价三项费用之和,故两种编制方法的计算结果并无本质上的差别。

请注意:我国工程量清单计价方式的推行,对传统的施工图预算费用构成形式、计算程序与方式带来了一定的变化。我国颁发的建标[2013]44号文附件中规定:"建筑安装工程费按照费用构成要素划分,由人工费、材料(包含工程设备,下同)费、施工机具使用费、企业管理费、利润、规费和税金组成。其中,人工费、材料费、施工机具使用费、企业管理费和利润包含在分部分项工程费、措施项目费、其他项目费中。(见本书第1章图1.3)"显然,施工图预算工程造价应为分部分项工程费、措施项目费(包含单价措施项目费与总价措施项目费两个子项)、总包服务费、企业管理费、利润、规费和税金之和,这与传统的直接费与间接费费用划分的概念存在较大的差别。差别的关键在于工程量清单计价中工程量计算的"实体性"原则,使得措施项目费中的单价措施项目费从传统的直接费中分离出来。单位工程施工图预算造价的费用构成与计价程序见本书第1章表1.1所示。

5.3.2　用单价法编制施工图预算

用单价法编制施工图预算的程序如图5.1所示。

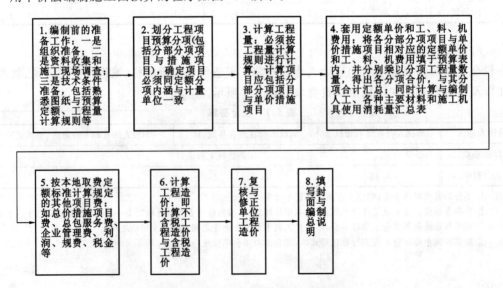

图5.1　单价法编制施工图预算的程序

单价法编制施工图预算的具体步骤如下:

（1）做好编制前的准备工作

编制前的准备工作是预算编制的重要阶段，要做好组织准备和技术条件准备，全面收集第5.1.2节要求的编制依据等资料，认真踏勘施工现场，了解和掌握施工实地情况，这是编制好工程造价、提高预算准确度与可靠度的基本保证。

① 收集、熟悉编制预算的基础文件和资料。收集、熟悉编制施工图预算的相关文件资料，是重要的技术准备工作。搜集的资料主要包括：招标文件、设计施工图纸与设计说明书、地质与水文资料、地下文物与构筑物等勘察资料、施工现场地理与交通环境条件、设计概算、施工组织设计、现行建筑工程预算定额与费用定额标准、材料预算价格表、工程承包合同、预算工作手册等文件资料。

② 充分熟悉和掌握预算定额及有关规定。工程预算定额是确定工程造价的主要依据，要正确地理解与熟练运用预算定额及其相关规定，熟悉预算定额的项目划分、计量单位、定额子目的工作内容、施工方法、材料规格、质量要求，项目之间的关联，以及调整换算定额的规定条件和方法等，以便正确有效地引用定额。

③ 熟悉设计图纸和设计说明书。一要认真熟读图纸与说明，及时发现图纸和说明中的问题；二要开好设计图纸预审会议；三要认真参加图纸会审，主动提出图纸与说明书中存在的问题与合理化建议，认真申辩和力求解决存在的问题，全面理解设计意图与业主的要求。

设计图纸和设计说明书是编制工程预算的重要基础资料，反映了工程发承包对象的工程构造、做法，材料品种及其规格、质量、尺寸等细部要求，为工程预算编制过程中确定与划分预算分项工程项目，计算各分项工程量，以及正确选择与套用定额分项等提供重要依据。熟悉图纸和说明书的重点是：检查图纸是否齐全配套，细部结构、构造与装饰处理是否概念明确且图示清晰；设计要采用的标准图集是否齐备，图示尺寸是否有误；建筑图、结构图、细部大样和各类型图纸之间关系处理是否相互对应准确；如有设计变更通知单，属于全局变更的应装订在图册前面，属于局部变更的则列在有关变更图纸的前面，以免使用中被忽略；如果设计图纸和设计说明书的某些规定和要求与预算定额的内容不能完全相符，或与材料品种、规格、质量要求不符而发生定额缺项，则应把需要换算或补充的定额分项记录下来，以便在编制中进行定额换算、调整或补充。补充的分项定额，必须申报主管部门审批同意后方能生效。发现图纸设计缺陷而需要进行设计变更时，应尽早向业主（或监理）提出设计变更建议，以缩短设计变更周期，否则会影响预算编制的进程与准确性，延误施工工期，甚至会增加施工成本。

④ 充分理解和掌握施工组织设计的有关内容。编制工程预算要与生产技术部门密切协作，及时了解施工现场情况，如地貌、土质、水位、施工条件、运输道路、堆场空地、施工方法、施工进度安排、技术组织措施、施工机械、设备材料、能源供应等条件，以及施工现场总平面布置、自然地坪标高、挖土方式、放坡、吊装机械选用等情况和要求，使编制的施工图预算符合施工实际。

（2）划分工程项目预算分项

施工图预算工程项目分项（包括分部分项项目与单价措施项目）划分，是编制工程概预算的关键环节，也是具体编制预算的起点。划分分项必须同预算定额单价的计量计价口径取得一致，即与预算定额单价所包含和规定的作业内容、计量计价单位取得一致；预算计价表的分项排列顺序应与预算定额单位估价表的分部工程划分排序尽可能取得一致，如按土石方工程、桩基础工程、脚手架及垂直运输工程、砌筑工程、混凝土及钢筋混凝土工程、屋面及防水工程、室内外装饰工程等顺序排列；并且尽可能按照建筑工程施工作业程序来编排，如基础、结构、屋面、装饰工程等基本程序与顺序,以防止工序作业和预算分项发生遗漏或重复。

分部分项项目与单价措施项目的划分相关联,某项单价措施项目是与其相关联分部分项项目辅助施工的技术措施项目,如砌墙超过一个"可砌高"之后,需要安装脚手架后才能继续砌筑;当基础土方施工在地下水位较高时,必须采取排水措施后才能挖土等。因此,两类相关联项目(包括总价措施项目)的划分必须同时考虑,以防止分项的遗漏。

（3）计算工程量

计算工程量,必须按工程量计算规则进行,计算项目应包括分部分项项目与单价措施项目。在整个预算编制过程中,工程量计算是最烦琐的工作,往往要占去整个预算编制工作约70%以上的时间。工程量是编制工程预算重要的基础数据之一,其准确程度对预算准确性直接产生影响,同时还直接关系到预算编制的工作效率、准确性与及时性。在计算工程量之前,要对前述各项主客观条件与预算编制项目划分的作业内涵及施工现场条件等做到心中有数。计算工程量一般应按下列步骤进行:

① 根据工作内容和定额项目,核审所列工程量计算表的项目划分是否合理,内容是否齐全,有无差错遗漏;

② 按照科学的计算顺序,如按线、面、体的内在关系,按分部分项、施工过程层次顺序计算,遵循规定的计算规则与标准,认真核实图纸设计尺寸及有关数据,列出详尽的工程量计算算式,便于复算、复查、审核;

③ 对计算结果进行计量单位的核实与调整,使之与定额中规定的计量单位一致。

（4）套用定额单价和工、料、机费用,编制消耗量汇总表

本步骤是将各分部分项项目与单价措施项目相对应的定额单价或其相应的子项工、料、机费用填于预算表内,并分别乘以该分项工程量数量,得出各分项的定额费用以及人工、材料与施工机具使用各分项费用金额;再分别计算各分部分项工程或单价措施项目的定额费用与人工费、材料费与施工机具使用费并合计其总额。这里应当说明:单价法中要求计算分部分项工程与单价措施项目的人工费、材料费与施工机具使用费各分项总额,主要是为计算其他项目费确定基数创造条件,当然也有利于项目实施中的动态计价管理。

具体计算前,应特别注意预算定额单价与分项费用套用、换算和补充是否正确。套用预算定额时,必须以选定的分项名称如挖基础土方、砌砖基础等,根据施工图纸、设计要求和作业规定的工作内容,选定所采用定额的相应项目对号入座。当设计图纸对该分项工程的要求与定额内容不完全相符时,是否允许调整应按规定执行;定额规定不允许调整的项目,仍应套用该项定额;定额允许进行调整时,应记录在案,按照"调差"规定的范围进行。

换算定额时,应根据定额总说明、分部工程说明或附注说明的有关规定,在定额规定的范围内加以换算,不应强调某些主客观原因而自行违规换算。当分项工程设计要求与定额的内容完全不相符时,或由于设计采用新结构、新材料、新工艺与新方法导致定额缺项时,可以制定补充定额。但是,补充定额必须经地方有关主管部门批准后方能施行。

本阶段是在工程量计算完毕且经反复核对后,将已计算的工程量按顺序逐项填于工程预算表中,再套用预算定额单价及其费用。具体步骤如下:

① 套用定额(包括定额换算与补充),计算各分项工程定额费与人工、材料、机械分项费用。

$$\begin{matrix} \text{某分部分项项目(或单价} \\ \text{措施项目)工程定额费} \end{matrix} = \begin{matrix} \text{某分项工程} \\ \text{定额单价} \end{matrix} \times \begin{matrix} \text{某分部分项项目(或单价} \\ \text{措施项目)工程量} \end{matrix} \quad (5.1)$$

$$\begin{matrix} \text{某分部分项项目(或单价} \\ \text{措施项目)工程人工费} \end{matrix} = \begin{matrix} \text{某分项工程} \\ \text{定额人工费} \end{matrix} \times \begin{matrix} \text{某分部分项项目(或单价} \\ \text{措施项目)工程量} \end{matrix} \quad (5.2)$$

$$\begin{matrix} \text{某分部分项项目(或单价} \\ \text{措施项目)工程材料费} \end{matrix} = \begin{matrix} \text{某分项工程} \\ \text{定额材料费} \end{matrix} \times \begin{matrix} \text{某分部分项项目(或单价} \\ \text{措施项目)工程量} \end{matrix} \quad (5.3)$$

$$\begin{matrix} \text{某分部分项项目(或单价措施} \\ \text{项目)工程施工机具使用费} \end{matrix} = \begin{matrix} \text{某分项工程定额} \\ \text{施工机具使用费} \end{matrix} \times \begin{matrix} \text{某分部分项项目(或单价} \\ \text{措施项目)工程量} \end{matrix} \quad (5.4)$$

② 汇总分部分项项目与单价措施项目费用。在定额费用套用和检查无误后,进行相应汇总。即:

$$\begin{matrix} \text{分部分项工程(或单价} \\ \text{措施项目)定额费总额} \end{matrix} = \sum \begin{matrix} \text{分部分项项目(或单价措施项目)} \\ \text{分项工程定额费} \end{matrix} \quad (5.5)$$

③ 汇总计算分部分项项目与单价措施项目人工费、材料费、施工机具使用费费用。

$$\begin{matrix} \text{分部分项项目(或单价措施项目)} \\ \text{工程人工费总额} \end{matrix} = \sum \begin{matrix} \text{分部分项项目(或单价措施项目)} \\ \text{分项工程人工费} \end{matrix} \quad (5.6)$$

$$\begin{matrix} \text{分部分项项目(或单价措施项目)} \\ \text{工程材料费总额} \end{matrix} = \sum \begin{matrix} \text{分部分项项目(或单价措施项目)} \\ \text{分项工程材料费} \end{matrix} \quad (5.7)$$

$$\begin{matrix} \text{分部分项项目(或单价措施项目)} \\ \text{工程施工机具使用费总额} \end{matrix} = \sum \begin{matrix} \text{各分部分项项目(或单价措施项目)} \\ \text{分项工程施工机具使用费} \end{matrix} \quad (5.8)$$

④ 在套用定额与计算费用的同时,事前做好编制人工、材料和施工机具使用消耗量汇总表的准备工作,注意积累消耗量数据,完成套用定额单价与分项费用后,进行计算与编制人工、材料和施工机具使用消耗量汇总表。特别是钢材、木材、水泥与商品混凝土,必须进行准确地全面汇总。

(5) 按本地取费定额标准计算规定的其他项目费

本章第 5.2 节详细介绍了施工图预算相关费用取费标准,即某省总价措施项目费、总包服务费、企业管理费、利润、规费和税金等取费标准。各地区取费规定各异,应根据不同的工程类别(如房屋建筑工程、装饰工程、通用安装工程、土石方工程、市政工程、园林绿化工程等)、取费计价基数与费率,严格执行地区标准。其标准计算式为:

$$\text{预算规定的某项目取费} = \text{取费基数} \times \text{某项目取费费率} \quad (5.9)$$

(6) 计算单位工程造价

单位工程造价分不含税单位工程造价与含税单位工程造价,其计算方法如下:

$$\begin{aligned} \text{不含税单位工程造价} = {} & \text{分部分项工程费} + \text{措施项目费} + \text{总包服务费} \\ & + \text{企业管理费} + \text{利润} + \text{规费} \end{aligned} \quad (5.10)$$

$$\text{含税单位工程造价} = \text{不含税单位工程造价} + \text{税金} \quad (5.11)$$

（7）复核与修正单位工程造价

单位工程预算编制完后,应由有关人员对编制的主要内容及计算结果进行核对检查,包括预算分项有无重漏、项目填列、工程量计算算式与计算结果、套用定额单价与费用、取费费率、数字计算和数据精确度等的检查与核实,以便发现差错及时修改,以利于提高工程预算的精确性。

（8）编制说明,填写封面

编制说明是编制方向审核方(包括使用者)交代编制的依据,应简要说明预算所包括的主要工作内容及范围,不包括哪些内容,依据的设计图图号,工程承包企业的等级和承包方式,有关调价依据及文号,套用单价需要的补充说明,对可能出现争议问题的申述,提出可能发生变动调整价(或调整量)项目的提示以及其他需要说明的问题等。编写说明应做到:思路清晰,态度明朗,文字简练,重点突出。

封面应写明工程编号、工程名称、工程量(建筑面积)、预算总造价和单方造价,编制单位名称、负责人、编制人和编制日期,以及审核单位的名称、负责人、审核人和审核日期等。最后,将封面、编制说明、费用计算表、工程预算书、工料分析表等按顺序装订成册。需要上级部门审批时,应及时送审。

5.3.3　用实物法编制施工图预算

用实物法编制施工图预算的程序如图5.2所示。

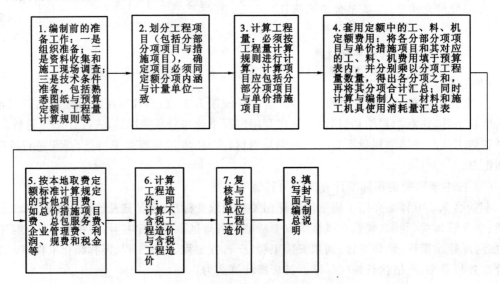

图 5.2　实物法编制施工图预算的程序

从图5.2可以看出,与图5.1单价法编制施工图预算的程序相比较,实物法除第4步外,其他步骤与单价法类同,显示了不同于单价法的计算路径。其分部分项项目或单价措施项目的总费用,不是以定额单价为基价计算依据,而是分别取定额基价中的人工费、材料费、施工机具使用费为计算基数,分别乘以相应分部分项项目或单价措施项目的分项工程量,再分别以其计算结果汇总人工费、材料费、机械台班费的总额。当需要计算某分部分项项目(或单价措施项目)的定额单价或求合价时,以对应的人工费、材料费、机械台班费相加即得。因此,实物法编制施工图预算只需介绍第4步的不同特征即可。

(1) 套用定额中的人工、材料、施工机具使用定额费用及其汇总

$$\begin{matrix} \text{某分部分项（或单价措施} \\ \text{项目）工程定额人工费} \end{matrix} = \begin{matrix} \text{某分项工程定额} \\ \text{基价人工费} \end{matrix} \times \begin{matrix} \text{某分部分项项目（或单价} \\ \text{措施项目）工程量} \end{matrix} \quad (5.12)$$

$$\begin{matrix} \text{某分部分项（或单价措施} \\ \text{项目）工程定额材料费} \end{matrix} = \begin{matrix} \text{某分项工程定额} \\ \text{基价材料费} \end{matrix} \times \begin{matrix} \text{某分部分项项目（或单价} \\ \text{措施项目）工程量} \end{matrix} \quad (5.13)$$

$$\begin{matrix} \text{某分部分项（或单价措施项目）} \\ \text{工程定额施工机具使用费} \end{matrix} = \begin{matrix} \text{某分项工程定额基价} \\ \text{施工机具使用费} \end{matrix} \times \begin{matrix} \text{某分部分项项目（或单价} \\ \text{措施项目）工程量} \end{matrix} \quad (5.14)$$

$$\begin{matrix} \text{分部分项项目（或单价措施项目）} \\ \text{工程人工费总额} \end{matrix} = \sum \begin{matrix} \text{分部分项工程项目（或单价措施} \\ \text{项目）分项工程定额人工费} \end{matrix} \quad (5.15)$$

$$\begin{matrix} \text{分部分项项目（或单价措施项目）} \\ \text{工程材料费总额} \end{matrix} = \sum \begin{matrix} \text{分部分项工程项目（或单价措施} \\ \text{项目）分项工程定额材料费} \end{matrix} \quad (5.16)$$

$$\begin{matrix} \text{分部分项项目（或单价措施项目）} \\ \text{工程施工机具使用费总额} \end{matrix} = \sum \begin{matrix} \text{各分部分项工程项目（或单价措施} \\ \text{项目）分项工程施工机具使用费} \end{matrix} \quad (5.17)$$

上述式(5.17)～式(5.22)与单价法同类算式相同。

(2) 计算分部分项工程费与单价措施项目费

$$\begin{matrix} \text{分部分项项目（或单价措施项目）} \\ \text{定额费总额} \end{matrix} = \begin{matrix} \text{分部分项工程（或单价措施项目）} \\ \text{定额人工费总额} \end{matrix}$$

$$+ \begin{matrix} \text{分部分项工程（或单价措施项目）} \\ \text{定额材料费总额} \end{matrix} + \begin{matrix} \text{分部分项工程（或单价措施项目）} \\ \text{定额施工机具使用费总额} \end{matrix} \quad (5.18)$$

其他步骤与施工图预算单价的做法完全相同,不再重复。

这里应当说明,施工图预算的两种不同编制方法,仅仅是计算分部分项工程费与单价措施项目费时的路径不同。另外,由于项目费用构成的特殊性,使传统的采用定额直接费的做法发生了变化,同时,由于工程概预算系统软件的广泛运用,计算与统计变得方便简捷,使两种不同编制方法具有更多共性特征。

通过对工程量清单计价与施工图预算编制方法的探讨,读者也能从中感受到工程量清单计价与施工图预算的项目费用存在较多共同之处,其根本缘由在于工程量清单计价项目划分使所谓的单价措施项目费从传统直接费中分离出来,是按"实体性"原则计算工程量与采用"综合单价"等特征引发的结果。现行的两类工程造价构成要素本身存在交织关联,更使得清单计价与施工图预算存在较多的共性特征。

5.3.4 用实物法编制施工图预算案例

提示:本案例系本书第3.4.2节同一砖基础案例,也即第4.3.3.3节计算与编制综合单价的同一砖基础案例,读者可以比较分析。

(1) 某砖基础定额直接费(包括人工费、材料费、施工机具使用费)计算如表5.8所示。

表 5.8　砖基础工程案例预算表

工程名称:砖基础工程

序号	费用名称	计算公式或基数	费率(%)	金额(元)
Ⅰ	**土方工程**			
1	分部分项工程费	1.1+1.2+1.3+1.4		11 395.18
1.1	其中:人工费	$\sum$(人工单价×工日耗用量)		10 899.69
1.2	材料费	$\sum$(材料单价×材料耗用量)		
1.3	施工机具使用费	$\sum$(机械台班单价×机械台班耗用量)		495.49
1.4	构件增值税	构件直接费×费率	7.05	
2	措施项目费	2.1+2.2		468.34
2.1	单价措施项目费	2.1.1+2.1.2+2.1.3		
2.1.1	其中:人工费	$\sum$(人工单价×工日消耗量)		
2.1.2	材料费	$\sum$(材料单价×材料耗用量)		
2.1.3	施工机具使用费	$\sum$(机械台班单价×机械台班耗用量)		
2.2	总价措施项目费	2.2.1+2.2.2		468.34
2.2.1	其中:安全文明施工费	(1.1+1.3+2.1.1+2.1.3)×费率	3.46	394.27
2.2.2	其他总价措施项目费	(1.1+1.3+2.1.1+2.1.3)×费率	0.65	74.07
3	总包服务费	项目价值×费率		
4	企业管理费	(1.1+1.3+2.1.1+2.1.3)×费率	7.6	866.03
5	利润	(1.1+1.3+2.1.1+2.1.3)×费率	4.96	565.2
6	规费	(1.1+1.3+2.1.1+2.1.3)×费率	6.11	696.25
7	建设施工安全技术服务费	(1+2+3+4+5+6)×费率	0.12	16.79
8	索赔与现场签证	索赔与现场签证费用		
9	协商项目[税前包干]			
10	土方工程不含税工程造价	1+2+3+4+5+6+7+8+9		14 007.79
11	税金	10×税率	3.41	477.67
12	包干项目[税后包干]			
13	甲供材料			
14	土方工程含税工程造价	10+11+12-13		14 485.46
Ⅱ	**建筑装饰工程**			
1	分部分项工程费	1.1+1.2+1.3+1.4		18 419.46
1.1	其中:定额人工费	$\sum$(人工单价×工日耗用量)		6 637.16
1.2	定额材料费	$\sum$(材料单价×材料耗用量)		11 455.58
1.3	施工机具使用费	$\sum$(机械台班单价×机械台班耗用量)		326.71
1.4	构件增值税	构件直接费×费率	7.05	
2	措施项目费	2.1+2.2		970.07
2.1	单价措施项目费	2.1.1+2.1.2+2.1.3		
2.1.1	其中:人工费	$\sum$(人工单价×工日消耗量)		

序号	费用名称	计算公式或基数	费率(%)	金额(元)
2.1.2	材料费	∑(材料单价×材料耗用量)		
2.1.3	施工机具使用费	∑(机械台班单价×机械台班耗用量)		
2.2	总价措施项目费	2.2.1+2.2.2		970.07
2.2.1	其中:安全文明施工费	(1.1+1.3+2.1.1+2.1.3)×费率	13.28	924.8
2.2.2	其他总价措施项目费	(1.1+1.3+2.1.1+2.1.3)×费率	0.65	45.27
3	总包服务费	项目价值×费率		
4	企业管理费	(1.1+1.3+2.1.1+2.1.3)×费率	23.84	1 660.19
5	利润	(1.1+1.3+2.1.1+2.1.3)×费率	18.17	1 265.34
6	规费	(1.1+1.3+2.1.1+2.1.3)×费率	24.72	1 721.47
7	建设施工安全技术服务费	(1+2+3+4+5+6)×费率	0.12	28.84
8	索赔与现场签证	索赔与现场签证费用		
9	协商项目[税前包干]			
10	不含税工程造价	1+2+3+4+5+6+7+8+9		24 065.36
11	税金	10×税率	3.41	820.63
12	包干项目[税后包干]			
13	甲供材料			
14	建筑装饰工程含税工程造价	10+11+12−13		24 885.99
14	砖基础工程含税工程造价	Ⅰ+Ⅱ		39 371.45

(2)砖基础实体单方造价

砖基础工程含税工程造价为 39 371.45 元;

砖基础实体体积为:43.74m³;

砖基础实体单方造价为:39 371.45/43.74＝900.13 元/m³。

5.4 某小区单位住宅楼施工图预算(土建部分)实例

(1)工程概况与编制依据

该施工图预算工程实例与本书第 4.4 节工程量清单投标计价实例采用同一套图纸,其工程概况及设计图与之相同,除编制依据《房屋建筑与装饰工程工程量计算规范》(GB 50854—2013)以外,无其他不同之处。

本工程的工程概况参见本书第 4.4 节工程量清单投标计价实例;建筑与结构设计图见本书第 4.4 节图 4.11～图 4.22。

(2)工程量计算与定额计价

工程量计算汇总表如表 5.9 所示;工程(分部)费用汇总表如表 5.10 所示;单位工程费用汇总表如表 5.11 所示;单位工程预算书如表 5.12 所示;单位工程三材汇总表如表 5.13 所示。

（3）施工图预算编制结论

工程建筑面积：5 242.15 m²；工程总造价：7 160 175.55 元；

单位工程单方造价为：7 160 175.55/5 242.15＝1 365.89 元/m²。

表 5.9 工程量计算汇总表

序号	计算部位	规格类别	计算表达式	单位
	基数计算	$L_{外中}$	22.4＋23.2×2＋2 122.4＝2 191.20	m
		$L_{外边}$	22.4＋0.25＋2×(23.2＋0.25)＋21＋0.25＝90.80	m
		$S_{底}$	(22.4＋0.25)×(4.2＋1.8＋3.6＋0.25)＋(21＋0.25)×(4.8＋4.2＋0.25)＋(3.6＋2.6＋3.6＋0.25)×(2.4＋2.2＋0.25)＝468.41	m²
一、土方工程				
1	人工平整场地		468.41＋(22.4＋0.25)×2＋(9.6＋0.25)×2×2＋(9＋0.25)×2×2＋(21＋0.25)×2×2×4＋(3.6＋2.7)×2×2＋(3.6＋2)×2×2＋(4.6－0.25－2－2)×2×2＝697.61	m²
2	散水		1×(24.65＋2×9.85＋7.3×2＋2.35×2＋6.6×2＋9.25×2＋23.25)＝118.60	m²
3	挖土总量		170.77＋174.27＋37.44＋461.52＋215.01＋397.73＋203.18＋95.23＋142.24＝1 897.39	m³
4	机械挖土		1 897.39×0.9＝1 707.65	m³
5	人工挖土		1 897.39×0.1＝189.74	m³
6	回填土		1 897.39－(6.91＋2.77＋5.47＋2.73＋1.68＋0.61＋19.20＋2.64＋16.91＋2.03＋23.83＋2.99＋14.40＋1.94＋7.68＋1.02＋15.59＋1.57＋3.09＋2.1＋1.05＋0.94＋2.90＋1.68＋3.22＋1.85)＝1 750.59	m³
二、桩基础工程				
7	预制混凝土桩		98×15×(0.2²－0.152 5²)×3.14＝77.29	m³
三、脚手架工程				
8	综合脚手架(单层建筑面积)		(21＋0.25)×(4.2＋1.8＋3＋0.25)＋(0.7＋1.5＋1.6＋1.1＋0.7＋1.5＋1.6＋1.1＋0.25)×(2.4＋2－0.25)＋(4.2＋1.8＋3.6＋0.25)×(22.4＋0.25)－(2.6－0.25)×1.6＋6.53＋6.12＝470.26	m²
四、砌筑工程				
9	架空层砌体		1.1＋1.16＋0.34＋2.52＋1.12＋1.12＋0.44＋0.94＋0.5＋0.15＋1.1＋1＝11.49	m³
10	卫生间周围300 mm 以下		2×0.3×11×[(2.1－0.45)×0.25＋(2.1－0.075－0.075)×0.15－0.8×0.25＋(2.2－0.125－0.075)×0.15＋(2.2－0.125－0.375)×0.15－0.8×0.15＋(2.2－0.125－0.1)×0.2＋(2.2－0.125－0.1)×0.2－0.8×0.2＋(2.2－0.125－0.075)×0.15＋(2.2－0.125－0.075)×0.15－0.8×0.15＋(1.8－0.05)×0.25＋1.8×0.15＋(4.2－0.125－0.1)×0.15＋(2.7＋1.5－0.475＋0.075)×0.15＋(2.2－0.4)×0.15＋(2.2－0.075)×0.2＋(1.8－0.125－0.05)×0.25＋(1.8－0.125－0.05)×0.15]＝34.77	m³

序号	计算部位	规格类别	计算表达式	单位
11	1～11 层砌体（除卫生间周围 300 mm 以下）		$99.68 \times 11 - 34.77 = 1\,061.71$	m³
12	楼梯风口女儿墙砌体		$12.92 + 9.18 + 59.4 + 21.96 + 6.13 + 3.77 + 3.31 + 6.42 + 6.42 + 3.15 + 5.85 = 138.51$	m³
五、混凝土及钢筋混凝土工程				
13	基础垫层	C15	$2.77 + 2.73 + 0.61 + 2.64 + 2.03 + 2.99 + 1.94 + 1.02 + 1.57 = 18.30$	m³
14	架空层垫层	C10	$8.75 + 4.28 + 1.74 + 1.2 + 0.61 + 0.72 + 1.59 + 15.36 = 34.25$	m³
15	承台	C30 混凝土	$19.2 + 16.91 + 23.83 + 14.4 + 7.68 + 15.59 = 97.61$	m³
16	基础梁	C30 混凝土	$6.91 + 5.47 + 1.68 = 14.06$	m³
17	框架柱	C30 混凝土	$43.68 + 31.2 + 16.93 + 14.98 + 41.6 = 148.39$	m³
		C25 混凝土	$20.3 + 13.92 + 11.75 + 10.44 + 23.75 = 80.16$	m³
18	构造柱 GZ	C20 混凝土	$0.25 \times 0.25 \times 6 \times 11 \times 2.9 = 11.96$	m³
19	构造柱 GZa	C20 混凝土	$16 \times 0.35 \times 0.25 \times 2.9 \times 11 + 16 \times 0.1 \times 0.45 \times 1.8 \times 11 = 58.92$	m³
20	剪力墙	C30 混凝土	$24.96 + 47.84 = 72.8$	m³
		C25 混凝土	$19.2 + 36.8 = 56$	m³
21	圈梁	C30 混凝土	$(2.4 \times 0.2 \times 2 + 2 \times 0.2 \times 2) \times (3.23 + 17.37) = 36.26$	m³
		C25 混凝土	$(2.4 \times 0.2 \times 2 + 2 \times 0.2 \times 2) \times (33.37 - 17.37) = 28.16$	m³
22	梁（连系梁＋框架梁）	C25 混凝土	$2.17 + 11 \times (2 \times 1.11 + 2.4 + 2 \times 0.96 + 2.03 + 2.33 + 4 \times 0.77 + 2 \times 1.24 + 2 \times 0.7 + 2 \times 0.39 + 2 \times 0.51 + 2 \times 0.46 + 0.34 + 0.39 + 0.24 + 2 \times 0.08 + 4 \times 0.2 + 4 \times 0.13 + 0.19 + 2 \times 0.65 + 2 \times 0.36 + 4 \times 0.08 + 2 \times 0.92 + 2 \times 0.86 + 2 \times 0.25 + 2 \times 0.32) = 335.03$	m³
23	屋面框架梁	C25 混凝土	$2 \times 0.79 + 2 \times 0.78 + 2 \times 0.72 + 2 \times 1.24 + 4 \times 0.39 + 2 \times 0.52 + 0.34 + 0.4 + 2 \times 1.12 + 2 \times 0.91 + 2.42 + 2 \times 0.36 + 2 \times 0.96 + 2.05 + 2.37 = 23.94$	m³
24	屋面梁	C25 混凝土	$2 \times 0.92 + 2 \times 0.86 + 2 \times 0.25 + 2 \times 0.32 + 0.24 + 0.19 + 0.65 = 5.78$	m³
楼梯顶梁、机房顶梁汇总				
25	KL	C25 混凝土	$2 \times 0.4 + 2 \times 0.31 + 0.19 + 2 \times 0.15 + 0.35 = 2.26$	m³
26	L	C25 混凝土	$0.24 + 0.19 + 0.34 = 0.77$	m³
27	XL	C25 混凝土	$4 \times 0.11 = 0.44$	m³
28	板 XB	C25 混凝土	$11 \times (2 \times 1.15 + 2 \times 0.42 + 2 \times 0.33 + 2 \times 1.33 + 2 \times 0.96 + 4 \times 0.42 + 2 \times 2.54 + 2 \times 1.36 + 0.57 + 1.13 + 2 \times 0.39 + 2 \times 0.36 + 2 \times 0.96 + 2 \times 0.33 + 2 \times 1.33 + 2 \times 0.65 + 2 \times 0.96 + 8.75) = 420.97$	m³
29	未标明板	C25 混凝土	$11 \times (4 \times 0.14 + 2 \times 0.38 + 2 \times 0.22 + 2 \times 0.16) = 22.88$	m³

续表 5.9

序号	计算部位	规格类别	计算表达式	单位
30	屋面板　XB	C25 混凝土	$4×0.42+0.64+1.13=3.45$	m³
31	WXB	C25 混凝土	$2×10.2+2×1.04+2×10.02=44.12$	m³
32	未注明板	C25 混凝土	$2×0.22=0.44$	m³
33	楼梯、机房、电梯顶板	C25 混凝土	$1.81+2.42+0.6=4.83$	m³
34	楼梯汇总　TL	C25 混凝土	$0.22+0.22×11+0.22×12=5.28$	m³
35	PL	C25 混凝土	$0.28×12+2×0.1=3.56$	m³
36	TZ	C25 混凝土	$0.76+0.29×11=3.95$	m³
37	TB	C25 混凝土	$12×0.23+12×0.22+0.2+0.12+0.34+0.19+22×(0.34+0.18)=17.69$	m³
38	女儿墙压顶（圈梁）	C20 混凝土	$0.25×0.2×[(9.675+6.05+5.35+9.85+4.85+9.25)×2+21]$ $=5.55$	m³
39	女儿墙柱(GZ)	C20 混凝土	$14×0.25×0.25×1.3=1.14$	m³
40	过梁	C20 混凝土	$0.03+2.57+8.87+61.02+3.31+9.18+13.66=98.64$	m³

钢筋工程

序号	计算部位	规格类别	计算表达式	单位
41		Φ6	$(30\,267\,652.8+292\,460+12\,429\,771.2+26\,872\,620)×0.001×0.222$ $=15\,509.48$	kg
42		Φ8	$(41\,916\,916.8+3\,147\,985.4+100\,122\,647.7+1\,291\,107.2+423\,906.8$ $+24\,649\,003.4+3\,029\,147.2+42\,889\,469.2)×0.001×0.395=85\,900.72$	kg
43		Φ10	$(7\,756\,200+1\,096\,902+306\,240+1\,966\,500)×0.001×0.617=6\,864.65$	kg
44		Φ12	$(2\,562\,560+154\,104.8+1\,174\,899+1\,875\,458.4+6\,124+531\,792$ $+1\,013\,760+591\,040)×0.001×0.888=7\,023.85$	kg
45		Φ14	$64\,748×0.001×1.208=78.22$	kg
46		Φ16	$6\,811.2×0.001×1.578=10.75$	kg
47		Φ6	$(1\,259\,808+658\,545.2+6\,698\,550)×0.001×0.222=1\,912.95$	kg
48		Φ12	$(80\,832+1\,778\,200+3\,951\,556+1\,778\,200)×0.001×0.888=6\,738.84$	kg
49		Φ14	$(3\,086\,767.86+236\,278.99+512\,688+2\,870\,690+20\,352+614\,670$ $+4\,055\,040+1\,222\,800)×0.001×1.208=15\,244.10$	kg
50		Φ16	$(20\,141\,558.91+1\,516\,006.75+853\,944+148\,961.2+481\,668+$ $614\,670+82\,843.2)×0.001×1.578=37\,618.97$	kg
51		Φ18	$(1\,877\,089.5+41\,463+577\,860+23\,402+250\,889.6+7\,264\,932)×$ $0.001×1.998=20\,051.20$	kg
52		Φ20	$(859\,920+11\,010+1\,866\,580)×0.001×2.466=6\,750.70$	kg
53		Φ22	$(169\,920+959\,384)×0.001×2.984=3\,369.84$	kg

序号	计算部位	规格类别	计算表达式	单位
	六、模板工程			
54	CT		$72.72+36.64+65.21+32.32+26.64+18.51=252.04$	m²
55	JL		$67.7+68.42+16.24=152.36$	m²
56	KZ		$503.02+388.8+95.58+88.25+439.6=1\ 515.25$	m²
57	GZ		$0.25\times2\times6\times11\times2.9=95.70$	m²
58	GZa		$16\times(0.35+0.25)\times2.9\times11+16\times(0.7+0.45)\times2.9\times11=893.20$	m²
59	JLQ		$161.92+187.68+495.34=844.94$	m²
60	KL		$11\times(11.09\times2+10.07\times2+24.10+10.36+23.94+23.33+7.9\times2$ $+7.79\times2+22.53\times2+8.31\times2+4.81\times2+6.2\times2+5.6\times2+4.08$ $+4.76)=2\ 850.87$	m²
61	L		$11\times(24.99+2.52+2\times1.39+4\times3.21+4\times2.16+2.4+2\times8.1+2$ $\times4.3+4\times1.26+2\times10.99+2\times10.3+2\times3.3+2\times4.05)=1\ 554.19$	m²
62	WKL+WL		$2\times8.11+2\times7.89+2\times8.45+2\times22.53+2\times4.91+2\times6.32+2$ $\times4.9+4.08+4.88+2\times11.21+2\times10.84+24.35+2\times4.3+2$ $\times10.36+24.22+23.7+2\times10.99+2\times10.3+2\times3.3+2\times4.05$ $+2.52+2.4+8.1=351.17$	m²
63	楼梯顶梁、机房顶梁		$2\times4.84+2\times3.7+2.4+2.52+2.4+2\times1.9+4.4+2\times4.2+4$ $\times1.4=46.60$	m²
64	板		$11\times(2\times11.49+2\times4.63+2\times3.7+2\times13.28+2\times9.63+4\times5.18$ $+2\times21.18+2\times13.56+5.68+11.34+2\times4.32+2\times3.96+2\times9.57$ $+2\times3.7+2\times13.28+2\times6.46+2\times9.63+75.54+4\times1.73+2\times4.77$ $+2\times2.8+2\times2.05)+4\times5.18+6.43+11.34+2\times85.01+2\times8.67$ $+2\times90.16+2\times2.8+18.12+20.16+4=4\ 812.47$	m²
65	楼梯		$0.56+0.56\times11+0.56\times12+0.7\times12+2\times0.33+13.64+5.22\times11$ $+12\times2.84+12\times2.76+2+1.61+3.13+2.58+22\times(3.07+2.58)$ $=294.38$	m²
66	女儿墙压顶		$0.2\times2\times[(9.675+6.05+5.35+9.85+4.85+9.25)\times2+21]$ $=44.42$	m²
67	过梁		$0.53+34.32+88.7+24.12+28.56+73.44+109.3=358.97$	m²
	七、门窗工程			
68	乙级防火门		$14\times2.52+22\times1.26+44\times2.1=155.40$	m²
69	防盗户门		$23\times2.1=48.30$	m²
70	夹板门		$132\times1.89+110\times1.68=434.28$	m²
71	塑钢推拉门(带纱)		$44\times4.32=190.08$	m²
72	电梯门		$12\times2.52=30.24$	m²

续表 5.9

序号	计算部位	规格类别	计算表达式	单位
73	单元入口电子对讲门		$11 \times 3.15 = 34.65$	m²
74	塑钢平开窗		$57 \times 2.25 + 132 \times 1.35 + 44 \times 2.7 + 44 \times 2.16 = 520.29$	m²
75	扶手、栏杆			
76	阳台栏杆	L	$1\ 100 - 60 = 1\ 040.00$	mm
			$14 \times 11 + 8 \times 2 \times 11 = 330.00$	个
		L	$1\ 040 \times 330 = 343\ 200.00$	mm
77	阳台扶手		$(800 + 675 + 4\ 200) \times 2 \times 11 + (676 + 800 + 676 + 800 + 4\ 400) \times 2 \times 11 = 286\ 594.00$	mm
78	楼梯栏杆		$(8 \times 11 + 8) \times 2 + 23 + 8 \times 2 + 1 + 5 \times 2 + 1 = 243.00$	个
			$1\ 100 - 60 = 1\ 040.00$	mm
		L	$243 \times 1\ 040 = 252\ 720.00$	mm
79	楼梯扶手	L	$2\ 668.35 \times 23 + 1\ 739.26 = 63\ 111.31$	mm
80	踢脚线		$0.1 \times [7.35 + 3.58 + 4.98 + 3.28 + 1.48 + 1.95 + 9.10 + 4.70 + 3.83 + 6.90 + 0.63 + 6.15 + 2.00 + 2.70 + 10.08 + 9.75 + 22 \times (14.80 + 14.75 + 13.00 + 13.45 + 11.83 + 13.00 + 7.05 + 5.33 + 6.90 + 15.30 + 14.75 + 13 + 7.90 + 9.50 + 12.25 + 12.80 + 7.40)] = 432.47$	m²

八、楼地面工程

序号	计算部位	规格类别	计算表达式	单位
81	架空层地面找平		$107.13 + 53.44 + 21.76 + 15.03 + 7.66 + 8.99 + 19.93 + 191.95 = 425.89$	m²
82	1~11 层楼面找平		$22 \times (12.45 + 7.84 + 39.42 + 17.04 + 10.3 + 5.79 + 10.34 + 3.27 + 4.22 + 11.68 + 47.94 + 17.1 + 10.35) = 4\ 350.28$	m²

九、屋面及防水工程

序号	计算部位	规格类别	计算表达式	单位
83	屋面找平层上人屋面		$[(9.9 - 0.25) \times (9.6 - 0.25) + (4.6 + 0.25) \times (2.2 - 0.25) + (10.5 - 0.125) \times (9 - 0.25)] \times 2 = 380.93$	m²
84	不上人屋面		$(2.6 - 0.2) \times (8 - 0.125 - 0.1) + (5.4 - 0.25) \times (4.6 - 0.25) = 41.06$	m²
85	墙身防潮层		$2.50 + 3.41 = 5.91$	m²

十一、装饰工程

序号	计算部位	规格类别	计算表达式	单位
86	内墙抹灰		$11.93 + 8.9 + 9.5 + 12.83 + 3.66 + 4.84 + 17.46 + 11.66 + 7.42 + 17.11 + 1.55 + 12.79 + 4.96 + 6.7 + 25.06 + 21.86 + 11 \times (2 \times 35.62 + 5.96 + 13.34 + 33.07 + 29.33 + 35.03 + 4.39 + 32.35 + 14.21 + 20.57) + 2 \times (5.1 + 15.26 + 38.7 + 35.03 + 4.39 + 32.35 + 16.99 + 16.61 + 22.63 + 29.86) + 29.12 + 20.72) + 318.78 + 61.66 + 55.9 + 370.31 + 112.79 + 140.40 + 126.28 + 164.63 + 27.69 + 254.18 = 12\ 056.47$	m²
87	外墙抹灰	1~11 层柱部位	$[(0.55 + 0.5 \times 2 + 0.6 + 0.25) \times 2 + (2 + 0.5 \times 2) \times 2 + (0.5 \times 2 + 0.25 \times 5) \times 2 + (0.5 + 0.5 + 2) \times 2 + (0.55 \times 2 + 0.5 \times 3)] \times 33.4 + 148.28 + 2 \times (34.8 - 31.9) \times 2 + (35.9 - 31.9) \times 2.4 + 0.3 \times 2 \times (34.8 - 31.9) + (35.9 - 34.8) \times 0.5 \times 2 = 970.58$	m²

序号	计算部位	规格类别	计算表达式	单位
88		梁部位	$[(5.7+4.2-0.425-0.5-0.1)+(5.4+4.2-1.875-0.5-0.375)$ $+(6.3-0.375-0.375-0.025\times4)+(4.6-0.375-0.4)+(5.6$ $-0.375\times2)+(9-0.1-0.5-0.025-1.875)+(10.5-0.425$ $-0.5-0.25-0.025\times4)]\times2\times0.25\times0.5\times12=136.72$	m²
89		加气混凝土砌块墙部位	$4\,006.30-970.58-136.72=2\,899.00$	m²
90		架空层柱部位	$33.7+17.46+19.38+15.63+28.01+34.1=148.28$	m²

表 5.10 工程(分部)费用汇总表

工程名称:某小区单位住宅楼(土建部分)　　　　　　　　　　　　第1页 共1页

序号	费用名称	取费基数	费率(%)	费用金额(元)
1	土石方工程	土石方工程		48 389.57
2	建筑工程(12层以下)	建筑工程(12层以下)		4 632 243.98
3	装饰工程	装饰工程		2 444 114.71
4	工程造价	专业造价总合计		7 124 748.26

表 5.11 单位工程费用汇总表

工程名称:某小区单位住宅楼(土建部分)　　　　　　　　　　　　第1页 共3页

序号	费用名称	取费基数	费率(%)	费用金额(元)
Ⅰ	**土石方工程**	**土石方工程**		48 389.57
一	分部分项工程费	人工费+材料费+未计价材料费+施工机具使用费		38 077.04
1	人工费	人工费		18 615.79
2	材料费	材料费		71.71
3	未计价材料费	主材费		
4	施工机具使用费	机械费		19 389.54
二	措施项目费	单价措施项目费+总价措施项目费		1 562.01
2.1	单价措施项目费	人工费+材料费+施工机具使用费		
2.1.1	人工费	技术措施项目人工费		
2.1.2	材料费	技术措施项目材料费		
2.1.3	施工机具使用费	技术措施项目机械费		
2.2	总价措施项目费	安全文明施工费+其他总价措施项目费		1 562.01
2.2.1	安全文明施工费	人工费+施工机具使用费+人工费+施工机具使用费	3.46	1 314.98
2.2.2	其他总价措施项目费	人工费+施工机具使用费+人工费+施工机具使用费	0.65	247.03
三	总包服务费			
四	企业管理费	人工费+施工机具使用费+人工费+施工机具使用费	7.6	2 888.41
五	利润	人工费+施工机具使用费+人工费+施工机具使用费	4.96	1 885.06

续表 5.11

序号	费用名称	取费基数	费率(%)	费用金额(元)
六	规费	人工费＋施工机具使用费＋人工费＋施工机具使用费	6.11	2 322.13
七	索赔与现场签证			
八	不含税工程造价	分部分项工程费＋措施项目费＋总包服务费＋企业管理费＋利润＋规费＋索赔与现场签证		46 734.65
九	税前包干项目	税前包干价		
十	税金	不含税工程造价＋税前包干价	3.541 1	1 654.92
十一	税后包干项目	税后包干价		
十二	含税工程造价	不含税工程造价＋税金＋税前包干项目＋税后包干项目		48 389.57
Ⅱ	建筑工程(12 层以下)	建筑工程(12 层以下)		4 632 243.98
一	分部分项工程费	人工费＋材料费＋未计价材料费＋施工机具使用费		3 507 573.16
1	人工费	人工费		946 444.98
2	材料费	材料费		2 309 645.65
3	未计价材料费	主材费		
4	施工机具使用费	机械费		251 482.53
二	措施项目费	单价措施项目费＋总价措施项目费		166 871.30
2.1	单价措施项目费	人工费＋材料费＋施工机具使用费		
2.1.1	人工费	技术措施项目人工费		
2.1.2	材料费	技术措施项目材料费		
2.1.3	施工机具使用费	技术措施项目机械费		
2.2	总价措施项目费	安全文明施工费＋其他总价措施项目费		166 871.30
2.2.1	安全文明施工费	人工费＋施工机具使用费＋人工费＋施工机具使用费	13.28	159 084.77
2.2.2	其他总价措施项目费	人工费＋施工机具使用费＋人工费＋施工机具使用费	0.65	7 786.53
三	总包服务费			
四	企业管理费	人工费＋施工机具使用费＋人工费＋施工机具使用费	23.84	285 585.92
五	利润	人工费＋施工机具使用费＋人工费＋施工机具使用费	18.17	217 663.43
六	规费	人工费＋施工机具使用费＋人工费＋施工机具使用费	24.72	296 127.68
七	索赔与现场签证			
八	不含税工程造价	分部分项工程费＋措施项目费＋总包服务费＋企业管理费＋利润＋规费＋索赔与现场签证		4 473 821.49
九	税前包干项目	税前包干价		
十	税金	不含税工程造价＋税前包干价	3.5411	158 422.49
十一	税后包干项目	税后包干价		

序号	费用名称	取费基数	费率(%)	费用金额(元)
十二	含税工程造价	不含税工程造价＋税金＋税前包干项目＋税后包干项目		4 632 243.98
Ⅲ	**装饰工程**	**装饰工程**		2 444 114.71
一	分部分项工程费	人工费＋材料费＋未计价材料费＋施工机具使用费		2 015 488.11
1	人工费	人工费		725 291.27
2	材料费	材料费		1 276 332.12
3	未计价材料费	主材费		
4	施工机具使用费	机械费		13 864.72
二	措施项目费	单价措施项目费＋总价措施项目费		47 749.47
2.1	单价措施项目费	人工费＋材料费＋施工机具使用费		
2.1.1	人工费	技术措施项目人工费		
2.1.2	材料费	技术措施项目材料费		
2.1.3	施工机具使用费	技术措施项目机械费		
2.2	总价措施项目费	安全文明施工费＋其他总价措施项目费		47 749.47
2.2.1	安全文明施工费	人工费＋施工机具使用费＋人工费＋施工机具使用费	5.81	42 944.96
2.2.2	其他总价措施项目费	人工费＋施工机具使用费＋人工费＋施工机具使用费	0.65	4 804.51
三	总包服务费			
四	企业管理费	人工费＋施工机具使用费＋人工费＋施工机具使用费	13.47	99 564.31
五	利润	人工费＋施工机具使用费＋人工费＋施工机具使用费	15.8	116 786.65
六	规费	人工费＋施工机具使用费＋人工费＋施工机具使用费	10.95	80 937.58
七	索赔与现场签证			
八	不含税工程造价	分部分项工程费＋措施项目费＋总包服务费＋企业管理费＋利润＋规费＋索赔与现场签证		2 360 526.12
九	税前包干项目	税前包干价		
十	税金	不含税工程造价＋税前包干价	3.541 1	83 588.59
十一	税后包干项目	税后包干价		
十二	含税工程造价	不含税工程造价＋税金＋税前包干项目＋税后包干项目		2 444 114.71
Ⅳ	**工程造价**	**专业造价总合计**		7 124 748.26

编制人：　　　　　　　　审核人：　　　　　　　　编制日期：

表 5.12 单位工程预算书

工程名称:某小区单位住宅楼(土建部分)　　　　　　　　　　第1页　共7页

序号	编号	定额名称	单位	工程量	单价(元)	其中(元)			合价	其中(元)		
						人工费单价	材料费单价	机械费单价		人工费合价	材料费合价	机械费合价
	0301 土石方工程								38 077	18 615.79	71.71	19 389.54
1	G1-2	人工挖土方 一、二类土 深度(m以内)2	100m³	1.897	1 416	1 416			2 686.15	2 686.15		
2	G1-158	挖掘机挖沟槽、基坑土方(不装车)一、二类土	1000m³	0.171	5 057.85	680.40		4 377.45	863.88	116.21		747.67
3	G1-243	自卸汽车运土方(载重 10 t 以内)运距 1 km以内	1000m³	1.897	7 751.28		37.80	7 713.48	14 704.20		71.71	14 632.47
4	G1-281	填土夯实槽、坑	100m³	17.506	1 057.03	828		229.03	18 504.40	14 494.97		4 009.40
5	G1-283	平整场地	100m²	6.976	189	189			1 318.46	1 318.46		
	0303 桩基工程								268 771	5 522.5	236 744.4	26 504.25
6	G3-27	静力压预应力混凝土管桩 桩径(mm以内)400	100 m	14.70	18 283.75	375.68	16 105.1	1 803.01	268 771	5 522.5	236 744.4	26 504.25
	0101 砌筑工程								365 864	102 603.6	261 552.8	1 707.38
7	A1-1	直形砖基础 水泥砂浆 M5	10m³	1.149	2 697.06	945.20	1 708.80	43.06	3 098.92	1 086.03	1 963.41	49.48
8	A1-29	零星砌体 水泥砂浆 M5(卫生间墙下部)	10m³	3.477	3 543.25	1 784.80	1 719.81	38.64	12 319.90	6 205.75	5 979.78	134.35
9	A1-46	加气混凝土砌块墙 600×300×(125、200、250)混合砂浆 M5	10m³	106.20	3 300.76	897.72	2 388.69	14.35	350 445	95 311.83	253 609.60	1 523.55
	0102 混凝土及钢筋混凝土工程								1 740 652	286 001.70	1 430 537	24 114.12
10	A2-74 换	独立式桩承台 C25 商品混凝土	10m³	9.761	4 074.07	404.80	3 669.27		39 767	3 951.25	35 815.74	

编制人:　　　　　　　　　　审核人:　　　　　　　　　　编制日期:

序号	编号	定额名称	单位	工程量	单价(元)	其中(元)			合价	其中(元)		
						人工费单价	材料费单价	机械费单价		人工费合价	材料费合价	机械费合价
11	A2-75换	基础垫层C15商品混凝土	10m³	1.83	3 697.51	428.48	3 269.03		6 766.44	784.12	5 982.32	
12	A2-75	基础垫层C10商品混凝土	10m³	3.425	3 697.51	428.48	3 269.03		12 664	1 467.54	11 196.43	
13	A2-80换	矩形柱C30商品混凝土	10m³	14.84	4 567.86	758.88	3 808.98		67 782.5	11 261.02	56 521.45	
14	A2-80换	矩形柱C25商品混凝土	10m³	8.016	4 440.75	758.88	3 681.87		35 597.1	6 083.18	29 513.87	
15	A2-83	构造柱C20商品混凝土	10m³	7.202	4 443.95	943.52	3 500.43		32 005.3	6 795.23	25 210.10	
16	A2-85换	基础梁C20商品混凝土	10m³	1.406	4 176.5	346.8	3 829.70		5 872.16	487.6	5 384.56	
17	A2-86换	单梁、连续梁悬臂梁C25商品混凝土	10m³	33.85	4 196.76	505.92	3 690.84		142 060	17 125.39	124 934.90	
18	A2-86换	屋面构架C20商品混凝土	10m³	2.972	4 196.76	505.92	3 690.84		12 472.8	1 503.59	10969.18	
19	A2-88	圈梁C20商品混凝土	10m³	6.442	4 476.96	895.84	3 581.12		28 840.6	5 771	23 069.58	
20	A2-89	过梁C20商品混凝土	10m³	9.858	4 698.92	1 114.48	3 584.44		46 322	10 986.54	35 335.41	
21	A2-92换	直形墙C30商品混凝土	10m³	7.28	4 527.58	696.32	3 831.26		32 960.8	5 069.21	27891.57	
22	A2-92换	直形墙C25商品混凝土	10m³	5.6	4 395.63	696.32	3 699.31		24 615.5	3 899.39	20 716.14	
23	A2-101换	有梁板C20商品混凝土	10m³	49.66	4 140.34	424.84	3715.50		205 626	21 099.25	184 526.6	
24	A2-113换	整体楼梯C20商品混凝土	10m²	13.68	1 158.46	273	885.46		15 844.3	3 733.82	12 110.44	
25	A2-117	压顶C20商品混凝土	10m³	0.555	4 891.40	1 248.40	3 643		2 714.73	692.86	2 021.87	

编制人： 审核人： 编制日期：

续表 5.12

序号	编号	定额名称	单位	工程量	单价（元）	其中（元）			合价	其中（元）		
						人工费单价	材料费单价	机械费单价		人工费合价	材料费合价	机械费合价
26	A2-123	混凝土散水面层一次抹光 60 mm C20 商品混凝土	100m²	1.186	3 085.16	534.16	2 541.06	9.94	3 659	633.51	3 013.7	11.79
27	A2-440	现浇构件圆钢筋(mm 以内) φ 6.5	t	17.42	5 580.57	1 643.96	3 873.02	63.59	97 224.70	28 641.07	67 475.75	1 107.86
28	A2-441	现浇构件圆钢筋(mm 以内) φ 8	t	85.9	4 975.82	1 066.04	3 833.86	75.92	427 428	91 573.90	329 332.40	6 521.60
29	A2-442	现浇构件圆钢筋(mm 以内) φ 10	t	6.865	4 652.85	771.88	3 815.85	65.12	31 941.80	5 298.96	26 195.81	447.05
30	A2-443	现浇构件圆钢筋(mm 以内) φ 12	t	7.024	4 856.88	748.36	3 950.04	158.48	34 114.70	5 256.48	27 745.08	1 113.16
31	A2-444	现浇构件圆钢筋(mm 以内) φ 14	t	0.078	4 716.48	624.04	3 943.03	149.41	367.89	48.68	307.56	11.65
32	A2-445	现浇构件圆钢筋(mm 以内) φ 16	t	0.011	4 637.8	553.48	3 938.53	145.79	51.02	6.09	43.32	1.60
33	A2-454	现浇构件螺纹钢筋(mm 以内) φ 12	t	6.739	5 154.53	696.44	4 269.81	188.28	34 736.40	4 693.31	28 774.25	1 268.82
34	A2-455	现浇构件螺纹钢筋(mm 以内) φ 14	t	15.24	5 012.54	683	4 156.21	173.33	76 411.20	10 411.65	63 357.27	2 642.24
35	A2-456	现浇构件螺纹钢筋(mm 以内) φ 16	t	37.62	4 832.16	617.32	4 045.12	169.72	181 781	23 222.96	152 173.4	6 384.70
36	A2-457	现浇构件螺纹钢筋(mm 以内) φ 18	t	20.05	4 698.86	534.24	4 009.73	154.89	94 216.8	10 712.05	80 399.10	3 105.70
37	A2-458	现浇构件螺纹钢筋(mm 以内) φ 20	t	6.751	4 649.26	490.56	4 004.20	154.5	31 387.20	3 311.77	27 032.35	1 043.03
38	A2-459	现浇构件螺纹钢筋(mm 以内) φ 22	t	3.37	4 576.13	439.24	4 001.9	134.99	15 421.60	1 480.24	13 486.40	454.92

编制人：　　　　　　　　审核人：　　　　　　　　编制日期：

序号	编号	定额名称	单位	工程量	单价（元）	其中（元）			合价	其中（元）		
						人工费单价	材料费单价	机械费单价		人工费合价	材料费合价	机械费合价
	0105 屋面及防水工程								73 629.80	12 238.54	61 293.58	97.62
39	A5-36	高聚物改性沥青防水卷材 屋面满铺	100m²	3.809	5 037.11	555.92	4 481.19		19 186.40	2 117.50	17 068.85	
40	A5-101	高聚物改性沥青防水卷材 平面	100m²	4.548	5 589.58	834.64	4 754.94		25 421.40	3 795.94	21 625.47	
41	A5-102	高聚物改性沥青防水卷材 立面	100m²	3.809	5 831.14	1 076.20	4 754.94		22 212.6	4 099.57	18 112.99	
42	A5-103	自粘聚合物改性沥青防水卷材 平面	100m²	0.411	6 407.37	795.96	5 611.41		2 630.87	326.82	2 304.04	
43	A5-138	防水砂浆平面	100m²	2.64	1 606.89	730.16	839.19	37.54	4 178.56	1 898.71	2 182.23	97.62
	0106 保温、隔热、防腐工程								291 625	110 087.20	179 680.30	1 857.72
44	A6-6	屋面保温现浇水泥珍珠岩	10m³	3.809	4 189.15	569.32	3 619.83		15 957.70	2 168.71	13 789.02	
45	A6-69	胶粉聚苯颗粒外墙保温砂浆 涂料饰面	100m²	40.06	5 349.49	1 838.36	3 464.76	46.37	214 317	73 650.22	138 808.7	1 857.72
46	A6-71	胶粉聚苯颗粒外墙保温砂浆 每增减 5 mm	100m²	80.13	765.68	427.68	338		61 350.90	34 268.29	27 082.59	
	0107 混凝土、钢筋混凝土模板及支撑工程								713 587	402 427.7	281 993.7	29 165.43
47	A7-29	独立式桩承台胶合板模板木支撑	100m²	2.52	4 062.27	2 376.60	1 616.09	69.58	10 238.60	5 989.98	4 073.19	175.37
48	A7-40	矩形柱胶合板模板钢支撑	100m²	15.15	4 259.89	2 583.28	1 541.53	135.08	64 548	39 143.15	23 358.03	2 046.80
49	A7-47	构造柱胶合板模板钢支撑	100m²	9.889	5 298.68	3 379.24	1 750.52	168.92	52 398.70	33 417.30	17 310.89	1 670.45
50	A7-51	基础梁胶合板模板钢支撑	100m²	1.524	4 551.58	2 374.16	2 078.98	98.44	6 934.79	3 617.27	3 167.53	149.98

编制人：　　　　　　　　　审核人：　　　　　　　　　编制日期：

续表 5.12

序号	编号	定额名称	单位	工程量	单价(元)	其中(元)			合价	其中(元)		
						人工费单价	材料费单价	机械费单价		人工费合价	材料费合价	机械费合价
51	A7-55	单梁、连续梁胶合板模板钢支撑	100m²	3.512	5 371.5	3 264.92	1 812.6	293.98	18 864.70	11 466.40	6 365.85	1 032.46
52	A7-59	过梁胶合板模板木支撑	100m²	3.59	7 668.01	3 989.24	3 569.39	109.38	2 7525.90	14 320.17	12 813.04	392.64
53	A7-68	圈梁、压顶直形胶合板模板木支撑	100m²	0.444	4 117.93	2 473.84	1 589.75	54.34	1829.18	1 098.88	706.17	24.14
54	A7-74	直形墙胶合板模板钢支撑	100m²	8.449	3 421.35	2 107.72	1 209.46	104.17	28 908.4	17 808.97	10 219.21	880.17
55	A7-87	有梁板胶合板模板钢支撑	100m²	28.97	4 866.87	2 691.20	1 942.09	233.58	141 016	77 976.71	56 271.48	6 767.91
56	A7-87	有梁板胶合板模板钢支撑	100m²	15.54	4 866.87	2 691.20	1 942.09	233.58	75 640.4	41 826.36	30 183.77	3 630.28
57	A7-87	有梁板胶合板模板钢支撑	100m²	48.12	4 866.87	2 691.20	1 942.09	233.58	234 217	129 513.20	93 462.50	11240.97
58	A7-109	楼梯直形木模板木支撑	10m²	29.44	1 748.27	891.68	817.38	39.21	51 465.6	26 249.28	24 062.03	1 154.26
0108 脚手架工程									126 752	50 889.18	73 764.04	2 098.98
59	A8-1	综合脚手架建筑面积	100m²	52.42	2417.92	970.76	1 407.12	40.04	126 752	50 889.18	73 764.04	2 098.98
0109 垂直运输工程									357 874	128 541.50		229 332.30
60	A9-2	檐高 20 m 以内（6 层以内）塔吊施工	100m²	33.61	1 557.97			1 557.97	52 365.90			52 365.86
61	A9-5	9～12 层檐高（m 以内）40	100m²	33.61	9 089.36	3 824.32		5 265.04	305 508	128 541.50		176 966.40
0110 常用大型机械安拆和场外运输费用表									17 973.90	10 488		7 485.85
62	A10-6	自升式塔式起重机起重力矩（kN·m 以内）1000	台次	1	10 569.03	5 520		5 049.03	10 569	5 520		5 049.03

编制人：　　　　　　　　　审核人：　　　　　　　　　编制日期：

序号	编号	定额名称	单位	工程量	单价（元）	其中（元）			合价	其中（元）		
						人工费单价	材料费单价	机械费单价		人工费合价	材料费合价	机械费合价
63	A10-9	室外施工电梯提升高度（m 以内）75	台次	1	7 404.82	4 968		2 436.82	7 404.82	4 968	2 436.82	
	0201 工程项目								1 513 709	495 596.20	991 539	26 573.85
64	A13-14	炉渣垫层干铺	10m³	0.341	885.29	251.96	633.33		301.62	85.84	215.78	
65	A13-18	垫层商品混凝土	10m³	0.273	3 636.13	426.96	3 209.17		991.06	116.37	874.69	
66	A13-21	水泥砂浆找平层填充材料上厚度 20 mm	100m²	3.809	1450.86	651.52	752.97	46.37	5 526.33	2 481.64	2 868.06	176.62
67	A13-30	水泥砂浆面层楼地面厚度 20 mm	100m²	0.341	1 751.42	836.36	877.52	37.54	596.71	284.95	298.97	12.79
68	A13-30	水泥砂浆面层楼地面厚度 20 mm	100m²	43.528	1 751.42	836.36	877.52	37.54	76 191.67	36 384.00	38 174.58	1633.10
69	A13-34	水泥砂浆踢脚线底 12 mm 面 8 mm	100m²	4.325	2 874.88	2 173.56	664.89	36.43	12 433	9 399.99	2 875.45	157.55
70	A14-22 换	墙面、墙裙 水泥砂浆（mm）12＋8 混凝土墙	100m²	40.06	2 119.71	1 335.68	739.87	44.16	84 921.9	53 511.35	29 641.41	1 769.18
71	A14-33 换	墙面、墙裙 混合砂浆（mm）15＋5 混凝土墙	100m²	120.60	2 169.52	1 489.4	635.96	44.16	261 568	179 569.1	76 674.33	5 324.14
72	A16-3	混凝土面天棚 混合砂浆	100m²	50.66	1 509.02	960.20	515.70	33.12	76 442.30	48 640.76	26 123.76	1 677.76
73	A17-30	实木装饰门安装	100 m²	4.343	57 293.1	3 616.88	53 676.20		248 824	15 708.11	23 3115.8	
74	A17-57	塑钢门安装 双扇全玻地弹门	100 m²	1.901	34 802.74	4 513.84	30 288.90		66 160	8 580.81	57 579.20	

编制人：　　　　　　　　　　　　审核人：　　　　　　　　　　　　编制日期：

续表 5.12

序号	编号	定额名称	单位	工程量	单价（元）	其中（元）			合价	其中（元）		
						人工费单价	材料费单价	机械费单价		人工费合价	材料费合价	机械费合价
75	A17-62	塑钢窗安装 平开窗	100m²	5.203	40 149.32	4 997.76	34 296.10	855.48	208 897	26 003.35	178 442.5	4 451.06
76	A17-70	钢防盗门安装	100m²	0.483	31 694.62	2 420.06	29 274.60		15 308.50	1 168.89	14 139.61	
77	A17-72	电控防盗门安装	100m²	0.347	43 605.03	3 507.20	37 723.33	2 374.50	15 131	1 217	13 090	823.95
78	A17-83	木制防火门 成品安装	100m²	1.554	61 773.10	7 891.20	53 881.90		95 995.40	12 262.92	83732.47	
79	A18-299	刮腻子石灰砂浆石膏砂浆墙面两遍	100m²	182.294 6	630.61	403.28	227.33		114 957	73 515.77	41 441.03	
80	A18-344	外墙喷丙烯酸有光外	100m²	51.14	2761.39	341.92	2213.87	205.60	141 206	17 484.42	113 208.50	10 513.56
81	A19-197	成品金属栏杆扶手（阳台）	100 m	2.866	25 985.56	1 723.62	24 261.90		74 473.10	4 939.79	69 533.26	
82	A19-234	不锈钢管栏杆扶手（楼梯）	100 m	0.631	21 842.28	6 720.14	15 068.10	54.09	13 784.90	4 241.15	9 509.6	34.14
		总计							5 508 514.98	1 623 011.84	3 517 176.02	368 327.02

编制人：　　　　　　　审核人：　　　　　　　编制日期：

表 5.13　单位工程三材汇总表

工程名称：某小区单位住宅楼（土建部分）

序号	名　　称	单　位	数　量
1	钢材	t	213.6388
2	其中：钢筋	t	213.6388
3	木材	m³	
4	水泥	t	271.3625
5	商品混凝土	m³	303.069

思考与练习

5.1　施工图预算有哪些作用？

5.2　编制施工图预算有哪些主要依据？

5.3　施工图预算的编制方法有哪两种？两者编制步骤有何区别？

5.4　工料分析表有什么作用？如何编制施工图预算工料分析表？

5.5　某工程采用图 5.3 所示的预制钢筋混凝土梁 96 根，混凝土强度等级为 C20。试按本地区预算定额计算定额直接费。

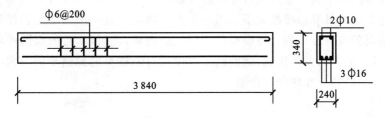

图 5.3　预制钢筋混凝土梁

5.6　某砖混结构房屋采用图 5.4 所示的门连窗 36 樘。试按本地区预算定额计算定额直接费。

5.7　某砖混 5 层楼住宅，层高 3 m，建筑面积为 1 429 m²。试按本地区预算定额计算脚手架工程定额直接费。

5.8　某工程条形基础 97.88 m，断面尺寸如图 5.5 所示。砖基础大放脚二皮一收，地基土为坚硬黏性土，垫层为毛石混凝土 C13，原槽浇筑，基槽人工开挖，土方不外运。试按本地区预算定额计算该基础工程的定额直接费。

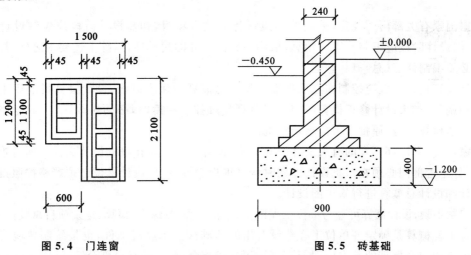

图 5.4　门连窗　　　　　　　　　　**图 5.5　砖基础**

5.9　什么是措施费、其他项目费？各包括哪些内容？

5.10　请仔细阅读本书第 4.4 节"某小区单位住宅楼工程量清单（土建部分）投标计价实例"与第 5.4 节"某小区单位住宅楼施工图预算（土建部分）实例"，说明两类不同编制方法的特点：

（1）两种费用分项特征有什么不同？各有哪些工程费用分项？

（2）分项费用如直接费、分部分项工程费、分部分项措施费各自的具体含义？相互间有什么联系与区别？

（3）两种不同编制方法的编制程序有什么本质区别？

下篇　建设工程设计概算

下篇重点介绍建设工程设计概算。工程设计概算按编制的范围与程序可分为单位工程概算、单项工程(或综合)概算与建设项目总概算等。单位工程概算、单项工程概算是建设项目总概算的子项,三者之间具有系统性关系。当一个建设项目只有一个单项工程甚至只有一个单位工程时,其编制的概算也可称为建设项目设计(总)概算,此时,项目的所谓单项工程综合概算或单位工程综合概算的费用构成,就类同于建设项目总概算的编制步骤与内容。以下按工程设计概算编制的内容与程序分章介绍。

6　设计概算通论

6.1　设计概算及其分类

根据国家有关部门的规定,采用两阶段设计的建设项目,初步设计阶段应编制设计总概算,施工图设计阶段应编制施工图预算;采用三阶段设计的建设项目,除上述要求之外,技术设计阶段必须编制修正(总)概算。

设计概算投资一般应控制在立项批准的设计总概算的额度以内;设计概算批准后不得任意修改和调整;如果设计修正概算或施工图概算超过控制额度时,必须修改设计;如需修改或调整设计总概算,须经原批准部门重新审批。

国家计委、财政部颁发的有关文件明确规定:设计单位必须在报批设计文件的同时报批设计概算,各主管部门必须在审批设计的同时认真审批设计概算,设计单位必须严格按照批准的初步设计和设计总概算进行施工图设计。

按编制步骤,设计概算可分为单位工程概算、单项工程(或综合)概算、建设项目总概算三级。

单位工程概算是确定各单位工程建设费用的基础性技术经济文件,也是编制单项工程概算或单项工程综合概算的基本依据,是单项工程(或综合)概算的组成部分。

单项工程概算是确定一个单项工程所需建设费用的技术经济文件,由单项工程中的各单位工程概算汇总编制而成,是建设项目总概算的主要组成部分。当建设项目只有一个单项工程时,另加上工程建设其他费用,则构成为单项工程综合概算。单项工程概算与单项工程综合概算的费用组成如图6.1所示。

建设项目总概算是确定整个建设项目从筹建到竣工验收所需全部费用的技术经济文件,由各单项工程概算、工程建设其他费用概算、预备费概算、建设期贷款利息概算汇总编制而成,如图6.2所示。

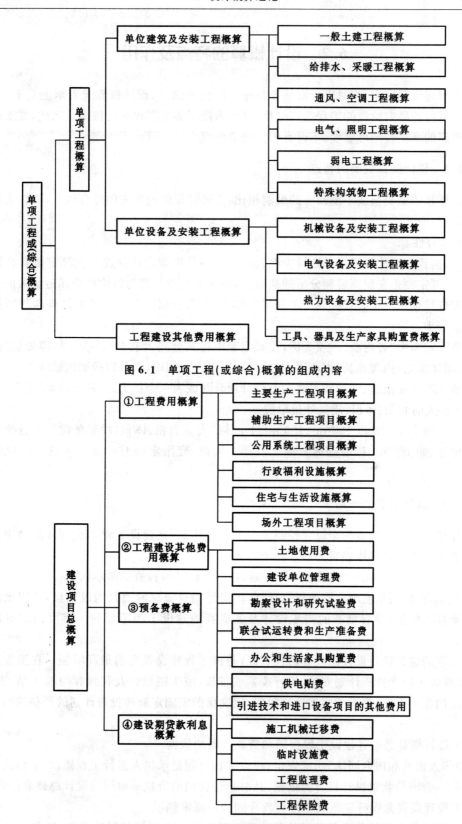

图 6.1　单项工程(或综合)概算的组成内容

图 6.2　建设项目总概算的组成内容

6.2　设计概算的特点及作用

在工程建设程序中,相对于投资估算与施工图预算而言,设计概算起着承上启下的作用,它是基于可行性研究阶段的工程投资估算,又作为控制施工图预算的依据。因此,要求设计概算具有较高的准确性与可靠度,不得有较大的遗漏或高估冒算。

6.2.1　设计概算编制的特点

设计概算的编制与施工图预算的编制相比,主要特征体现在它的综合性上,具体表现在以下几个方面:

(1)综合性

通常,概算列项比预算列项数量少而且简略。这是因为设计深度与概算定额具有较强的综合性,概算定额是在预算定额分项的基础上,将施工生产工艺与结构性质相近相关的若干个分项工程或结构构件扩大合并成一项分部工程(或扩大分项工程),或扩大结构构件项目所形成的综合分项。

以概算定额中"砖内墙"一项为例,预算定额中将其分列为五个分项工程,即砖砌内墙、门窗过梁、墙体加筋、内墙抹灰、内墙喷大白浆等;而概算定额中,则是以砖砌内墙作为一个分项,将上述施工顺序相衔接、结构相关联的五个分项合并成为一个扩大的"砖砌内墙"分项工程。

(2)扩大的面积、体积、质量计量单位

概算定额中往往是以 100 m²、100 m³、1 t 等扩大的面积、体积、质量单位作为分项工程量的计量单位,如 100 m² 砖墙砌体分项工程等。因此,套用定额时一定要注意工程量的数值换算。

6.2.2　设计概算的作用

设计概算作为工程造价全过程控制的一个关键环节,在建设工程造价管理活动中起着投资控制的重要作用。具体表现为以下几个方面:

(1)设计概算是编制建设项目投资计划,控制建设项目投资的基本依据

国家规定,编制年度固定资产投资计划,确定计划投资总额及其构成数额,要以批准的初步设计概算为依据,没有批准的初步设计及其概算的建设工程不能列入年度固定资产投资计划中。

经批准的建设项目设计总概算的投资额,是该工程建设投资的最高限额。在工程建设过程中,年度固定资产投资计划安排,银行拨款或贷款,施工图设计及其预算与竣工结、决算等,未经规定的批准程序,都不能突破这一限额,以确保国家固定资产投资计划的严格执行和有效控制。

(2)设计概算是签订建设工程合同和贷款合同的依据

《中华人民共和国合同法》明确规定,建设工程合同是承包人进行工程建设,发包人支付价款的合同。合同价款以设计概算为依据,且总承包合同的价款不得超过设计总概算的投资额。

(3)设计概算是银行拨款或签订贷款合同的最高限额

建设项目的全部拨款或贷款以及各单项工程的拨款或贷款的累计总额,不能超过设计概

算的投资额。项目的投资计划所列投资额或拨款与贷款突破设计概算的投资额时,必须待查明原因后,由建设单位报请相关部门调整或追加设计概算总投资额,凡未批准之前,银行对其超支部分拒不拨付。

（4）设计概算是控制施工图设计和施工图预算的依据

经批准的设计概算的投资额是建设项目投资的最高限额,设计单位必须按照批准的初步设计及其总概算进行施工图设计,施工图预算不得突破设计概算。如确需突破总概算时,应按规定程序报经审批。

（5）设计概算是衡量设计方案经济合理性和选择最佳设计方案的依据

设计概算是设计方案技术经济合理性的综合反映,据此可以用来对不同的设计方案进行技术与经济合理性的比较,以便选择最佳的设计方案。

（6）设计概算是工程造价管理及编制招标控制价和投标报价的依据

以设计概算进行招标的工程,招标单位编制招标控制价必须以设计概算造价为底线,并以此作为评标、定标的依据。

（7）设计概算是考核与评价工程建设投资效果的依据

通过设计概算与竣工结（决）算的对比,可以分析和考核投资建设效果的好坏,同时还可以验证设计概算的准确性,有利于加强和促进设计概算管理和建设项目的造价管理工作。

6.3　概算编制的原则与编制依据

6.3.1　编制原则

（1）正确处理国家、地方、企事业建设项目的关系,坚持国家经济与社会可持续发展第一的原则

初步设计方案与编制的设计总概算,应符合国民经济和社会发展中长期规划、行业及地区规划、产业政策及生产力布局等方面的要求,确保生态环境与建设安全的需要与要求,在工程、技术、经济效益和外部条件等方面,应认真进行全面分析、比较、论证,作多方案比较并选择最佳方案,有利于促进国家经济与社会的可持续发展。

（2）充分调查研究,掌握第一手资料

概算编制人员应认真踏勘现场,进行调查研究,搜集、选用基础资料。对于新工艺、新材料、新技术、新结构的发展状况、技术水准及其费用与非标准设备的价格等,应认真查实核准。在有关信息与资料的筛选中,凡当地有明确规定的按当地规定执行。

（3）贯彻理论与实践、设计与施工、技术与经济相结合的原则

密切结合工程的结构性质和建设地区的施工条件,设计应尽量采用新工艺、新材料、新技术、新结构,合理确定各项费用。

（4）抓住主要矛盾,突出重点,保证概算编制质量

由于概算编制受到设计深度的制约,图纸局部细节尚不详尽,因此,应把握关键项目和主要部分的分析与研究,以便更好地编制整个建设项目的概算造价。

6.3.2 编制依据

概算编制依据涉及工程建设的方方面面,一般指编制项目概算所需的一切基础资料。对于不同项目,其概算编制依据不尽相同。设计概算文件编制人员必须深入现场进行调查研究,收集编制概算所需的定额、价格、费用标准,国家、行业、当地主管部门的规定、办法,以及市场相关信息等资料。投资方(项目业主)应主动配合,并主动向设计单位提供有关资料。

6.3.2.1 编制初步设计概算依据的资料

编制初步设计概算依据的资料主要包括以下几个方面:

(1) 批准的建设项目可行性研究报告和计划任务书。

(2) 初步设计或扩大初步设计图纸、设计说明书、设备清单和材料表等。其中,土建工程包括建筑总平面图、平面图、立面图、剖面图和初步设计文字说明(注明门窗尺寸、装修标准等),结构平面布置图、构件尺寸及特殊构件的钢筋配置;安装工程包括给排水、采暖、通风、电气、动力等专业工程的平面布置图、系统图、文字说明和设备清单等;室外工程包括平面图、土石方工程量,道路、挡土墙等构筑物的断面尺寸及有关说明。

(3) 建设场地的工程地质、地形地貌等自然条件资料和建设工程所在地区的有关技术经济条件资料。

(4) 国家或省、市、自治区现行的各种价格信息和计费标准,包括:

① 国家或省、市、自治区现行的建筑设计概算定额(综合预算定额或概算指标),现行的安装设计概算定额(或概算指标),类似工程概预算及技术经济指标;

② 建设工程所在地区的人工工资标准、材料预算价格、施工机械台班预算价格,标准设备和非标准设备价格资料,现行的设备原价及运杂费率;

③ 国家或省、市、自治区现行的建筑安装工程间接费定额和有关费用标准,工程所在地区的土地征购、房屋拆迁、青苗补偿等费用和价格资料。

(5) 国家、行业和地方政府有关法律、法规或规定。

(6) 资金筹措方式。

(7) 施工组织总设计。

(8) 项目的管理(含监理)、施工条件。

(9) 项目所在地区有关的气候、水文、地质地貌等自然条件。

(10) 项目所在地区有关的经济、人文等社会条件。

(11) 项目的技术复杂程度,以及新工艺、新材料、新技术、新结构、专利使用情况等。

(12) 有关文件、合同、协议等。

6.3.2.2 概算编制依据应满足的要求

概算编制依据应满足以下要求:

(1) 定额和标准的时效性

要使用概算文件编制期正在执行和使用的定额与标准,对于已经作废或还没有正式颁布执行的定额和标准禁止使用。

(2) 针对性

要针对项目特点,使用相关的编制依据,并在编制说明中加以说明。

（3）合理性

概算文件中所使用的编制依据对项目造价（投资）水平的确定应当是合理的，也就是说，按照该编制依据编制的项目造价（投资）能够反映项目实施的真实造价（投资）水平。

（4）对影响造价或投资水平的主要因素或关键工程的必要说明

概算文件编制依据中，应对影响造价或投资水平的主要因素作较为详尽的分析与说明。

思考与练习

6.1 简述工程设计概算的定义及其分类。

6.2 建设项目总概算应包含哪四大项费用？

6.3 工程概算的编制依据有哪些？

6.4 试述设计概算的特点及其作用。

6.5 概算编制依据应满足哪些要求？

7　单位工程概算

单位工程概算是建设项目设计总概算文件的基本组成部分,是编制单项工程概算的直接依据。单项工程概算由单位工程概算汇总编制而成。

按工程性质不同,单位工程概算一般分为单位建筑及安装工程概算、单位设备及安装工程概算两大类。

单位建筑及安装工程概算,包括单位工程土建工程概算、给排水工程概算、采暖工程概算、空调及通风工程概算、电气照明工程概算、弱电工程概算、特殊构筑物工程概算等。

单位设备及安装工程概算,包括机械设备及安装工程概算,电气设备及安装工程概算,热力设备及安装工程概算,工具、器具及生产家具购置费概算等。

常见的单位工程概算如图 7.1 所示。

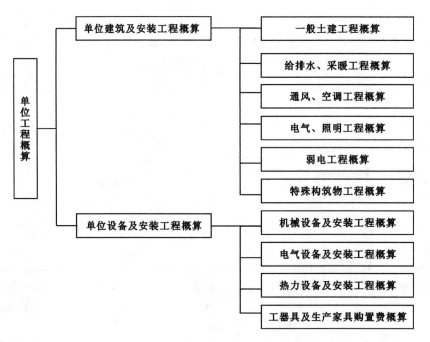

图 7.1　常见的单位工程概算

7.1　单位建筑及安装工程概算

单位建筑及安装工程概算较为常用的编制方法有:概算定额计价法、概算指标计价法及类似工程预算计价法等。

7.1.1 概算定额计价法

7.1.1.1 概算定额计价法概述

概算定额计价法又称扩大单价法或扩大结构定额法,是编制单位建筑及安装工程概算时最常用的编制方法。顾名思义,此方法类似于施工图预算定额计价法的编制方法,不同之处在于此方法采用概算定额来编制建筑及安装工程概算。它是根据初步设计图纸资料和概算定额的项目划分的,首先划分工程分项,遵照规定的工程量计算规则计算出相关分项的工程量,然后套用相适应的概算定额单价(或称基价)计算各分项直接费,计算汇总各分项直接费后,再计取有关规定的间接费用,即可得出单位工程概算造价。

运用概算定额法时,要求初步设计必须达到一定深度要求,建筑结构尺寸比较明确,能按照初步设计的平面、立面、剖面图计算出楼地面、墙身、门窗和屋面等扩大分项工程(或扩大结构构件)项目的工程量。

7.1.1.2 概算定额计价法的编制步骤

概算编制步骤与施工图预算编制步骤基本相同,如图5.2所示。一般可按下列步骤进行:

(1)收集各项基础资料、文件

收集的各项基础资料、文件包括设计任务书、设计图纸、工艺技术资料、国家颁布的有关法规、概算定额、概算指标、取费标准、工资标准、材料、施工机械台班使用费、设备预算价格等。这些基础资料因地区不同而异,故应收集适用于项目建设地区的资料。熟悉设计文件,掌握施工现场情况,充分了解设计意图,掌握工程全貌,明确工程的结构形式和特点。掌握施工组织与技术应用情况,深入施工现场了解建设地点的地形、地貌及作业环境,并加以核实、分析和修正。

(2)分列工程项目

概算所列的工程项目,主要是依据概算定额手册所划分的项目及编排的顺序,结合初步设计图纸的内容进行划分和列项。应特别注意综合性与扩大性的分项特征,使分项名称、计量单位与概算定额项目取得一致。

(3)计算工程量

概算中,工程量的计算顺序与计算方法,与预算大体相同。因概算项目划分简略,工作内容综合扩大,编制概算时必须与概算定额规定的工作内容、计量单位口径一致,严格按照规定的计算规则进行。概算定额的工程量计算单位往往选用 100 m^2 或 100 m^3 等扩大的计量单位。概算工程量计算规则与施工图预算工程量计算规则基本相同,不同的是有时需将相应项目进行合并与换算。

确定套用的概算定额分项。正确地确定和选用概算定额分项,是保证和提高概算准确度的关键因素。具体操作时,应根据概算定额编号、计量单位、概算定额中规定的工作内容,以及换算调整的计算规则等进行分析,以确定适应各分项的定额分项。当概算定额中某些分项的工作内容与设计图纸要求不符时,可按定额的相关规定进行调整换算,编制补充单位估价表,如表7.1所示。对于需要满足某些新材料、新工艺、新技术、新结构的定额缺项的项目,可以参照类似的定额相关分项或自测自编新的概算定额单价(即补充单位估价表)。应当注意,自主编制的补充单位估价表必须经过当地工程造价主管部门审批后方能生效。

表 7.1　补充单位估价表

子目名称：

工作内容：　　　　　　　　　　　　　　　　　　　　　　　　　共　页　第　页

补充单位估价表编号			
定额基价			
人工费			
材料费			
机械费			
名　　称	单位	单价	数　　量
综合工日			
材料			
其他材料费			
机械			

编制人：　　　　　　　　　　　　　　　　　　　　　　　　审核人：

概算定额单价的计算公式为：

$$概算定额单价 = 概算定额人工费 + 概算定额材料费 + 概算定额机械台班使用费$$

$$= \sum \left(\begin{matrix} 概算定额中 \\ 人工消耗量 \end{matrix} \times \begin{matrix} 人工 \\ 单价 \end{matrix} \right) + \sum \left(\begin{matrix} 概算定额中 \\ 材料消耗量 \end{matrix} \times \begin{matrix} 材料预 \\ 算单价 \end{matrix} \right)$$

$$+ \sum \left(\begin{matrix} 概算定额中机 \\ 械台班消耗量 \end{matrix} \times \begin{matrix} 机械台 \\ 班单价 \end{matrix} \right) \tag{7.1}$$

（4）计算单位工程直接费

将算出的各分部分项工程项目的工程量分别乘以概算定额单价（基价），汇总各分项工程的直接工程费；最后再汇总措施费，即可得到该单位工程的直接费。其计算式如下：

$$分项工程的直接工程费 = \sum (各分部分项工程项目的工程量 \times 概算定额单价) \tag{7.2}$$

$$单位工程的直接费 = \sum 各分项工程的直接工程费 + \sum 措施费 \tag{7.3}$$

（5）计取各项费用，确定单位建筑及安装工程概算造价

根据单位工程的直接费，结合其他各项取费标准，分别计算间接费、利润和税金。取费计算可参照施工图预算中相应费用的计算公式进行。单位建筑及安装工程概算造价的计算公式如下：

$$单位建筑及安装工程概算造价＝直接费＋间接费＋利润＋税金 \qquad (7.4)$$

（6）编制单位建筑及安装工程概算文件

为了加强行业的自律管理,提高工程造价咨询成果的质量,规范建设项目设计概算的编制办法和深度要求以及编制成果,中国建设工程造价管理协会组织有关单位编制了《建设项目设计概算编审规程》(CECA/GC 2—2007)(以下简称《概算编审规程》)。该规程对一般性建设项目设计概算文件中普遍涉及的相关术语和费用计算规则作了较为准确的界定,规定了设计概算文件的编制依据、编制办法、编审程序及质量控制措施等内容,对设计概算文件的构成及应用表格的格式进行了规范。

《概算编审规程》规定的单位建筑工程概算表格式如表7.2所示。

表7.2 单位建筑工程概算表

单位工程概算编号：_____ 　　工程名称（单位工程）：_____ 　　　　共 页 第 页

序号	定额编号	工程项目或费用名称	单位	数量	单价（元）				合价（元）			
					定额基价	人工费	材料费	机械费	金额	人工费	材料费	机械费
一		土石方工程										
1	××	×××××										
2	××	×××××										
二		砌筑工程										
1	××	×××××										
三		楼地面工程										
1	××	××××										
		小计										
		工程综合取费										
		单位工程概算费用合计										

编制人： 　　　　　　　　　　　　　　　　　　　　　　　审核人：

（7）进行概算技术经济指标分析

在确定工程概算造价之后,编者可以根据工程建设项目的特征和需要,编制各类相关的技术经济指标,例如元$/100 \ m^2$、工日$/100 \ m^2$、t$/100 \ m^2$ 等。

7.1.1.3 单位建筑工程设计概算编制实例

【案例7.1】 本工程实例为××××综合大楼工程,是集住宅、娱乐、办公为一体的综合区。该工程位于广州市天河东路,占地面积 10 274 m^2。工程总平面图、一层平面图及2—2剖面图分别如图7.2、图7.3及图7.4所示。

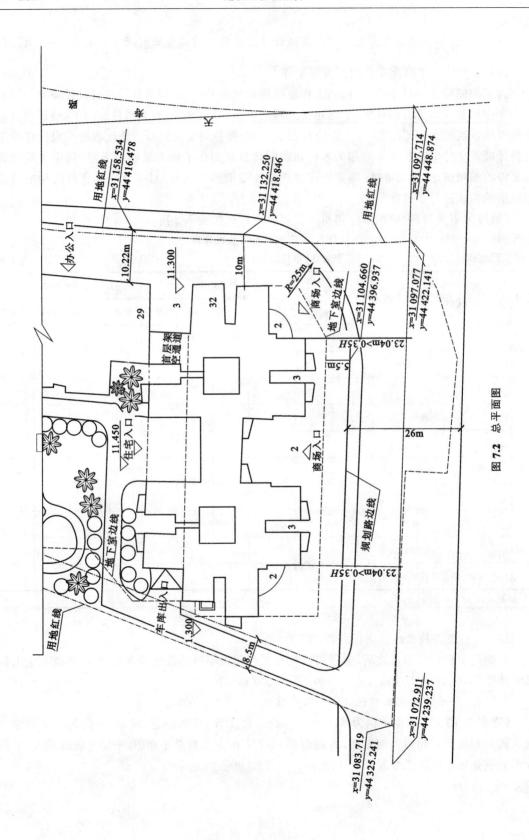

图 7.2 总平面图

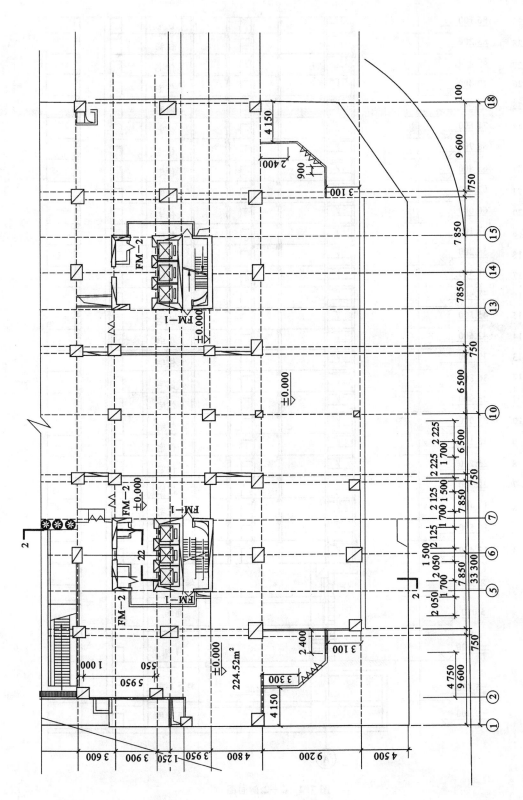

图 7.3 一层平面图

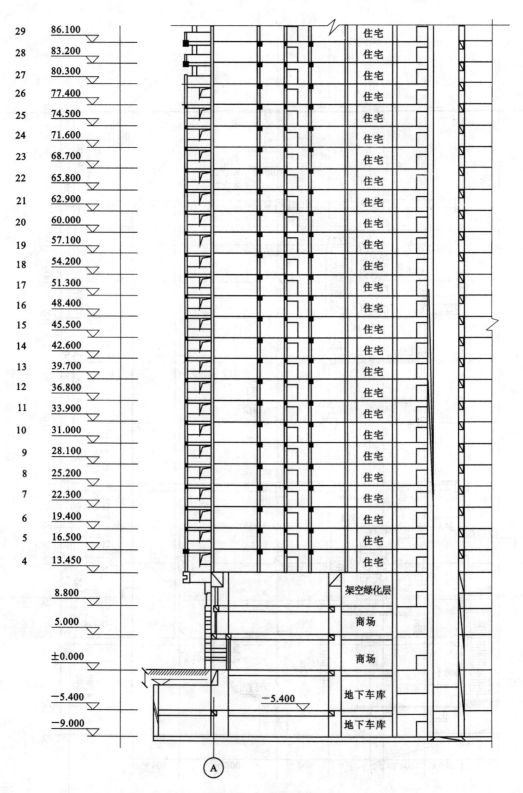

29	86.100	住宅
28	83.200	住宅
27	80.300	住宅
26	77.400	住宅
25	74.500	住宅
24	71.600	住宅
23	68.700	住宅
22	65.800	住宅
21	62.900	住宅
20	60.000	住宅
19	57.100	住宅
18	54.200	住宅
17	51.300	住宅
16	48.400	住宅
15	45.500	住宅
14	42.600	住宅
13	39.700	住宅
12	36.800	住宅
11	33.900	住宅
10	31.000	住宅
9	28.100	住宅
8	25.200	住宅
7	22.300	住宅
6	19.400	住宅
5	16.500	住宅
4	13.450	住宅
	8.800	架空绿化层
	5.000	商场
	±0.000	商场
	−5.400	地下车库
	−9.000	地下车库

−5.400

Ⓐ

图 7.4 2—2 剖面图

（1）编制说明

① 本工程根据初步设计图计算工程量，套用《广州地区 1999 年建筑工程预算（补充）价格表》。

② 本工程按一类甲取费，包干费为 1.5％。材料价差按广州市场信息 2000 年第四季度信息价及广州地区建筑工程材料指导价格执行。

③ 依据工程特点，本工程分为人工大型土石方工程、机械大型土石方工程、±0.000 以下（地下室）工程、±0.000 以上预拌混凝土工程、±0.000 以下预拌混凝土工程、±0.000 以上工程六部分。

（2）建筑概述

根据工程初步设计图、拟建的规模、所处的地理位置、周边建筑的环境风格，对本工程作如下概算分析：

① 工程为框架结构，分为 A、B 区。A、B 区地下均为 2 层，A 区地上为 33 层，B 区地上为 29 层，总建筑面积 90 022.16 m²（其中地下室 9 795.68 m²）。

② 工程框架填充采用 M7.5 水泥石灰砂浆砌 190 mm 厚混凝土小型砌块（卫生间隔墙为 120 mm 厚黏土砖），墙身砌体于 −0.060 标高处设 20 mm 厚 1∶2 水泥砂浆，掺 5％防水剂。

（3）建筑装修

① 外墙壁装修

彩釉砖外墙：做法详见 98ZJ001（12/43），面层具体做法由供货商提供技术资料。

② 内墙壁装修

a. 进口油性乳胶漆内墙：基层做法详见 98ZJ001（3/40），用于除地下室及卫生间以外的内墙。

b. 大理石内墙：做法详见 98ZJ001（12/32），满贴于转角电梯门墙面。

c. 高级瓷砖内墙：做法详见 98ZJ001（8/32），用于卫生间、厨房，贴至板底。

d. 石灰浆内墙：基层做法详见 98ZJ001（2/30），面层做法详见 98ZJ001（2/630），用于地下室车库。

③ 楼地面装修

a. 水泥楼地面：做法详见 98ZJ001（地 2/4）、（楼 1/4），用于地下室车库，住宅楼除卫生间、厨房以外的房间。

b. 防滑砖楼地面：做法详见 98ZJ001（地 18/6）、（楼 10/15），用于住宅楼、办公楼卫生间、厨房。

c. 耐磨砖楼地面：做法详见 98ZJ001（地 18/6）、（楼 10/15），用于 1～3 层商场、会场、大堂及办公用地，B 区办公楼。

④ 天棚装修

a. 混合砂浆天棚：做法详见 98ZJ001（顶 3/47），表面喷刷乳胶漆，用于除地下室及 1～3 层（不包括梯间墙）外的房间。

b. 混合砂浆天棚：做法详见 98ZJ001（顶 3/47），表面刷乳胶漆。做法详见 98ZJ001（漆 23/60），用于 1～3 层商场、会场、大堂。

c. 轻钢龙骨埃特板吊顶：做法详见 98ZJ001（顶 9/48），表面刷乳胶漆。做法详见 98ZJ001（漆 23/60），用于 1～3 层商场、会场、大堂及办公用地，B 区办公楼。

d. 铝合金龙骨吸音棉吊顶：做法详见 98ZJ001（顶 17/50），表面刷乳胶漆。做法详见

98ZJ001(漆 23/60)，用于首层除商场、大堂、卫生间、楼梯间以外的所有房间及 B 区办公楼。

⑤ 屋面

a. 塑料夹层防水屋面：做法详见《建筑夹层塑料板工程构造图集》第 6 页（6）、（8）、（9）、（10）、（11）节点大样，用于 3 层会所天面、A 区 33 层及 B 区 29 层天面。

b. 防水砂浆防水天面：做法详见 98ZJ001(屋 21/86)，用于天面楼梯屋面及电梯机房天面和雨篷面。

c. 种植屋面：用于 3 层室外活动场所及 33 层天面花园。

⑥ 墙裙、踢脚线

釉面砖踢脚线：用于住宅卫生间、厨房及 1～3 层墙面。

⑦ 门窗

a. 所有铝合金门窗框料均采用银白铝，玻璃采用白色及绿色透明玻璃。

b. 所有内木门油漆均为木器厂原色。

⑧ 地下室防水

a. 地下室沿建筑内墙均做夹层防水，做法为：

● 钢筋混凝土自防水；

● 20 mm 厚 1：3 水泥砂浆；

● 聚氨酯满涂 0.5 mm 黏结层；

● 塑料夹层 H10；

● 20 mm 厚 1：3 水泥砂浆粉刷层；

● 石灰水掺 107 胶水。

b. 地下室底板做塑料夹层防水，做法为：

● 自防水钢筋混凝土底板塑料夹层 H10；

● 80 mm 厚（最薄处）C25 细石混凝土找坡层；

● 20 mm 厚 1：2 水泥砂浆面层（车道部分掺金刚砂，宽 5 m）；

● 排水沟、集水坑及底板与内墙交接处做法均详见《建筑夹层塑料板工程构造图集》第 14 页。

⑨ 其他

a. 沿建筑物四周均设散水 800 mm 宽，做法详见 98ZJ901(4/3)。

b. 室外台阶，做法详见 98ZJ901(台 5/66)。

c. 室外坡道，做法详见 98ZJ901(坡 9/68)。

d. 门窗过梁：门窗洞顶或墙上预留洞顶，除已有的结构梁外，其余均设钢筋混凝土过梁。

e. 房上水池考虑 A 区天面 2 个，B 区天面 1 个。

f. 卫生间蹲位按 410 户，每户 2 个蹲位考虑。

（4）结构概述

① 地下室考虑四壁钻孔挡土地桩 364 条：$D=800$ mm，桩长 20 m。钻孔桩钢筋笼：主筋 8Φ20，加劲筋 8ϕ12，螺旋筋 ϕ8@200。桩顶 1 000 mm×1 000 mm 压梁，C25 混凝土。

② 土方运输考虑运距 16 km。

③ 施工机械为塔吊 2 台、钻孔桩机 4 台、施工电梯 2 台。

④ 结构主要材料选用如表 7.3 所示。

表 7.3　结构主要材料选用表

部　位	构件名称				混凝土强度等级
桩　基	人工挖孔桩				C40
地下室	承台、基础梁 内外墙、水池侧壁、地下室顶板(覆土部分) 柱、剪力墙 梁、板				C40 C40 C50 C40
±0.000 以上	楼层	构件名称	混凝土强度等级	构件名称	混凝土强度等级
A 区	1～3 层 4～10 层 11～17 层 17 层以上	柱、剪力墙	C50 C40 C35 C30	梁、板	C40 C35 C30 C30
B 区	1～3 层 4～10 层 11～17 层 18～23 层 23 层以上	柱、剪力墙	C50 C45 C40 C35 C30	梁、板	C40 C35 C30 C30 C30

（5）实例的概算表

该工程建设单位为广州市××房地产开发有限公司,概算编制单位为广东省××工业设计院。该工程项目的建筑工程中,机械大型土石方工程、±0.000 以下预拌混凝土工程的工程费用表、工料价差表以及建筑工程概算表如表 7.4～表 7.10 所示。人工大型土石方工程、±0.000 以下(地下室)工程、±0.000 以上工程、±0.000 以上预拌混凝土工程的概算表从略。安装工程部分的概算见本章 7.3 节案例 7.3。

表 7.4　广州市××××工程概算表

建设单位:广州市××房地产开发有限公司　　　　　　　　　　　业务编号:

工 程 项 目	结构种类	建筑面积(m²)	工程造价(元)	经济指标(元/m²)	备　　注
一、建筑工程					
人工大型土石方工程			362 780.14		
机械大型土石方工程			2 293 750.00		见表 7.5
±0.000 以下预拌混凝土工程			9 813 744.41		见表 7.8
±0.000 以下(地下室)工程			19 568 073.86		
±0.000 以上工程			105 163 562.79		
±0.000 以上预拌混凝土工程			17 233 327.48		
小计			154 435 238.68	1 715.53	
二、安装工程					
给排水工程			8 501 333.33		
电气工程			45 949 112.47		
小计			54 450 445.80	604.86	
合计		90 022.16	208 885 684.48	2 320.38	

合计(大写):贰亿零捌佰捌拾捌万伍仟陆佰捌拾肆元肆角捌分

编制单位:广东省××工业设计院　　　　　　　　　　　　　　　编制人:××

表 7.5　机械大型土石方工程费用表

工程编号:2001421

工程名称:×××大型土石方工程　　　　　　　　编制阶段:概算

序号	代 码	费 用 名 称	取费基数	费率(%)	金额(元)
1	A	定额直接费	$A_1+A_2+A_3$	100	1 449 053.24
2	A_1	人工费	人工费	100	8 452.35
3	A_2	材料费	材料费	100	956.68
4	A_3	机械费	机械费	100	1 439 644.21
5	B	广东省综合费	A	28.92	419 066.20
6	C	广州市补充费合计	A	0.74	10 722.99
7	D	工资差价	$(A_1/18.5)\times(24.5-18.5)$	100	2 741.30
8	E	其他材料价差	A	−0.32	−4 636.97
9	F	主要材料价差	JCF	100	118 357.10
10	G	计划利润	A+B+C+D+E+F	9	179 577.35
11	H	预算包干费	A+B+C+D+E+F+G	1.5	32 623.22
12	I	防洪工程维护费	A+B+C+D+E+F+G+H	0.18	3 973.51
13	J	预算编制费	A+B+C+D+E+F+G+H+I	0.3	6 634.43
14	K	不含税金工程造价	A+B+C+D+E+F+G+H+I+J	100	2 218 112.37
15	L	税金	K	3.41	75 637.63
16	Z	工程价值	K+L	100	2 293 750.00
17		[编制依据]:穗建定[1999]243 号(1999 年 7 月 1 日起执行)			

编制人:××

表 7.6　机械大型土石方工料价差表

工程编号:2001421

工程名称:××××大型土石方工程　　　　　　　　编制阶段:概算

序 号	工料名称	型号规格	单位	数 量	预算价(元)	市场价(元)	价差(元)	价差合计(元)
1	汽油	(机械用)	kg	895.69	2.79	3.53	0.74	662.81
2	柴油	(机械用)	kg	123 888.72	2.51	3.46	0.95	117 694.29
3	[价差合计]							118 357.10
	[编制依据]:广州建筑 2000-4 季度材料价格							

编制人:××

表7.7 机械大型土石方建筑工程概算表

工程编号:2001421

工程名称:××××大型土石方工程　　　　编制阶段:概算

序号	定额号	内 容	单位	数量	单价价值(元)				总价值合价(元)
					基价	其中			
						人工费	材料费	机械费	
1	1-72+1-74*15	挖土机挖土,自卸汽车运土,运距6 km内,三类土	1 000 m³	49.826 9	28 738.22	111.00	19.20	28 608.02	1 431 936.42
2	1-86+1-87*5	机械垂直运土方深度10 m内	100 m³	33.566 4	382.55	77.91		304.64	12 840.83
3	1-67	挖土机挖土,一、二类土	1 000 m³	2.760 4	1 549.05	111.00		1 438.05	4 275.99
4		[定额费合计]							1 449 053.24
5		[直接费用合计]							1 449 053.24

编制人:××

表7.8 预拌混凝土(地下室)工程费用表

工程编号:2001421

工程名称:××××预拌混凝土(地下室)　　　　编制阶段:概算

序号	代码	费用名称	取费基数	费率(%)	金额(元)
1	A	定额直接费	$A_1+A_2+A_3$	100	8 903 151.61
2	A_1	人工费	人工费	100	866 650.23
3	A_2	材料费	材料费	100	7 261 410.00
4	A_3	机械费	机械费	100	775 091.38
5	B	广东省综合费	A×0.5	29.08	1 294 518.24
6	C	广州市补充费合计	A×0.5	0.78	34 722.29
7	D	工资差价	$(A_1/18.5)×(24.5-18.5)$	100	281 075.75
8	E	其他材料价差	A	-0.32	-28 490.09
9	F	主要材料价差	JCF	100	-1 609 055.53
10	G	计划利润	A×0.5+B+C+D+E+F	9	400 755.29
11	H	预算包干费	A+B+C+D+E+F+G	1.5	139 577.51
12	I	防洪工程维护费	A+B+C+D+E+F+G+H	0.18	17 000.54
13	J	预算编制费	A+B+C+D+E+F+G+H+I	0.3	28 385.24
14	K	不含税金工程造价	A+B+C+D+E+F+G+H+I+J	100	9 490 130.94
15	L	税 金	K	3.41	323 613.47
16	Z	工程价值	K+L	100	9 813 744.41
17		[编制依据]:穗建定[1999]243号(1999年7月1日起执行)			

编制人:××

表 7.9　预拌混凝土(地下室)工料价差表

工程编号:2001421

工程名称:××××预拌混凝土(地下室)　　　　　　　编制阶段:概算

序号	工 料 名 称	型 号 规 格	单位	数 量	预算价 (元)	市场价 (元)	价差 (元)	价差合计 (元)
1	松杂木枋板材	周转材综合	m³	38.94	1 386.37	1 199.90	−186.47	−7 261.09
2	42.5级水泥		t	25.52	387.31	386.33	−0.98	−25.01
3	中砂		m³	50.70	26.36	29.42	3.06	155.16
4	低碳钢电焊条		kg	527.69	5.10	5.00	−0.10	−52.77
5	柴油	(机械用)	kg	2 934.82	2.51	3.46	0.95	2 788.08
6	C15预拌普通混凝土		m³	608.00	346.16	265.00	−81.16	−49 345.00
7	C25预拌普通混凝土		m³	294.35	366.31	290.00	−76.31	−22 461.85
8	C30预拌普通混凝土		m³	17.86	389.82	305.00	−84.82	−1 515.22
9	C40预拌普通混凝土		m³	2 480.75	433.90	330.00	−103.90	−257 750.07
10	C50预拌普通混凝土		m³	663.40	474.00	355.00	−119.00	−78 945.08
11	C15预拌普通混凝土		m³	21.19	345.74	265.00	−80.74	−1 710.51
12	C30预拌普通混凝土		m³	3 409.52	390.06	305.00	−85.06	−290 013.52
13	C40预拌普通混凝土		m³	134.18	432.86	330.00	−102.86	−13 802.06
14	C25预拌普通混凝土		m³	4 367.06	411.56	315.00	−96.56	−421 683.70
15	C40预拌B6—B8防水混凝土		m³	3 919.08	446.16	347.00	−99.16	−388 616.30
16	C50预拌B6—B8防水混凝土		m³	662.94	491.89	373.00	−118.89	−78 816.59
17	〔价差合计〕							−1 609 055.53
	〔编制依据〕: 广州建筑2000-4季度材料价格							

编制人:××

表 7.10　预拌混凝土(地下室)建筑工程概算表

工程编号:2001421

工程名称:××××预拌混凝土(地下室)　　　　　　　编制阶段:概算

序 号	定额号	内　　容	单 位	工 程 量	单价价值(元)				总价值合价 (元)
					基　价	其中			
						人工费	材料费	机械费	
1	5-130-3	人工挖孔桩桩芯,C30预拌普通混凝土	10 m³	335.913	4 213.60	149.11	3 977.56	86.93	1 415 403.02
2	5-131-5 换	承台混凝土C40预拌普通混凝土,抗渗S12	10 m³	65.314	5 261.22	166.87	5 007.42	86.93	343 631.33
3	5-184 换	预拌混凝土垫层C15混凝土	10 m³	53.302	3 838.02	266.22	3 534.03	37.77	204 574.15
4	5-134-7	地下室,矩形柱C50预拌普通混凝土	10 m³	65.36	5 159.21	318.39	4 825.27	15.55	337 205.97
5	5-132-5 换	地下室底板,C40预拌普通混凝土,抗渗S12	10 m³	222.752	4 793.61	161.32	4 543.32	88.97	1 067 786.22
6	5-137-5	基础梁C40预拌普通混凝土	10 m³	16.075	4 664.82	217.01	4 432.13	15.68	74 986.99
7	5-140-5 换	直形墙、弧形墙、电梯井壁C40预拌普通混凝土	10 m³	167.829	4 786.57	281.57	4 488.38	16.62	803 325.26

序号	定额号	内 容	单位	工程量	单价价值（元）				总价值合价（元）
					基 价	其中			
						人工费	材料费	机械费	
8	5-130-19	钻（冲）孔桩 D800，C25 预拌水下混凝土（护坡）	10 m³	363.922	9 073.78	1 526.62	5 602.03	1 945.13	3 302 148.16
9	5-137-2	压顶梁 C25 预拌普通混凝土	10 m³	29.000	3 976.45	217.01	3 743.76	15.68	115 317.05
10	5-138-5	单梁、连续梁、异形梁 C40 预拌普通混凝土	10 m³	45.940	4 681.70	233.66	4 432.36	15.68	215 077.30
11	5-141-5	平板、有梁板 C40 预拌普通混凝土	10 m³	182.394	4 645.08	176.49	4 449.60	18.99	847 234.72
12	5-108 换	排水沟 C40 预拌普通混凝土	10 m³	13.220	4 820.73	278.98	4 420.31	121.44	6 373.06
13	5-148-3	小型构件 C30 预拌普通混凝土	10 m³	1.760	4 621.97	472.68	4 149.29		8 134.67
14	5-184 换	普通混凝土垫层 C15 混凝土	10 m³	2.077	3 833.74	266.22	3 529.75	37.77	7 962.68
15	5-150-1	散水坡 C15 预拌普通混凝土	10 m³	4.996	3 786.78	224.59	3 537.11	25.08	18 918.75
16	5-185-1	台阶垫层 C15 预拌普通混凝土	10 m³	1.334	3 745.86	211.83	3 534.03		4 996.98
17		［定额费合计］							8 830 433.31
18		在洞、地下室、库或暗室内施工（人工×40%）							72 718.30
19		［直接费合计］							8 903 151.61

编制人：××

7.1.2 概算指标计价法

7.1.2.1 概算指标计价法概述

概算指标计价法是用拟建厂房、住宅的建筑面积（或体积）乘以技术条件相同或基本相同的概算指标得出直接费，然后按规定计算出其他直接费、间接费、利润和税金等，编制出单位工程概算的方法。

概算指标计价法适用于可行性研究阶段（或立项时）编制投资估算，或当初步设计深度不够，不能准确地计算出工程量，但工程设计采用的技术比较成熟且又有类似工程概算指标可以参照应用时，可采用此法。概算指标是一种比概算定额具有更强综合性的指标，因此，用概算指标计价法编制概算的核心问题在于对概算指标的判定，选定时应使设计对象与所选用的指标在各方面尽量一致或接近。显然，采用概算指标计价时，有可能出现两种不同情况：一种情况是直接套用的概算指标有较高的可靠度，即所确定的概算指标与拟建工程的结构特征能较全面地吻合；另一种情况是概算指标与拟建工程在建筑特征、结构特征、市场价格、自然条件和施工条件上不完全一致，此时必须对所拟用的概算指标进行调整、修正后才能套用。

7.1.2.2 编制方法

（1）直接套用概算指标的编制方法

简称"直套法"。当拟建工程结构特征与概算指标所反映的特征一致时，可采取直接套用的编制方法。根据概算指标特性不同，可选用以下两种套算方法：

① 以指标中所规定的工程每 1 m²（或 1 m³）的直接工程费，乘以拟建单位工程建筑面积（或体积），得出单位工程的直接工程费，再计算其他费用，即可求出单位工程的概算造价。直

接工程费计算公式为：

$$\begin{array}{l}\text{直接} \\ \text{工程费}\end{array} = \begin{array}{l}\text{概算指标每 } 1 \text{ m}^2 \text{（或 } 1 \text{ m}^3\text{）} \\ \text{直接工程费单价}\end{array} \times \begin{array}{l}\text{拟建工程建筑} \\ \text{面积（或体积）}\end{array} \qquad (7.5)$$

根据直接工程费，结合其他各项费用的取费方法，分别计算措施费、间接费、利润和税金，得到每 1 m² 建筑面积的概算单价，乘以拟建单位工程的建筑面积，即可得到单位工程概算造价。

② 以概算指标中规定的每 100 m² 建筑物面积（或 1 000 m³ 建筑物体积）所耗人工工日数、主要材料数量为依据，首先计算拟建工程人工、主要材料消耗量，再套用相应的人工、材料消耗指标来计算直接工程费，最后计取各项规定的费用。其计算公式为：

$$100 \text{ m}^2 \text{ 建筑物面积的人工费} = \text{指标规定的工日数} \times \text{本地区人工工日单价} \qquad (7.6)$$

$$\begin{array}{l}100 \text{ m}^2 \text{ 建筑物面积} \\ \text{的主要材料费}\end{array} = \sum \left(\begin{array}{l}\text{指标规定的} \\ \text{主要材料数量}\end{array} \times \begin{array}{l}\text{地区材料} \\ \text{预算单价}\end{array} \right) \qquad (7.7)$$

$$\begin{array}{l}100 \text{ m}^2 \text{ 建筑物面积} \\ \text{的其他材料费}\end{array} = \text{主要材料费} \times \begin{array}{l}\text{其他材料费占主要} \\ \text{材料费的百分比}\end{array} \qquad (7.8)$$

$$\begin{array}{l}100 \text{ m}^2 \text{ 建筑物面积} \\ \text{的机械使用费}\end{array} = (\text{人工费} + \text{主要材料费} + \text{其他材料费}) \times \begin{array}{l}\text{机械使用费} \\ \text{所占百分比}\end{array} \qquad (7.9)$$

$$\begin{array}{l}\text{每 } 1 \text{ m}^2 \text{ 建筑面积} \\ \text{的直接工程费}\end{array} = \frac{\text{人工费} + \text{主要材料费} + \text{其他材料费} + \text{机械使用费}}{100} \qquad (7.10)$$

同样，根据直接工程费，结合其他各项费用的取费方法，分别计算措施费、间接费、利润和税金，得到每 1 m² 建筑面积的概算单价，乘以拟建单位工程的建筑面积，即可得到单位工程概算造价。

（2）概算指标存在局部差异需调整时的编制方法

简称"调整法"。由于拟建工程（设计对象）往往与类似工程概算指标的技术条件不尽相同，且类似工程概算指标编制年份的设备、材料、人工等价格与拟建工程当时当地的价格也会不一样，因此，必须对其进行调整。调整方法是：

① 调整概算指标中每 1 m²（或 1 m³）造价

这种调整方法是将原概算指标中的工程单位造价进行调整，扣除每 1 m²（或 1 m³）原概算指标中与拟建工程结构不同的造价含量部分，增加每 1 m²（或 1 m³）拟建工程与原概算指标因结构不同而进行调整的造价含量部分，从而求得与拟建工程结构相适应的工程单位造价。计算表达式为：

$$\text{结构变化修正概算指标} = J + Q_1 P_1 - Q_2 P_2 \qquad (\text{元}/\text{m}^2 \text{ 或元}/\text{m}^3) \qquad (7.11)$$

式中　J——原概算指标；

　　　Q_1——换入新结构的含量；

　　　Q_2——换出原结构的含量；

　　　P_1——换入新结构的单价；

　　　P_2——换出原结构的单价。

$$直接工程费＝修正后的概算指标×拟建工程建筑面积(或体积) \tag{7.12}$$

② 调整概算指标中的工、料、机数量

计算公式为：

$$结构变化修正概算指标_{的工、料、机数量} = 原概算指标的_{工、料、机数量} + \sum \left(\begin{array}{c} 换入结构 \\ 件工程量 \end{array} \times \begin{array}{c} 相应定额 \\ 工、料、机消耗量 \end{array} \right)$$

$$- \sum \left(\begin{array}{c} 换出结构 \\ 件工程量 \end{array} \times \begin{array}{c} 相应定额 \\ 工、料、机消耗量 \end{array} \right) \tag{7.13}$$

以上两种方法,前者是直接修正结构件指标单价,后者是修正结构件指标人工、材料、机械数量。

7.1.3 类似工程预算计价法

类似工程预算计价法是利用技术条件成熟且与编制对象类似的已完工程或在建工程的工程造价资料来编制工程设计概算的方法。当拟建工程初步设计与已完工程或在建工程的设计相类似,且没有合适的概算指标选用时,可采取对类似工程建筑结构差异与工程造价进行调整的编制方法。建筑结构差异的调整方法与概算指标计价法的调整方法相同。类似工程造价的价差调整常用的方法是:

① 类似工程造价资料有具体的人工、材料、机械台班的用量时,可按类似工程预算造价资料中的工日数量、主要材料用量、机械台班用量分别乘以拟建工程所在地适时的人工单价、主要材料预算价格、机械台班单价计算出直接费,再乘以当地的综合费率,即可得出所需的造价指标。

② 类似工程造价资料只有人工费、材料费、机械台班费、其他直接费和间接费时,可按下列公式调整:

$$D = A \cdot K \tag{7.14}$$

$$K = a \cdot K_1 + b \cdot K_2 + c \cdot K_3 + d \cdot K_4 + e \cdot K_5 \tag{7.15}$$

式中　D——拟建工程单方概算造价;

　　　A——类似工程单方预算造价;

　　　K——综合调整系数;

　　　a、b、c、d、e——分别为类似工程预算的人工费、材料费、机械台班费、其他直接费、间接费占预算造价的比重,％,如:

$$a = \frac{类似工程人工费(或工资标准)}{类似工程预算造价} \times 100\% \tag{7.16}$$

b、c、d、e 类同。

　　　K_1、K_2、K_3、K_4、K_5——拟建工程与类似工程预算造价在人工费、材料费、机械台班费、其他直接费和间接费之间的差异系数。如:

$$K_1 = \frac{拟建工程概算的人工费(或工资标准)}{类似工程预算人工费(或地区工资标准)} \tag{7.17}$$

K_2、K_3、K_4、K_5 类同。

7.2　单位设备及安装工程概算编制

7.2.1　基本概念

单位设备及安装工程概算,是指一个独立建筑物中的安装工程按不同专业分别进行计价的概算造价,它是单项工程综合概算和建设工程总概算的重要组成部分。设备及安装工程概算费用,由设备购置费和安装工程费组成。设备及安装工程领域十分广泛,包括能源、交通、水利水电、石油化工、纺织、汽车、钢铁冶金、采掘、环保、市政工程、基础设施等;涉及的生产工艺、设备种类繁多,结构各异,其中较为常见的有:

(1) 机械设备及其安装工程

机械设备及其安装工程包括:各种工艺设备及其安装和各种起重设备及其安装;动力设备(如锅炉、内燃机、蒸汽机等)及其安装;工业用泵与通风设备及其安装;其他设备及其安装等。

(2) 电气设备及其安装工程

电气设备及其安装工程包括:传动电气设备、吊车电气设备和起重控制设备及其安装;强电、变电及整流电气设备及其安装;弱电系统设备及其安装;计量器具与自动控制设备及其安装;其他设备及其安装等。

7.2.2　编制依据

① 国家或各行业,各省、市、自治区现行的安装工程间接费定额和其他有关费用标准等文件,当地有关行政性规费文件。

② 全国统一安装工程预算定额,各行业,各省、市、自治区现行的安装工程概算定额。

③ 初步设计图纸、非标准设备图纸及相关设计说明书、工程项目一览表、设备清单、材料表等资料。

④ 现行设备原价与运杂费率,标准设备与非标准设备询价、报价及合同价格资料。

⑤ 劳务市场工资水平、材料市场价格、施工机械台班价格,运输、包装、采购与保管费等资料。

⑥ 类似工程概预(决)算资料、图纸及技术经济指标。

⑦ 有关合同协议。

7.2.3　设备及工器具购置费概算

设备及工器具购置费是由设备购置费、工器具购置费、现场自制非标准设备费、生产用家具购置费和相应的运杂费、采购保管费组成。它是固定资产投资中的积极因素。在生产性工程建设中,设备及工器具购置费与资本的有机构成相联系。设备及工器具购置费占工程造价比重的加大,意味着生产技术的进步和资本有机构成的提高。概算编制中,设备及工器具购置费由设备购置费、工器具购置费两部分组成。即:

$$设备及工器具购置费＝设备购置费＋工器具购置费 \tag{7.18}$$

7.2.3.1 设备购置费与工器具购置费

设备购置费由设备原价和设备运杂费、采购保管费构成。即：

$$设备购置费＝设备原价＋设备运杂费＋采购保管费$$
$$＝设备原价×(1＋设备运杂费费率＋采购保管费费率) \qquad (7.19)$$

式(7.19)中，设备原价是指国产设备或进口设备的原价；设备运杂费是指设备自出厂地点起，运至施工现场仓库或堆放地点为止，所发生的包装费、运输费、装卸费、供销部门手续费等全部费用；材料采购保管费主要包括企业组织采购和保管材料过程中所需发生的各项费用，如采购管理人员的工资、劳动保护费、差旅费、交通费及材料仓库的保管费等。

$$设备运杂费＝设备原价×设备运杂费费率 \qquad (7.20)$$

国内设备运杂费费率按各主管部门规定计算。国外引进设备按折算成人民币后的设备原价乘以运杂费费率计算，其费用范围是指从国内港口运到现场仓库的过程中所发生的一切费用。由于引进设备原价较高，因而国内设备运杂费费率应比国外设备运杂费费率适当降低。

采购保管费是针对甲定或甲供材料计取的，没有固定的费率。一般工程实例中，以采购和保管的材料总价为基数，采购保管费费率取 2%～5%，具体的费率没有强制性规定（除非合同中已经明确规定）。

工器具购置费，是指新建或扩建项目初步设计中所规定的，为保证项目初期运转所必须购置的没有达到固定资产标准的设备、仪器、工卡模具、器具、生产家具和备品备件等的购置费用，是第一次购置费用，以后购置的工器具费用应计入企业正常运营后的流动资产。

$$工器具购置费＝工器具原价×费率 \qquad (7.21)$$

7.2.3.2 设备及工器具购置费概算编制方法

设备及工器具购置费概算，是指针对工程项目建设成本中设备及工器具购置费进行估价的概算文件。它有着很强的工艺性和专业性，在工业建设项目的建设费用中占有较大的投资比重。它与单位设备安装工程费一起构成单位设备及安装工程概算，是单项工程概算及建设项目总概算的重要组成部分。

设备及工器具购置费概算的编制方法如下：

(1) 收集初步设计中的设备清单、工艺流程布置图、非标准设备图纸、设备价格和运杂费用标准等有关编制设备购置概算的基础资料。

(2) 熟悉基础资料，对照初步设计图纸及说明书，按照设备种类、型号以"台"、"套"或"组"为单位核对设备清单中的设备数量和类型。

(3) 确定设备原价，设备分为国产标准设备、国产非标准设备和进口设备三大类。设备原价一般可按下列规定计算：

① 国产标准设备

成套供应的机电设备，以订货合同价为设备原价；其他工业产品设备，一般以工业产品出厂价格为设备原价，可根据设备型号、规格、性能、材质、数量及附带的配件，向制造厂家询价，或向设备、材料信息部门查询，或按主管部门规定的现行价格逐项计算。

② 国产非标准设备

按各主管部门批准的制造厂报价或按主要标准设备原价的百分比计算。其中,百分比参考相关主管部门或行业的有关资料进行估算。

国产非标准设备原价在编制设计概算时,可按以下两种方法来确定:

a. 台(件)估价指标法。根据非标准设备的类别、质量、性能、材质等情况,以每台设备规定的估价指标计算:

$$非标准设备原价＝设备台数×每台设备估价指标 （元/台） \qquad (7.22)$$

b. 吨重估价指标法。根据非标准设备的类别、质量、性能、材质等情况,以每吨设备规定的吨重估价指标计算:

$$非标准设备原价＝设备吨重×每吨设备估价指标 （元/t） \qquad (7.23)$$

③ 进口设备

以进口设备货价、国际运费、运输保险费、银行财务费、外贸手续费、关税、增值税、消费税、海关监管手续费、车辆购置附加费之和为设备原价。为简化计算,引进设备原价通常以上述各项费用换算成人民币综合价来确定。进口设备原价就是指进口设备的抵岸价,即抵达并通过买方边境港口或过境车站,且交完各种税费后形成的价格。

$$\begin{aligned} 进口设备抵岸价 \atop (进口设备原价) = &货价+国际运费+运输保险费+银行财务费+外贸手续费+关税\\ &+增值税+消费税+海关监管手续费+车辆购置附加费 \end{aligned} \qquad (7.24)$$

确定设备原价时,为避免设备与材料计算混淆,必须明确两者的划分范围。

凡是由设备制造厂成套供应的设备,包括各单机配套的各种管道、阀门、金属结构及其他各种零部件一律视为设备;各种配电屏、控制箱、动力配电箱等电气设备及主体配套的零附件应视为设备;由于设备本身缺件或个别零配件质量不合格,安装时增添或更换的零配件应视为设备;随同设备带来的地脚螺栓等也应视为设备。

设备的零部件,包括各种管道、阀门等,不是随同设备带来的一律视为材料;设备内部填充物、内衬、保温、防腐、绝缘、油漆等应视为材料;各种电缆、电线等也应视为材料。

7.2.3.3 单位设备安装工程概算编制方法

设备安装工程概算,是指针对与单位工程项目建设相关的设备、工器具、交通运输设备、生产家具等的组装、安装以及配套工程安装而发生的全部费用(即安装工程费)进行估价的概算文件。

编制设备安装工程概算较为常用的方法有:预算单价法、扩大单价法、设备价格百分比法和综合吨位指标法等。编制方法的选用主要是根据初步设计的深度以及委托方要求的精确程度来确定。

(1) 预算单价法

当初步设计文件较深且有详细的设备清单,可直接根据全国统一安装工程预算定额或各省、市、自治区安装工程预算定额单价来编制设备安装工程概算时,其编制的步骤、方法与设备安装工程施工图预算相同(详见本书第5章)。该方法计算比较具体,精确度较高。

（2）扩大单价法

当初步设计处于方案设计阶段，深度不够，尚无完备的设备清单，只有主体设备或成套设备规格时，可采用主体设备、成套设备的综合扩大安装单价编制概算。

（3）设备价值百分比法

设备价值百分比法又叫安装设备百分比法。当初步设计深度不够，只有设备出厂价而无详细规格时，安装费可按占设备费的百分比计算。其百分比值（即安装费费率）由主管部门、行业协会、生产商制定，或由设计单位根据已完类似工程确定。该法常用于价格波动不大的定型产品和通用设备。

$$设备安装费用＝设备原价×设备安装费费率（\%） \tag{7.25}$$

（4）综合吨位指标法

当初步设计的设备清单尚不完备，但有成套设备的规格时，可按综合吨位指标法编制概算。该法常用于价格波动较大的非标准设备或引进设备。

$$设备安装费用＝设备吨重×每吨设备安装费指标 \quad（元/t） \tag{7.26}$$

7.2.4 单位设备及安装工程概算书的编制

设备及安装工程概算书的主要内容包括编制说明书和设备及安装工程概算表两部分。

（1）编制说明书

设备及安装工程概算说明书的编制，主要是用简明的文字对其工程概况、编制依据、编制方法和其他有关问题等加以概括的说明。

（2）设备及安装工程概算表

该表的编制方法是：依照工程所在省、市、自治区颁布的概算定额（指标）或行业概算定额（指标），将单位工程中包含的全部扩大的分部分项工程名称逐一列项，填写在表 7.11 "工程项目或费用名称"栏中；分别计算各扩大的分部分项工程的直接工程费；依照工程费用计算方法（见住建部建标〔2013〕44 号《建筑安装工程费用项目组成》）（详见图 1.3）进行计算；其中，辅助材料费按概算定额（指标）计算，主要材料费以消耗量按工程所在地当年预算价格（或市场价格）计算。

设备安装工程概算采用"设备及安装工程概算表"（标准式样详见表 7.11）的形式，概算编制深度可参照《计价规范》的深度要求执行。

当概算定额或指标不能满足概算编制要求时，应编制"补充单位估价表"（标准式样详见表 7.1）。

表 7.11 设备及安装工程概算表

单位工程概算编号：_____　　　　工程名称（单位工程）：_____　　　共 页 第 页

序号	定额编号	工程项目或费用名称	单位	数量	单价（元）					合价（元）				
					设备费	主材费	定额基价	其中：		设备费	主材费	定额费	其中：	
								人工费	机械费				人工费	机械费
一		设备安装												
1	××	×××××												

续表 7.11

序号	定额编号	工程项目或费用名称	单位	数量	单价(元)					合价(元)				
					设备费	主材费	定额基价	其中:		设备费	主材费	定额费	其中:	
								人工费	机械费				人工费	机械费
2	××	×××××												
二		管道安装												
1	××	×××××												
三		防腐保温												
1	××	×××××												
		小计												
		工程综合取费												
		合计(单位工程概算费用)												

编制人：　　　　　　　　　　　　　　　　　　　　审核人：

7.3　单位设备及安装工程总概算案例

【案例 7.2】　某供水工程设计概算实例。

表 7.12 是某设计院编制的某市市区供水工程设计总概算汇总表,供读者参考。

表 7.12　供水工程设计总概算汇总表

××设计院总概算书

工　　号：＿＿＿＿＿＿＿

分　　号：＿＿＿＿＿＿＿

建设单位：＿＿＿＿＿＿＿

工程名称：市区供水工程　　初步设计阶段概算总值＿＿＿＿＿＿(万元)　　第 页 共 页

20××年×月×日

序号	工程和费用名称	概算价值(万元)						技术经济指标			占投资额(%)	备注
		建筑工程	设备	安装工程	工器具及生产家具购置费	其他费用	合计	单位	数量	指标		
一	第一部分费用											
(一)	取水泵站	323.11	100.93	53.95			477.99					
1	取水泵房	164.90	72.49	22.84			260.23					
2	引水渠道	52.53	—				52.53					
3	办公室及宿舍	3.88	—	0.42			4.30					
4	变电室	5.81	23.76	9.90			39.47					
5	电修室	1.26	—	0.14			1.40					
6	汽车库	1.87	—	0.20			2.07					
7	传达室	0.29	—	0.03			0.32					
8	仓库	2.24	—	0.18			2.42					
9	机修车间	1.36	0.88	0.30			2.54					

序号	工程和费用名称	概算价值（万元）						技术经济指标			占投资额（%）	备注
		建筑工程	设备	安装工程	工器具及生产家具购置费	其他费用	合计	单位	数量	指标		
10	食 堂	1.09	—	0.14			1.23					
11	锅炉房及浴室	2.88	1.92	0.98			5.78					
12	厕 所	0.23		0.02			0.25					
13	流量计井	0.47	0.61	0.20			1.28					
14	厂区平面及厂外道路	84.30	—	13.60			97.90					
15	通 信		1.27	6.00			6.27					
（二）	原水输水管网	246.89	36.09	2 023.61			2 306.59					
（三）	净水输水管网	121.77	—	294.66			416.43					
（四）	配水管网	171.35	—	313.32			484.67					
（五）	净水厂	711.87	252.65	196.19			1 160.71					
1	投药间及药库	6.09	2.97	1.40			10.46					
2	净态混合器井	0.18	0.26	0.02			0.45					
3	反应沉淀间	242.84	20.68	32.43			295.95					
4	滤 站	105.95	67.46	12.78			186.19					
5	吸水清水池	53.60	0.46	6.10			60.16					
6	输水泵房	17.24	11.01	1.57			29.82					
7	控制室及回流泵房	10.90	1.03	1.15			13.08					
8	浓缩池	27.08	8.39	0.79			36.26					
9	脱水机房	11.52	57.60	4.03			73.15					
10	堆砂场	1.04	—	—			1.04					
11	变电室	6.77	48.09	1.95			56.81					
12	综合楼	42.05	7.49	5.04			54.58					
13	车 库	5.39		0.62			6.01					
14	仓 库	17.28		1.84			19.12					
15	机修车间	17.68	11.29	3.09			32.06					
16	锅炉房及浴室	7.68	11.40	4.12			23.20					
17	食堂兼礼堂	9.75	0.34	1.15			11.24					
18	托儿所	3.98		0.48			4.46					
19	传达室	1.07		0.07			1.14					
20	平面布置	123.78	2.92	112.56			239.26					
21	通 信	—	1.27	5.00			6.27					
（六）	配水厂	202.33	81.07	45.32			328.72					
1	配水泵房	22.04	28.62	11.66			62.32					
2	输水泵房	12.64	10.63	6.28			29.55					
3	变配电室	13.85	32.70	5.96			52.51					
4	吸水井	7.10	0.39	1.39			8.88					
5	车库及修理间	6.92	0.86	0.96			8.74					
6	锅炉房及浴室	2.74	1.24	0.94			4.92					

续表 7.12

序号	工程和费用名称	概算价值(万元)						技术经济指标			占投资额(%)	备注
		建筑工程	设备	安装工程	工器具及生产家具购置费	其他费用	合计	单位	数量	指标		
7	仓 库	3.96		0.34			4.30					
8	清水池	88.20	0.23	9.12			97.55					
9	清水池	6.00	0.11	0.81			6.92					
10	加氯间	—	0.15	0.08			0.23					
11	综合楼	—	4.50				4.50					
12	厂区平面	38.88	1.64	2.78			43.30					
13	通 信			5.00			5.00					
(七)	综合调度楼	184.78	171.47	32.46			588.71					
1	综合调度楼	125.00	70.07	14.00			209.07					
2	锅炉房及浴室	7.02	3.19	2.37			12.58					
3	食 堂	4.28	0.03	0.56			4.87					
4	危险品仓库	0.30	—	0.01			0.31					
5	汽车库	4.00	—	0.46			4.46					
6	平面布置	40.20	—	—			40.20					
7	托儿所	3.98	—	0.48			4.46					
8	自控系统	—	96.08	4.58			100.66					
9	通 信	—	2.10	10.00			12.10					
(八)	职工住宅	225.00	—	—			225.00					
(九)	供电工程	—		150.00			150.00					
二	第二部分费用											
(一)	建设单位管理费					52.83	52.83					
(二)	征地占地拆迁补偿费					800.00	800.00					
(三)	工器具和备品备件购置费				12.84		12.84					
(四)	办公、生活用家具购置费				6.14		6.14					
(五)	生产职工培训费					22.10	22.10					
(六)	联合试车费					6.42	6.42					
(七)	车辆购置费				96.10		96.10					
(八)	输配水管网三通一平					30.95	30.95					
(九)	竣工清理费					5.20	5.20					
(十)	供电补贴					80.71	80.71					
(十一)	设计费					92.30	92.30					
三	第一、第二部分费用合计											
四	预备费											
五	总计											

设计总负责人：_____ 校核人：_____ 编制人：_____

【案例 7.3】 某电气安装工程概算实例。

××××工程是一项完整的高层商住综合楼房地产开发项目,工程造价在初步设计阶段编制的设计总概算中确定。本工程概况、工程总造价和土建工程单位工程造价概算部分已在本章第 7.1 节案例 7.1 中向读者作了详细介绍,由于原总概算中未将水、暖、煤气、消防、强弱电、电梯等单位工程概算分开,故现将这些部分的设备的单位工程概算列入本案例向读者介绍,如表 7.13 所示。

表 7.13　××××工程水、暖、煤气、消防、强弱电、电梯等单位工程概算

安装工程概算表

工程名称:广州市××××电气安装工程　　　　　　　　　第　页　共　页

序号	定额号	工程名称	单位	数量	单价	损耗	基价	其中人工费	主材/设备	合价	其中人工费
126	4-605	安装数据插座	个	1 978	112.50	1.02	0.50	0.36	226 975.50	989.00	712.08
127	2-1070	排气扇安装	台	24	135.61	1	6.32	1.82	3 254.64	151.68	43.68
128	2-1054	防溅插座安装	10 套	180	142.20	1.02	17.62	5.38	26 107.92	3 171.60	968.40
129	10-277	时钟控制器	台	3	148.50	1	32.66	10.68	445.50	97.98	32.04
130	2-1415	接地装置调试 接地极	组	60			39.24	14.24		2 354.40	854.40
131	2-1416	接地装置调试 接地网	组	3			95.20	35.60		285.60	106.80
132	2-238	双母线成套高压配电柜,安装电压互感器柜,乙供设备	台	27	7 128.00	1	75.08	29.73	192 456.00	2 027.16	802.71
133	4-598	安装电话、数据分线箱	套	101	845.00	1	60.68	46.28	85 345.00	6 128.68	4 674.28
134	4-597	安装电话、数据分线箱	套	6	1 469.00	1	49.16	35.60	8 814.00	294.96	213.60
135		消防报警									
136	2-751	砖、混凝土结构暗配硬塑料管敷设,公称口径 50 mm	100 m	228.23	261.00	1.067	38.96	16.48	63 560.17	8 891.99	3 761.29
137	2-753	砖、混凝土结构暗配硬塑料管敷设,公称口径 17 mm	100 m	3.31	1 161.00	1.073 6	66.77	32.22	4 125.75	221.01	106.65
138	2-752	砖、混凝土结构暗配硬塑料管敷设,公称口径 25 mm	100 m	3.53	860.00	1.064 2	56.08	24.71	3 238.66	198.45	87.44
139	2-899	金属线槽 100×50	10 m	19.93	140.10	1	15.85	7.30	2 792.26	315.90	145.49
140	2-659	电缆敷设,截面 1.5 mm	100 m	258.864	143.90	1.01	60.81	17.87	37 623.03	15 741.52	4 625.90
141	2-659	电缆敷设,截面 1.5 mm(地下室)	100 m	11.54	143.90	1.01	60.81	17.87	1 676.75	701.55	206.16
142	2-659	电缆敷设,截面 2.5 mm	100 m	6.031 3	458.40	1.01	60.81	17.87	2 792.40	366.76	107.78
143	10-135	探测器安装(感烟)	套	900	418.00	1	39.83	13.17	376 200.00	35 847.00	11 763.00
144	2-438	配电盘(箱)安装,动力(卷帘门控制器)	台(块)	9	5 376.0	1	46.11	13.07	48 384.00	414.99	118.53
145	10-135	探测器安装(感温)	套	480	418.00	1	39.83	3.56	200 640.00	19 118.40	6 273.60
146	4-640	安装号筒式扬声器	个	200	159.00	1	4.54	2.95	31 800.00	908.00	712.00
147	2-1036	手动报警开关	10 套	35	1 350.0	1.02	10.72	1.00	48 195.00	375.20	103.25

续表 7.13

序号	定额号	工程名称	单位	数量	单位价值(元)				总价值(元)		
					主材/设备		基价	其中人工费	主材/设备	合价	其中人工费
					单价	损耗					
148	2-1064	电铃安装,直径100 mm以内(警铃)	套	350	135.00	1	6.20	1.07	47 250.00	2 170.00	350.00
149	4-602	安装电话单机	部	9	180.00	1	1.77	1.78	1 620.00	15.93	9.63
150	2-472	按钮安装(防爆型)	个	100	80.00	1	8.58		8 000.00	858.00	178.00
151	2-440	消防联动柜(非标),乙供设备	台(块)	1	38 500	1	47.05	12.82	38 500.00	47.05	12.82
152	2-b1-48	消防报警装置安装IFS2000Z2,乙供设备	台	1	165 000	1	6.16	3.56	165 000.00	6.16	3.56
153	2-440	广播控制柜,乙供设备	台(块)	1	33 000	1	47.05	12.82	33 000.00	47.05	12.82
154	2-B1-48	消防电话主机,乙供设备	台	1	20 000	1	6.16	3.56	20 000.00	6.16	3.56
155	2-943	暗装接线盒	10个	91.8	76.50	1.02	10.45	1.60	7 163.15	959.31	146.88
156	2-467	消防隔离器安装	台	108	300.00	1	22.88	8.54	32 400.00	2 471.04	922.32
157	2-466	四输出模块安装	台	150	560.00	1	9.21	7.12	84 000.00	1 381.50	1 068.00
158	2-466	八输入模块安装	台	150	800.00	1	9.21	7.12	120 000.00	1 381.50	1 068.00
159		空调通风工程									
160	9-6	镀锌薄钢板矩形风管制安,周长/壁厚2000/0.75 mm以下	10 m²	320	336.60	1.138	127.70	23.64	122 576.26	40 864.00	7 564.80
161	9-5	镀锌薄钢板矩形风管制安,周长/壁厚2000/0.5 mm以下	10 m²	150	336.60	1.138	164.52	32.47	57 457.62	24 678.00	4 870.50
162	9-1	镀锌薄钢板矩形风管制安,直径/壁厚2000/0.5 mm以下	10 m²	280	336.60	1.138	123.80	51.94	107 254.22	34 664.00	14 543.20
163	9-2	镀锌薄钢板矩形风管制安,周长/壁厚2000/0.75 mm以下	10 m²	50	336.60	1.138	121.38	32.00	19 152.54	6 069.00	1 600.00
164	9-14	薄钢板矩形风管制安,周长/壁厚 2000/2 mm以下	10 m²	50	230.00	1.08	207.47	39.05	12 420.00	10 373.50	1 952.50
165	9-15	薄钢板矩形风管制安,周长/壁厚 2000/2 mm以下	10 m²	80	230.00	1.08	151.55	27.55	19 872.00	12 124.00	2 204.00
166	9-23	薄钢板矩形风管制安,周长/壁厚 2000/3 mm以下	10 m²	30	230.00	1.08	195.31	31.26	7 452.00	5 859.30	937.80
167	B1改	预埋铁件	t	1.3			2 976.80	131.72		3 869.84	171.24
168	13-394	管道超细玻璃棉安装,φ426 mm以上	m³	1 500	368.00	1	15.24	6.55	552 000.00	22 860.00	9 825.00
169	13-436	玻璃布保护层安装,管道	10 m²	7 500			46.71	1.67		35 032.50	1 252.50
170	9-145	KT-27 离心式通风机安装,乙供设备	台	3	25 280	1	238.68	137.84	75 840.00	716.04	413.52

序号	定额号	工 程 名 称	单位	数量	单位价值（元）				总价值（元）		
					主材/设备		基价	其中人工费	主材/设备	合价	其中人工费
					单价	损耗					
171	9-144	KT-27 离心式通风机安装,乙供设备	台	3	18 570	1	193.84	96.97	55 710.00	581.52	290.91
172	9-145	DT25-1-A-（4）离心通风机,乙供设备	台	1	18 260	1	238.68	137.84	18 260.00	238.68	137.84
173	9-144	DT22-2-A-（1）离心通风机安装,乙供设备	台	1	16 280	1	193.84	96.97	16 280.00	193.84	96.97
174	9-144	DT22-2-A-（1）离心通风机安装,乙供设备	台	1	15 480	1	193.84	96.97	15 480.00	193.84	96.97
175	9-144	DT22-3-A-（1）离心通风机安装,乙供设备	台	1	17 150	1	193.84	96.97	17 150.00	193.84	96.97
176	9-144	DT22-2-A 离心式排烟风机安装,乙供设备	台	4	16 280.00	1	193.84	96.97	65 120.00	775.36	387.88
177	9-144	DT22-1-A 离心式排烟风机安装,乙供设备	台	1	15 480.00	1	193.84	96.97	15 480.00	193.84	96.97
178	9-143	DT20-2-A 离心式排烟风机安装,乙供设备	台	1	12 420.00	1	126.56	55.50	12 420.00	126.56	55.50
179	9-145	DT25-2-A 离心式排烟风机安装,乙供设备	台	1	18 260.00	1	238.68	137.84	16 280.00	238.68	137.84
180	9-144	DT22-3-A 离心式排烟风机安装,乙供设备	台	1	16 280.00	1	193.84	96.97	48 840.00	193.84	96.97
181	9-144	DT22-2-A 离心式排烟风机安装,乙供设备	台	3	16 280.00	1	193.84	96.97	11 460.00	581.52	290.91
182	9-143	DT20-1-A 离心式排烟风机安装,乙供设备	台	1	11 460	1	126.56	55.50	30 620.00	126.56	55.50
183	9-145	KT-FC-25 离心式排烟风机安装,乙供设备	台	1	30 620	1	238.68	137.84	129 150.00	238.68	137.84
184	9-142	DT9-1-B 离心排烟风机	台	35	3 690	1	46.38	26.52	53 340.16	1 623.30	928.20
185	2-1070	BLD-400 天花板式排气扇	台	64	833.14	1	6.32	1.82	79 273.09	404.48	116.48
186	2-1070	BLD-200 天花板式排气扇	台	139	570.31	1	6.32	1.82	1 715.95	878.48	252.98
187	2-1070	BLD-90 天花板式排气扇	台	5	343.19	1	6.32	1.82	58 467.10	31.60	9.10
188	2-1070	BLD-141 天花板式排气扇	台	215	271.94	1	6.32	1.82	26 115.00	1 358.80	391.30
189	9-157	JLFP6-160LA 立式空调机安装,乙供设备	台	1	26 115	1	71.14	69.17	35 928.00	71.14	69.17
190	9-158	JLFP6-300LA 立式空调机安装,乙供设备	台	1	35 928	1	140.28	138.31	29 238.00	140.28	138.31
191	9-157	JLFP6-240LA 立式空调机安装,乙供设备	台	1	29 238	1	71.14	69.17	72 345.00	71.14	69.17
192	9-158	JLFP6-180LA 立式空调机安装,乙供设备	台	3	24 115	1	140.28	138.31	15 227.00	420.84	414.93
193	9-157	JLFP6-120LA 立式空调机安装,乙供设备	台	1	15 227	1	71.14	69.17	8 439.00	71.14	69.17

续表 7.13

序号	定额号	工程名称	单位	数量	单位价值（元）				总价值（元）		
					主材/设备		基价	其中人工费	主材/设备	合价	其中人工费
					单价	损耗					
194	9-155	JLFP6-40WD 立式空调机安装,乙供设备	台	1	8 439	1	25.68	23.71	100 965.00	25.68	23.71
195	9-155	JLFP6-40LA 立式空调机安装,乙供设备	台	15	6 731	1	25.68	23.71	92 829.00	385.20	355.65
196	9-155	JLFP6-30LA 立式空调机安装,乙供设备	台	11	8 439	1	25.68	23.71	10 035.00	282.48	260.81
197	9-161	JLFP6-14WA 风机盘管安装,暗装	台	5	2 007	1	42.45	4.38	38 280.00	212.25	21.90
198	9-161	JLFP6-12WA 风机盘管安装,暗装	台	22	1 740	1	42.45	4.38	11 632.00	933.90	96.36
199	9-161	JLFP6-10WA 风机盘管安装,暗装	台	8	1 454	1	42.45	4.38	514 183.00	339.60	35.04
200	9-161	JLFP6-08WA 风机盘管安装,暗装	台	431	1 193	1	42.45	4.38		18 295.95	1 887.78
201	9-161	FLFP-06WA 风机盘管安装,暗装	台	154	1 003.00	1	42.45	4.38	154 462.00	6 537.30	674.52
202	9-170	消声静压箱制安 1 500×800×5 200	100 kg	10.008	530.40	1	113.95	43.43	5 308.24	1 140.42	434.65
203	9-170	消声静压箱制安 1 500×800×5 200	100 kg	6.516	530.40	1	113.95	43.43	3 456.09	742.50	282.99
204	9-47	手动密闭阀制安 (D40J-0.5)(D300) T308-1.2	100 kg	1.962	1 358.9	1	552.46	62.16	2 666.16	1 083.93	121.99
205	9-47	手动密闭阀制安 (D40J-0.5)(D300) T308-1.2,30 kg 以下	100 kg	0.981	1 358.9	1	552.46	62.16	1 333.08	541.97	60.98
206	9-45	密闭式阀制安(D300) T305,10 kg 以上	100 kg	1.485	1 358.9	1	441.30	42.72	2 017.97	655.33	63.44
207	9-44	密闭式阀制安(D200) T305,10 kg 以下	100 kg	0.891	1 358.9	1	423.22	95.76	1 210.78	377.08	85.32
208	9-47	对开多叶调节阀制安 T308-0.2,30 kg 以下	100 kg	10.2	1 600.0	1	552.46	62.16	16 320.00	5 635.09	634.03
209	9-173	高效过滤器安装	台	12	1 868.0	1	1.78	1.78	22 416.00	21.36	21.36
210	9-172	过滤器框架制安	100 kg	1.982 7	700.00	1	465.05	19.94	1 387.89	922.06	39.54
211	B9 补	换气堵头(D200)	个	3	152.00	1			456.00		
212	B10 补	洗涤取样管 ND50 (YB234-63)	个	6	143.00	1			858.00		
213	B11 补	测压管 φ6 紫铀管	个	12	181.00	1			2 172.00		
214	B12 补	工事超压测压装置	套	3	2 023.0	1			6 069.00		
215	B13 补	自动排气活门 YF-D200	个	6	289.00	1			1 734.00		
216	9-49	风管防火阀制安, T356-1.2,圆形	100 kg	48	1 358.9	1	331.72	41.30	65 227.20	15 922.56	1 982.40

序号	定额号	工程名称	单位	数量	单位价值(元) 主材/设备 单价	单位价值(元) 主材/设备 损耗	基价	其中 人工费	总价值(元) 主材/设备	总价值(元) 合价	总价值(元) 其中 人工费
217	9-42	方形风管止回阀制安 T303-2,20 kg 以下	100 kg	5.401 4	1 358.9	1	425.36	44.43	7 339.96	2 297.53	239.98
218	9-47	排烟阀制安 T308-1.2,30 kg 以下	100 kg	6.751 7	1 358.9	1	552.46	62.16	9 174.89	3 730.05	419.69
219	9-37	圆形蝶阀制安 T302-7,10 kg 以上	100 kg	0.7	4 008.0	1	400.21	47.92	2 805.60	280.15	33.54
220	9-b3-13	铝合金风口安装,周长 1 200 mm 以内	个	1 760	32.00	1	5.83	0.93	56 320.00	10 260.80	1 636.80
221	9-b3-14	铝合金风口安装,周长 1 800 mm 以内	个	258	93.15	1	8.60	1.42	24 032.70	2 218.80	366.36
222	9-b3-15	铝合金风口安装,周长 2 400 mm 以内	个	250	165.60	1	11.43	1.89	41 400.00	2 857.50	472.50
223	9-b3-16	铝合金风口安装,周长 1 203 mm 以内	个	44	294.40	1	15.21	2.53	12 953.60	669.24	111.32
224	9-b3-17	铝合金风口安装,周长 3 200 mm 以内	个	30	460.00	1	19.05	3.13	13 800.00	571.50	93.90
225	9-b3-14	铝合金排烟口安装,周长 4 000 mm 以内	个	109	294.84	1	8.60	1.42	32 137.56	937.40	154.78
226	9-70	方形直片散流器 C 制安(500×500),T211-2,5 kg 以上	100 kg	18	500.00	1	641.72	146.42	9 000.00	11 550.96	2 635.56
227	B14 补	木支架(现场制作)落地支架	个	50	126.00	1			6 300.00		
228	B15 补	橡胶减振垫 200×200×20 厚	个	72	18.00	1			1 296.00		
229	B16 补	橡胶减振垫 150×150×20 厚	个	18	15.00	1			270.00		
230	9-187	吊托支架制安	100 kg	162			522.27	28.12		84 607.74	4 555.44
231	B-17 补	风机弹簧吊架	个	108	100.00	1			10 800.00		
232	13-524	管道涂聚氨酯(底漆)两遍	10 m²	848.151			35.73	5.27		30 304.44	4 469.76
233	13-526	管道涂聚氨酯(中间漆)每一遍	10 m²	848.151			15.25	2.39		12 934.30	2 027.08
234	13-528	管道涂聚氨酯(中间漆)一遍	10 m²	848.151			22.27	2.39		18 888.32	2 027.08
235	13-554	支架涂冷固环氧酚醛树脂漆(底漆)两遍	10 m²	12.87			60.27	3.28		775.67	42.21
236	13-556	支架涂冷固环氧酚醛树脂漆(面漆)两遍	10 m²	12.87			59.46	2.42		765.25	31.15
237	8-286	自动排气阀门安装,Dg20 以内	个	36.909 3	20.43	1	4.58	0.75	754.06	169.04	27.68
238	8-332	螺纹阀门安装,Dg25 以内	个	7 808.562 1	19.00	1.01	2.77	0.39	149 846.31	21 629.72	3 045.34

续表 7.13

序号	定额号	工程名称	单位	数量	主材/设备 单价	损耗	基价	其中人工费	主材/设备	合价	其中人工费
239	10-209	双波纹管差压计、膜盒差压流量计安装,乙供设备	台	2	9 600.00	1	26.39	11.04	19 200.00	52.78	22.08
240	9-46	矩形风管三通调节阀制安 T306-1	100 kg	186	1 266.67	1	557.38	156.71	235 600.62	103 672.68	29 148.06
241	B:补	SH 型静电除垢仪,乙供设备	台	4	14 400.00	1			57 600.00		
242	8-101	无缝钢管(焊接),Dg 200 以内	10 m	863	109.14	1.02	109.93	16.09	96 071.58	94 869.59	13 885.67
243		压制弯头,Dg 200	个	1 596.55	80.00	1			127 724.00		
244	8-101	镀锌钢管(焊接),Dg 200 以内	10 m	210	1 586.20	1.02	109.93	16.09	339 764.04	23 085.30	3 378.90
245		压制弯头,Dg 200	个	388.5	80.00	1			31 080.00		
246	B0 补	橡胶挠性软接头	只	36	768.00	1			27 648.00		
247	1-909	ITB150-125-410A 冷凝水泵安装,乙供设备	台	5	17 118.00	1	95.76	25.95	85 590.00	478.80	129.75
248	1-909	ITB200-150-320A 冷凝水泵安装,乙供设备	台	5	17 425.00	1	95.76	25.95	87 125.00	478.80	129.75
249	1-1026	锅炉给水泵、冷凝水泵、热循环泵拆检	台	10			48.89	32.04		488.90	320.40
250	9-164	超低噪方形冷却塔安装,乙供设备	台	3	151 782.00	1	74.91	71.20	455 346.00	224.73	213.60
251	1-1169	水冷螺杆式冷水机组安装,乙供设备	台	3	880 000.0	1	690.76	278.53	2 640 000.0	2 072.28	835.59
252		[定额费合计]							29 349 121.97	1 275 189.73	348 616.40
253		直接费调增(人工×324.719%)								1 131 467.60	1 131 467.60
254	其他	直接费调增(人工×324.719%)								556.05	556.05
255		高层建筑增加费,33层内(人工的 43%,其中人工 49%)								636 675.21	311 970.84
256	2-	脚手架搭拆费,10 m内(人工的 15%,其中人工 25%)								318.08	79.52
257	9-	脚手架搭拆费(人工的 5%,其中人工 25%)								19 812.22	4 953.05
258	13-	脚手架搭拆费,刷油(人工的 12%,其中人工 25%)								5 304.94	1 326.23
259		在洞、地下室、库或暗室内施工(人工的 40%,其中人工 75%)								683 065.78	51 049.32
260		[其他材料设备合计]							27 648.00		
261		[乙供主材合计]							17 045 777.97		

续表 7.13

序号	定额号	工程名称	单位	数量	单位价值(元)			总价值(元)		
					主材/设备		基价	主材/设备	合价	其中人工费
					单价	损耗	其中人工费			
262		[乙供设备合计]						12 275 696.00		
263		[单价大于 500 设备费合计]						12 250 478.00		
264		[直接费合计]						29 349 121.97	3 137 389.61	1 850 019.01

思考与练习

7.1　什么是单位工程概算？编制方法有哪几种？

7.2　简述概算定额计价法的编制步骤。它与单位工程施工图预算在编制程序和内容方面有哪些不同特征？

7.3　试说明概算定额计价法、概算指标计价法、类似工程预算计价法的特点及其应用条件。

7.4　试述设备及工器具购置费概算的编制步骤与主要内容。

7.5　简述国产非标准设备和工器具购置费的确定方法。

7.6　什么是进口设备抵岸价，应如何计算？

7.7　单位设备及安装工程概算书应包括哪些内容？

8 单项工程综合概算及建设项目总概算

8.1 单项工程综合概算

在讨论单项工程综合概算之前,再次强调区分两个不同的名词概念,即单项工程概算与单项工程综合概算,二者是既有联系又有区别的两个不同概念。如前所述,单项工程概算分为建筑及安装工程概算和设备及安装工程概算两大类。单项工程综合概算是确定单项工程建设费用的综合性文件,它由该单项工程各专业的单位工程概算和工程建设其他费用概算汇总编制而成。当一个建设项目只有一个单项工程时,该单项工程综合概算即为建设项目总概算。因此,单项工程概算与单项工程综合概算具有截然不同的概念与含义。

《建设项目设计概算编审规程》(CECA/GC 2—2007)规定:"对单一的、具有独立性的单项工程建设项目,按二级编制形式编制,直接编制总概算"。可见,单项工程综合概算的组成内容及编制方法,与建设项目总概算的相应内容与编制方法类同。

8.2 建设项目总概算概述

8.2.1 基本概念

当一个建设项目由若干个相对独立的单项工程组成时,为了对该项目从筹建到竣工验收整个建设过程的全部投资费用进行全面管理和控制,需要在项目初步设计阶段,由设计单位根据初步设计方案,编制相应的总概算文件。总概算文件将作为设计文件的一个重要组成部分,一并接受评审、申报、调整优化、审批与备案。

建设项目总概算确定的"建设项目建设总投资",一般应控制在立项批准的投资控制额以内;如果设计概算值超过立项批准的投资控制额,必须修改设计或重新立项审批。设计概算批准后,不得作任意修改和调整;如需修改和调整时,须经原批准部门重新审批。

经批准并备案的建设项目总概算技术经济文件,将成为确定和控制建设项目全部建设投资的文件依据,是编制固定资产投资计划、实行建设项目投资包干、签订承发包合同的依据,也是签订贷款合同、实施建设项目全过程造价管理以及考核建设项目经济合理性的重要依据。

8.2.2 概算总投资的费用构成

根据《建设项目设计概算编审规程》规定:"概算总投资由工程费用、其他费用、预备费及应列入项目概算总投资中的几项费用组成。"其中:

8.2.2.1 第一部分:工程费用

工程费用,指组成该项目的所有单项工程费。其中,各单项工程费用概算由构成此单项工程的所有单位建筑及安装工程概算和所有单位设备及安装工程概算组成。此概算只涉及形成单项工程固定资产的工程本身的费用,故称为工程费用。

从费用组成来看,工程费用包括建筑工程费、设备购置费及安装工程费;从涉及的对象来看,包括主要生产工程项目概算、辅助生产及服务性工程项目概算、住宅宿舍文化福利区和公共建筑项目概算、室外工程项目概算及场外工程项目概算。具体项目及内容如下:

(1) 主要生产工程项目概算

主要生产项目的内容,根据不同的生产经营、生产工艺和设计要求进行排列。如钢铁企业的高炉车间、炼钢车间、轧钢车间等主要生产车间或主厂房;又如本书第 3 版(修订本)实例中所介绍的热电厂主厂房等。

(2) 辅助生产及服务性工程项目概算

辅助生产及服务性工程项目一般包括:

① 辅助生产的工程,如机修车间、金工车间、模具车间等;

② 仓库工程,如原料仓库、成品与半成品仓库、油库、危险品仓库等;

③ 服务性工程,如办公楼、食堂、汽车与消防车库、门卫传达室等。

(3) 动力系统工程项目概算

动力系统工程项目一般包括厂区内变电所、锅炉房、空气压缩机站、泵房、煤气发生站、输配电线路、厂区室外照明和室外各种工业管道等项目。

(4) 运输及通信系统工程项目综合概算

运输及通信系统工程项目一般包括:

① 铁路专用线,如铁道铺设、机车库、搬道房、机车及手推车等;

② 轻便铁道,如铁道铺设、机车库、机车、车皮及手推车等;

③ 公路运输,如公路、汽车库、油库及汽车等;

④ 通信设备,如电话、电视、广播等设备,线路及建筑等项目;

⑤ 架空索道。

(5) 室外给水、排水、供热、煤气及附属构筑物工程综合概算

室外给水、排水、供热、煤气及附属构筑物工程项目一般包括:

① 室外给水,如生产用给水、生活用给水、消防用给水、水泵房、加压泵房、水塔、水池等;

② 室外排水,如生产废水、生活污水、雨水等,下水道沉淀池、排水泵房等项目;

③ 热力管网,如采暖用锅炉房、热力管网等。

(6) 厂区整理及美化设施概算

厂区整理及美化设施,如厂区围墙、大门、绿化、道路、建筑小品等。

(7) 生活福利区项目概算

生活福利区项目,如宿舍、住宅、图书馆、浴室、商店、银行、邮局、旅馆、影剧院及其室外水、电、暖、煤气、通信、道路、绿化等项目。

(8) 特殊工程项目概算

特殊工程项目指与在建的主要工程项目无直接关系的工程,如独立的防空设施、防毒设施、三废处理工程等。

8.2.2.2　第二部分:工程建设其他费用

工程建设其他费用是指应在工程建设投资中支付并列入建设项目总概算或单项工程综合概算的费用。它可以分为三类,其中,建设管理费、可行性研究费、研究试验费、勘察设计费、环

境影响评价费、劳动安全卫生评价费、场地准备及临时设施费、引进技术和引进设备材料其他费、工程保险费、特殊设备安全监督检验费、联合试运转费、市政公用设施建设及绿化补偿费等12项属于固定资产其他费用;建设用地费、专利及专有技术使用费属于无形资产费用;生产准备及开办费属于其他资产费用(递延资产)。

本节所列明的工程建设其他费用项目,是项目建设投资中较常发生的费用项目,但并非每个项目都会发生这些费用项目,项目不发生的其他费用项目不应计取。

一般建设项目很少发生或一些具有较明显特征的工程建设其他费用项目,如移民安置费、水资源费、水土保持评价费、地震安全性评价费、地质灾害危险性评价费、河道占用补偿费、超限设备运输特殊措施费、航道维护费、植被恢复费、种植检测费、引种测试费等,各省(市、自治区)、各部门可在实施办法中补充说明或在具体项目发生时依据有关政策规定计取。

上述三类费用的具体项目及内容如下:

(1)建设用地费

建设用地费系指按照《中华人民共和国土地管理法》等规定,建设项目征用土地或租用土地应支付的费用。包括:

① 土地征用及迁物补偿费。指经营性建设项目通过出让方式购置土地使用权(或建设项目通过划拨方式取得无限期的土地使用权)而支付的土地补偿费、安置补偿费、地上附着物和青苗补偿费、余物迁建补偿费、土地登记管理费等;行政事业单位的建设项目通过出让方式取得土地使用权而支付的出让金;建设单位在建设过程中发生的土地复垦费用和土地缺失补偿费用;建设期间临时占地补偿费。

② 征用耕地按规定一次性缴纳的耕地占用税;征用城镇土地,在建设期间按规定每年缴纳的城镇土地使用税;征用城市郊区菜地按规定缴纳的新菜地开发建设基金。

③ 建设单位租用建设项目土地使用权而支付的租地费用。

(2)建设管理费

建设管理费是指建设单位从项目筹建开始直到办理竣工决算为止所发生的项目建设管理费用。包括:

① 建设单位管理费。指建设单位发生的管理性质的开支。包括工作人员工资、工资性补贴、施工现场津贴、职工福利费、住房基金、基本养老保险费、基本医疗保险费、失业保险费、工伤保险费、办公费、差旅交通费、劳动保护费、工具用具使用费、固定资产使用费、必要的办公及生活用品购置费、必要的通信设备及交通工具购置费、零星固定资产购置费、招募生产工人费、技术图书资料费、业务招待费、设计审查费、工程招标费、合同契约公证费、法律顾问费、咨询费、工程质量监督检验费、审计费、完工清理费、竣工验收费、印花税和其他管理性质开支。

② 工程监理费。指建设单位委托工程监理单位实施工程监理的费用。

(3)勘察设计费

勘察设计费系指委托勘察设计单位进行工程水文地质勘察、工程设计所发生的各项费用。包括:

① 工程勘察费、初步设计费(基础设计费)、施工图设计费(详细设计费);

② 设计模型费。

(4)可行性研究费

可行性研究费指在建设项目前期工作中,编制和评估项目建议书(或预可行性研究报告)、可行性研究报告所需的费用。

（5）环境影响评价费

环境影响评价费指按照《中华人民共和国环境保护法》、《中华人民共和国环境影响评价法》等规定，为全面、详细评价拟建建设项目对环境可能产生的污染或重大影响所需的费用。包括编制环境影响报告书（含大纲）、编制环境影响报告表和评估环境影响报告书（含大纲）、评估环境影响报告表等所需的费用。

（6）劳动安全卫生评价费

劳动安全卫生评价费指按照劳动部《建设项目（工程）劳动安全卫生监察规定》和《建设项目（工程）劳动安全卫生预评价管理办法》的规定，为预测和分析建设项目存在的职业危险、危害因素的种类和危险、危害程度，并提出先进、科学、合理可行的劳动安全卫生技术和管理对策所需的费用。包括编制建设项目劳动安全卫生预评价大纲和劳动安全卫生预评价报告书，以及为编制上述文件所进行的工程分析和环境现状调查等所需的费用。

（7）场地准备及临时设施费

场地准备费是指建设项目未达到工程开工条件所发生的场地平整和对建设场地预留的有碍于施工建设的设施进行拆除清理的费用。

临时设施费是指为满足施工建设需要而供到场地界区的临时水、电、路、信、气等工程费用，和建设单位的现场临时建筑物的搭设、维修、拆除、摊销或建设期间租赁费用，以及施工期间专用公路养护费、维修费。此费用不包括已列入建筑安装工程费用中的施工单位临时设施费用。

场地准备及临时设施应尽量与永久性工程统一考虑。建设场地的大型土石方工程应进入工程费用中的总图运输费用中。

（8）工程保险费

工程保险费指建设项目在建设期间，根据需要对建筑工程、安装工程及其设备进行投保而发生的保险费用。包括建筑工程一切险和人身意外伤害险、引进设备国内安装保险等。

（9）联合试运转费

联合试运转费指新建项目或新增加生产能力的工程，在交付生产前按照批准的设计文件所规定的工程质量标准和技术要求，进行整个生产线或装置的负荷联合试运转或局部联动试车所发生的费用净支出（试运转支出大于收入的差额部分费用，以及必要的工业炉烘炉费）。

试运转支出包括试运转所需原材料、燃料及动力消耗，低值易耗品及其他物料消耗，工具用具使用费，机械使用费，保险金，施工单位参加试运转人员工资，以及专家指导费等；试运转收入包括试运转期间的产品销售收入和其他收入。

联合试运转费不包括应由设备安装工程费用列支的调试及试车费用，以及在试车运转中暴露出来的因施工原因或设备缺陷等发生的处理费用。

（10）生产准备及开办费

生产准备及开办费指建设单位为保证正常生产（或营业、使用）而发生的人员培训费、提前进厂费，以及投产使用初期必备的生产生活用具、工器具等购置费用。包括：

① 人员培训费及提前进厂费，如自行组织培训或委托其他单位培训的人员工资、工资性补贴、职工福利费、差旅交通费、劳动保护费、学习资料费等；

② 为保证初期正常生产、生活（或经营、使用）所必需的生产办公、生活家具用具购置费；

③ 为保证初期正常生产（或营业、使用）所必需的一套不够固定资产标准的生产工具、器具、用具购置费（不包括备品备件费）。

（11）特殊设备安全监督检验费

特殊设备安全监督检验费指在施工现场组装的锅炉及压力容器、消防设备、燃气设备、电梯等特殊设备和设施，由安全监察部门按照有关安全监察条例和实施细则以及设计技术要求进行安全检验，应由建设单位向安全监察部门缴纳的费用。

（12）市政公用设施建设及绿化补偿费

市政公用设施建设及绿化补偿费指项目建设单位按照项目所在地人民政府的有关规定缴纳的市政公用设施建设费以及绿化补偿费等。

（13）引进技术和引进设备材料其他费

引进技术和引进设备材料其他费指国外技术人员现场服务费和接待费（包括招待费、招待所家具及办公用具费）、出国人员旅费和生活费、引进设备材料国内检验费、备品备件测绘及设计模型制作费、图纸资料翻译复制费、银行担保及承诺费、国内安装保险费等。

（14）专利及专有技术使用费

专利及专有技术使用费包括：

① 国外设计及技术资料费，引进有效专利、专有技术使用费和技术保密费；

② 国内有效专利、专有技术使用费；

③ 商标使用费、特许经营权费等。

（15）研究试验费

研究试验费指为拟建建设项目提供或验证设计数据、资料等进行的必要的研究试验，及按照设计规定在建设过程中必须进行的试验、验证所需的费用。但不包括：

① 应由科技三项费用（即新产品试制费、中间试验费和重要科学研究补助费）列支的项目；

② 应在建筑安装费用中列支的施工企业对建筑材料、构件和建筑物进行一般鉴定、检查所发生的费用及技术革新的研究试验费；

③ 应由勘察设计费或工程费用中列支的项目。

8.2.2.3　第三部分：预备费

预备费又称不可预见费，是指在初步设计及概算内难以预料的工程费用，包括基本预备费和价差预备费。

（1）基本预备费

基本预备费指在设计及概算内难以预料的费用。包括：

① 在批准的初步设计和概算范围内的技术设计、施工图设计及施工过程中所增加的工程费用（如设计变更、局部地基处理等）；

② 由于一般自然灾害所造成的损失和预防自然灾害所采取的措施费用；

③ 竣工验收时为鉴定工程质量对隐蔽工程进行必要开挖和修复的费用等。

基本预备费以总概算第一部分"工程费用"和第二部分"工程建设其他费用"之和为基数按一定百分比计算。

（2）价差预备费

价差预备费指建设项目在建设期内（或概算编制期至竣工），由于政策、价格等因素变化引起工程造价变化的预测预留费用。

费用内容包括：人工、设备、材料、施工机械的价差费,建筑安装工程费及工程建设其他费用调整,利率、汇率调整等增加的费用。

世界银行在建设项目投资构成中所规定的预备费比我国上述规定范围更宽,包括:

① 建设成本上升费;

② 未明确项目的准备金,用于在估算时不可能明确的潜在项目,它在每一个组成部分中均单独以一定的百分比确定,并作为概算的一项单独列出;

③ 不可预见准备金,这项准备金反映了物质、社会和经济的变化,这些变化一般会使成本估算增加,它是一种储备,可能不动用。

价差预备费一般按下式计算:

$$P = \sum_{t=1}^{n} I_t \left[(1+f)^m (1+f)^{0.5} (1+f)^{t-1} - 1 \right] \tag{8.1}$$

式中　P ——价差预备费;

　　　　n ——建设期(年)数;

　　　　I_t ——建设期第 t 年的投资;

　　　　f ——投资价格指数;

　　　　t ——建设期第 t 年;

　　　　m ——建设前年数(从编制概算到开工建设年数)。

8.2.2.4　第四部分:应列入项目概算总投资中的几项费用

应列入项目概算总投资中的几项费用一般包括:建设期利息、铺底流动资金等。其中建设期利息属总概算费用,其他应为总投资费用。

8.2.3　建设项目总概算的编制程序与计算方法

建设项目总概算的编制是从局部到整体、从单位工程到单项工程再到建设项目的汇总综合过程。

8.2.3.1　总概算书的编制程序

首先,应根据初步设计说明、总平面图和全部工程项目一览表等资料,对工程项目内容、性质、建设单位的要求,作一个较全面的了解。其次,在此基础上作出编制总概算书的全面规划,明确编制工作的主要内容、重点、编制步骤、审查方法。再则,根据确定下来的编制总概算的提纲,及时广泛、深入地收集资料,合理确定和选用编制依据。最后,审查综合概算书(当编制综合概算时)及其他费用概算书,然后汇总编制总概算书。

8.2.3.2　总概算书的编制方法

总概算书的编制通常采用表格形式,按总概算书组成的顺序和各项费用的性质,先编制单位工程,后编制单项工程,最后依照设计总概算的四大部分内容归纳工程总概算的基本编制程序和步骤,逐一将各项概算书或综合概算书及其他费用概算书汇总列入总概算表。第一部分工程费用的编制按单位工程概算或综合概算汇总,第三、第四部分费用按有关规定计算。现将第二部分工程建设其他费用的计算要点及编制方法分述如下:

8.2.3.3　工程建设其他费用的计算

(1) 建设用地费的计算

① 根据应征建设用地面积、临时用地面积,按建设项目所在省、市、自治区人民政府制定颁发的土地征用补偿费、安置补助费标准和耕地占用税、城镇土地使用税费标准计算。

② 建设用地上的建(构)筑物如需迁建,其迁建补偿费应按迁建补偿协议列入或按新建同类工程造价计算。建设场地平整中余物拆除清理费在"场地准备及临时设施费"中计算。

③ 建设项目采用"长租短付"方式租用土地使用权,在建设期间支付的地租费用计入建设用地费;在生产经营期间支付的土地使用费应计入营运成本中核算。

(2) 建设管理费的计算

① 以建设投资中的工程费用为基数乘以建设管理费费率计算。

$$建设管理费＝工程费用×建设管理费费率 \tag{8.2}$$

② 工程监理是受建设单位委托的工程建设技术服务,工作特性属于建设管理范畴。如聘用监理,建设单位管理工作量转移至监理单位,监理费应根据委托的监理工作范围和监理深度在监理合同中商定。因此,工程监理费应从建设管理费中支出,在工程建设其他费用项目中不单独列项。

③ 如建设管理采用总承包方式,其总包管理费由承发包双方根据总包工作范围在合同中商定,从建设管理费中支出。

④ 改扩建项目的建设管理费费率应比新建项目适当降低。

(3) 研究试验费的计算

按照研究试验内容和要求进行编制。

(4) 勘察设计费的计算

依据勘察设计委托合同计算,或按照原国家计委、建设部《关于发布〈工程勘察设计收费管理规定〉的通知》(计价[2002]10 号)的规定计算。

(5) 环境影响评价费的计算

依据环境影响评价委托合同计算,或按照原国家计委、国家环境保护总局《关于规范环境影响咨询收费有关问题的通知》(计价[2002]125 号)的规定计算。

(6) 劳动安全卫生评价费的计算

依据劳动安全卫生预评价委托合同计算,或按照建设项目所在省(市、自治区)劳动行政部门规定的标准计算。

(7) 场地准备费及临时设施费的计算

① 新建项目的场地准备和临时设施费应根据实际工程量估算,或按工程费用的比例计算。改扩建项目一般只计拆除清理费。

$$场地准备和临时设施费＝工程费用×费率＋拆除清理费 \tag{8.3}$$

② 发生拆除清理费时,可按新建同类工程造价或主材费、设备费的比例计算。凡可回收材料的拆除采用以料抵工方式,不再计算拆除清理费。

(8) 引进技术和引进设备材料其他费的计算

① 引进项目图纸资料复制费,根据引进项目的具体情况计算或按引进货价(F.O.B)的比

例估列;引进项目发生备品备件测绘费时,按具体情况估算。

② 出国人员费用,依据合同规定的出国人次、期限和费用标准计算。生活费及制装费按照财政部、外交部规定的现行标准计算,旅费按中国民航公布的国际航线票价计算。

③ 来华人员费用,应依据引进合同有关条款规定计算。引进合同价款中已包括的费用不得重复计算。来华人员接待费用可按每人次费用指标计算。

④ 银行担保及承诺费,应按担保或承诺协议计取。编制概算时,可以担保金额或承诺金额为基数乘以费率计算。

⑤ 引进设备材料的国外运输费、国外运输保险费、关税、增值税、外贸手续费、银行财务费、国内运杂费、引进设备材料国内检验费、海关监管手续费等,按引进货价(F.O.B 或 C.I.F)计算后进入相应的设备材料费中。单独引进软件不计关税,只计增值税。

(9) 工程保险费的计算

① 不投保的工程不计取此项费用。

② 不同的建设项目可根据工程特点选择投保险种,根据投保合同计算保险费用。编制概算时,可按工程费用的比例估算。

(10) 特殊设备安全监督检验费的计算

按照建设项目所在省(市、自治区)安全监察部门的规定标准计算。无具体规定的,编制概算时可按受检设备现场安装费的比例估算。

(11) 生产准备及开办费的计算

① 新建项目以设计定员为基数计算,改扩建项目以新增设计定员为基数计算。

$$生产准备费=设计定员×生产准备费指标 \quad (元/人) \qquad (8.4)$$

② 可采用综合的生产准备费指标进行计算,也可以按上述费用内容的分类指标计算。

(12) 联合试运转费的计算

① 不发生试运转或试运转收入大于(或等于)费用支出的工程,不列此项费用。

② 当联合试运转收入小于试运转支出时,按下式计算:

$$联合试运转费=联合试运转费用支出-联合试运转收入 \qquad (8.5)$$

(13) 专利及专有技术使用费的计算

① 按专利使用许可协议和专有技术使用合同的规定计算。

② 专有技术的界定应以省、部级鉴定批准为依据。

③ 项目投资中只计需在建设期支付的专利及专有技术使用费。协议或合同中规定在生产期支付的使用费应在成本中核算。

(14) 市政公用设施建设及绿化补偿费的计算

① 按工程所在地人民政府规定标准计算;

② 不发生或按规定免征项目不计取。

8.3 建设项目总概算文件及技术经济分析

8.3.1 总概算文件的组成

总概算文件一般包括目录、编制说明、总概算书及其所包括的综合概算书、工程建设其他费用概算书。

（1）编制说明

① 项目概况：简述建设项目的建设地点、设计规模、建设性质（新建、扩建或改建）、工程类别、建设期（年限）、主要工程内容、主要工程量、主要工艺设备及数量等。

② 主要技术经济指标：项目概算总投资（有引进的应给出所需外汇额度）及主要分项投资、主要技术经济指标（主要单位投资指标）等。

③ 资金来源：按资金来源渠道不同分别说明，发生资产租赁的说明租赁方式及租金。

④ 编制依据。

⑤ 其他需要说明的问题。

⑥ 总说明附表：建筑、安装工程工程费用计算程序表；引进设备材料清单及从属费用计算表；具体建设项目概算要求的其他附表及附件。

（2）总概算书的项目组成

一个建设项目的总概算书，对于生产性项目是由各生产车间、独立公用事业及独立建筑物的综合概算，以及各种不编制综合概算的工程建设其他费用概算书汇编而成。

8.3.2 总概算表及技术经济分析

（1）总概算表

总概算表汇总采用表格形式编制，其表达形式与综合概算表基本相同，总概算表如表 8.1 所示。

表 8.1 总概算表

总概算编号：＿＿＿＿＿＿　　　工程名称：＿＿＿＿＿　　　　　　单位：万元　　共 页 第 页

序号	概算编号	工程项目或费用名称	设计规模或主要工程量	建筑工程费	设备购置费	安装工程费	其他费用	合计	其中:引进部分		占总投资比例(%)
									美元	折合人民币	
一		工程费用									
1		主要工程									
(1)	×××	×××××									
(2)	×××	×××××									
2		辅助工程									
(1)	×××	×××××									

序号	概算编号	工程项目或费用名称	设计规模或主要工程量	建筑工程费	设备购置费	安装工程费	其他费用	合计	其中：引进部分		占总投资比例(%)
									美元	折合人民币	
3		配套工程									
(1)	×××	×××××									
二		其他费用									
1		×××××									
2		××××									
三		预备费									
四		专项费用									
1		×××××									
2		×××××									
		建设项目总概算									

编制人：　　　　　　　　　审核人：　　　　　　　　　审定人：

　　设计总概算由工程费用、其他费用、预备费及应列入项目概算总投资中的几项费用组成。第一部分工程费用；第二部分工程建设其他费用；第三部分预备费；第四部分应列入项目概算总投资中的几项费用：① 建设期利息；② 铺底流动资金。

　　(2) 总概算表项目内容的划分

　　总概算表中包含：

　　第一部分工程费用。按单项工程综合概算组成编制；采用二级编制的，按单位工程概算组成编制。

　　① 市政民用建设项目排列顺序：主体建(构)筑物、辅助建(构)筑物、配套系统。

　　② 工业建设项目排列顺序：主要工艺生产装置、辅助工艺生产装置、公用工程、总图运输、生产管理服务性工程、生活福利工程、厂外工程。

　　第二部分其他费用。一般按其他费用概算顺序列项。

　　第三部分预备费。包括基本预备费和价差预备费。

　　第四部分应列入项目概算总投资中的建设期利息等费用。

　　(3) 设计总概算技术经济分析

　　编制总概算时，应计算有关技术经济指标以说明投资项目的技术经济合理性，还应编制投资比例分析表、费用构成分析表以及投资的分配与构成情况。

8.4　关于调整概算的编制

设计概算批准后,一般不得调整。《建设项目设计概算编审规程》第5.4.2条规定:"需要调整概算时,由建设单位调查分析变更原因,报主管部门审批同意后,由原设计单位核实编制调整概算,并按有关审批程序报批。"

调整概算规定的具体原因有:① 超出原设计范围的重大变更;② 超出基本预备费规定范围,因不可抗力的重大自然灾害引起的工程变动和费用增加;③ 超出工程造价调整预备费的国家重大政策性的调整。

同时还明确规定:影响工程概算的主要因素已经清楚,且工程量完成了一定量后方可进行调整,一个工程只允许调整一次概算。调整概算的编制深度与要求、文件组成及表格形式同原设计概算。调整概算还应对工程概算调整的原因做详尽分析说明,所调整的内容在调整概算总说明中要逐项与原批准概算对比,并编制调整前后概算对比表(见表8.2、表8.3),分析主要变更原因。在上报调整概算时,应同时提供有关文件和调整依据。

表 8.2　总概算对比表

总概算编号:＿＿＿＿＿＿　　工程名称:＿＿＿＿＿＿　　　　　单位:万元　　共　页　第　页

序号	工程项目或费用名称	原批准概算					调整概算					差额(调整概算-原批准概算)	备注
		建筑工程费	设备购置费	安装工程费	其他费用	合计	建筑工程费	设备购置费	安装工程费	其他费用	合计		
一	工程费用												
1	主要工程												
(1)	×××××												
(2)	×××××												
2	辅助工程												
(1)	×××××												
3	配套工程												
(1)	×××××												
二	其他费用												
1	×××××												
2	×××××												
三	预备费												
四	专项费用												
1	×××××												
2	×××××												
	建筑项目概算总投资												

编制人:　　　　　　　　　　　　　　　　　　　　　　审核人:

表 8.3 综合概算对比表

综合概算编号：_____ 工程名称：_____ 单位：万元 共 页 第 页

序号	工程项目或费用名称	原批准概算				调整概算				差额（调整概算－原批准概算）	调整的主要原因
		建筑工程费	设备购置费	安装工程费	合计	建筑工程费	设备购置费	安装工程费	合计		
一	主要工程										
1	×××××										
2	×××××										
二	辅助工程										
1	×××××										
2	×××××										
三	配套工程										
1	×××××										
2	×××××										
	单项工程概算费用合计										

编制人：   审核人：

8.5 建筑工程设计总概算编制实例

××供电公司调度通信综合楼工程设计概算书封面如图 8.1 所示。

××供电公司调度通信综合楼工程设计概算书

建设单位：<u>　×××公司××供电公司　</u>　　　总 价 值：<u>　1 776.96 万元　</u>

工程名称：<u>　调 度 通 信 综 合 楼　</u>　　　建筑面积：<u>　　4 999 m²　　</u>

内容包括：<u>　详见编制说明及汇总表　</u>　　　单方造价：<u>　3 554.63 元/m²　</u>

审　　定：<u>　　　　　　　　　</u>　　　院　　长：<u>　　　　　　　　</u>

校　　对：<u>　　　　　　　　　</u>　　　总 工 程 师：<u>　　　　　　　　</u>

编　　制：<u>　　　　　　　　　</u>　　　设计负责人：<u>　　　　　　　　</u>

×××设计研究院

2009 年 2 月

图 8.1　××供电公司调度通信综合楼工程设计概算书封面

《××供电公司调度通信综合楼工程设计概算书》 编制说明

一、工程概况

该工程是×××公司××供电公司调度通信综合楼工程，它是以单体建筑工程为主体构成的建设项目，项目建设包括室内工程与室外工程两部分。室内工程包括：其单项建筑工程分单位主体结构工程与单位装饰装修工程；其单项安装工程分给水排水工程、消火栓工程、自动喷淋系统、电气照明及防雷工程、火灾自动报警及消防联动系统、空调工程、电梯等单位工程。单项室外工程包括供电线路、室外给水排水工程、道路、绿化等单位工程。其他情况略。

二、编制依据

（一）图纸

×××设计研究院《×××公司××供电公司调度通信综合楼》扩初设计的图号分别为：

（1）①～⑱正立面图如图 8.2 所示；

（2）Ｆ～Ａ侧立面图如图 8.3 所示；

（3）1—1 剖面图如图 8.4 所示；

（4）一层平面图如图 8.5 所示；

（5）二～七层平面图如图 8.6 所示；

（6）八～九层平面图如图 8.7 所示；

（7）十层平面图如图 8.8 所示；

（8）屋面平面图如图 8.9 所示；

（9）门窗表如表 8.4 所示。

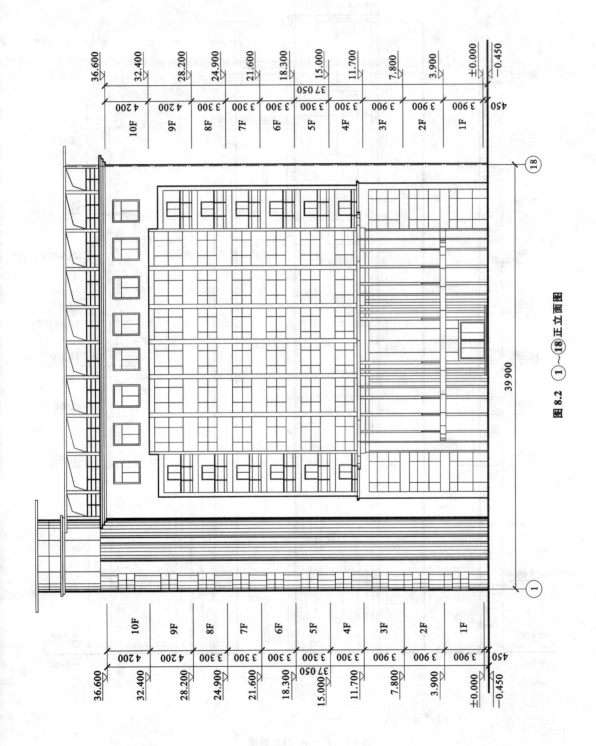

图 8.2 ①～⑱正立面图

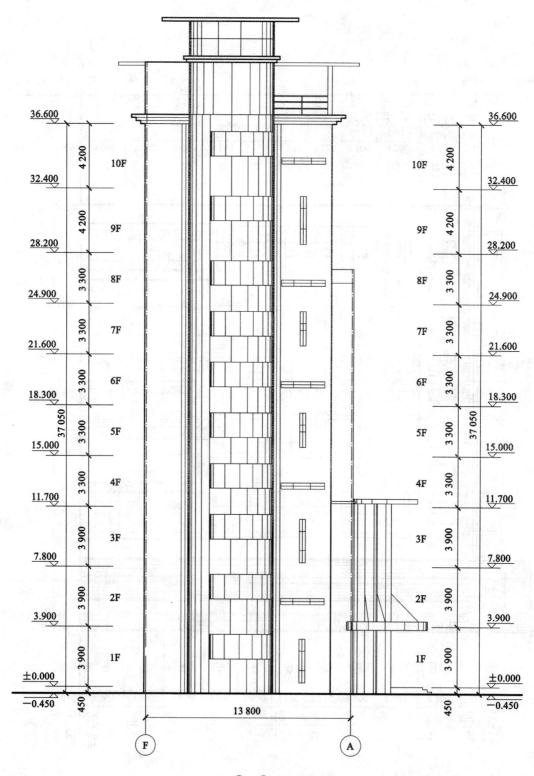

图 8.3 Ⓕ～Ⓐ 侧立面图

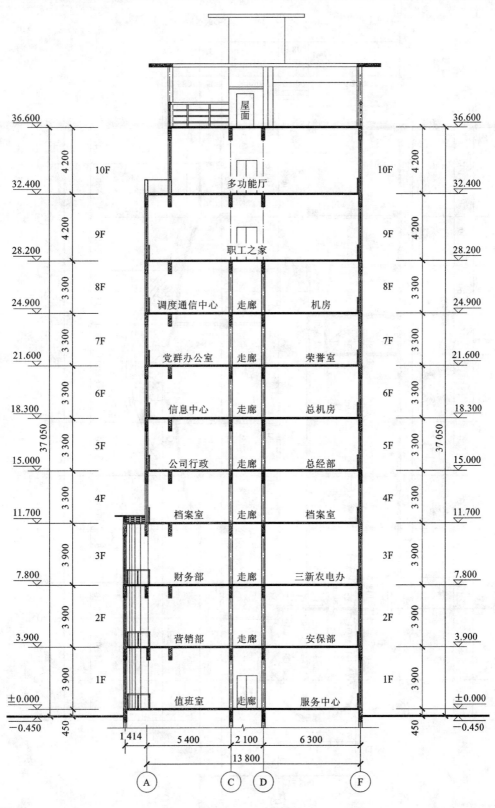

图 8.4 1—1剖面图

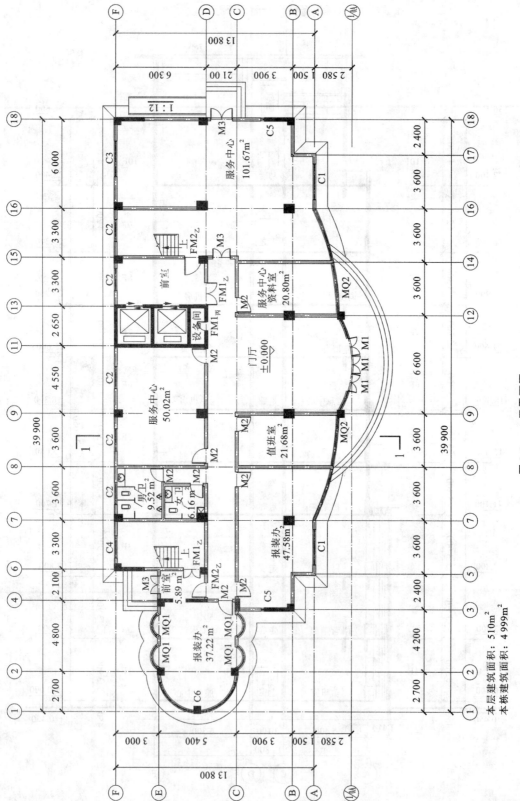

图 8.5　一层平面图

本层建筑面积：510m²
本栋建筑面积：4 999m²

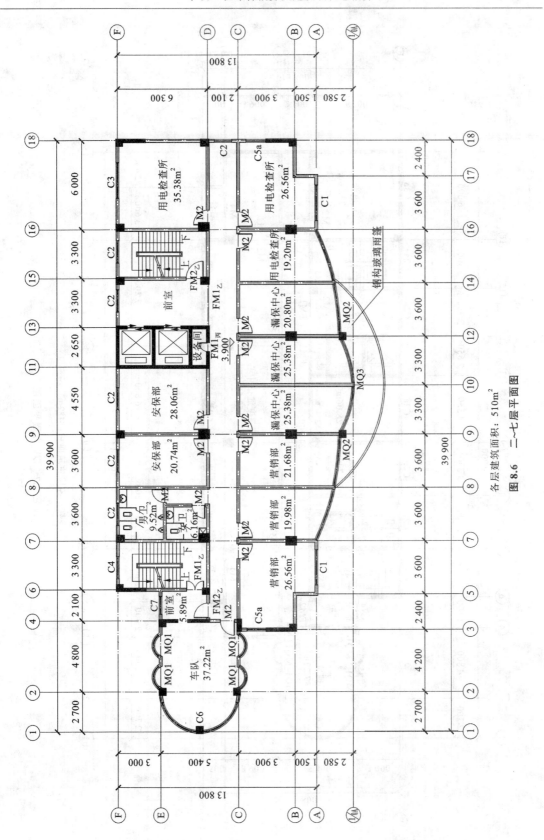

各层建筑面积：510m²

图 8.6　二～七层平面图

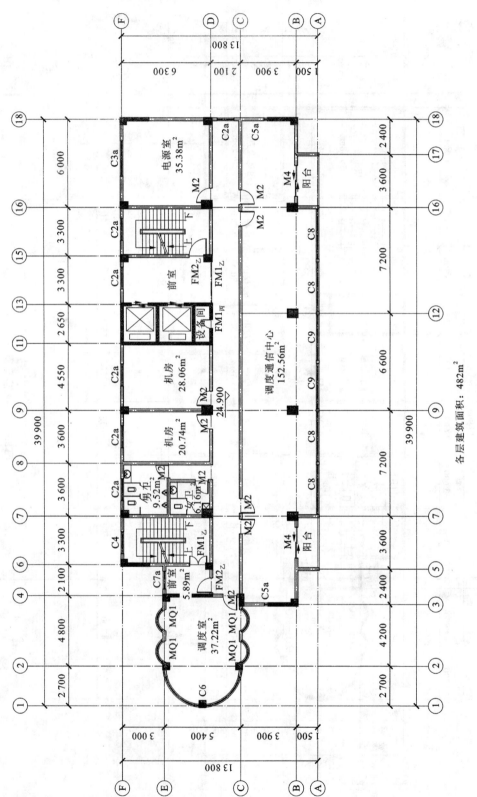

图 8.7　八~九层平面图

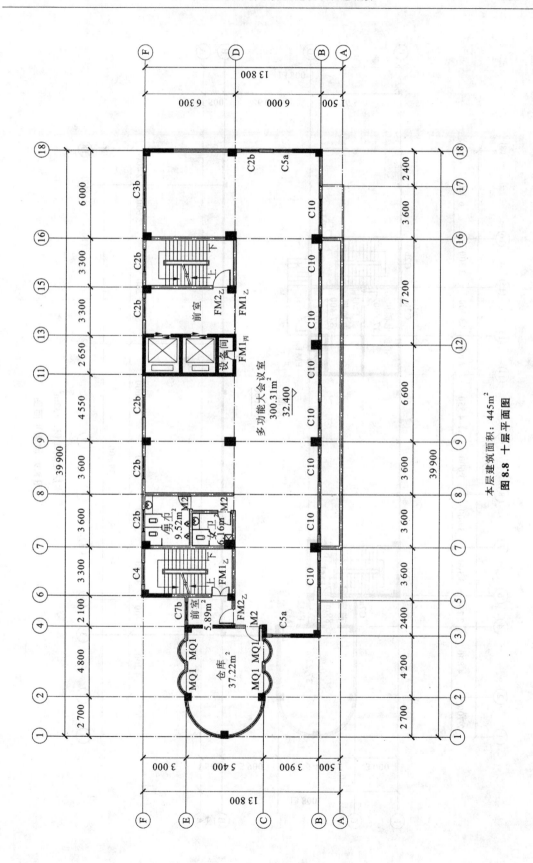

本层建筑面积：445m²

图 8.8　十层平面图

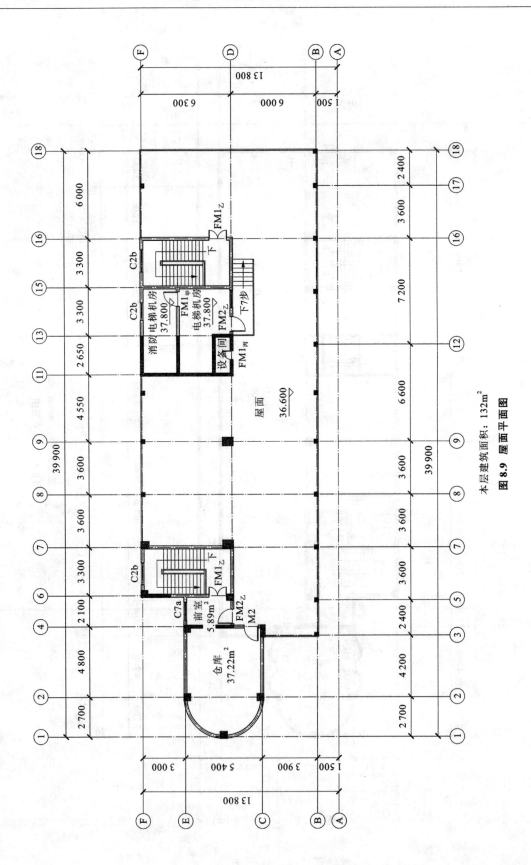

本层建筑面积：132m²

图 8.9 屋面平面图

表8.4 门窗表

类别	设计编号	洞口尺寸(mm) 宽	高	一层	二层	三层	四层	五层	六层	七层	八层	九层	十层	屋面	合计樘数	图集代号	页次	编号	备注
防火门	FM甲1	1 000	2 100	0	0	0	0	0	0	0	0	0	0	1	1	成品防火门	/	/	甲级防火门
	FM乙1	1 200	2 100	2	2	2	2	2	2	2	2	2	2	2	22		/	/	乙级防火门
	FM乙2	1 000	2 100	2	2	2	2	2	2	2	2	2	2	2	22		/	/	乙级防火门
	FM丙1	600	1 900	1	1	1	1	1	1	1	1	1	1	1	11		/	/	丙级防火门 门槛高200
夹板门	M2	900	2 100	11	14	14	9	14	14	14	10	3	3	1	107	98ZJ681	26	GJM301	自装修平开门
	M3	1 500	2 100	3	0	0	0	0	0	0	0	0	0	0	3	98ZJ681	26	GJM301	自装修平开门
塑钢门	M1	1 500	2 800	3	0	0	0	0	0	0	0	0	0	0	3				塑钢平开门
	M4	2 100	2 100	0	0	0	2	2	2	2	2	2	2	0	14				塑钢推拉门
塑钢窗	C1	2 400	3 200	2	2	2	0	0	0	0	0	0	0	0	6				塑钢平开窗 窗台900
	C2	1 500	2 450	5	6	6	0	0	0	0	0	0	0	0	17				塑钢推拉窗 窗台900
	C2a	1 500	1 850	0	0	0	6	6	6	6	6	0	0	3	33				塑钢推拉窗 窗台900
	C2b	1 500	2 750	0	0	0	0	0	0	0	0	6	6	0	12				塑钢推拉窗 窗台900
	C3	2 400	2 450	1	1	1	0	0	0	0	0	0	0	0	3				塑钢平开窗 窗台900
	C3a	2 400	1 850	0	0	0	1	1	1	1	1	0	0	0	5				塑钢平开窗 窗台900
	C3b	2 400	2 750	0	0	0	0	0	0	0	0	1	1	0	7				塑钢推拉窗 窗台900
	C4	1 500	1 500	1	1	1	1	1	1	1	1	1	1	1	11				塑钢推拉窗 窗台900
	C5	400	2 800	2	0	2	0	2	0	2	0	2	0	0	5				塑钢固定窗
	C5a	2 800	400	0	2	0	2	0	2	0	2	0	2	0	5				塑钢固定窗
	C6	7 010	1 600	1	1	0	0	0	0	0	0	0	0	0	3				塑钢推拉窗 窗台900
	C7	1 200	2 450	0	1	1	0	0	0	0	0	0	0	0	2				塑钢平开窗 窗台900
	C7a	1 200	1 850	0	0	0	1	1	1	1	1	0	0	1	6				塑钢平开窗 窗台900
	C7b	1 200	2 750	0	0	0	0	0	0	0	0	1	1	0	2				塑钢推拉窗 窗台900
	C8	3 000	1 850	0	0	0	4	4	4	4	4	0	0	0	20				塑钢推拉窗 窗台900
	C8a	3 000	2 750	0	0	0	0	0	0	0	0	4	0	0	4				塑钢推拉窗 窗台900
	C9	2 700	1 850	0	0	0	2	2	2	2	2	0	0	0	10				塑钢推拉窗 窗台900
	C9a	2 700	2 750	0	0	0	0	0	0	0	0	2	0	0	2				塑钢推拉窗 窗台900
	C10	2 100	2 750	0	0	0	0	0	0	0	0	0	8	0	8				塑钢推拉窗 窗台900

续表 8.4

类别	设计编号	洞口尺寸(mm)		一层	二层	三层	四层	五层	六层	七层	八层	九层	十层	屋面	合计樘数	采用标准图集及编号			备注
		宽	高													图集代号	页次	编号	
玻璃幕墙	MQ1	2 000	37 650	4											4				
	MQ2	7 430	11 600	2											2				玻璃幕墙厂家定做
	MQ3	6 960	11 600	1											1				

附注：1. 门窗的安装位置除图中注明者外，所有木门、防火门等依开启线平墙皮安装，其他门窗居墙中安装；

　　　2. 高级木门带门套(即筒子板、贴脸板)、窗帘盒等须配合二次装修确定；

　　　3. 所有外墙门(窗)均设纱门(窗)，外墙窗窗台小于 900 mm 时，窗内设不锈钢护窗栏杆，详见图集 05ZJ401 ④B/26；

　　　4. 图中未尽事宜，应执行有关现行国家标准或现行行业标准；

　　　5. 所有玻璃门均应在 1.2 m 处粘贴防撞条；

　　　6. 七层以上外墙窗及大于 1.5 m² 以上的建筑玻璃必须使用安全玻璃。

（二）定额及相关文件、标准

（1）主体结构工程：2006 年《湖北省建筑工程概算定额及统一基价表》；

（2）装饰装修工程：2003 年《湖北省建筑工程概算定额及统一基价表》；

（3）安装工程：2003 年《湖北省安装工程消耗量定额及单位估价表》；

（4）市政工程：2003 年《湖北省市政工程消耗量定额及统一基价表》；

（5）费用定额：2003 年《湖北省建筑安装工程费用定额》；

（6）取费标准：二类工程；

（7）2009 年第 2 期《武汉建设工程价格信息》；

（8）2007 年《湖北省建设工程材料设备价格》；

（9）有关生产及销售厂家对设备及工器具的报价和设备及工器具的市场价格信息；

（10）2006 年《湖北省建设项目总投资组成及其他费用定额》；

（11）2007 年中国建设工程造价管理协会标准《建设项目设计概算编审规程》；

（12）2003 年中华人民共和国建设部《建筑工程设计文件编制深度规定》。

三、其他说明

（1）根据 2009 年第 2 期《武汉建设工程价格信息》计算主要材料价差。

（2）本工程概算中钢筋用量参考类似工程用量调整计算。

（3）本工程概算不包括建设用地费。

（4）本工程概算不包括空调、办公家具等费用。

(5) 基本预备费按 3% 计算。

(6) 本概算建筑安装工程费,由建筑工程(包括单位主体结构工程、装饰装修工程)、安装工程(给水排水工程、消火栓工程、自动喷淋系统、电气照明及防雷工程、火灾自动报警及消防联动系统、空调工程、电梯等)、室外工程等单位工程设计概算费用构成。由于列出全部费用篇幅太大,现摘录其单位主体结构工程与空调工程(概算)费用汇总、工程直接费、人材机价差表、人材机分析表以及安装主材、设备表作典型介绍。所谓主体结构工程系单位建筑工程,而空调工程即为设备及安装工程,其单位工程费用概算编制可代表一般情况,读者可以举一反三。关于设计总概算编制过程与结果,如表8.5~表8.14所示。

四、调度通信综合楼工程总概算费用分表

(一) 调度通信综合楼工程概算汇总表(见表8.5)

(二) 单位主体结构工程(概算)费用分表

(1) 单位主体结构工程(概算)费用汇总表(见表8.6);

(2) 单位主体结构工程直接费表(见表8.7);

(3) 单位主体结构工程人材机价差表(见表8.8);

(4) 单位主体结构工程人材机分析表(见表8.9)。

(三) 单位空调工程(概算)费用分表

(1) 单位空调工程(概算)费用汇总表(见表8.10);

(2) 单位空调工程直接费表(见表8.11);

(3) 单位空调工程人材机价差表(见表8.12);

(4) 单位空调工程主材表(见表8.13);

(5) 单位空调工程设备表(见表8.14)。

表 8.5 调度通信综合楼工程概算汇总表

工程名称:调度通信综合楼

序号	工程或费用名称	概算金额(万元)					技术经济指标(元)			备 注
		建筑工程	安装工程	设备费	其 他	总 价	单位	数量	单位价值	
一	**建筑安装工程费用**									
1	建筑工程									
(1)	主体结构工程	556.97				556.97	m²	4 999	1 114.16	
(2)	装饰装修工程	480.71				480.71	m²	4 999	961.61	
(3)	建筑工程小计	1 037.68				1 037.68	m²	4 999	2 075.78	
2	安装工程									
(1)	给水排水工程		8.63			8.63	m²	4 999	17.26	
(2)	消火栓工程		21.46			21.46	m²	4 999	42.93	
(3)	自动喷淋系统		25.39			25.39	m²	4 999	50.79	
(4)	电气照明及防雷工程		62.99	19.66		82.65	m²	4 999	165.33	
(5)	火灾自动报警及消防联动系统		21.85	5.20		27.05	m²	4999	54.11	
(6)	空调工程		47.86	129.42		177.28	m²	4 999	354.63	
(7)	电梯		5.00	40.00		45.00	部	2	225 000.00	

续表 8.5

序号	工程或费用名称	概算金额(万元)					技术经济指标(元)			备注
		建筑工程	安装工程	设备费	其他	总价	单位	数量	单位价值	
(8)	安装工程小计		193.18	194.28		387.46	m²	4 999	775.08	
3	室外工程									
(1)	室外供电线路		50.00			50.00				
(2)	室外给水排水工程	10.00	10.00			20.00				
(3)	道路	12.00				12.00	m²	600	200.00	
(4)	绿化	13.50				13.50	m²	4 500	30.00	
(5)	室外工程小计	35.50	60.00			95.50	m²	4 999	191.04	
4	建筑安装工程费用合计	1 073.2	253.18	194.28		1 520.6	m²	4 999	3 041.89	
二	建设工程其他费用									
1	建设管理费									
(1)	建设单位管理费				19.12	19.12				财建〔2002〕394 号
(2)	工程建设监理费				34.21	34.21				
(3)	工程质量监督费				2.13	2.13				价费字〔1993〕149 号
(4)	小计				55.47	55.47				
2	可行性研究费				0.00	0.00				计价格〔1999〕1283 号
3	勘察设计费									
(1)	工程勘察费				12.17	12.17				计价格〔2002〕10 号
(2)	工程设计费				55.72	55.72				计价格〔2002〕10 号
(3)	小计				67.89	67.89				
4	建设工程评价费									
(1)	环境影响评价费				2.00	2.00				计价格〔2002〕125 号
(2)	劳动安全卫生评审费				0.76	0.76				发改投〔2003〕1346 号
(3)	小计				2.76	2.76				
5	场地准备及临时设施费				10.64	10.64				计标(85)352 号
6	工程保险费									
(1)	建筑、安装工程一切险				5.46	5.46				国发〔1983〕35 号
(2)	建设工程第三者责任险				1.52	1.52				国发〔1983〕35 号
(3)	小计				6.98	6.98				
7	城市基础设施配套费				27.49	27.49	m²	4 999	55	鄂价房〔2002〕178 号
8	人防易地建设费				0.00	0.00	m²	0	0	
9	建筑消防设施检测服务费				5.17	5.17				鄂价经函字〔1999〕80 号
10	其他与工程建设相关费用									
(1)	白蚁防治费				1.00	1.00	m²	4 999	2	鄂价费字〔1992〕232 号

续表 8.5

序号	工程或费用名称	概算金额(万元)					技术经济指标(元)			备注
		建筑工程	安装工程	设备费	其他	总价	单位	数量	单位价值	
(2)	垃圾处理费				9.00	9.00	m²	4999	18	鄂价费字〔1992〕232号
(3)	工程勘察文件审查费				0.73	0.73				鄂价房服〔2002〕216号
(4)	施工图设计审查费				1.46	1.46				鄂价房服〔2002〕216号
(5)	抗震设计审查费				0.55	0.55				鄂价房服〔2002〕216号
(6)	城市建设工程竣工档案整理综合服务费				0.15	0.15				鄂价房地字〔1999〕177号
(7)	卫生监督防疫费				1.52	1.52				鄂价费字〔1996〕256号
(8)	规划红线定位、验线费				0.57	0.57				国测财字〔2002〕3号文
(9)	招标代理服务费				8.37	8.37				计价格〔2002〕1980号
(10)	建设工程招投标交易服务费				1.22	1.22				鄂价房地字〔2000〕31号
(11)	建设工程造价咨询服务费				6.36	6.36				鄂价房地字〔1996〕68号
(12)	小计				30.92	30.92				
11	建设工程其他费用合计				204.56	204.56	m²	4 999	409.21	
三	第一、二部分合计	1 073.18	253.18	194.28	204.56	1 725.2	m²	4 999	3 451.10	
四	基本预备费3%				51.76	51.76	m²	4 999	103.53	计标(85)352号
五	总计	1 073.18	253.18	194.28	256.32	1 776.96	m²	4 999	3 554.63	

表 8.6 单位主体结构工程(概算)费用汇总表

工程名称:调度通信综合楼——主体结构工程

序号	费用名称	取费基数	费率	费用金额
一	直接工程费	人工费+材料费+机械费+材料检验试验费+构件增值税		3 534 266.74
1	其中:人工费	人工费		827 076.1
2	材料费	材料费		2 419 831.3
3	机械费	机械费		282 519.68
4	材料检验试验费	材料费	0.2	4 839.66
5	构件增值税	构件增值税	7.05	
二	综合费	直接费+材料检验试验费	21	742 196.01
三	价差	人材机价差		907 320.74
四	价差的利润	价差	5	45 366.04
五	不含税工程造价	直接工程费+综合费+价差+价差的利润		5 229 149.53
六	安全防护、文明施工与环境保护费	直接工程费+综合费+价差+价差的利润	3	156 874.49
七	税金	不含税工程造价+安全防护、文明施工与环境保护费	3.41	183 663.42
八	含税工程造价	不含税工程造价+安全防护、文明施工与环境保护费+税金		5 569 687.44

表 8.7　单位主体结构工程直接费表

工程名称:调度通信综合楼——主体结构工程

定额编号	子目名称	工程量		价值(元)		其中(元)			主材合价	设备合价
		单位	数量	单价	合价	人工合价	材料合价	机械合价		
0101	**土(石)方工程**				84 392.35	79 213.74		5 178.61		
1-7	人工挖满堂基础土方 三类土(深度 2 m 以内)	m³	212.97	23.97	5 104.89	5 104.89				
1-14	回填土	m³	2 868.15	27.55	79 017.53	74 084.31		4 933.22		
1-15	平整场地	m²	817.96	0.33	269.93	24.54		245.39		
0102	**基础工程**				679 675.4	221 883.17	324 508.63	133 283.6		
2-20	人工挖孔桩混凝土护壁含桩芯	m³	578.122	653.09	377 565.7	153 474.05	190 647.29	33 444.36		
2-30	人工挖孔桩入岩增加费	m³	28.41	2 968.16	84 325.43	30 341.88		53 983.55		
2-43	钢筋笼制安,人工挖孔桩	t	11.69	3 435.14	40 156.79	5 109	31 738.7	3 309.09		
2-90	抽水机排水,降水深度(2 m 以内)	m²(槽底)	751.15	60.72	45 609.83	676.04	4 709.71	40 224.08		
2-107	基础垫层工程,混凝土垫层,商品混凝土 C15	m³	20.7	379	7 845.3	1 187.97	6 622.34	34.98		
2-113	砖石基础工程,室外自然地面以下,砖基础,深度(2 m 以内)	m³	108.47	269.78	29 263.04	14 934.15	13 616.24	712.65		
2-127	砖石基础工程,室外自然地面以上,设计标高(±0.00)	m³	31.49	162.49	5 116.81	1 150.64	3 908.22	57.94		
2-133	墙身防潮层	m²	69.98	8.46	592.03	193.84	383.49	14.7		
2-177	钢筋混凝土满堂基础,商品混凝土 C30	m³	34.66	570.61	19 777.34	2 359.31	17 066.93	351.11		
2-183	钢筋混凝土基础梁,商品混凝土 C30	m³	37.72	1 070.22	40 368.7	7 467.43	32 022.02	879.25		
2-190	独立钢筋混凝土桩承台,商品混凝土 C30	m³	47.416	481.26	22 819.42	3 956.87	18 676.69	185.87		
2-196	钢筋混凝土设备基础,商品混凝土 C30	m³	8.5	733.53	6 235.01	1 031.99	5 117	86.02		
0103	**墙、柱围护结构工程**				1 056 493.9	189 836.15	848 578	18 079.79		
3-25	蒸压灰砂砖内外墙 1 砖,混合砂浆 M5	m²	5.94	49.14	291.89	68.79	219.78	3.33		
3-40	加气混凝土砌块墙 100 mm 厚混合砂浆 M5	m²	6 252.849	22.77	142 377.37	18 758.55	122 868.48	750.34		
3-41	加气混凝土砌块墙每增减 25 mm 厚混合砂浆 M5	m²	30 626.138	5.69	174 262.73	22 969.6	150 374.34	918.78		
3-88	钢筋混凝土墙,商品混凝土 C35	m³	33.15	1 080.37	35 814.27	6 447.01	28 443.69	923.56		
3-88	钢筋混凝土墙,商品混凝土 C30	m³	18.67	1 080.37	20 170.51	3 630.94	16 019.42	520.15		
3-88	钢筋混凝土墙,商品混凝土 C25	m³	22.58	1 074.28	24 257.24	4 391.36	19 236.81	629.08		
3-91	钢筋混凝土电梯井壁,商品混凝土 C35	m³	108.65	896.74	97 430.8	24 182.23	70 858.27	2 390.3		
3-91	钢筋混凝土电梯井壁,商品混凝土 C30	m³	54.53	896.74	48 899.23	12 136.74	35 562.83	1 199.66		
3-91	钢筋混凝土电梯井壁,商品混凝土 C25	m³	67.93	890.65	60 501.85	15 119.18	43 888.21	1 494.46		

定额编号	子目名称	工程量		价值(元)		其中(元)				
		单位	数量	单价	合价	人工合价	材料合价	机械合价	主材合价	设备合价
3-100	现浇钢筋混凝土矩形柱,商品混凝土 C35	m³	164.6	1 180.84	194 366.26	34 444.2	15 5851.51	4 070.56		
3-100	现浇钢筋混凝土矩形柱,商品混凝土 C30	m³	80.7	1 180.84	95 293.79	16 887.28	76 410.8	1 995.71		
3-100	现浇钢筋混凝土矩形柱,商品混凝土 C25	m³	86.61	1 174.75	101 745.1	18 124.01	81 479.22	2 141.87		
3-109	现浇钢筋混凝土构造柱,商品混凝土 C20	m³	31.63	1240.27	39 229.74	7 604.48	30 806.04	819.22		
3-124	现浇钢筋混凝土过梁,商品混凝土 C20	m³	13.455	996.36	13 406.02	3 466.82	9 778.29	160.92		
3-127	现浇钢筋混凝土压顶,商品混凝土 C20	m³	2.85	716.76	2 042.77	473.7	1 547.69	21.38		
3-141	混凝土散水,商品混凝土 C20	m²	112.4	25.92	2913.41	391.15	2 514.39	7.87		
3-143	混凝土台阶,商品混凝土 C20	m²	41.79	78.62	3 285.53	682.85	2 570.09	32.6		
3-169	墙身防潮涂膜防水普通乳化沥青涂料二布三涂	m²	11.88	17.29	205.41	57.26	148.14			
0104	**楼盖工程**				922 058.88	188 198.04	709 410.12	24 450.74		
4-5	现浇钢筋混凝土单梁、连续梁、悬臂梁,商品混凝土 C25	m³	45.94	1 089.05	50 030.96	10 094.86	38 196.81	1 739.29		
4-11	现浇钢筋混凝土弧形梁、拱形梁,商品混凝土 C25	m³	1.53	1 428.32	2 185.33	464.16	1 667.23	53.95		
4-21	现浇钢筋混凝土有梁板,商品混凝土 C30	m³	537.914	915.94	492 696.95	95 113.95	384 673.06	12 909.94		
4-21	现浇钢筋混凝土有梁板,商品混凝土 C25	m³	280.61	909.85	255 313.01	49 617.46	198 960.91	6 734.64		
4-39	现浇钢筋混凝土整体楼梯,商品混凝土 C30	m²	263.655	317.48	83 705.19	22 576.78	59 061.36	2 067.06		
4-39	现浇钢筋混凝土整体楼梯,商品混凝土 C25	m²	120.645	316.03	38 127.44	10 330.83	26 850.75	945.86		
0105	**屋盖工程**				107 142.55	20 646.7	85 991.3	504.55		
5-27	改性沥青防水卷材屋面,满铺(加强型)平面	m	598.77	26.28	15 735.68	3 472.87	12 262.81			
5-39	屋面分格缝	m	84.35	24.06	2 029.46	250.52	1 778.94			
5-40	聚氨酯涂膜防水屋面	m²	525.58	29.61	15 562.42	804.14	14 758.29			
5-51	塑料 PVC 落水管 φ100	m	1 350.6	31.48	42 516.89	10 318.58	32 198.3			
5-54	屋面防水砂浆,20 mm 厚	m²	525.58	9.38	4 929.94	1 702.88	3 116.69	110.37		
5-56	屋面水泥砂浆,混凝土或硬基层上 20 mm 厚	m²	525.58	6.67	3 505.62	1 229.86	2 165.39	110.37		
5-64	刚性屋面,钢筋混凝土屋面,厚度 40 mm	m²	525.58	15.23	8 004.58	2 149.62	5 571.15	283.81		
5-75	屋面找坡 40 mm 水泥珍珠岩块	m²	525.58	13.97	7 342.35	352.14	6 990.21			

续表 8.7

定额编号	子目名称	工程量		价值(元)		其中(元)			主材合价	设备合价
		单位	数量	单价	合价	人工合价	材料合价	机械合价		
5-76	屋面找坡每增减 10 mm 水泥珍珠岩块	m²	2 153.47	3.49	7 515.61	366.09	7 149.52			
0107	**耐酸、隔热、保温工程**				100 227.72	17 399.46	82 828.25			
7-42	保温、隔热泡沫塑料板	m³	105.12	953.46	100 227.72	17 399.46	82 828.25			
0108	**金属结构工程**				9 729.32	2 790.9	5 977.04	961.38		
8-33	零星钢构件制作安装	t	1.2	6 227.4	7 472.88	2 325.74	4 244.64	902.5		
8-43	金属结构过氯乙烯底漆、腻子、磁漆一道,过氯乙烯磁漆三遍,清漆二道	t	1.2	1 880.37	2 256.44	465.16	1 732.4	58.88		
0109	**脚手架工程**				68 577.07	44 363.93	20 956.93	3 256.21		
9-1	综合脚手架,建筑面积	m²	4 999	4.89	24 445.11	14 547.09	8 948.21	949.81		
9-8	满堂脚手架,基本层 3.6 m 高	m²	2 480	6.57	16 293.6	9 721.6	4 265.6	2 306.4		
9-18	外脚手架安全围护网 9~12 层,檐高(40 m 以内)	m²	4 609	6.04	27 838.36	20 095.24	7 743.12			
0110	**垂直运输工程**				45 790.84			45 790.84		
10-2	建筑物垂直运输 20 m(6 层)以内塔吊施工	m²	4 999	9.16	45 790.84			45 790.84		
0111	**常用大型机械安拆和场外运输费用表**				45 563.82	9 703	1 441.9	34 418.92		
11-2	常用大型机械每安装和拆卸一次费用表,履带式单斗挖掘机 1 m³ 以内	台次	2	1 669.66	3 339.32	806	196.9	2 336.42		
11-12	常用大型机械每安装和拆卸一次费用表,自升式塔式起重机,起重力矩(1 000 kN·m 以内)	台次	1	12 632.39	12 632.39	4 185	396.35	8 051.04		
11-19	常用大型机械每安装和拆卸一次费用表,室外施工电梯(75 m 以内)	台次	1	6 536.52	6 536.52	2 976	218.22	3 342.3		
11-26	常用大型机械场外运输费用表(25 km 以内),履带式单斗挖掘机 1 m³ 以内	台次	2	4 296.92	8 593.84	930	353.3	7 310.54		
11-37	大型机械场外运输费用,自升式塔式起重机	台次	1	8 916.8	8 916.8	620	217.16	8 079.64		
11-40	常用大型机械场外运输费用表(25 km 以内),室外施工电梯(75 m 以内)	台次	1	5 544.95	5 544.95	186	59.97	5 298.98		
0112	**钢筋、铁件工程**				409 775.17	53 041.01	340 139.13	16 595.04		
12-1	现浇构件钢筋调整	t	115.47	3 255.6	375 924.13	39 065.81	327 833.19	9 025.14		
12-10	电渣压力焊接头	个	3 882	8.72	33 851.04	13 975.2	12 305.94	7 569.9		
	合　　计				3 529 427	827 076.1	2 419 831.3	282 519.68		

表 8.8 单位主体结构工程人材机价差表

工程名称：调度通信综合楼——主体结构工程

序号	材料名称	材料规格	单位	材料量	预算价(元)	市场价(元)	价差(元)	价差合计(元)
1	C15	商品混凝土 碎石 20 mm	m³	29.002 1	282	286	4	116.01
2	C20	商品混凝土 碎石 20 mm	m³	64.260 4	290	300	10	642.6
3	C25	商品混凝土 碎石 20 mm	m³	691.431 7	312	313	1	691.43
4	C30	商品混凝土 碎石 20 mm	m³	1 309.122	318	327	9	11 782.1
5	C35	商品混凝土 碎石 20 mm	m³	310.996	318	341	23	7 152.91
6	标准砖	240 mm×115 mm×53 mm	1 000 块	38.614 2	180	230	50	1930.71
7	灰砂砖	240 mm×115 mm×53 mm	1 000 块	56.794 9	180	230	50	2 839.75
8	灰砂砖		1 000 块	16.488 2	180	230	50	824.41
9	二等板枋材(施工用)		m³	0.0 445	1 350	2 167.4	817.4	36.37
10	钢板		t	0.612	3 300	3 948.29	648.29	396.75
11	钢管	φ48×3.5	kg	1 699.752 3	2.8	3.8	1	1 699.75
12	加气混凝土砌块	600 mm×300 mm×100 mm	m³	1 263.597 3	193.94	205	11.06	13 975.39
13	角钢		t	0.66	2 600	4 122.61	1 522.61	1 004.92
14	螺纹钢	Φ12	t	47.388 2	2 700	3 913.51	1 213.51	57 506.05
15	螺纹钢	Φ14	t	0.124 8	2 700	3 913.51	1 213.51	151.45
16	螺纹钢	Φ16	t	60.370 4	2 700	3 913.51	1 213.51	73 260.08
17	螺纹钢	Φ20	t	17.344 5	2 700	3 995.11	1 295.11	22 463.04
18	螺纹钢	Φ22	t	42.238 9	2 700	3 995.11	1 295.11	54 704.02
19	螺纹钢	Φ25	t	47.727 1	2 700	3 995.11	1 295.11	61 811.84
20	模板板方材		m³	84.203 7	1 350	2 167.4	817.4	68 828.1
21	圆钢	Φ10	t	10.787 9	2 600	3 952.27	1 352.27	14 588.15
22	圆钢	Φ12	t	8.411 5	2 600	4 116.49	1 516.49	12 755.96
23	圆钢	Φ6.5	t	66.263 4	2 600	3 952.27	1 352.27	89 606.01
24	圆钢	Φ8	t	12.246	2 600	3 952.27	1 352.27	16 559.9
25	圆钢(钢筋)		kg	481.368	2.6	3.95	1.35	649.85
26	32.5 级水泥		kg	64 859.251 1	0.3	0.39	0.09	5 772.47
27	水		m³	64.202 2	2.12	3.15	1.03	66.13
28	机械安拆用工		工日	257	31	44	13	3 341
29	机械场外运输用工		工日	56	31	44	13	728
30	综合工日		工日	27 245.399 3	30	44	14	381 435.59
	合 计							907 320.74

表 8.9　单位主体结构工程人材机分析表

工程名称:调度通信综合楼——主体结构工程

序号	名称及规格	单位	数量	市场价(元)	合计(元)
一	人工				
1	机械安拆用工	工日	257	44	11 308
2	机械场外运输用工	工日	56	44	2 464
3	综合工日	工日	27 245.399 3	44	1 198 797.57
4	人工费调整	元	0.069 7	1	0.07
	小计				1 212 569.64
二	材料				
1	C15 商品混凝土 碎石 20 mm	m³	29.002 1	286	8 294.6
2	C20 商品混凝土 碎石 20 mm	m³	64.260 4	300	19 278.12
3	C25 商品混凝土 碎石 20 mm	m³	691.431 7	313	216 418.12
4	C30 商品混凝土 碎石 20 mm	m³	1 309.122	327	428 082.89
5	C35 商品混凝土 碎石 20 mm	m³	310.996	341	106 049.64
6	PVC 塑料落水管 ϕ100 mm×3 mm×4 000 mm	m	1 418.13	13.22	18 747.68
7	安全网	m²	60.487 9	17.8	1 076.68
8	标准砖 240 mm×115 mm×53 mm	1 000 块	38.614 2	230	8 881.27
9	灰砂砖 240 mm×115 mm×53 mm	1 000 块	56.794 9	230	13 062.83
10	灰砂砖	1 000 块	16.488 2	230	3 792.29
11	草袋	个	53	0.76	40.28
12	定型钢模	kg	1 746.221	3.65	6 373.71
13	二等板枋材(施工用)	m³	0.044 5	2 167.4	96.45
14	防水粉	kg	348.459 5	1.26	439.06
15	防锈漆	kg	13.92	9.73	135.44
16	改性沥青卷材 3 mm 厚	m²	757.683 6	12.8	9 698.35
17	改性乳化沥青	kg	179.631	1.9	341.3
18	钢板	t	0.612	3 948.29	2 416.35
19	钢管 ϕ48×3.5	kg	1 699.752 3	3.8	6 459.06
20	加气混凝土砌块 600×300×100	m³	1 263.597 3	205	259 037.45
21	角钢	t	0.66	4 122.61	2 720.92
22	九夹板模板	m²	2 561.492 2	36.7	94 006.76
23	聚氨酯甲料	kg	554.749 7	10.51	5 830.42
24	聚氨酯乙料	kg	867.890 3	10	8 678.9
25	聚苯乙烯泡沫板	m³	82.813 5	405.94	33 617.31
26	聚苯乙烯塑料板 1000×150×50	m³	20.12	405.94	8 167.51
27	聚酯布 100 g/m²	m²	28.873 2	3.2	92.39
28	螺栓	kg	44	5.29	232.76

序号	名称及规格	单位	数量	市场价(元)	合计(元)
29	螺纹钢 φ12	t	47.388 2	3 913.51	185 454.19
30	螺纹钢 φ14	t	0.124 8	3 913.51	488.41
31	螺纹钢 φ16	t	60.370 4	3 913.51	236 260.16
32	螺纹钢 φ20	t	17.344 5	3 995.11	69 293.19
33	螺纹钢 φ22	t	42.238 9	3 995.11	168 749.05
34	螺纹钢 φ25	t	47.727 1	3 995.11	190 675.01
35	模板板方材	m³	84.203 7	2 167.4	182 503.1
36	普通乳化沥青 水乳型	kg	30.888	1.79	55.29
37	其他材料费	元	643.54	1	643.54
38	杉杆	m³	0.046 8	1 100	51.48
39	石油沥青 30♯	kg	9 292.376 7	1.86	17 283.82
40	石油沥青玛琋脂	m³	0.4 133	1 802.47	744.96
41	水泥珍珠岩块	m³	44.260 2	319.7	14 149.99
42	塑料油膏	kg	256.154 1	1.32	338.12
43	铁丝 8♯	kg	43	3.8	163.4
44	混凝土预制块	m³	0.485 2	808.16	392.12
45	一等板枋材	m³	5.098 3	1 700	8 667.11
46	硬聚氯乙烯塑料三通 φ100	个	487.566 6	9.08	4 427.1
47	硬聚氯乙烯塑料水斗 φ100	个	87.248 8	16.19	1 412.56
48	硬聚氯乙烯塑料雨水口 φ100	个	87.248 8	15.83	1 381.15
49	圆钢 φ10	t	10.787 9	3 952.27	42 636.69
50	圆钢 φ12	t	8.411 5	4 116.49	34 625.86
51	圆钢 φ6.5	t	66.263 4	3 952.27	261 890.85
52	圆钢 φ8	t	12.246	3 952.27	48 399.5
53	圆钢(钢筋)	kg	481.368	3.95	1 901.4
54	枕木	m³	0.24	1 508	361.92
55	支撑钢管及扣件	kg	8 208.986 3	3.59	29 470.26
56	32.5 级水泥	kg	64 859.251 1	0.389	25 230.25
57	石灰膏	m³	16.167	79.2	1 280.43
58	水	m³	64.202 2	3.15	202.24
59	碎石 15 mm	m³	18.808 8	51	959.25
60	中(粗)砂	m³	268.098	50	13 404.9
61	材料费调整	元	136 263.056 5	1	136 263.06
	小计				2 941 828.9
三	**配比材料**				
1	碎石混凝土 坍落度 30～50 石子最大粒径 15 mm C20	m³	21.373 6	212.75	4 547.23

续表 8.9

序号	名称及规格	单位	数量	市场价(元)	合计(元)
2	砌筑砂浆 水泥混合砂浆 M5.0	m³	161.669 6	151.76	24 534.98
3	砌筑砂浆 水泥砂浆 M5.0	m³	7.581 8	145.43	1 102.62
4	砌筑砂浆 水泥砂浆 M7.5	m³	25.598 9	153.24	3 922.78
5	抹灰砂浆 水泥砂浆 1:1	m³	0.573 2	343.49	196.89
6	抹灰砂浆 水泥砂浆 1:2	m³	12.586 7	281.52	3 543.41
7	抹灰砂浆 水泥砂浆 1:3	m³	10.616 7	217.04	2 304.25
8	抹灰砂浆 水泥浆	m³	1.576 8	586.23	924.37
	小计				41 076.53
四	机械				
1	回程费	元	2 510.41	1	2 510.41
2	单笼施工电梯 75 m	台班	8.5	221.17	1 879.95
3	电动卷扬机 单筒快速 带塔 2 t 内	台班	66.486 7	112.27	7 464.46
4	履带式单斗挖掘机 1 m³ 以内	台班	2	739.71	1 479.42
5	轮胎式起重机 20 t	台班	1.580 7	706.36	1 116.54
6	平板拖车组 10 t	台班	3	507.33	1 521.99
7	平板拖车组 15 t	台班	2	621.74	1 243.48
8	平板拖车组 40 t	台班	2	1 427.54	2 855.08
9	汽车式起重机 12 t	台班	4	627.69	2 510.76
10	汽车式起重机 16 t	台班	2	798.35	1 596.7
11	汽车式起重机 40 t	台班	2	1501.48	3 002.96
12	汽车式起重机 8 t	台班	18	487.45	8 774.1
13	塔式起重机 60 kN·m	台班	98.980 2	387.43	38 347.9
14	载重汽车 5 t	台班	14	271.91	3 806.74
15	载重汽车 8 t	台班	7	377.32	2 641.24
16	自升式塔式起重机 1 000 kN·m	台班	1	596.09	596.09
17	机械费调整	元	201 193.304 3	1	201 193.3
	小计				282 541.12
					4 436 939.66

表 8.10　单位空调工程(概算)费用汇总表

工程名称:调度通信综合楼——空调工程

序号	费用名称	取费基数(元)	费率(%)	费用金额(元)
1	直接工程费	其中:人工费＋材料费＋机械费＋主材费＋材料检验试验费		311 986.2
2	其中:人工费	人工费		82 760.75
3	材料费	材料费		63 987.16
4	机械费	机械费		16 683.12

续表 8.10

序号	费用名称	取费基数(元)	费率(%)	费用金额(元)
5	主材费	主材费		148 130.93
6	材料检验试验费	材料费+主材费	0.2	424.24
7	施工技术措施费	技术措施直接费		4 395.27
8	其中:人工费	技术措施人工费		1 098.81
9	施工组织措施费	临时设施费+其他施工组织措施费		14 675.43
10	其中:人工费	施工组织措施费	15	2 201.31
11	临时设施费	2+8	12	10 063.15
12	其他施工组织措施费	2+8	5.5	4 612.28
13	施工管理费	2+8+10	35	30 121.3
14	规费	2+8+10	25	21 515.22
15	价格调整	主材调整+辅材调整+人工费调整+机械费调整		45 315.34
16	主材调整	材料价差		9 479.12
17	辅材调整	材料费	0	
18	人工费调整	人工价差		35 836.22
19	机械费调整	机械价差		
20	利润	2+8+10	30	25 818.26
21	安全防护费	直接工程费+施工技术措施费+施工组织措施费+施工管理费+规费+价格调整+利润	1	4 538.27
22	文明施工与环境保护	直接工程费+施工技术措施费+施工组织措施费+施工管理费+规费+价格调整+利润	0.5	2 269.14
23	安全技术服务费	直接工程费+施工技术措施费+施工组织措施费+施工管理费+规费+价格调整+利润	0.15	680.74
24	意外伤害费	直接工程费+施工技术措施费+施工组织措施费+施工管理费+规费+价格调整+利润	0.05	226.91
25	不含税工程造价	直接工程费+施工技术措施费+施工组织措施费+施工管理费+规费+价格调整+利润+安全防护费+文明施工与环境保护费+安全技术服务费+意外伤害费		461 542.08
26	税金	不含税工程造价	3.41	17 037.36
27	设备费	设备费		1 294 249.5
28	含税工程造价	不含税工程造价+税金+设备费		1 772 828.94

表 8.11 单位空调工程直接费表

工程名称:调度通信综合楼——空调工程

定额编号	子目名称	工程量		价值(元)		其中(元)				
		单位	数量	单价	合价	人工合价	材料合价	机械合价	主材合价	设备合价
0801	**给排水、采暖、燃气管道**				31 035.85	24 082.76	6 863.48	89.62	39 689.41	
C8-219	室内塑料给水管安装公称直径 25 mm 以内	10 m	61.1	80.64	4 927.1	3 504.09	1 423.02		3 115.49	
主材	塑料管 25	m	629.33	4.95					3 115.183 5	
C8-220	室内塑料给水管安装公称直径 32 mm 以内	10 m	12	95.56	1 146.72	766.32	380.4		1 020.96	
主材	塑料管 32	m	123.6	8.26					1 020.936	
C8-221	室内塑料给水管安装公称直径 40 mm 以内	10 m	7.2	101.72	732.38	488.81	243.58		997.49	
主材	塑料管 40	m	74.16	13.45					997.452	
C8-222	室内塑料给水管安装公称直径 50 mm 以内	10 m	11.2	127.32	1 425.98	805.5	620.48		1 963.47	
主材	塑料管 50	m	115.36	17.02					1 963.427 2	
C8-257	铜管 12.7	10 m	63.05	71.5	4 508.08	3 733.19	755.97	18.92	6 436.77	
主材	低压铜管 12.7	m	646.26	9.96					6 436.774 5	
C8-257	室内给水铜管 6.4	10 m	54.9	71.5	3 925.35	3 250.63	658.25	16.47	3 455.41	
主材	低压铜管 6.4	m	562.73	6.14					3 455.131 5	
C8-257	室内给水铜管 9.5	10 m	37.15	71.5	2 656.23	2 199.65	445.43	11.15	2 893.99	
主材	低压铜管 9.5	m	380.79	7.6					2 893.985	
C8-258	室内给水铜管 15.9	10 m	46.64	83.46	3 892.57	3 180.85	697.73	13.99	5 837	
主材	低压铜管 15.9	m	478.06	12.21					5 837.112 6	
C8-258	室内给水铜管 19.5	10 m	18.48	83.46	1 542.34	1 260.34	276.46	5.54	2 807.3	
主材	低压铜管 19.5	m	189.42	14.82					2 807.204 4	
C8-258	室内给水铜管 19.1	10 m	3.6	83.46	300.46	245.52	53.86	1.08	525.46	
主材	低压铜管 19.1	m	36.9	14.24					525.456	
C8-259	室内给水铜管 22.2	10 m	9	91.29	821.61	658.44	159.75	3.42	1512	
主材	低压铜管 22.2	m	92.25	16.39					1 511.977 5	
C8-260	室内给水铜管 28.6	10 m	29.89	106.46	3 182.09	2 501.79	667.74	12.55	5 612.74	
主材	低压铜管 28.6	m	306.37	18.32					5 612.744 2	
C8-261	室内给水铜管 34.9	10 m	15.48	127.58	1 974.94	1 487.63	480.81	6.5	3 511.33	
主材	低压铜管 34.9	m	158.67	22.13					3 511.367 1	
0901	**通风及空调设备、部件制作安装**				11 643.28	11 355.3	287.98			
C9-23	通风及空调设备安装空调器安装吊顶式重量(0.15 t 以内)	台	52	58.22	3 027.44	2 901.6	125.84			
主材	空调器	台	52							

定额编号	子目名称	工程量		价值(元)		其中(元)				
		单位	数量	单价	合价	人工合价	材料合价	机械合价	主材合价	设备合价
C9-24	通风及空调设备安装空调器安装吊顶式重量(0.2 t以内)	台	57	67.52	3 848.64	3 710.7	137.94			
主材	空调器	台	57							
C9-26	通风及空调设备安装空调器安装落地式重量(1.0 t以内)	台	6	424.02	2 544.12	2 529.6	14.52			
C9-27	通风及空调设备安装空调器安装落地式重量(1.5 t以内)	台	4	555.77	2 223.08	2 213.4	9.68			
主材	空调器	台								
0902	**通风管道制作安装**				43 656.2	23 036.38	18 544.52	2 075.3	29 230.53	
C9-55	碳钢通风管道制作安装镀锌薄钢板圆形风管($\delta=1.2$ mm以内咬口)直径500 mm以下	10 m²	5.495	422.23	2 320.15	1 531.4	666.43	122.32	1 914.79	
主材	镀锌钢板	m²	62.53	30.62					1 914.763 5	
C9-58	碳钢通风管道制作安装镀锌薄钢板矩形风管($\delta=1.2$ mm以内咬口)周长800 mm以下	10 m²	22.73	485.38	11 032.69	6 426.23	3 817.96	788.5	6 055.5	
主材	镀锌钢板	m²	258.67	23.41					6 055.403 8	
C9-59	碳钢通风管道制作安装镀锌薄钢板矩形风管($\delta=1.2$ mm以内咬口)周长2 000 mm以下	10 m²	61.012	370.59	22 610.44	12 558.71	8 888.23	1 163.5	21 260.24	
主材	镀锌钢板	m²	694.32	30.62					21 259.973 1	
C9-159	设备支架制作安装,设备支架CG327(50 kg以上)	100 kg	0.09	392.36	35.31	9.04	25.29	0.98		
C9-162	风管支托、吊架制作安装,支托架制作	100 kg	13.5	567.23	7 657.61	2 511	5 146.61			
0903	**通风管道部件制作安装**				3 698.33	3 020.95	644.78	32.6	25 163	
C9-277	风口制作安装百叶风口400×400	个	93	17.3	1 608.9	1 297.35	292.95	18.6	11 160	
主材	百叶风口400×400	个	93	120					11 160	
C9-278	风口制作安装百叶风口500×500	个	10	25.65	256.5	210.8	43.7	2	1 650	
主材	百叶风口500×500	个	10	165					1 650	
C9-278	风口制作安装百叶风口860×200	个	52	25.65	1 333.8	1 096.16	227.24	10.4	6 552	
主材	百叶风口860×200	个	52	126					6 552	
C9-278	风口制作安装百叶风口1 000×200	个	1	25.65	25.65	21.08	4.37	0.2	145	
主材	百叶风口1 000×200	个	1	145					145	
C9-279	风口制作安装百叶风口1 400×200	个	7	33.24	232.68	190.96	40.32	1.4	1 316	
主材	百叶风口1 400×200	个	7	188					1 316	
C9-304	风口制作安装钢百叶窗框内面积(0.5 m²以内)	个	20	12.04	240.8	204.6	36.2		4 340	

续表 8.11

定额编号	子目名称	工程量		价值(元)		其中(元)				
		单位	数量	单价	合价	人工合价	材料合价	机械合价	主材合价	设备合价
主材	钢百叶窗 250	个	20	217					4 340	
1402	**刷油工程**				40 910.97	12 520.61	13 904.73	14 485.6		
C14-117	金属结构刷油一遍,一般钢结构红丹防锈漆一遍	100 kg	453.81	24.99	11 340.71	3 235.67	4 483.64	3 621.4		
C14-118	金属结构刷油一遍,一般钢结构红丹防锈漆两遍	100 kg	453.81	22.95	10 414.94	3 094.98	3 698.55	3 621.4		
C14-122	金属结构刷油一遍,一般钢结构银粉漆一遍	100 kg	453.81	21.59	9 797.76	3 094.98	3 081.37	3 621.4		
C14-123	金属结构刷油一遍,一般钢结构银粉漆两遍	100 kg	453.81	20.62	9 357.56	3 094.98	2 641.17	3 621.4		
1404	**绝热工程**				22 539.64	5 335.63	17 204.01		52 920.49	
C14-1248	发泡橡塑瓦块、板材安装(粘接)管道瓦块保温(厚度10 mm)φ57 以下	100 m	15.51	328.99	5 102.63	1 408.77	3 693.86		4 587.86	
主材	橡塑瓦块 10 mm 厚	m	1 582.02	2.9					4 587.858	
C14-1248	发泡橡塑瓦块、板材安装(粘接)管道瓦块保温(厚度15 mm)φ57 以下	100 m	4.66	328.99	1 533.09	423.27	1 109.83		2 747.35	
主材	橡塑瓦块 15 mm 厚	m	475.32	5.78					2 747.349 6	
C14-1248	发泡橡塑瓦块、板材安装(粘接)管道瓦块保温(厚度25 mm)φ57 以下	100 m	7.65	328.99	2 516.77	694.85	1 821.92		11 368.97	
主材	橡塑瓦块 25 mm 厚	m	780.3	14.57					11 368.971	
C14-1248	发泡橡塑瓦块、板材安装(粘接)管道瓦块保温(厚度10 mm)φ57 以下 32	100 m	9.15	328.99	3 010.26	831.09	2 179.16		4 171.85	
主材	橡塑瓦块 10 mm 厚 32	m	933.3	4.47					4 171.851	
C14-1250	管道瓦块保温(厚度10 mm)φ133 以上	100 m	0.55	830.01	456.51	98.38	358.13		5 329.5	
主材	橡塑瓦块	m	56.1	95					5 329.5	
C14-1251	管道板材保温(厚度10 mm)	10 m²	58.29	170.19	9 920.38	1 879.27	8 041.11		24 714.96	
主材	橡塑板材	m²	617.87	40					24 714.96	
	补充分部								1 127.5	
Z7	分歧接头 28.6	个	50						275	
Z8	分歧接头 22.2	个	20						86	
Z9	分歧接头 19.1	个	10						38	
Z10	分歧接头 15.9	个	40						528	
Z11	分歧接头 12.7	个	10						29	
Z12	分歧接头 9.5	个	70						171.5	
安装费用	**安装费用**				9 946.78	3 409.12	6 537.66			

定额编号	子目名称	工程量		价值(元)		其中(元)				
		单位	数量	单价	合价	人工合价	材料合价	机械合价	主材合价	设备合价
BM38	高层建筑增加费:12层以下 40 m	元	1	722.48	722.48	722.48				
BM65	高层建筑增加费:12层以下 40 m	元	1	748.25	748.25	748.25				
BM303	系统调试费:采暖系统调试费	元	1	3 612.41	3 612.41	722.48	2 889.93			
BM304	系统调试费:通风空调系统调试费	元	1	4 863.64	4 863.64	1 215.91	3 647.73			
					311 561.98	82 760.75	63 987.16	16 683.12	148 130.93	

表 8.12　单位空调工程人材机价差表

工程名称:调度通信综合楼——空调工程

序号	材料名称	材料规格	单位	材料量	预算价(元)	市场价(元)	价差(元)	价差合计(元)
1	综合工日		工日	2 559.730 1	31	45	14	35 836.22
2	汽油	60#~70#	kg	703.405 5	3.75	6	2.25	1 582.66
3	扁钢	—59	kg	709.778 5	2.5	3.91	1.41	1 002.92
4	槽钢	[5#~16#	kg	7.118 1	2.6	4.12	1.52	10.82
5	角钢	∟60	kg	1107	2.6	4.12	1.52	1 685.96
6	角钢	∟60	kg	3 268.727 2	2.6	4.12	1.52	4 978.27
7	角钢	∟63	kg	1.579 5	2.6	4.12	1.52	2.41
8	圆钢	φ5.5~φ9	kg	158.879 2	2.6	3.96	1.36	216.08
	合　计							45 315.34

表 8.13　单位空调工程主材表

工程名称:调度通信综合楼——空调工程

序号	名称及规格	单位	数量	市场价(元)	市场价合价(元)
1	塑料管 25	m	629.33	4.95	3 115.18
2	塑料管 32	m	123.6	8.26	1 020.94
3	塑料管 40	m	74.16	13.45	997.45
4	塑料管 50	m	115.36	17.02	1 963.43
5	低压铜管 12.7	m	646.262 5	9.96	6 436.77
6	低压铜管 6.4	m	562.725	6.14	3 455.13
7	低压铜管 9.5	m	380.787 5	7.6	2 893.99
8	低压铜管 15.9	m	478.06	12.21	5 837.11
9	低压铜管 19.5	m	189.42	14.82	2 807.2
10	低压铜管 19.1	m	36.9	14.24	525.46
11	低压铜管 22.2	m	92.25	16.39	1 511.98
12	低压铜管 28.6	m	306.372 5	18.32	5 612.74

续表 8.13

序号	名称及规格	单位	数量	市场价(元)	市场价合价(元)
13	低压铜管 34.9	m	158.67	22.13	3 511.37
14	镀锌钢板 δ0.5	m²	258.667 4	23.41	6 055.4
15	镀锌钢板 δ0.75	m²	756.849 7	30.62	23 174.74
16	空调器	台	109		
17	橡塑板材	m²	617.874	40	24 714.96
18	橡塑瓦块	m	56.1	95	5 329.5
19	橡塑瓦块 10 厚	m	1 582.02	2.9	4 587.86
20	橡塑瓦块 15 厚	m	475.32	5.78	2 747.35
21	橡塑瓦块 25 厚	m	780.3	14.57	11 368.97
22	橡塑瓦块 10 厚 32	m	933.3	4.47	4 171.85
23	百叶风口 400×400	个	93	120	11 160
24	分歧接头 15.9	个	40	13.2	528
25	分歧接头 12.7	个	10	2.9	29
26	分歧接头 9.5	个	70	2.45	171.5
27	百叶风口 500×500	个	10	165	1 650
28	百叶风口 860×200	个	52	126	6 552
29	百叶风口 1000×200	个	1	145	145
30	百叶风口 1400×200	个	7	188	1 316
31	钢百叶窗 250	个	20	217	4340
32	分歧接头 28.6	个	50	5.5	275
33	分歧接头 22.2	个	20	4.3	86
34	分歧接头 19.1	个	10	3.8	38
	合　　计				148 129.88

表 8.14　单位空调工程设备表

工程名称:调度通信综合楼——空调工程

序号	名称及规格		单位	数量	预算价(元)	预算价合价(元)
1	多联空调室外机 KT-XT01		台	1	38 569	38 569
2	多联空调室外机 KT-XT02		台	5	43 116	215 578
3	多联空调室外机 KT-XT03		台	3	47 488	142 464
4	多联空调室外机 KT-XT04		台	1	58 233	58 233
5	多联空调室内机 KT-SN01	内藏风管式	台	18	3 392	61 056
6	多联空调室内机 KT-SN02	内藏风管式	台	20	4 160	83 200
7	多联空调室内机 KT-SN03	内藏风管式	台	14	5 242	73 388
8	多联空调室内机 KT-SN04	四面出风式	台	15	7 322	109 830
9	多联空调室内机 KT-SN05	内藏风管式	台	1	8 320	8 320

续表 8.14

序号	名称及规格	单位	数量	预算价(元)	预算价合价(元)
10	多联空调室内机 KT-SN06　四面出风式	台	32	8 280	264 960
11	多联空调室内机 KT-SN07　四面出风式	台	2	10 200	20 400
12	多联空调室内机 KT-SN08　四面出风式	台	7	13 893	97 251
13	全热交换器 XF-SN1	台	10	12 100	121 000
14	合计				1 294 250

思考与练习

8.1　简述单项工程概算与单项工程综合概算的主要区别。

8.2　单项工程综合概算的含义是什么? 什么情况下需要编制单项工程综合概算?

8.3　单项工程综合概算与单位工程概算有哪些联系与区别? 当该单位工程是一个独立的建设项目时情况又如何?

8.4　对于工程建设程序而言,工程建设设计总概算所涉及的是哪个阶段,编制的对象是什么?

8.5　简述单位工程概算、单项工程综合概算及工程建设设计总概算的特点与区别。

8.6　简述设计总概算的编制程序和步骤。

8.7　简述设计总概算四大部分费用的主要内容。

8.8　什么是工程建设其他费用,包括哪些主要费用?

8.9　什么是预备费,包括哪些主要费用?

8.10　什么是铺底流动资金? 为什么要设置铺底流动资金?

8.11　什么情况下才能调整设计总概算?

参 考 文 献

［1］　中华人民共和国住建部和财政部建标〔2013〕44 号.建筑安装工程费用项目组成.2013.3.21.

［2］　建设工程工程量清单计价规范(GB 50500—2013).北京:中国计划出版社,2013.

［3］　房屋建筑与装饰工程工程量计算规范(GB 50854—2013).北京:中国计划出版社,2013.

［4］　园林绿化工程工程量计算规范(GB 50858—2013).北京:中国计划出版社,2013.

［5］　中国建设工程造价管理协会.建设项目设计概算编审规程(CECA/GC 2—2007).2007.2.8.

［6］　沈祥华.建筑工程概预算.第 4 版.武汉:武汉理工大学出版社,2009.

［7］　全国造价工程师执业资格考试培训教材编审组.工程造价计价与控制.北京:中国计划出版社,2009.

［8］　谭大璐.建筑工程估价.北京:中国计划出版社,2002.

［9］　张建平,吴贤国.工程估价.北京:科学出版社,2006.

［10］　宁素莹.工程造价管理.北京:科学出版社,2006.

［11］　赵延龙,鲍雪英.工程造价管理.成都:西南交通大学出版社,2007.

［12］　中国建筑标准设计研究院.混凝土结构施工图平面整体表示方法制图规则和构造详图(现浇混凝土框架、剪力墙、梁、板)(11G101—1).北京:中国计划出版社,2011.